Heinz Otto Sibum

Physik aus ihrer Geschichte verstehen

Wissenschafts- und Technikgeschichte

Heinz Otto Sibum

Physik aus ihrer Geschichte verstehen

Entstehung und Entwicklung naturwissenschaftlicher Denk- und Arbeitsstile in der Elektrizitätsforschung des 18. Jahrhunderts

DUV Springer Fachmedien Wiesbaden GmbH

CIP-Titelaufnahme der Deutschen Bibliothek

Sibum, Heinz Otto:
Physik aus ihrer Geschichte verstehen : Entstehung und Entwicklung naturwissenschaftlicher Denk- und Arbeitsstile in der Elektrizitätsforschung des 18. Jahrhunderts / Heinz Otto Sibum. — Wiesbaden : Dt. Univ.-Verl., 1990
(DUV : Wissenschafts- und Technikgeschichte : Technik)
Zugl.: Oldenburg, Univ., Diss., 1989

ISBN 978-3-8244-2012-4 ISBN 978-3-663-14569-1 (eBook)
DOI 10.1007/978-3-663-14569-1

Ursprünglich erschienen bei Deutscher Universitäts-Verlag GmbH, Wiesbaden 1990.

Vorwort

Es besteht wohl kein Zweifel darüber, daß sich die Naturwissenschaften mit ihren Theorieansätzen und experimentellen Methoden in ihrer Rückwirkung auf Natur und Gesellschaft als folgenschwerste erwiesen haben. Folgerichtig erfordert ihr Vorgehen eine beständige Überprüfung dessen, was mit den Subjekten und der Natur geschieht, wenn sie Physik betreiben. Was wäre ein besserer Ort als in den jeweiligen Disziplinen damit zu beginnen. Die gegenwärtige Hochschulausbildung läßt aber erkennen, daß die Physik sich selbst gegenüber unbewußt bleibt. Insbesondere entgleiten die physikalischen Theorien - Repräsentanten des derzeit konstitutiven Naturverhältnisses - und deren Methoden dieser notwendigen Kritik. Anstelle dessen wird effizient in physikalische Denkstile eingeübt.

Die mit Hilfe einer vergleichenden Erkenntnistheorie rekonstruierten Denk- und Arbeitsstile der Elektrizitätsforschung des 18. Jahrhunderts bilden das gedankliche Fundament, aus dem unsere Wissenschaft von der Elektrizität hervorgegangen ist. Der Nachvollzug dieser Entstehung und Entwicklung naturwissenschaftlicher Theorien der Elektrizität zeigt aber auch die Janusköpfigkeit wissenschaftlichen Fortschritts: Die im Rücken der Disziplingeschichte aufgefundenen Ansichten zur Elektrizität - die Geschichte der 'Verlierer' - belegen, daß die Herausbildung der physikalischen Disziplin Elektrizitätslehre zugleich den Verlust an historischem Naturwissen bedeutete.

Mit der hier versuchten systematischen Rückbindung gegenwärtigen physikalischen Denkens auf diese zumeist unbekannte Entstehungsgeschichte sollen daher Voraussetzungen geschaffen werden, Grundlagen der Elektrodynamik aus der historisch-kritischen Auseinandersetzung mit der Entwicklung dieser Disziplin zu begreifen, d.h. Physik aus ihrer Geschichte zu verstehen. Damit wird es ermöglicht, die Fachsystematik *und* die individuellen und gesellschaftlichen Auswirkungen dieser anzueignenden Form der Naturbeherrschung zum Gegenstand der Physikausbildung werden zu lassen.

Diese auf Selbstreflexion ausgerichtete Auffassung akademischer Lehre und Forschung bricht aber mit der gewohnten Einstellung, daß eine solche Reflexionsarbeit Aufgabe von Experten wie Wissenschaftstheoretikern, Philosophen, Soziologen etc. sei. Sie muß innerhalb des Faches von den Betroffenen selbst geleistet werden. Den Wunsch eines solchen interdisziplinären Unternehmens entwickelte ich während meines Physikstudiums. Der Mut dazu entstand in Auseinandersetzung mit meinem Lehrer Falk Rieß, dessen kritische und geduldige Begleitung meiner wissenschaftlichen Arbeit mich lehrte, meinen Vorstellungen Ausdruck zu verleihen. In der Arbeitsgruppe "Hochschuldidaktik und Wissenschaftsgeschichte" des Fachbereichs Physik und dem Huder Kolloquium fand ich die aufgeschlossenen Gesprächspartner und -partnerinnen, um ein solches langfristiges Forschungsprogramm diskutieren zu können. Dem Fachbereich Physik der Universität Oldenburg sei dafür gedankt, daß er sich den Luxus geleistet hat, ein permanentes "schlechtes Gewissen" bezüglich seiner Forschungs- und Lehrtätigkeit in Form dieser Arbeitsgruppe zu institutionalisieren. Und dennoch genügten diese guten Voraussetzungen nicht, unbeirrt den eingeschlagenen Weg weiterzugehen: Die an mir selbst zu beobachtenden Veränderungen innerhalb der letzten Jahre wurden mir insbesondere durch meine Lebensgefährtin Hedwig Vavra bewußt gemacht und konstruktiv aufgefangen. Ihrer inspirierenden Kraft und dem Vertrauen in Freunde und Familie verdanke ich die Überwindung meiner zeitweisen Mutlosigkeit.

Oldenburg, im Juli 1990 H.O. Sibum

Inhalt

1. Physikausbildung zwischen Anspruch und Wirklichkeit

1.1. Physik verstehen - Zur Aktualität und Genese des historisch-genetischen Ansatzes

Die Einbindung historischen Wissens in die Physikausbildung ist bis heute umstritten. Welche Bedeutung die Geschichte für das Verstehen der Physik hat, wird daher sehr unterschiedlich bewertet und hängt in entscheidendem Maße von dem je favorisierten Verstehensbegriff ab. Wie ich in diesem Kapitel zeigen werde, legt diese Arbeit einen Verstehensbegriff zugrunde, der über die Auffassung des virtuosen Beherrschen-Könnens von Differentialgleichungen (Feynman 1973, S. 2-2) hinausgeht.

In Abgrenzung zu solchen, sich explizit als ahistorisch verstehenden Lehrmethoden, möchte ich nun auf die Genese und Aktualität des historisch-genetischen Ansatzes eingehen, der in seinem Begriff von Verstehen ausdrücklich auf den ganzen Menschen abzielt, d.h. nicht allein den Erwerb fachlicher Kompetenz meint, sondern einen Beitrag zur Allgemeinbildung leisten möchte. Die folgende Darstellung versucht anhand der Rekonstruktion der Genese des historisch-genetischen Ansatzes, das in diesen Untersuchungen thematisierte Verhältnis von Disziplingenese, Geistes- und Kulturgeschichte und genetischem Lernen zu erfassen.

"Mein wichtigstes, aber nicht allgemein verbindliches Argument für den Vorrang des Genetischen habe ich noch nicht genannt: es ist fachunabhängig. Es fordert eine *Entscheidung*, und zwar eine *erzieherische*. Denn es gibt keine wertfreie Didaktik: ...Die Entscheidung hängt davon ab, ob man folgenden Erziehungszielen zustimmt oder nicht:
1. Der Mensch von morgen sollte seine Herkunft und Abhängigkeit in keiner noch so progressiven Wissenschaft vergessen.
2. Er sollte sich nicht spalten, wo er ganz bleiben kann" (Wagenschein 1975, S. 110).
Mit Hilfe der radikalen Stoffbegrenzung (dem exemplarischen Lernen), der sokratischen Methode und dem Lernen an den Phänomenen verwirklichte Wagenschein eine Lehr- und Lernmethode, die für die heutige naturwissenschaftliche Bildung von gleicher Bedeutung ist wie zu seiner Zeit. Denn für den heutigen Physikunterricht in Schule und Hochschule aus der Sicht der Lernenden trifft nach wie vor seine

Charakterisierung zu: "Herausgerissen, der Wurzeln beraubt zu werden und dafür ein Gerede angeboten zu bekommen, das ist ein nichtswürdiger Tausch" (Wagenschein 1975, S. 45). Um diesem Prozeß entgegenzuwirken, versuchte er, die "Einwurzelung" /1/ des physikalischen Wissens in den Menschen zu erreichen.

Grundlage dieser Haltung bildete die Auffassung, daß es lediglich eine methodische Frage sei, dem Schüler diese spezifische Sichtweise von Natur verständlich zu machen und diese ihm dadurch bei geeigneter Darbietung zueigen werde. Daß das Alltagswissen und das physikalische Wissen jedoch zwei völlig verschiedene Konzeptualisierungen von Erfahrungen sind, die sich nicht harmonisch ineinander überführen lassen, sah Wagenschein nicht. Im Gegenteil, er betrachtete den seit Bestehen des Physikunterrichts bekannten Bruch zwischen Alltagswissen und wissenschaftlichem Wissen einzig und allein als ein Vermittlungsproblem. Diese grundlegende Abweichung von seiner Einschätzung markiert einen wesentlichen Unterschied zum historisch-genetischen Ansatz, der allgemein Brüche in der Herausbildung von Wissenssystemen als einen kulturhistorisch vollzogenen Prozeß begreift.

Ein genetischer Unterricht muß laut Wagenschein Brücken zwischen diesen unterschiedlichen Welten bauen. Er kritisierte, daß diese - um im Bilde zu bleiben - aus verfrühten Generalisierungen gebaut und deshalb überholungsbedürftig seien. Diese Einschätzung übersieht aber den Tatbestand, daß nicht jede Abstraktion von Natur - z.B. die eines Künstlers - zwangsläufig zur Physik führt. Selbst physikalische Begriffe sind abhängig von einem spezifischen Entwurf der Natur und demnach Repräsentanten dieses spezifischen Umgangs mit ihr, der wiederum kulturhistorisch determiniert ist. Oder mit anderen Worten: in den physikalischen Entwurf der Natur gehen offensichtlich Annahmen ein, die nicht zwangsläufig dem Denken von Kindern und auch Erwachsenen eigen sind. Dieses, von McCloskey an Physikstudenten untersuchte Festhalten an "intuitiven Vorstellungen" /2/ zur Erklärung von Alltagssituationen belegt die unauflösliche Verwobenheit sowohl des physikalischen Wissens als auch des Alltagswissens mit einer ihr spezifischen Denkform.

In einer früheren Arbeit (Wagenschein 1950) formulierte Wagenschein ähnliche, in dieselbe Richtung deutende Beschreibungen und Forderungen. "Daß Physik eine gewisse Art der *Voreingenommenheit* ist, mit welcher wir uns entschließen, an die Natur heranzugehen, eine keineswegs von Voraussetzungen freie, nämlich auswählende Art der Auseinandersetzung mit ihr, das ist ja schon lange klar, wenn auch nicht immer bewußt. Physik und Chemie, für manche Forscher auch die Biologie, interessieren sich nur für das *Meßbare*, also nicht zum Beispiel für Träume, die doch gewiß eine Realität sind" (Wagenschein 1950, S.11).

Physik beschrieb er daher wie folgt: "Die Physik zeigt die Natur nicht, wie sie objektiv 'ist' (diese Frage wird man je nach der philosophischen Richtung, der man zuneigt, als sinnleer oder als metaphysisch bezeichnen), sie zeigt sich unter einem gewissen Aspekt, sie baut ein Natur-Bild" (ebenda, S. 14). Die physikalische Welt ist daher - laut Wagenschein - kein objektiv Gegebenes, sondern Ergebnis einer begrifflichen Konstruktion. Physikalische Tatsachen erscheinen ihm daher in der Form, "daß es sich hier überhaupt nur um Bilder, also Gleichnisse, Modelle handelt, nicht um objektiv gegebene Tatsachen. ('Tatsachen' dürfen wir übrigens dann noch sagen, wenn wir dieses Wort genau nehmen, Tatsachen, insofern unsere Taten, unser Denken, unsere Laboratoriumstaten, die unter gewissen Auswahlprinzipien 'exakt' (ex actu) erfolgen, unauslösbar in diese Bilder verflochten sind" (ebenda S. 12). Damit beschreibt er Physik zu Recht als eine Erkenntnistätigkeit, die entscheidend von der Wahrnehmung der historischen Subjekte oder Kollektive abhängt. Diese Überlegungen führten ihn sogar zu der Annahme, daß damit Physik zur Geistesgeschichte wird: "Ebenso wird ganz von selbst, wenn Naturwissenschaft als Form menschlicher Sicht verstanden wird, ihre geschichtliche Entfaltung in den Unterricht selbst eingebunden sein, sie wird selbst zur Geistesgeschichte. Wir lesen dann Kepler, wir lesen Kopernikus und also auch Aristoteles" (ebenda S. 15).

Für die Hochschulausbildung sah er einige reformerische Konsequenzen, wie die Denk- und Arbeitsweisen philosophisch zu erfassen, Erkenntnistheorie zu betreiben, die Geschichte der Naturwissenschaften zu lernen im Sinne einer Ideengeschichte, sowie die philosophische Durchdringung des Fachstudiums. Unter Berufung auf C.F. von Weizsäcker betonte er zwar: "'*Es ist möglich und notwendig, die Naturwissenschaft als einen Teil des menschlichen Geisteslebens zu verstehen.*' Daß dies nur im naturwissenschaftlichen Unterricht selbst geschehen kann und geschehen muß (und nicht etwa im Geschichtsunterricht, aber in engster Zusammenarbeit mit ihm), dies scheint mir die Aufgabe zu sein, die vor uns steht" (ebenda S. 16).

Doch in der Folgezeit konzentrierte er sich mit großem Erfolg auf die pädagogische Dimension der Physik und leistete damit enorme Hilfestellung zur Überbrückung der immer größer werdenden Kluft zwischen dem Alltagswissen und der Physik. In diesem Programm blieb jedoch die systematische Verknüpfung von Disziplingenese, Geistesgeschichte und genetischem Lernen unklar und der zentrale Aspekt der Naturbeherrschung fand keine systematische Berücksichtigung - im Gegenteil, Wagenschein versuchte diesen als einseitige Darstellung der Physik auszugrenzen, obwohl er selbst eingestand, daß dies nicht unproblematisch sei: "Diese Fälschung (zu sagen, die Urabsicht der Naturwissenschaft sei, die Natur zu beherrschen, d.V.), diese Schwerpunktverschiebung, die wir den terribles simplificateurs der letzten Jahrzehnte verdanken, ist deshalb so gefährlich, weil offenbar etwas Wahres dran ist" (ebenda S. 9).

Eine systematische Darstellung erfuhr sein Ansatz, durch die -an der von der Frankfurter Schule entwickelten Gesellschaftskritik orientierten - Ideologiekritik der Naturwissenschaften bzw. ihrer Didaktik. Der Bedeutung von Naturwissenschaft und Technik in der sich entwickelnden Industriegesellschaft wurden eine Vielzahl von Arbeiten gewidmet. Insbesondere galt es auch im Zuge der Aufarbeitung der jüngsten nationalsozialistischen Vergangenheit, die Frage der Verantwortung des Wissenschaftlers systematisch zu beantworten.

Besondere Hoffnung setzte man damals in die pädagogischen Diskussionen, da Veränderungen über schulische und universitäre Ausbildungseinrichtungen erfolgversprechend erschienen /3/. In dieser Zeit entstand unter anderem die Dissertation des Physikdidaktikers F. Rieß zum Thema: "Unterricht im Interesse der Lernenden"; womit er - um es mit seinen Worten zu sagen - einen Beitrag zur politischen Kritik und Veränderung des naturwissenschaftlichen Unterrichts und seiner Didaktik leistete. Mit dieser Arbeit lieferte er nicht nur eine ideologiekritische Bestandsaufnahme damaliger Naturwissenschaftsdidaktkik, sondern wies darüberhinaus auf die Bedingungen und Möglichkeiten ihrer Veränderung hin (Rieß 1977).

Er leitete auf der Grundlage der Beurteilung der Physik als spezifisch geprägter Denkform /4/ Forderungen für eine Didaktik der Naturwissenschaften ab. Bezüglich der gesellschaftlichen Funktion der Naturwissenschaften heißt es: "Vielmehr ist es gerade zur Erkenntnis ihrer gesellschaftlichen Funktion notwendig, die historisch entstandene und sich wandelnde Thematik der naturwissenschaftlichen Erkenntnisbestände kennenzulernen, da sie sowohl inner- wie auch außerwissenschaftlichen Einflüssen unterliegt" (Rieß 1977, S. 33). Diese Auffassung von Physik als historisch und sozial determinierter Erkenntnistätigkeit ließ einen systematischen Zusammenhang zwischen Disziplinentwicklung und Geistesgeschichte erkennen, der jedoch durch historische Rekonstruktionen der Disziplinentwicklung empirisch belegt werden mußte.

In dem bereits erwähnten Ansatz Wagenscheins fehlte gerade diese Systematik. Er konzentrierte sich in der Folgezeit auf die Ausarbeitung seines genetischen Lehrprinzips, von dem er zwar selber sagte, daß es "die Wiederentdeckung einer Wissenschaft von Anfang an (ist), unter Führung (und der Anfang sind nicht die Axiome, sondern die Initiationsprobleme). Das genetische Lehren wird man dann so definieren können: die Kunst, dem Anfänger zu einer kreativen, kritischen, kontinuierlichen Wiederentdeckung der Mathematik (der Physik) aus herausfordernden exemplarischen Problemen der ersten Wirklichkeit zu verhelfen, durch einen sokratischen Beistand, der nicht schleppt und nicht schiebt, sondern eher Zweifel nährt und so den flotten 'Fortschritt' staut" (Wagenschein 1975, S. 98). Doch in welcher Form die Wiederentdeckung einer Wissenschaft und die Genese einer Disziplin zusammenhingen, blieb bei Wagenschein weitgehend unklar: Er hielt zwar den Einbezug der Genese eines Faches in die Lehrveranstaltung für notwendig, und auch "nicht als hinzugefügte Historie, sondern als Mathematik (Physik, d.V.), die 'in der Wolle' genetisch gefärbt ist" (ebenda S. 110).

In Gegensatz zu dieser noch unklaren Auffassung bot die Darstellung von Physik als gesellschaftliche Arbeit - als historisch und sozial geprägte Erkenntnistätigkeit - die Möglichkeit, selbst die so objektiv erscheinenden Resultate der Physik in ihrem Prozeß des Entstehens zu erfassen. Dies erweist sich heute mehr denn je als erforderlich, da es in der Vermittlung der Physik - wenn überhaupt - darum geht, "an eine vorwiegend fachwissenschaftliche Struktur einen ominösen 'gesellschaftlichen Bezug' (wie es Mode geworden ist)" (Rieß 1977, S. 31) anzukleistern.

Gerade diese Erkenntnishaltung ist für den Chemiedidaktiker Jens Pukies handlungsleitend gewesen, als er exemplarisch versuchte, die Geschichte der Thermodynamik zu rekonstruieren (Pukies 1979). Folgerichtig ergab sich die Forderung nach einer Integration von Gesellschaftswissenschaft und Naturwissenschaft im Unterricht, um den abstrakten Lehrstoff der Physik als Resultat historisch gewordenen Wissens verstehen zu können. Auf ihn ist daher auch der Ansatz des historisch-genetischen Lernens zurückzuführen, als Ergänzung zum genetischen Ansatz Wagenscheins /5/.

Er wies Wege zum Verständnis abstrakter, historisch gewachsener Theoriegebäude auf, indem er die Genese einer Disziplin als gesellschaftlich bedingte Wandlungsprozesse charakterisierte. Er ermöglichte damit eine rationale Rekonstruktion, in der Verstehensprobleme abstrakter Formalismen ihre Entsprechungen in historischen Situationen fanden. Lernen einer Theorie bedeutete damit immer auch die kritische Reflexion dieser Sichtweise von Natur. Diese gesellschaftliche Determiniertheit des Erkenntnisprozesses bildet in der Auseinandersetzung um die Verantwortung von Wissenschaft den zentralen Kernpunkt: Solange die physikalische Theorie- und Experimentierentwicklung mit ihren Resultaten, d.h. der Erkenntnisprozeß, nicht als von Menschen geschaffen und veränderbar begriffen wird, bleibt die derzeit geübte Selbstkritik unter den Naturwissenschaftlern auf der Ebene der gekonnten Reflexion der Ambivalenz von Forschungsresultaten stekken. Erziehung zur Verantwortung, als Haltung (Wagenschein) - im Gegensatz zu einer programmatischen Forderung - weist damit über die reine Beherrschung des physikalischen Handwerkszeugs hinaus. Sie zielt auf den ganzen Menschen. Hierzu bedarf es jedoch der beständigen Überprüfung an sich selbst, wie weit das gesellschaftliche Programm der Naturberherrschung /6/ bereits fortgeschritten ist. " 'Dem Forscher bewußt machen zu wollen, was er da tut und was mit ihm geschieht' heißt, die Frage nach dem wissenschaftstreibenden Subjekt zu stellen. Die philosophische Kritik zeitgenössischer Wissenschaft muß also bei der verdrängten Erfahrungsgeschichte der wissenschaftstreibenden Subjekte ansetzen, womit sie sich in hermeneutische Kontexte begibt. Mit der verdrängten Erfahrungsgeschichte ist sowohl die Wissenschaftsgeschichte der je eigenen Fachdisziplin wie die Biographie des jeweiligen Wisssenschaftlers gemeint" (Rieß, Schulz 1988, S. 44).

Diese historisch-kritische Reflexion der je eigenen wissenschaftlichen Auseinandersetzung mit Natur scheint mir daher eine zentrale Aufgabe innerhalb der Physikausbildung zu sein: Die historische Rekonstruktion der Naturwissenschaftsgeschichte birgt neben den genannten Aspekten die Chance in sich, auf "Ausgangspunkte für Entwicklungslinien (hinzuweisen), die vielleicht weniger Naturbeherrschung, dafür aber mehr Naturallianz möglich gemacht hätten - wären die Menschen in diesen Situationen nur Subjekte ihrer Geschichte gewesen. Auf dem Weg zur bewußten Herstellung der zukünftigen Lebensumstände kann also Naturwissenschaftsgeschichte zur Zukunftsforschung avancieren, indem sie diese verschütteten Möglichkeiten freilegt und reflexiv nutzt" (ebenda S. 52).

Es stellt sich daher die hochschuldidaktische Aufgabe, Bedingungen zu schaffen, die es den Studierenden erlauben, über die Rekonstruktion der eigenen Geschichtlichkeit ihrer Disziplin Möglichkeiten der Zukunftsgestaltung zu finden. Hier gilt es, die aus der Geschichte rekonstruierbaren Inhalte und Methoden der Naturaneignung zur Verfügung zu stellen, um sie überprüfen und eventuell verändern zu können.

1.2. Das Proseminar - Luxuswissen des Physikers

An der Oldenburger Universität werden seit 1974 im Lehramts- und Diplomstudiengang Physik ergänzend zu den traditionellen Vorlesungsinhalten begleitende Proseminare mit folgender Zielsetzung angeboten: "Erkennen, daß Physik ein gesellschaftliches Produkt ist. Die spezifische Erkenntnisweise der Physik im Unterschied zu Erkenntnisweisen des Alltagswissens erfassen" (Jaeckel, Radek SS 1987, S. 2).

Diese Überlegungen zu einem neuen naturwissenschaftlichen Curriculum stützten sich u.a. auf den historisch-genetischen Ansatz, wie er ebenfalls am Oberstufenkolleg in Bielefeld erprobt wurde (Pukies 1979, Wenzel 1978). Ein Verstehen von Physik sollte sich gerade nicht auf die Aneignung der Fachsystematik beschränken, sondern bezieht die kritische Reflexion der anzueignenden Inhalte und Methoden mit ein. Was ist ein Phänomen, ein Modell, eine Theorie? Wie entsteht eine wissenschaftliche Tatsache? Wie prägen die theoretischen Begriffe und Konzepte eines Physikers seine Naturwahrnehmung? Was hält er für eine plausible Erklärung? Welche anderen Umgangsformen mit bzw. Konzeptualisierungen von Natur sind denkbar? Die Beantwortung dieser Fragen erfolgt sowohl anhand wissenschaftheoretischer bzw. philosophischer Arbeiten als insbesondere auch an historischen Fallbeispielen wie z.B. Newtons Farbenlehre versus der Goetheschen /7/. Damit wird versucht, der gängigen Auffassung von Physikvermittlung entgegenzuwirken, die einen Verstehensbegriff zugrunde legt, der sich auf das Erlernen des physikalischen Formalismus beschränkt. Experimente dienen hier zur 'empirischen' Absicherung dieses Wissens. Der Sinn des Handelns, der sowohl die Auswahl der Experimente als auch der theoretischen Modelle bestimmt, läßt sich bei einem solchen Vorgehen nur im nachhinein aus der - in der jeweiligen Universität favorisierten - theoretischen Konzeption ableiten. Dieses Vorgehen findet in der Fachdidaktik aber prominente Befürworter, die damit die Auffassung des Trennen-Könnens zwischen dem Lernen der Physik (Fachsystematik) und dem Lernen über Physik (ihre wissenschaftstheoretische bzw. philosophische Reflexion) favorisieren (zu einer Kritik daran siehe auch Teichmann 1978, S. 189): "Wenn man die Physik aus sich heraus darstellt, ... dann bleiben allerdings Fragen offen. Solche können z.B. sein: Weshalb wird gerade dieses Experiment und nicht ein anderes ins Zentrum der Theoriebildung gestellt? Oder: Welche alternativen Konzeptualisierungen gäbe es? Die Antworten - die man nicht unbedingt haben muß, um eine Theorie zu verstehen - haben unstreitig eine historische Dimension" (Jung 1983, S. 101).

Mit diesem eingeschränkten Verstehensbegriff tradiert Jung außerdem eine überaus fragwürdige Auffassung von der Physik als wertfreier, objektiver Fachdisziplin, deren Resultate losgelöst von ihrem Entstehungszusammenhang und damit von den die Physik betreibenden Subjekte vermittelt werden können und sollen. Dieses Vorgehen korreliert mit einem Verständnis von Physikdidaktik, die diese als Hilfswissenschaft der Fachdisziplin begreift, der es nicht ansteht, an dieser Kritik zu üben. Daß dies offensichtlich durch Einbezug der Geschichte möglich ist, bemerkt W. Jung ebenfalls: "Die als sinnvoll, ja nötig erachtete Fermentierung der Darstellung mit historischen Elementen und im historischen Zusammenhang darf nicht soweit gehen, daß die Darstellung den Gültigkeitsanspruch des Dargestellten aufhebt. Die historischen Elemente sollen vielmehr gerade dabei helfen, diese Gültigkeit besser zu verstehen" (Jung 1983, S. 102). Damit weist er gemäß seinem didaktischen Selbstverständnis der Geschichte eine ideologisierende Funktion zu: sie hat allein der Aufrechterhaltung des Status Quo zu dienen. Mit seiner damit einhergehenden Betonung der A-Historizität der Physik unterbindet er den in der Geschichtlichkeit jeden Erkennens - und damit auch der Physik - liegenden emanzipatorischen Charakter /8/.

Die Oldenburger Konzeption zielt damit auf einen erweiterten Verstehensbegriff ab, der Lehr- und Lernbedingungen vorsieht, die den Studenten Möglichkeiten der Selbstreflexion über das, was sie tun und was mit ihnen geschieht, bietet. Diese Intention der eigenen Bewußtwerdung als historisches Subjekt und das Begreifen der Physik als gesellschaftliche Arbeit, die von Subjekten gestaltet wird, führte zu zwei wesentlichen Bestimmungsmerkmalen unseres Vermittlungsansatzes: Zum einen soll zugleich und im gleichen Maße die Fachsystematik und die historisch vermittelte Kritik an Entstehung, Entwicklung und Anwendung der Naturwissenschaften gelernt werden. Dies kann über die Begriffsgeschichte erfolgen. Zum anderen können durch den Einbezug historischer Geräte und Experimentalaufbauten praktisch-sinnliche Erfahrungen mit historischem Naturwissen möglich werden /9/.

Die inzwischen zehnjährigen Erfahrungen mit der Anfängerausbildung bezeugen jedoch ein starkes Auseinanderklaffen zwischen Anspruch und Wirklichkeit. Von dem Proseminar, als Begleitveranstaltung zur Vorlesung konzipiert, erhofften sich die Studenten die Aufarbeitung der verstärkt in der Vorlesung auftretenden Verständnisprobleme. Die dort behandelteten Themen - zwar im unmittelbaren Zusammenhang zu Themenkomplexen der Vorlesung stehend - erscheinen ihnen jedoch als 'Luxuswissen': Die Reflexion über die Entstehung physikalischen Wissens, deren gesellschaftliche Einbettung bzw. Verflechtung sowie deren spezifische Erkenntnismethoden wurde als zusätzlich zu absolvierendes Fach wahrgenommen. Die in der Vorlesung vermittelten Inhalte blieben davon unberührt. Das Anfängerprojekt "Lernschwierigkeiten im naturwissenschaftlichen Unterricht in Schule und Hochschule" (LENA) bestätigte diese Erfahrungen in einer anderen Weise: "Es ist daher offenbar nicht gelungen, das Fachstudium zu verändern oder so in Frage zu stellen, daß Änderungen unausweichlich würden. Die meisten Studenten reagieren darauf mit einer Art 'Doppelstrategie': Das Fachstudium wird mit der Faust in der Tasche absolviert, in den Projektveranstaltungen bietet sich dann ein Freiraum, 'wo man was Vernünftiges machen kann'"(Rieß 1980, S. 28). Während im Proseminar die Inhalte lediglich als ein Reden über Physik verstanden wurden und nur wenig bzw. gar keinen Bezug zur Fachwissenschaft erkennen ließen, erschienen den ausschließlich durch das Fachstudium motivierten Studenten die Diskussionen im Projekt LENA "sehr bald als 'Geschwätz' und (sie) nahmen nicht mehr oder nur noch sporadisch teil, ohne allerdings offen Gegenpositionen einzunehmen" (Rieß 1980, S.28). Dies bestätigt sich ebenfalls in der von K. Jaeckel und P. Röben durchgeführten Evaluation, die diese unter anderem ergab, daß die Studenten im Falle von Arbeitsüberlastung am ehesten bereit wären, das Proseminar fallen lassen (anonym 1985/86). Daß in dieser Veranstaltungsform objektive, durch die Struktur dieser Wissensform bedingte Schwierigkeiten beim Lernen am intensivsten behandelt werden können, sahen sie nicht. Im Gegenteil, laut Jaeckel und Röben handelt es sich hier offensichtlich um einen kollektiven Verdrängungsprozeß, der erhebliche Lernschwierigkeiten produziert. Außerdem trägt er in erheblichem Maße zu einem verzerrten Bild der gesellschaftlichen Funktion der Physik bei: Die Fachinhalte und damit allgemein das Handwerkszeug des Physikers bleiben weitgehend einer kritischen Reflexion unzugänglich, da sie nach wie vor als objektive, wertfreie, vor jeglicher Kritik erhabene Wissensbestände doziert werden. Solange diese Trennung zwischen nützlichem, wahrem Wissen (Fachsystematik) und dem 'Luxuswissen' (philosophische und wissenschaftstheoretische Reflexion) faktisch bestehen bleibt, reproduziert sich mit jeder Studentengeneration die aus der Geschichte zur Genüge bekannte, folgenschwere Auffassung von der Wertneutralität der Physik.

Allgemein läßt sich daher sagen, daß die im Ausbildungsgang strukturell festgelegte Trennung der Vorlesungs- und Proseminarinhalte den bestehenden Zusammenhang nicht ersichtlich werden läßt. Das Lernen physikalischer Fachinhalte und Methoden sowie die diese konstituierenden gesellschaftlichen Bedingungen werden von den Studenten nicht als sich dialektische bedingende Größen erfahren. Die Erkenntnisse der im Proseminar angebotenen Analyse der bis in die Theorie- und Begriffsbildung führenden Verflechtungen von Wissenschaft und Gesellschaft werden nicht auf die anzueignenden Theorien angewandt. Selbst Hinweise auf widersprüchliche Darstellungen in den Hochschullehrbüchern lassen den Lehrstoff ungebrochen als objektives Wissen gegenüber den eher gesellschaftswissenschaftlichen Fragestellungen und Erkenntnissen des Proseminars erscheinen. Für die Zukunft scheint es daher dringlicher denn je, diese Trennung aufzuheben und den Zusammenhang zwischen den physikalischen Resultaten und ihrem Entstehen über die Darstellung des Erkenntisprozesses herzustellen. "Die Abhängigkeit der Forscher und ihrer Forschung von den gesellschaftlichen Bedingungen und den Geistesströmungen ihrer jeweils begrenzten Lebenszeit muß bei einer kritischen und undogmatischen Beurteilung weitaus ernster genommen werden als bisher. Nur dann können die Wissenschaften sich entwickeln, wenn nicht nur ihre Resultate, sondern auch ihr Denk- und Arbeitsstil stets neu geprüft, verändert und erneuert werden" (Jungk 1986, S. 9). Diesen Anspruch verfolgt der historisch-genetische Ansatz. Die in ihm liegenden Möglichkeiten sind bislang jedoch nicht genügend entfaltet worden. Dies ist im wesentlichen darauf zurückzuführen, daß mit dieser Absicht keine Fallstudien zur Begriffsgenese der spezifischen physikalischen Teildisziplinen betrieben worden sind. Welche gravierenden Folgen die derzeit praktizierte Ausklammerung der Entstehung der konkreten Fachinhalte aus dem Reflexionsprozeß über Physik verursacht, soll im folgenden Kapitel dargestellt werden.

1.3. Ausbildungspraxis als Einüben in den physikalischen Denkstil

Den in der Ausbildung zeitlich wie inhaltlich dominierenden Studienanteil nimmt die Vermittlung der Fachsystematik ein. Die in ihr kodifizierte Rationalität schlägt sich in entscheidender Weise im Denken der zukünftigen Physiker und Physikerinnen nieder. Von entscheidendem Einfluß sind dabei die in der jeweiligen Hochschule favorisierten Lehrbücher sowie die entsprechenden Vorlesungen und Experimentalveranstaltungen. Die Aneignung dieser Theorien, deren "symbolischen Verallgemeinerungen" und der experimentellen Fertigkeiten kann als Einüben in den physikalischen Denkstil betrachtet werden /10/. Um nun die im vorherigen Kapitel kritisierte Trennung zwischen 'Physik lernen' und 'über Physik lernen' aufheben zu können, muß der spezifische Denk- und Arbeitsstil in den physikalischen Teildisziplinen einer kritischen Auseinandersetzung zugänglich gemacht werden. Dies ist das Anliegen der folgenden Abschnitte. In diesem Kapitel werde ich daher zunächst ausgewählte Einführungen in die Elektrodynamik auf ihre diesbezügliche Funktion innerhalb der Physikausbildung hin untersuchen. Es wird sich zeigen, daß die derzeitige Ausbildungspraxis den von uns genannten Zielen des historisch-genetischen Lernens zuwiderlaufen.

1.3.1. Die sogenannte objektive Fachsystematik und ihre scheinbare A-Historizität

Sowohl die Analyse der in Hochschulbibliotheken vorhandenen physikalischen Standardwerke wie "The Feynman Lectures on Physics. Mainly Electromagnetism and Matter. Part I/II" (Feynman et al. 1973; 1974), "Berkeley Physik Kurs 2. Elektrizität und Magnetismus" (Purcell 1979), "Physik" (Orear 1983), "Fundamental University Physics. II Field and Waves" (Alonso, Finn 1974) als auch die der Oldenburger Ausbildung zugrunde liegenden Vorlesungsmanuskripte zeigen, daß der Lehrstoff weder in seiner Genese, als historisch gewachsenes Wissen, noch als ein sich beständig veränderbares dargestellt wird. Im Gegenteil, dieses Wissen erscheint als objektiver und ahistorischer Wissensblock. Den Lernenden entgeht jedoch der Tatbestand, daß dieser sogenannte objektive Wissensbestand "Elektrodynamik" - je nach historischer Epoche und selbst je nach persönlichem Geschmack des Hochschullehrers - eine unterschiedliche Darbietung erfährt. Implizit schlägt sich dabei in den jeweiligen Konzeptionen das wissenschaftstheoretische und -politische Verständnis des Dozenten nieder. Allen gemeinsam ist offensichtlich ein statischer Theoriebegriff, der auf einem positivistischen Wissenschaftsverständnis fußt, welches die Idee der objektiven, wertfreien Wissenschaft favorisiert.

Trotz mittlerweile umfassender wissenschaftstheoretischer Arbeiten der "New History and Philosophy of Science" (NHS), sowie die durch die existentielle Bedrohung des Menschengeschlechts notwendig gewordene politische "Infragestellung des Sinns, der Methoden, der Ziele und der Organisation wissenschaftlicher Arbeit" (Jungk 1986, S. 9), scheinen diese Erkenntnisse keinen Einfluß auf die Darbietung des physikalischen Lehrstoffs auszuüben. Die Darstellung der Fachsystematik erscheint selbst in den neusten Ausgaben der Physiklehrbücher weiterhin als objektiver und ahistorischer Wissensblock /11/. In altbewährter Manier favorisiert Feynman die axiomatische Darstellung der Maxwellschen Gleichungen, aus denen dann die gesamte Elektrodynamik deduktiv hergeleitet wird.

In diesem als ausgezeichnet geltenden Lehrbuch geht es trotz der obengenannten Problematik ausschließlich um eine zeitökonomische und dennoch effiziente Ausbildung, in der das Handwerkszeug eines

Physikers bereitgestellt wird. Dabei handelt es sich um einen abstrakten Formalismus in Form von Differentialgleichungen, die Maxwell-Gleichungen /12/.

Ausgehend von dieser Präsentation eines logischen Aussagensystems gilt es, den Lernenden ein Gefühl für das Verhalten dieses Systems zu vermitteln. "Der Physiker braucht ein Werkzeug, mit dem er seine Probleme von verschiedenen Standpunkten aus betrachten kann. Bei echten physikalischen Problemen ist eine genaue Analyse gewöhnlich schwierig und es kann Problemstellungen geben, die so kompliziert sind, daß man sie nicht direkt durch Lösung einer Differentialgleichung analysieren kann. Man kann sich aber das Verhalten eines Systems sehr gut vorstellen, wenn man ein Gefühl dafür hat, wie die Lösung in einzelnen Fällen aussehen müßte. Begriffe wie Feldlinien, Kapazität, Widerstand und Induktivität sind dabei sehr nützlich. Wir werden also sehr viel Zeit darauf verwenden, diese zu analysieren. Auf diese Weise werden wir ein Gefühl dafür bekommen, was in einzelnen elektromagnetischen Situationen vor sich gehen müßte. Doch ist keines dieser heuristischen Modelle, wie beispielsweise die Feldlinien, in allen Fällen wirklich adäquat und genau" (Feynman 1973, S. 2-1).

Entgegen dieser Präsentation inhaltsleerer Zeichen zu Beginn des Kurses, versucht man in Oldenburg zunächst elektrostatische Größen zu erarbeiten, um dann in Verbindung mit der speziellen Relativitätstheorie einen Feldtensorformalismus aufzubauen, aus dem mit Hilfe von Transformationsregeln die gesamte Elektrodynamik deduktiv abgeleitet werden kann. Dieses Vorgehen verzichtet zwar auf die axiomatische Einführung der Maxwellschen Gleichungen, verlagert jedoch das Problem auf eine noch abstraktere Ebene - die Vierervektorschreibweise -, die zwar mathematisch elegant, deren Notwendigkeit jedoch nur über die Orientierung an den aktuellen Forschungsmethoden zu begründen ist: Bedenkt man, daß durch den derzeitigen technologischen Entwicklungsstand und durch die Interessen der Computerindustrie und der Physiker Großrechner und Personal Computer zu Standardwerkzeugen physikalischer Forschung geworden sind, verwundert es nicht, daß schon in den ersten Ausbildungssemestern versucht wird, den Lehrstoff der Elektrodynamik in Tensorschreibweise zu lesen, um damit eine mit Rechnermethoden handhabbare Matrizendarstellung zu erhalten. Mit dieser Ausrichtung der Ausbildung am aktuellen Stand der physikalischen Forschung ist vordergründig zwar ein Höchstmaß an Qualifikation angestrebt, doch erweckten die ersten Vorlesungskurse den Eindruck eines reinen Sprachregelungstrainings, in dem es den Lernenden allenfalls möglich war, die Einhaltung der Rechenvorschriften seitens des Dozenten zu überprüfen. Und selbst dies gelang den wenigsten /13/.

Es ließen sich sicherlich weitere Ergebnisse der Analyse darstellen, doch möchte ich zu diesem Zweck auf die Arbeit von Jörg Meya (1989) verweisen. Mir erscheint es sinnvoll, im folgenden auf den allen didaktischen Konzepten zugrunde liegenden Aspekt der Aufhebung des Historischen zugunsten des Logischen einzugehen. "Der Rahmen, in dem sich das Denken eines Menschen bewegt, wird nicht so sehr in den Resultaten sichtbar, zu denen er kommt, als vielmehr in den Fragen, die er stellt, und in den Annahmen, die seinem Theoretisieren zugrunde liegt" (Toulmin 1981, S. 114). Diese Aussage wird vermutlich kaum ein Hochschullehrer oder Lehrbuchautor in Frage stellen, wenn es ihnen um das Erlernen der naturwissenschaftlichen Denkweise geht. Doch die oben beschriebenen didaktischen Konzeptionen vereiteln ein solches Bemühen, denn nicht der Erkenntnisprozeß, sondern die Resultate dominieren in diesen Darstellungen.

Neben dem Sachzwangargument, gute Physiker ausbilden zu müssen, ist ein wesentlicher Grund für die Orientierung an der Fachsystematik und der damit einhergehenden Abbilddidaktik wiederum in der ungenügenden wissenschafts- bzw. erkenntnistheoretischen Reflexion der eigenen Wissenschaft zu sehen: Unter einer physikalischen Theorie verstehen Physiker ein logisches Aussagensystem über verobjektivierbare Resultate (vgl. Ludwig 1970, S.30ff). Solche formalisierenden Beschreibungen gelten mittlerweile als unzureichend. Physikalische Resultate sind nicht nur die zwingende Folge eines methodologischen Verfahrens, sondern die Wissenschaftlergemeinschaft bestimmt über das, was und wie geforscht wird. Damit bestimmen der jeweilige Wissensstand dieser Gemeinschaft, die jeweils zur Verfügung stehenden experimentellen Methoden, ihre Interessen etc. über das, was als physikalische Wahrheit zu gelten hat. Demzufolge gelten die Gesetze der Elektrodynamik allein deshalb, weil die Physikergemeinschaft nur das, was sie verobjektivieren konnte, zur Elektrodynamik zusammengefaßt hat, d.h. nur die auf reproduzierbare Tatsachen reduzierten menschlichen Erfahrungen mit elektrischen Phänomenen bilden die empirische Basis.

Diese Auffassung von der exakten Wissenschaft reicht bereits in die zwanziger Jahre zurück, als u.a. der Biologe und Wissenschaftstheoretiker Ludwik Fleck Wissenschaft als historisch und sozial determinierte Erkenntnistätigkeit beschrieb (Fleck 1980, 1983). Selbst die objektiv erscheinenden physikalischen Begriffe, Theorien und Experimentalapparaturen beschrieb er als historische Etappen eines kollektiven Erkenntnisprozesses. Aktuelle physikalische Auffassungen werden immer in Abhängigkeit von ihren historischen Vorläufern gesehen und selbst die "Entstehung des Neuen" (Kuhn 1979) ist nicht ohne den Bestand an altem Wissen denkbar, denn das Neue kann nur gedacht werden in Abgrenzung zum Alten.

Diese unmittelbare Verwobenheit der Forschungsergebnisse mit ihrem Entstehungsprozeß - wissenschaftstheoretisch auch als 'context of discovery' bezeichnet - wird in den Lehrbüchern zugunsten des logisch begründbaren Aussagensystems aufgegeben. In diesem Prozeß des Übergangs einer physikalischen Erkenntnis aus dem 'context of discovery' in den 'context of justification' verliert dieses Produkt menschlichen Erkennens vielfach seinen ihm eigentümlichen, sinnstiftenden Kontext. Fleck beschrieb diesen Prozeß des Verobjektivierens menschlicher Erkenntnisse folgendermaßen: "Die Legitimierung einer Aussage löst sie aus ihren genetischen, psychologischen und geschichtlichen Zusammenhängen heraus und paßt sie den Schemata des Gesamtsystems an. Sie reißt sie also sozusagen aus dem Mutterboden heraus und verpflanzt sie in einen gemeinsamen künstlichen Garten; sie nimmt ihr die individuelle Eigentümlichkeit weg, indem sie sie in die Uniform des Kollektivdienstes kleidet. Sie läßt sie an der Glaubwürdigkeit und am Ansehen des ganzen Systems teilhaben, das von der Denkgemeinschaft als das einzig gute, sogar als das einzig mögliche betrachtet wird. Die Aussage gewinnt dadurch die Merkmale von Objektivität und Gewißheit (Beständigkeit)" (Fleck 1983, S. 93).

Berücksichtigt man weiterhin, daß physikalischer Erkenntnisfortschritt auf der Grundlage der Konsistenzbedingung basiert, d.h. neue, umfassendere Theorien müssen mit den alten Wissensbeständen verträglich sein, dann läßt sich die klassische Elektrodynamik als eine sedimentartige Ablagerung historischer Wissensbestände mit je spezifischen Bedeutungskontexten beschreiben, die jedoch in der aktuellen Theorie nicht mehr ersichtlich sind, bzw. entsprechend der jeweils favorisierten Theorie umgedeutet werden. So objektiv erscheinende Begriffe wie die elektrische Ladung oder das elektrische Feld erscheinen damit als Spielmarken der Physik. Ihr Vorhandensein, sowie deren ursprüngliche Bedeutung ist jedoch nur konstitutionslogisch zu erklären, d.h. nur unter Hinzunahme des historischen Entwicklungsprozesses verstehbar. Dieses Verfahren der Aufhebung des Historischen zugunsten des Logischen entkleidet daher die Ergebnisse menschlichen Denkens und Handelns ihrer historisch und sozial determinierten Kontexte und hinterläßt damit ein ahistorisches, objektives und statisches Theoriegebäude.

1.3.2. Die Unvermitteltheit physikalischer Grundbegriffe

1.3.2.1. Ladung, Ladungserhaltung

Der Ladungsbegriff ist zweifellos neben dem Feldbegriff einer der zentralen Grundbegriffe der Elektrodynamik. Gleichzeitig ist er aber auch der Unvermitteltste. Bereits in der Schule antwortet der Lehrer auf die Frage, was Elektrizität sei, daß es zwei Arten von Ladung gäbe, positive und negative. Im Schulbuch ist außerdem zu lesen, daß diese Substanzcharakter besitzen. Zunächst glaubt man auch etwas verstanden zu haben, denn mit dem Wort Ladung assoziiert man beladen, entladen von irgendwelchen Körpern. Diese Vorstellungswelt bleibt jedoch Privatsache, solange man die Schulbuchdefinition wiedergeben kann. Im Laufe der Zeit gewöhnt man sich aber an den Begriff und verwendet ihn wie ein Werkzeug, dessen innere Struktur nie jemand kennengelernt hat.

Die oben erwähnten Lehrbücher geben ebenfalls keine befriedigenderen Auskünfte. So schreibt beispielsweise Edward M. Purcell: "Für die folgenden Erörterungen wird eine gewisse Vertrautheit mit den Grundtatsachen der Elektrizität vorausgesetzt. Wir wollen uns daher nicht damit aufhalten, alle Experimente aufzuzählen, die zum Nachweis der Existenz elektrischer Ladungen dienten, oder das gesamte Beweismaterial für die elektrische Natur der Materie behandeln. Andererseits soll aber auf die experimentellen Grundlagen der wichtigsten Gesetze eingegangen werden, ... Eine grundlegende Eigenschaft elektrischer Ladungen ist ihr Vorkommen in zwei verschiedenen Arten, die bereits vor langem als positiv und negativ bezeichnet wurden. Es lassen sich nämlich zwei Klassen elektrischer Ladungen unterscheiden, wobei die Teilchen in jeder Klasse sich gegenseitig abstoßen, Teilchen aus verschiedenen Klassen einander jedoch anziehen. ... Warum? Dieses fundamentale Gesetz läßt sich noch nicht auf tieferliegende allgemeinere Gesetze zurückführen. Die Physiker neigen heute dazu, die positive und die negative Ladung als entgegengesetztes Auftreten einer Eigenschaft zu betrachten, wie auch 'rechts' und 'links' die beiden entgegengesetzten Äußerungen der Eigenschaft 'Seitigkeit' sind (Purcell 1979, S. 1).

Jay Orear versucht über den historischen Rückgriff auf Benjamin Franklin die Begriffe positiv und negativ zu erläutern, um dann in Analogie zum Massenbegriff den Studenten eine Vorstellung von der Ladung zu vermitteln: "Der Begriff der Ladung weist Ähnlichkeiten mit dem Begriff der Masse auf. Jeder Gegenstand oder jedes Teilchen hat Eigenschaften, die wir durch die Zuordnung einer bestimmten Masse kennzeichnen. So ist es auch mit der Ladung: Jeder Gegenstand oder jedes Teilchen weist eine ihm innewohnende Ladung auf, die allerdings nicht nur positiv, sondern auch negativ oder Null sein kann. Wir sahen, daß bei der Berechnung wechselwirkender Körper (Bestimmung ihrer gegenseitigen Beschleunigungen etc.) durch die Einführung des durch Abstraktion gewonnenen Begriffs der Masse eine große Vereinfachung erzielt wurde. Die Einführung des Begriffs der Ladung gestattet eine ähnlich einfache Beschreibung dieses neuen Krafttyps" (Orear 1973, S. 199). Mit dieser Analogie greift er unausgesprochen auf ein historisches Ladungskonzept des 18. Jahrhunderts zurück, das zwar zur quantitativen Übereinstimmung mit dem Newtonschen Gravitationsgesetz führte (Coulomb-Gesetz), doch in der aktuellen Fachsystematik darüberhinaus keine weitere Tragfähigkeit besitzt.

Mit der abschließenden Darstellung der Elektrostatik erscheint daher der Begriff Ladung in einer anderen Konzeption als die Quelle des elektrischen Feldes (vgl. elektrisches Feld bzw. Wechselwirkungsmodelle). In all diesen Konzeptionen erscheint der Ladungsbegriff gewissermaßen als Spielmarke der Physik, deren Bedeutung variiert und letztendlich unklar bleibt. Dieses Problem erkannte der theoretische Physiker Arnold Sommerfeld bereits in den dreißiger Jahren dieses Jahrhunderts, indem er davor warnte, diesen Begriff mit Worten beschreiben zu wollen. "Die Existenz elektrischer Ladungen sehen wir als gegebene Tatsache an, ... Wir hüten uns, die Ladung mit Worten definieren zu wollen oder ihr durch einen Willkürakt eine abgeleitete Dimension unterzuschieben. Vielmehr schreiben wir ihr, als einer über die Mechanik hinausgehenden Gegebenheit, eine eigene Dimension zu" (Sommerfeld 1977, S. 6).

Ebenso weisen Philosophen auf die leicht zu begehenden Mißverständnisse bei der Interpretation der Ladung hin. "Ladung ist nicht wie rote Farbe, ist nichts Stoffliches, das man einem Elektron geben oder wieder nehmen kann; sie ist bloß eine gebräuchliche Bezeichnung für eine bestimmte physikalische Gesetzmäßigkeit" (Russell in Orear 1973, S. 200). Hiermit wird gewissermaßen das Gebot ausgesprochen, sich kein Bild von der elektrischen Ladung zu machen.

In der Physik bleibt "Ladung" ein abstrakter Begriff, mit dessen Einführung sich die Physik der Frage nach dem Wesen der Elektrizität entledigt hat /14/. Sie beschränkt sich fortan auf die Entwicklung umfassender begrifflicher Konstruktionen, die den Phänomenbereich Elektrizität quantitativ beschreiben. Spricht ein Physiker heute davon, ein Körper sei elektrisch geladen, meint er nicht mehr, als daß dieser eine ganz spezifische Art der Wechselwirkung hervorruft. In Verbindung mit dem Coulombschen Gesetz gilt die Ladung daher als quantitatives Maß für die Fähigkeit eines Körpers zur Wechselwirkung. Ihre axiomatische Einführung wird auch durch solch suggestive Einleitungssätze wie 'Es gibt elektrische Ladungen, jeder kennt sie', nicht verständlicher. Ohne zusätzliche Informationen klingt es wie ein Glaubenssatz und erzeugt alles andere als ein kritisches Denkvermögen.

Ebenfalls problematisch ist der Ladungserhaltungssatz. "Die Erhaltung der Ladung ist als streng einzuhaltendes physikalisches Gesetz zu fordern. Wie bei anderen physikalischen Grundgesetzen gibt es auch hier keinen absoluten Beweis. Der einzig mögliche Beweis für Erhaltungssätze und andere Naturgesetze besteht darin, daß sie immer wieder den durchgeführten Überprüfungen standhalten" (Orear 1973, S. 200). Notgedrungen verweist er im Verlauf der weiteren Argumentation auf die Bedeutung von Erhaltungssätzen und deren Anzahl. Andere Autoren wie Feynman setzten die Erhaltung der Ladung als Fundamentalgesetz der Elektrodynamik voraus (Feynman 1973, S. 13-3). Oder es werden Versuche unternommen, diese Annahme darüber zu plausibilisieren, indem z.B. eine negative Abgrenzung gemacht wird: "Eine Tatsache wird bei der Behandlung des Elektromagnetismus noch klar werden:

Die Nichterhaltung der Ladung wäre mit der Struktur der gegenwärtigen Theorie des Elektromagnetismus unvereinbar" (Purcell 1979, S. 2). Alle Darstellungen erwecken den Eindruck, als ob der Erhaltungssatz stillschweigend vorausgesetzt und auf diesem das Theoriegebäude Elektrodynamik entwickelt wurde.

1.3.2.2. Die elektromotorische Kraft

Die Einführung der elektromotorischen Kraft (im folgenden kurz EMK) ist ein weiteres Musterbeispiel für die Unvermitteltheit physikalischer Begriffe. Die heute mit diesem Begriff verbundene physikalische Vorstellung ist rein mathematischer Natur und möchte allzugern mit ihren dem Begriff anhaftenden, historischen Spuren brechen. So schreiben beispielsweise Alonso, Finn: "The word 'force' is misleading since we are referring to 'energy', but it has been accepted by common usage" (Alonso,Finn 1974, S. 591). Je nach dem aktuell favorisierten, theoretischen Konzept erfährt also der Begriff EMK seinen spezifischen Bedeutungsgehalt.

In einem der aktuellen Hochschullehrbücher wird die Vorstellung von der EMK aus der aus der Mechanik bekannten allgemeinen Vektorfelddarstellung deduktiv abgeleitet. Die diesem Formalismus angehörenden, mathematischen Konzepte der Wegabhängigkeit des Linienintegrals sowie der Zirkulation des Vektorfeldes werden auf die Beschreibung des elektrischen Feldes angewandt und liefern eine rein formale Definition der EMK (siehe Abb.1). "Since the electric field is equal to the force per unit charge, the line integral of the electric field, E*dl, is equal to the work done when moving one unit of charge along the path L. If the path is closed (Fig. 16-31), the line integral becomes the circulation of the electric field. It is called the electromotive force (emf) applied to the closed path. Designating the emf by V, we have that emf = V = E*dl. Therefore the electromotive force applied to a closed path is equal to the work done when moving one unit of charge around the path" (Alonso, Finn 1974, S. 591). Eine solche Einführung führt zu der Vorstellung von der elektromotorischen Kraft als eines rein aus den Regeln der Vektoranalysis deduzierbaren Begriffs. Die Frage nach der Art dessen, was diese dynamischen Vorgänge verursacht, bleibt unbeantwortet. Ebenso denkbare Spekulationen über mögliche Formen einer Wirkkraft in der Natur bleiben aus. Auf mögliche Spekulationen wird zugunsten der Diskussion eines allgemeinen Vektorfeldformalismusses, in dem das elektrostatische Feld einen Spezialfall darstellt, verzichtet.

Sowohl im Alonso Finn als auch im Feynmann wird anstelle dessen versucht, diesen formalen Ansatz mit "Leben" zu füllen, indem experimentell bekannte Stromkreisphänomene mit Hilfe dieses neuen Begriffs beschrieben werden. Wird beispielsweise ein Teilstück des Drahtes eines Leiterkreises mit Galvanometer über den Nordpol eines Magneten geführt, "erfolgt ein Gesamtstoß auf die Elektronen im Draht in der Richtung des Drahtes. Es kann Stöße an verschiedenen Punkten in verschiedenen Richtungen geben, aber es erfolgt in der einen Richtung ein stärkerer Stoß als in der anderen. Was zählt ist der Stoß, der über den gesamten Stromkreis integriert wird. Wir nennen diesen totalen, integrierten Stoß die elektomotorische Kraft (abgekürzt EMK) in dem Stromkreis. Genauer ausgedrückt ist die EMK definiert als die Tagentialkraft pro Ladungseinheit im Draht, integriert über die Länge des gesamten Stromkreises" (Feynmann 1973, 16-4). Spekulationen über die Ursachen dieser Kraft werden jedoch vermieden, indem mit der Definition des elektrischen Feldes als Kraft pro Ladung allenfalls eine Diskussion über die Art des Feldes geführt werden kann und muß. Welcher Art die Wechselwirkung zwischen Ladung und Feld ist, darüber wird nicht spekuliert. Vielmehr reicht es nun aus zu unterscheiden, ob das E-Feld von statischen oder bewegten Ladungen erzeugt wird. Als Antwort auf Spekulationen über die Ursachen, weshalb ein Strom im Leiter aufrechterhalten werden kann, werden technische Errungenschaften wie Batterien und Generatoren als Energiequellen angeboten. So wie die Ladung als "Quelle des elektrischen Feldes" wird die EMK als "Quelle der Energie" (Feynman) eingeführt. In beiden Fällen stehen diese Grundbegriffe als Platzhalter für nicht weiter zu stellende Fragen.

1.3.2.3. Das elektrische Feld

Allzugerne vergegenwärtigt man sich die aus der Schulphysik bekannten Experimente mit den Eisenfeilspänen. In der Tat erwecken diese Veranschaulichungen eines magnetischen Feldes sowie die Begriffe der Feldlinien den Eindruck, als handele es sich um ein materielles Kraftfeld.

Wie bereits erwähnt, wird in der Elektrodynamik ein Zusammenhang hergestellt zwischen der Ladung und dem elektrischen Feld: Die Ladung ist die Quelle des elektrischen Feldes. Abgesehen von dem stillschweigenden Konzeptwechsel /15/ wird auf die Frage nach dem, was ein elektrisches Feld sei, ebenfalls nur sehr unbefriedigend geantwortet. "Vielleicht fragen sie nun, was ein elektrisches Feld *wirklich* ist? Ist es überhaupt etwas Reales oder nur die Bezeichnung für einen Faktor in einer Gleichung, der mit etwas anderem multipliziert den numerischen Wert der im Experiment gemessenen Kraft ergibt? Zwei Bemerkungen können hier möglicherweise weiterhelfen: Da erstens elektrische Felder zweckmäßig und brauchbar sind, ist es unwesentlich, was sie wirklich sind. Diese Bemerkung erscheint vielleicht zynisch, ist aber durchaus ernst gemeint. ... Um sich ein Bild von einem elektrischen Feld zu machen, muß man jedem Raumpunkt einen Vektor, also einen Betrag und eine Richtung zuordnen" (Purcell 1979, S. 11).

Im folgenden arbeitet Purcell mit den Feldlinienbildern, die ebenfalls zur Veranschaulichung der Beziehung zwischen dem elektrischen Feld und den Quellen des Feldes, den felderzeugenden Ladungen, dienen. Zu diesem Zweck wird eine neue Größe definiert, der "elektrische Fluß". Die mit diesem Begriff verbundene spezifische Vorstellungswelt einer 'bohnenförmigen' Gaußschen Oberfläche wird im Rahmen der Physikausbildung stillschweigend als physikalische Realität übernommen /16/.

Feynman übt dagegen mit seiner Darstellung Kritik an den Lehrbuchdarstellungen der oben beschriebenen Art, da z.B. die Feldlinienvorstellung nur für ruhende Ladungen gilt. "Ein Beobachter aber, der mit beiden (bewegten d.V.) Ladungen mitläuft, würde beide Ladungen als stationär empfinden und behaupten, daß es dort kein magnetisches Feld gibt. Die 'Getriebe' oder 'Linien' verschwinden, wenn man sich mit dem Objekt mitbewegt! Damit sind wir also nur auf ein neues Problem gestoßen. Wie können Getriebe verschwinden? Wer Feldlinien zeichnet, ist in einer ähnlichen Schwierigkeit. Es ist nicht nur unmöglich zu sagen, ob sich die Feldlinien mit den Ladungen bewegen oder nicht - in manchen Bezugssystemen können sie sogar vollständig verschwinden" (Feynman 1973, S. 1-15). Feynman schlägt daher vor: "Am besten verwendet man das abstrakte Bild von einem Feld. Daß es abstrakt ist, ist zwar bedauerlich, aber notwendig" (Feynman 1973, S. 1-

14). Er bedient sich daher eines mathematischen Formalismus, der wiederum jeglicher Anschauung entbehrt. Trotzdem ist der Mensch bemüht, sich ein Bild von den elektromagnetischen Vorgängen zu machen. Mit dem Feldbegriff verbindet sich automatisch die Vorstellung eines kontinuierlichen Mediums, das den Raum erfüllt, ebenso wie mit dem Begriff Elektron ein anschauliches Kügelchen assoziiert wird. Beide Vorstellungen sind jedoch physikalisch unzulänglich: "Nicht bloß der Laie, sondern auch der Physiker hat sich angewöhnt, das Elektron als ein - wegen seiner Kleinheit allerdings nicht unmittelbar wahrnehmbares - Ding zu betrachten. Aber es ist in Wahrheit kein Ding, sondern eine einer bestimmten Erfahrungsgruppe zukommende Struktur. ... Alles, was sich auf Grund der Messungen über das Elektron sagen läßt, ist in einer oder mehreren Funktionen $\Psi(x,y,z,t)$ enthalten, die bestimmte Differentialgleichungen erfüllen. ... Wir haben es mit Elektronen zu tun, wenn Erscheinungen vorliegen, deren nach bestimmten Verfahren vorgenommene Ausmessung zu den für das Elektron charakteristischen Funktion Ψ führt. Alles, was diesen Funktionen hinzugefügt wird, ist eine willkürliche Ausschmückung der Tatsachen. Das heißt aber, das Wort Elektron ist nichts als eine stenographische Bezeichnung für eine Struktur. Gehen wir über diese hinaus, so beginnen wir zu dichten. Insbesondere ist es eine Dichtung, wenn wir die Struktur, um sie unserer Anschauung näher zu bringen, an einen substantiellen Träger heften, der in jedem Augenblick lokalisierbar ist und sich im Wechsel der Erscheinungen immer gleich bleibt" (March 1960, S. 3 f).

Ebenso verbietet es sich, anschauliche Bilder des elektischen Feldes anzugeben bzw. nach seinem Wesen zu fragen. Doch scheint es ein ureigenes Bedürfnis zu sein, sich eine Anschauung zu machen. Deshalb widmet Feynman diesem Problem der Unanschaulichkeit ein eigenes Kapitel (Feynman 1973, S. 20-13 ff), da auch er aus didaktischen Gründen mit Bildern arbeitet, die letztendlich wieder verworfen werden sollen. "Unsere Form von Vorstellung ist daher eine heikle Sache. Man muß sich etwas anschaulich vorstellen können, das nie zuvor gesehen oder gehört worden ist. Gleichzeitig stecken unsere Gedanken sozusagen in einer Zwangsjacke, denn sie werden von den Bedingungen eingeschränkt, die auf unserer Kenntnis der Natur und ihrer Wirklichkeit beruhen" (Feynman 1973, S. 20-14). Was der Lernende sich nun unter einem Feld vorzustellen hat, das erweist sich selbst für Feynman als unlösbares Unterfangen. "Handelt es sich um etwas anderes, als wenn man sich den Raum voll von unsichtbaren Engeln vorstellt? Nein, es handelt sich nicht um dasselbe, wie wenn man sich unsichtbare Engel vorstellt. Das elektromagnetische Feld zu verstehen, verlangt einen sehr viel höheren Grad an Vorstellungsvermögen, als unsichtbare Engel zu verstehen. Warum? Um unsichtbare Engel verständlich zu machen, genügt es, ihre Eigenschaften *etwas* abzuändern - ich mache sie andeutungsweise sichtbar und dann kann ich die Form ihrer Flügel, ihrer Körper und ihrer Heiligenscheine erkennen. Ist es mir gelungen, mir einen sichtbaren Engel vorzustellen, so fällt mir auch die notwendige Abstraktion nicht mehr schwer, die darin besteht, daß ich von fast unsichtbaren zu völlig unsichtbaren Engeln übergehe. Sie sagen also 'Herr Professor, bitte geben sie mir eine annähernde Beschreibung der elektromagnetischen Wellen, auch wenn sie etwas ungenau ist, damit ich diese so gut sehen kann, wie ich fast unsichtbare Engel sehe. Ich werde dann das Bild bis zum notwendigen Grad von Abstraktion modifizieren.' Tut mir leid, aber das kann ich nicht für Sie tun. Ich weiß nicht wie. Ich habe kein Bild dieses elektromagnetischen Feldes, das einigermaßen genau wäre. Das elektromagnetische Feld ist mir seit langem vertraut - vor 25 Jahren war ich in derselben Lage wie sie heute, und heute habe ich 25 Jahre mehr Denkerfahrung im Umgang mit diesen schwingenden Wellen. ... Ich kann tatsächlich kein Bild zustande bringen, das den wirklichen Wellen auch nur annähernd entspricht. Fällt es Ihnen daher schwer, sich ein solches Bild zu machen - seien Sie unbesorgt, Ihre Schwierigkeit ist nicht außergewöhnlich" (Feynman 1973, S. 20-13). Gemessen an den Darstellungen anderer Physiklehrbücher ist dies zumindestens eine ehrliche Darstellung, jedoch immer noch unbefriedigend, da die Einsicht letztendlich auf die Denksolidarität mit den Lernenden und dem Hochschullehrer verlagert wird.

Daß diese Verschwommenheit physikalischer Begriffe nicht nur ein subjektives Problem für die Lernenden darstellt, sondern von immenser gesellschaftlicher Tragweite ist, darauf wiesen die Philosophen unterschiedlichster Richtungen seit langem hin: "Ich antworte nämlich, daß die Begriffe, die ich soeben naiv verwendet habe, das heißt die Begriffe der Naturwissenschaften, insbesondere also der Physik, so wie sie neuzeitlich betrieben wird, ihrerseits vollkommen dunkel und erklärungsbedürftig sind. Es gehört zu den methodischen Grundsätzen der Wissenschaft, daß man gewisse fundamentale Fragen nicht stellt. ... Dieses Faktum ist wahrscheinlich methodisch grundlegend für den Erfolg der Wissenschaft. ... Auf der anderen Seite darf man sich darüber nicht täuschen, daß das methodische Verfahren der Wissenschaft, das ich soeben charakterisiert habe, wenn es sich über seine eigene Fragwürdigkeit nicht mehr klar ist, etwas Mörderisches an sich hat. ... Die Frage ist, wie man sich möglicherweise eine Antwort auf die Probleme denken kann, die ich jetzt mit der Behauptung, die Grundbegriffe der Physik seien ungeklärt, nur angedeutet habe" (Weizsäcker 1986, S. 287f).

Gerade heute ist die Physik als Programm der Naturbeherrschung /17/ mehr denn je gefragt, die Bedingungen ihres scheinbaren Erfolges mit in den Reflexionsprozeß einzubeziehen. Wo wäre ein besserer Ort, als in der Physikausbildung damit zu beginnen, solch philosophische Einwände systematisch in die Vermittlung des Lehrstoffs mit einzubeziehen. Doch weder in aktuellen Lehrbüchern zur Elektrodynamik noch in den Vorlesungsskripten wird, über die beschriebenen Rechtfertigungen hinaus, auf diese Problematik eingegangen. Der Wissenschaftstheoretiker und -historiker Stephen Toulmin vergleicht die Auswirkungen der unreflektierten Aneignung dieser Begriffe mit dem Aufsetzen einer Brille. "Es gibt nur eine Methode, die Brille, die man aufhat, deutlich zu sehen: man nimmt sie ab. Es ist unmöglich, gleichzeitig sie selbst und durch sie hindurch zu sehen. Bei den fundamentalen Begriffen der Wissenschaft liegen die Dinge ähnlich. Das Bild, das wir von der Welt im Kopf haben, wird in einem solchen Ausmaß durch sie bestimmt, daß wir vergessen, wie die Welt ohne sie aussehen würde; wir sind so befangen, daß wir anderen Möglichkeiten gegenüber leicht blind werden" (Toulmin 1981, S. 121).

Auch das bedauert Feynman, wenn er davon spricht, daß unsere Gedanken sozusagen in einer Zwangsjacke stecken. Denn mittlerweile - so Feynman - ist es "extrem schwierig, etwas Neues hervorzubringen, das mit allem bereits Erkanntem konsistent ist (Feynman 1973, S. 20-15). Damit reduziert er das Problem der Unvermitteltheit physikalischer Begriffe auf eine physikimmanente Angelegenheit. Letztendlich heißt das für ihn, daß nur diejenigen Erkenntnisfortschritt bringen können, die in der Lage sein werden, das bereits akkumulierte Wissen vollständig zu erfassen, um die damit transportierten Vorstellungen zu revolutionieren, ohne die Konsistenzbedingung zu verletzen. Daß jedoch dieses von Toulmin prognostizierte Blind-Werden auch als Ausgrenzung anderer Ansichten von Natur verstanden werden kann, sieht Feynman nicht.

1.3.2.4. Wechselwirkungskonzepte

Von zentraler Bedeutung in der Physik, insbesondere auch für die Elektrodynamik, sind die als Nah- und Fernwirkung bekannten Wechselwirkungskonzepte. Ihr teilweise kommentarloser Wechsel in der Beschreibung experimenteller Situationen führt häufig zu Mißverständnissen und damit zu Lernschwierigkeiten. Bevor ich dies anhand einiger Beispiele aufzeige, möchte ich etwas grundsätzlicher auf diese Vorstellungen und deren Geschichte eingehen. Schon das von Newton aufgestellte System der Mechanik sorgte seinerzeit für große Verwirrung. Seine Behauptung, die Planetenbewegungen seien auf das Einwirken einer Kraft, der Gravitationskraft zurückzuführen, wurde von vielen abgelehnt. Ihm wurde vorgeworfen, in die Physik eine verborgene Qualität einzuführen: Wie sollte an einem Ort eine Wirkung auftreten, wenn dort kein Druck oder Stoß eines materiellen Trägers ausgeübt wird. Seine Vorstellung erinnerte viele an die als längst überholt geglaubte Vorstellung der Beseeltheit der Materie, deren Wechselwirkung gewissermaßen als Sympathie und Antipathie zu beschreiben war (vgl. Kepler in Heidelberger, Thiessen 1981, S. 106).

Die heute für einen Physiker und selbst für einen Laien selbstverständliche Feststellung, daß es eine Gravitationskraft gebe, bedurfte der Überzeugungsarbeit vieler Generationen, und selbst heute in den Schulen bereitet die Einführung des Kraftbegriffs große Schwierigkeiten, weil das damit umittelbar verbundene physikalische Konzept den Kindern nicht ohne weiteres einleuchtend erscheint. Und das zu Recht, denn mit der Einführung des physikalischen Kraftbegriffs hat sich die Physik der Frage nach dem Wesen dieser Kraft entledigt. Selbst die Frage nach der Art und Weise, wie diese Kraft übertragen wird, blieb und bleibt durch die Benennung einer mathematischen Beziehung $F=1/r^2$ unbeantwortet. Wodurch wird diese Kraft zwischen zwei Körpern übertragen? Gerade dieser Verzicht auf die Annahme eines Mediums, das zwischen zwei wechselwirkenden Körpern als Mittler dient, charakterisiert das physikalische Konzept der Fernwirkung. In diesem Konzept interessieren immer nur die wechselwirkenden Teilchen. Die Kraft auf ein Teilchen x im System S berechnet sich dann als vektorielle Summe der Beiträge der im System vorhandenen Teilchen. Ebenso unberücksichtigt bleibt die Frage nach der Ausbreitungsgeschwindigkeit dieser Kraft. Geschieht sie instantan oder mit einer zeitlichen Verzögerung?

Dieser Vorstellung entgegengerichtet steht die Nahwirkungskonzeption. Ihre Anhänger gehen von der Existenz eines Mittlers zwischen wechselwirkenden Körpern aus. Diese aus der Alltagserfahrung abgeleitete Vorstellung erfuhr im Laufe der Jahrhunderte die unterschiedlichsten Variationen. Die abstrakteste und heute zentrale Variante dieses Konzeptes ist die Feldphysik. Dieser abstrakte Feldbegriff ist jedoch aus vielen unterschiedlichen Modellvorstellungen, wie die Ausströmungs- und die Äthertheorien des 18./19. Jahrhunderts, hervorgegangen. Allen Vorläufern gemeinsam war ihr Bestreben nach Anschaulichkeit. Der Elektrizitätsforscher Winkler sah von den elektrisierten Körpern divergierende Linien ausgehen, andere ein unsichtbares fließendes Medium, den Äther. Im 19. Jahrhundert sprach Faraday von Kraftlinien, sowie Maxwell vom mechanischen Äther. Auch wenn sich gegen Ende des Jahrhunderts mehr und mehr herausstellte, daß sich keine befriedigende Mechanik des Äthers aufrechterhalten ließ, blieben die daran entwickelten Maxwellschen Gleichungen bestehen, nur der Sinn des Feldbegriffs wurde ein anderer: die als materiell aufgefaßten Kraftlinien sind nur noch Hilfsvorstellungen eines Physikers des 20. Jahrhunderts, die er laut Feynman auch am besten vergißt, da sie nur für statische Probleme zutreffende Beschreibungen liefern.

Um welchen Wirkungsmechanismus handelt es sich denn nun bei dem Feldkonzept? Der Begriff Feld assoziiert etwas Kontinuierliches, doch ist dieses Bild ebenfalls nicht uneingeschränkt zulässig. Entgegen dem Fernwirkungskonzept, das Ladungs-Ladungswechselwirkungen über den Kraftbegriff erfaßt, beschreibt das Feld die Fähigkeit, elektrische Ladungen zu beeinflussen. Doch bleibt es unklar, welcher Wechselwirkungsmechanismus zwischen Feld und Ladung anzunehmen ist. Damit hat die Physik das bereits aus der Mechanik bekannte Problem der Ungeklärtheit des Wechselwirkungszusammenhangs lediglich von dem abstrakten Kraftbegriff auf das noch abstraktere Feldkonzept verschoben: In der Mechanik war es nicht wichtig, was nun das Wesen dieser Kraft sei; die Elektrodynamik mit ihrem Feldkonzept interessiert sich ebenfalls nur für eine Beschreibungsform der Wechselwirkung zwischen Feld und Ladung und nicht für das Wesen des Feldes. Der Erkenntnisfortschritt gegenüber der Mechanik besteht nun darin, daß man heute das Wesen der mechanischen Kräfte auf diesen zugrunde liegende Felder zurückführen kann. Die abstrakte und unvermittelte Feldvorstellung hingegen kann auf nichts Grundlegenderes zurückgeführt werden. Der Wunsch nach einer anschaulichen Vorstellung des Feldes als die derzeit aktuellste Wechselwirkungsvorstellung bleibt weiterhin uneingelöst /18/. In den Lehrbüchern zur Elektrodynamik dienen aber gerade die kritisierten Hilfsvorstellungen als Erklärungen und werden damit gewissermaßen zur Realität. Am Beispiel der Einführung des Ladungserhaltungssatzes bei Feynman läßt sich dies sehr gut zeigen: Entgegen den sehr unbefriedigenden Abhandlungen dieses zentralen Erhaltungssatzes (siehe oben) geht Feynman ausführlich auf die eingeschränkte Universalität dieses Satzes ein. Während beispielsweise Purcell die große Bedeutung der Ladungserhaltung durch ihre relativistische Invarianz zu untermauern sucht (Purcell 1979, S. 120), gibt Feynman die Bedingungen dieser relativistischen Invarianz der Ladungserhaltung an. Er benennt zunächst das Gesetz in moderner Schreibweise: $\nabla \cdot j = -d\varrho / dt$. "Aus diesem Gesetz folgt, daß die gesamte Ladung in der Welt immer konstant ist - es gibt nie einen insgesamten Gewinn oder Verlust an Ladung" (Feynman 1974, S. 27- 2). Im folgenden problematisiert er diese Aussage: "Nehmen wir an, daß sich eine Ladung Q_1 in der Nähe eines Punktes (1) befindet, während es in der Nähe eines Punktes (2), der in einem bestimmten Abstand dazu liegt (Fig. 27-1), keine Ladung gibt. Nun stellen wir uns vor , daß die Ladung Q_1 im Laufe der Zeit nach und nach abnimmt und daß gleichzeitig eine Ladung Q_2 in der Nähe von Punkt (2) auftritt und zwar so, daß die Summe von Q_1 und Q_2 in jedem Augenblick konstant ist. Mit anderen Worten, in jedem Zwischenzustand wird die von Q_1 verlorene Ladungsmenge zu Q_2 hinzugefügt" ... Für die beschriebene 'weltweite' Erhaltung ist es notwendig, daß die von Q_1 verlorene Ladung *simultan* in Q_2 auftritt. Andernfalls gäbe es einige Augenblicke, in denen die Ladung nicht erhalten wäre. Es gibt anscheinend keinen Weg, das Gesetz der Erhaltung der Ladung relativistisch invariant zu formulieren, ohne es als einen 'lokalen' Erhaltungssatz aufzufassen" (Feynmann 1974, S. 27-2).

Das zentrale Problem scheint der Fernwirkungsmechanismus zu sein. Obwohl man in der Quantenfeldtheorie geneigt war, eine solche nichtlokale Wechselwirkung zuzulassen, d.h. "etwas *hier* hätte einen direkten Effekt auf etwas *dort*" (Feynman 1974, S. 27-2), gebot das mit der Relativitätstheorie aufgestellte Verbot der "gleichzeitigen Augenblicke" Einhalt. Feynman bietet daher zum Verständnis des lokalen Erhaltungssatz eine anschauliche Ausdeutung des Ladungserhaltungsgesetzes auf der Grundlage eines Nahwirkungskonzeptes an, obwohl diese Bilder, wie er selbst an anderen Stellen betont, physikalisch unzulänglich sind, jedoch ihre Rechtfertigung besitzen, wenn sie zur richtigen Mathematik führen (vgl. Feynman 1973, S. 4-11). "Die 'lokale' Erhaltung impliziert eine andere Vorstellung. Sie besagt, daß eine Ladung nur dann von einem Punkt zu einem anderen gelangen kann, wenn sich in dem dazwischenliegenden Raum etwas ereignet. Um das Gesetz zu beschreiben, benötigen wir nicht nur die Ladungsdichte p, sondern auch eine andere Größe, nämlich j, einen Vektor, der die Rate des Ladungsstroms durch eine Fläche beschreibt. Der Strom ist dann durch Gl. (27.1) mit der Änderungsrate der Dichte verknüpft" (Feyman 1974, S. 27-3).

Feynman kommt damit nicht umhin, die Plausibilität einer physikalischen Aussage über fragliche Hilfsvorstellungen herzustellen, um damit die relativistische Invarianz der Ladungserhaltung zu retten. Desweiteren stellt er mit dieser Formel eine Verknüpfung zweier unterschiedlicher Wechselwirkungskonzeptionen her: Die Änderungsrate der Ladungsdichte impliziert das Bild elektrischer Teilchen (Fernwirkungsvorstellung), deren Verteilung sich ändert. Der durch die Größe j symbolisierte Strom benutzt zentrale Bilder eines Nahwirkungskonzeptes wie den Feldvektor.

Auch wenn Lehrbuchtexte auf beide Konzeptionen angewiesen sind, geraten die Autoren wie beispielsweise Purcell bereits wesentlich früher in das Dilemma des stillschweigenden Konzeptwechsels: Während in den ersten Kapiteln die Studenten mit einem Fernwirkungskonzept vertraut gemacht werden (elektrische Ladung, Erhaltung der Ladung, Quantelung der Ladung, Coulombgesetz), schließt sich dort sozusagen organisch das "elektrische Feld" bzw. der "elektrische Fluß" an. Das elektrische Feld wird als vektorielle Funktion eines beliebigen Punktes (x,y,z) eingeführt. "Das elektrische Feld ist bloß eine andere Möglichkeit, ein Ladungssystem zu beschreiben. Dies geschieht durch Angabe von Betrag und Richtung der auf die Ladungseinheit bezogenen Kraft, die auf eine Probeladung Q_0 in jedem Raumpunkt wirkt" (Purcell 1979, S. 10). Hier ersetzt eine mathematische Argumentation die Begründung für die Verwendung des Feldkonzeptes (vgl. auch Kapitel "Das elektrische Feld"). Ebenso Orear: "Eine der Absichten, die man mit der Benutzung der Begriffe des elektrischen und des magnetischen Felds verbindet, ist es, die Vorstellung der Fernwirkung zu vermeiden" (Orear 1973, S. 207).

Mit der Einführung des Begriffs "elektrischer Fluß" wird ein ursächlicher Zusammenhang zwischen der Ladung und dem Feld konstruiert: Die Ladung ist die Quelle des elektrischen Feldes. Unter Verwendung des Gaußschen Satzes gelingt es dann, das Coulombsche Gesetz, ursprünglich ein Fernwirkungskonzept, als Nahwirkungsgesetz zu verwenden: "Zunächst ist der dadurch hergestellte Zusammenhang zwischen dem Feld und seinen Quellen die Umkehrung der Aussagen des Coulombschen Gesetzes. Denn aus dem Coulombschen Gesetz läßt sich bei gegebenen Ladungen das Feld herleiten; das Gaußsche Gesetz erlaubt es dagegen, die räumliche Verteilung der Ladungen bei gegebenem Feld zu ermitteln" (Purcell 1979, S. 18). Siehe hierzu auch Feynman, der das Coulombsche Kraftgesetz ebenfalls mit Hilfe von Nahwirkungskonzepten zu plausibilisieren versucht (Feynman 1974, S. 4-11).

1.3.3. Die Verfremdung von Forschungspraxis

In diesem Abschnitt möchte ich auf die Darstellungs- und Durchführungsweisen des Experiments in der Physikausbildung an der Hochschule eingehen. Meine Ausgangsthese ist es, daß die derzeitige Anfängerausbildungspraxis in erheblichem Maße zur Verfremdung von Forschungspraxis beiträgt. Zum Beweis dieser These werde ich zunächst zwei Bereiche des Experimentierens unterscheiden: den der in den Lehrbüchern und Vorlesungen überwiegenden Gedankenexperimente, sowie den der sogenannten Experimente in den Anfängerpraktika.

Es ist dabei allgemein festzustellen, daß dem Experiment zwar zentrale Bedeutung beigemessen wird, ihre Plädoyers sich jedoch auf einige wenige Begründungsstereotypen begrenzen: Das Experiment habe Entscheidungsfunktion; das Experiment sei zentraler Bestandteil der physikalischen Methode; das Experiment sei eine Frage an die Natur (Sibum 1985, S. 173 ff). In diesem vermittelten Bild des Experiments schlagen sich offensichtlich gravierende Irrtümer über die Forschungspraxis nieder.

Ich gehe davon aus, daß die dort implizit vorliegenden Charakterisierungen des Experiments den Studenten als zukünftige Beschreibungen bzw. Rechtfertigungen von physikalischer Forschungspraxis dienen. Im folgenden möchte ich zeigen, daß die der Ausbildung zugrunde liegenden Lehrbücher genau jenes verzerrte Bild vom Experiment aufbauen bzw. festigen. An diesem Dilemma ändern - wie ich in einem zweiten Schritt andeuten werde - auch die Praktika in der Ausbildung nichts. Hier wird zwar in ein für die spätere Berufspraxis absolut notwendiges Wissen eingeübt, doch entsteht dort ebenfalls kein realistisches Bild vom Experiment.

Betrachten wir die Liste von Praktikumsversuchen der ersten zwei Semester /19/, so geht es hier vorwiegend um
- die Einübung in die physikalische Meßtechnik, ausgerichtet auf den aktuellen Stand der technischen Entwicklung.
- die Präsentation von Gesetzmäßigkeiten
- die Demontage und Produktion von Funktionseinheiten (vgl. zur Typologie Rieß 1985, S. 170 f).

Zusammenfassend läßt sich daher feststellen, daß diese über viele Generationen tradierten experimentellen Resultate naturwissenschaftlicher Forschung zwar kunstvoll auf der Grundlage je aktueller Theoriegerüste in den Lehrbüchern und Experimentalanweisungen arrangiert werden, aber ihres ursprünglichen Erfahrungskontextes der historischen Subjekte beraubt und nur noch mehrfach gebrochen nachvollziehbar sind. Das Experimentieren als ursprünglich individuelle, aber immer auch gesellschaftliche Wahrnehmung und Aneignung von Natur wird zu einer abstrakten, scheinbar formalisierbaren Technik der Erkenntnisproduktion -der experimentellen Methode - stilisiert, die das erkennende Subjekt als historisches, soziales und empfindendes Wesen völlig ausgrenzt.

Die Lektüre der zur Untersuchung herangezogenen Lehrbücher /20/ vermittelt zumindest zwei irrige Ansichten:
I. Fundamentalgesetze der Elektrizität werden experimentell gefunden. Je nach Anspruchsniveau wird das Coulombgesetz eingeführt. Eine sehr irreführende Darstellung entstammt Dransfeld/Kienle (1975, S. 30): "Die Gesetzmäßigkeit, daß die Kraft proportional zu Q_1, Q_2 und $1/r^2$ ist, wurde 1785 von C. de Coulomb mit einer ähnlich der in Bild 2.3. skizzierten Drehwaage experimentell gefunden". Hier wird in sehr verkürzter Form der Eindruck erweckt, dieses Gesetz sei induktiv hergeleitet worden.

Purcell beginnt dieses Kapitel äußerst geschickt, indem er dem Leser unterstellt, daß ihm das Gesetz bereits aus dem früheren Unterricht bekannt sei: "Bekanntlich werden die Kraftwirkungen zwischen ruhenden elektrischen Ladungen durch das Coulombsche Gesetz beschrieben" (Purcell 1979, S. 4). "Was das ($1/r^2$)-Gesetz betrifft, so läßt seine experimentelle Verifizierung innerhalb eines gewissen Entfernungsbereichs kaum etwas zu wünschen übrig. 1785 führte Coulomb mit einer Torsionswaage Messungen der Kraft zwischen geladenen Kügelchen aus" (Purcell 1979, S.5). Orear weist nur noch auf die experimentell prüfbare Genauigkeit des Gesetzes hin und ansonsten erinnert nur der Name Coulomb an den historischen Ursprung (Orear 1973, S. 201f).
Alonso Finn versuchen eine ausführlichere, aber dennoch sehr verschwommene Darstellung, indem sie Coulomb als den Urheber der gesetzmäßigen Formulierung benennen, die experimentelle Verifizierung jedoch durch ein von H. Cavendish durchgeführtes Experiment illustrieren. "The electrostatic interaction for two charged particles is given by Coulomb's law, so named after the French engineer Charles A. de Coulomb (1736-1806), who was the first to state it, as follows: The electrostatic interaction between two charged particles is proportional to their charges and the inverse of the square of the distance between them, and its direction is along the line joining the two charges. ... We can experimentally verify the inverse-square law (14.2) by measuring the force between two given charges placed at several distances. A possible experimental arrangement has been indicated in Fig. 14-5, similar to Cavendish's torsion balance of Fig. 13-3" (Alonso,Finn 1974, S. 441). Hier wird ein sehr naives Bild der experimentellen Überprüfbarkeit des Coulombgesetzes gezeichnet. Weder hat in der historischen Situation ein solches, nicht von Cavendish, sondern von Coulomb durchgeführtes Experiment befriedigende Ergebnisse gebracht, noch würde eine heutige Wiederholung diese erbringen. Erst unter Verwendung modernster Experimentalapparatur läßt sich die $1/r^2$-Abhängigkeit der elektrischen Kraft reproduzieren. Doch nicht in Form des Coulombschen Versuchs, sondern, wie Purcell und ebenso John D. Jackson in seinem Lehrbuch zur klassischen Elektrodynamik zeigen, durch den Nachweis der Abwesenheit von elektrischer Influenz in einer geladenen Hohlkugel (Purcell 1979, S.5 f; Jackson 1981, S.10 f).

Die Lehrbücher zeichnen ein sehr undifferenziertes Bild von dem Forschungsexperiment: begonnen mit dem Verweis auf die induktive Vorgehensweise, in der Annahme das Coulombgesetz aus der experimentellen Erfahrung herleiten zu können (Dransfeld /Kienle), bis hin zu solchen Darstellungen des deduktiven Verfahrens, die das aus einer mechanischen Analogie ableitbare Gesetz zu verifizieren versuchen (z.B. Purcell). Beide Einführungsvarianten des Coulombgesetzes geben daher ein der physikalischen Forschungspraxis unangemessenes Bild des historischen Experiments wider. So erscheint Coulomb im Nachhinein entweder als der geniale Forscher des 18. Jahrhunderts, oder zumindest seine Experimentalapparatur als ein Meisterstück physikalischer Meßtechnik. Implizit gewinnen jedoch die quasi-historischen Darstellungen des Experiments eine Eigenbedeutung, die ihnen im realen Forschungsprozeß nicht zukommt.

Will man der Gefahr einer verkürzten historischen Darstellung entgehen, indem man das Coulombsche Gesetz einfach in Analogie zum Newtonschen Kraftgesetz einführt, ohne auf die experimentelle Verifikation einzugehen, so könnte die historische Rekonstruktion in didaktischer Absicht Aufklärung und damit ein tieferes Verständnis vom Experiment im Forschungsprozeß liefern. Erstens würde dann deutlich, daß Coulomb lediglich drei Meßwerte für den Abstoßungsversuch zweier Teilchen veröffentlicht hat, die keinesfalls als überzeugende Messungen gelten können. Zweitens hat er die Ergebnisse der Anziehung zweier geladener Körper indirekt aus dem mechanischen Schwingungsverhalten einer Schellacknadel abgeleitet. Drittens stand es für Coulomb außer Zweifel, daß in Analogie zur Mechanik das Newtonsche Gesetz auch für die Elektrizität gelten würde. Um nun jenes Resultat zu gewinnen, beging er einen Zirkelschluß, indem er die zu suchende Gesetzmäßigkeit bereits in den Experimentalaufbau "einbaute": Der Geometrie der Experimentalanordnung, d.h. Kugeln als Ladungsträger zu verwenden, sowie der Betrachtung ihrer Mittelpunkte als mathematische Repräsentanten (Punktladung) der von der Oberfläche der Kugeln ausgehenden Kräfte liegt bereits die $1/r^2$-Abhängigkeit zugrunde. Seine Meßergebnisse wiesen aber eine zwanzigprozentige Abweichung vom erwarteten Wert auf (Devons 1987, S. 320). Im Vertrauen auf die Richtigkeit des Newtonschen Kraftgesetzes auch für elektrische Phänomene interpretierte er diese Abweichungen als Ladungsverluste. Dies erfährt man aus keinem physikalischen Lehrbuch /21/.

Folgt man diesen, gelingt eine gedankliche "Überprüfung" des Coulombschen Gesetzes ohne den lästigen Widerstand des Konkreten: Es wird mit idealisierten Punktladungen hantiert, und die Vektordiagramme lassen endlich auch das Verhalten von mehr als zwei Ladungen studieren. "Wenn mehr als zwei Ladungen vorhanden sind - erst dann wird es wirklich interessant - müssen wir das Coulomb'sche Gesetz durch ein weiteres ergänzen: die Kraft auf eine beliebige Ladung ist die Vektorsumme der Coulombkräfte von jeder der anderen Ladungen. Diese Tatsache nennt man das 'Überlagerungsprinzip'. Darin besteht die ganze Elektrostatik. Das Coulomb'sche Gesetz kombiniert mit dem Überlagerungsprinzip, das ist alles" (Feynman 1973, S.4-4).

Der Ersatz des Real-Experiments durch ein Gedankenexperiment führt daher nicht nur zu einer Verfremdung von Forschungspraxis, sondern ebenso zur De-Realiserung menschlicher Erfahrung. Auf diese Weise wird eine für den naturwissenschaftlichen Bildungsprozeß produktive Phase der Verunsicherung im Erkenntnisprozeß umgangen. Mit Hilfe einer historischen Fallstudie könnte dieser Gefahr der Verfälschung durch Vereinfachung entgegengewirkt werden und diesem eine der historischen Situation entsprechende Stellung und Funktion zugewiesen werden.

II. Das Experiment hat als Frage an die Natur Entscheidungsfunktion

In dieser wohl beliebtesten Funktion nutzen die Lehrbuchautoren das Experiment, um wissenschaftliche Tatsachen einzuführen. Sie geben vor, Klarheit zu besitzen in dem, was Elektrizität sei. Noch zu Beginn dieses Jahrhunderts äußerte sich Ernest Rutherford vorsichtiger: "With regard to the question 'What is electricity?' so often asked the scientists by the layman, science cannot at present venture an adequate answer" (Rutherford 1906, S. 157).

Solche Formulierungen sind mittlerweile entschiedeneren Darstellungen gewichen. Purcell spricht im ersten Kapitel seines Physiklehrbuchs von den "Grundtatsachen der Elektrizität", deren Kenntnisse er voraussetzt. "Wir wollen uns daher auch nicht damit aufhalten, alle Experimente aufzuzählen, die zum Nachweis der Existenz elektrischer Ladungen dienten, oder das gesamte Beweismaterial für die elektrische Natur der Materie behandeln" (Purcell 1979, S. 1). Eine ähnliche Darstellung findet sich bei Sommerfeld: "Die Existenz elektrischer Ladungen sehen wir als gegebene Tatsache an, sei es, daß wir sie durch Reiben eines Stückchen Bernstein, des Taufpaten der Elektrizität, erzeugen, oder an dem Funken beim Verbinden der Pole einer Batterie erkennen" (Sommerfeld 1977, S. 6). Solche Einführungen, illustriert mit einer Vielzahl von Demonstrationsexperimenten, erwecken den Anschein, als ob wir durch das Experiment gesicherte und damit unbestrittene Erkenntnisse über die Natur der Elektrizität besäßen. Bestimmte Grundtatsachen erscheinen also als nicht mehr zu hinterfragende.

Doch was bedeutet hier der Begriff "Tatsache"? Zu dieser Frage möchte ich M. Wagenschein zitieren, der am Beispiel der physikalischen Vorstellung von Licht ausführte: "Es (das Licht, d.V.) äußert sich nämlich bei gewissen Experimenten so, daß wir das eine 'Bild' (Licht als Teilchen, d.V.) gebrauchen müssen, bei anderen wieder so, daß das andere allein möglich ist. Woraus man sieht, daß es sich hier überhaupt nur um Bilder, also Gleichnisse, Modelle, handelt, nicht um objektiv gegebene Tatsachen" (Wagenschein 1950, S.12).

Akzeptiert man diese Relativierung des Tatsachenbegriffs, dann gelten die oben erwähnten Grundtatsachen der Elektrizität nicht deshalb, weil die Natur in dieser Weise geantwortet hat, sondern weil die Tatsachen in das derzeit gültige Erklärungsmodell passen. Erst unter Berücksichtigung dieser Verflochtenheit von Theorie und Experiment wird es verständlich, warum die Elektrizitätsforschung im 18. Jahrhundert - charakterisiert durch eine Vielzahl von wissenschaftlichen Schulen - eine ständige Suche nach Grundtatsachen war. Daß Experimente sowohl zur Bestätigung der Ein-Fluidum-Theorie B. Franklins als auch zu der der Zwei-Fluida-Theorie R. Symmers angeführt werden können, zeigt, daß je nach dem von der Forschergemeinschaft favorisierten Elektrizitätmodell Experimente geplant und ausgeführt werden können. Das beobachtbare Resultat ist damit in zweifacher Hinsicht von dem jeweiligen Bild oder Modell determiniert. Der Versuchsaufbau und die Durchführung ermöglichen nur physikalische Phänomene, die sich in einem durch das favorisierte Modell begrenzten Erwartungshorizont bewegen. Außerdem erfährt der zu beobachtende Vorgang eine durch den auf das favorisierte Modell vertrauenden Wissenschaftler geprägte Interpretation. Dasjenige Phänomen, das beispielsweise ein Zwei-Fluida-Vertreter als Dreckeffekt bzw. Störgröße bezeichnen könnte, kann für den Konkurrenten von zentraler Bedeutung zur Stützung seiner Theorie sein.

Als Verfahren der empirischen Überprüfung von Hypothesen kommt dem Experiment daher große Bedeutung zu, doch besagt es nichts über die Gültigkeit der Theorie an sich. P. Duhem weist dem Experiment deshalb lediglich die Funktion zu, in einem System von Hypothesen einen Fehler nachweisen zu können (Duhem 1978, S.188 ff). In der neueren wissenschaftstheoretischen Diskussion der New Philosophy of Science findet diese Einschätzung ebenfalls weitere systematische Verankerung. Zum Aspekt der Beweiskraft eines Experiments stellt Feyerabend fest, daß es keine einzige Theorie gegeben hat, die jemals mit allen bekannten Tatsachen auf ihrem Gebiet übereinstimmte (vgl. Feyerabend 1979, S. 382 ff). Für Kuhn stellen daher nicht die experimentell gefundenen Fakten, sondern die wissenschaftliche Gemeinschaft letzte Entscheidungsinstanz dar (vgl Kuhn 1979, S. 37ff).

Mit dieser Relativierung wird nicht die experimentelle Erfahrung in Frage gestellt, sondern dem sich verabsolutierenden Wahrheitsanspruch der exakten Wissenschaften wird ein Objektivitätsbegriff entgegengestellt, der noch an das erkennende, historische Subjekt gebundenen ist /22/. Diese Differenzierung wird in den Lehrbuchdarstellungen geradezu sträflich vernachlässigt. Besonders drastisch zeigt sich dies in den Abschnitten, die die Quantisierung der Ladung zum Thema haben. Das Experiment soll hierbei nicht nur Tatsachen präsentieren, sondern Entscheidungsfunktion haben - so wird behauptet: "An important aspect which we must eludicate before we proceed further is the fact that electric charge appears not just in any amount but as a multiple of a fundamental unit, or quantum. Of the many experiments devised to determine this question, the classical one is that of the American physicist Robert A. Millikan (1869-1953), who for several years during the early part of this century performed what is now known as the oil-drop-experiment" (Alonso, Finn 1974, S. 449).

In solchen Darstellungen wird das Experiment als "das entscheidende Experiment strapaziert, das den Gordischen Knoten eines theoretisch formulierten Problems mit einem Schlage löste. ... Was bestätigen eigentlich alle Versuche seit Millikan 1909? Sie beweisen jedenfalls nicht, daß elektrische Ladung einen bestimmten Minimalwert hat. Sie konstatieren höchstens, daß unter den heute möglichen Bedingungen Ladung nie in kleineren Portionen als der Elementarladung festgestellt werden konnte" (Teichmann in Ewers 1978, S. 186). Daß ein Experiment niemals diese umfassende Entscheidungsfunktion hatte und haben wird, zu diesem Problem des Experimentum Crucis /23/ kann die historische Rekonstruktion der Elektrizitätsforschung Antworten geben. Eine detaillierte Fallstudie über die Frage der experimentellen Entscheidbarkeit konkurrierender Fluidatheorien der Elektrizität läßt das Problem erfahrbar werden. Es würde daran exemplarisch deutlich, was man unter einer wissenschaftlichen Tatsache zu verstehen hat /24/.

Nun ließe sich sicherlich einwenden, die von den Studenten zu absolvierenden Praktika würden diesen Verfremdungen von Forschungspraxis entgegenwirken. Doch jeder, der solche Veranstaltungen am eigenen Leibe erfahren bzw. durchgeführt hat, weiß zu genau, daß dort stillschweigend in Handlungsrituale eingeübt wird, die nach erfolgreichem Absolvieren der Kurse in ein Erfahrungswissen münden, welches die Grundlage für das Berufsleben bildet, aber kaum ein realistisches Bild vom Experiment entstehen läßt /25/.

Bezogen auf die Elektrodynamik gilt es beispielsweise, die Messung von Kapazitäten und Zeitkonstanten bei Entladungsvorgängen an Kondensatoren zu üben (an Parallel- und Serienschaltungen). Dies geschieht natürlich in der Form, daß sich so zentrale Gesetzmäßigkeiten wie $C = Q/U$ präsentieren lassen. Daß gerade diese Gesetzmäßigkeit anhand langwieriger, elektrostatischer Meßprobleme und Differenzierungsschwierigkeiten zwischen den Konzepten von Ladung und Spannung entwickelt worden ist, bleibt unthematisiert. Desweiteren sollen verschiedene Methoden der Messung Ohmscher Widerstände gelernt werden. In diesem Zusammenhang wird auch auf das sehr abstrakte Konzept der EMK rekurriert. Welchen Stellenwert die Voltaschen Experimente mit dem elektromotorischen Instrument in seiner Theorieentwicklung hatte, ließe sich an dieser Stelle sehr gut darstellen und erfahrbar machen. Die im zweiten Semester angebotenen Versuche am Operationsverstärker, der Elektronenröhre/Triode, dem elektrischen Schwingkreis u.a.m. haben ebenfalls vorwiegend den angedeuteten Trainingscharakter.

Es finden in diesen Veranstaltungen nur selten wirkliche Experimente statt. Damit sind Erfahrungssituationen gemeint, die eine Reflexion von physikalischer Forschungspraxis ermöglichen, indem sie die je spezifische Bedeutung und Funktion des Experiments erkennen lassen. Erst ein solches Praktikum, das historisch rekonstruierbare Forschungsmethoden nachvollziehen läßt, kann dem derzeit stattfindenden Einüben in den wertfreien Erkenntnisprozeß der Naturwissenschaft entgegenwirken.

1.3.4. Die Entsinnlichung von Denken und Handeln

In diesem Kapitel möchte ich wesentliche individuelle und damit immer auch gesellschaftliche Auswirkungen der oben skizzierten Ausbildung aus der Perspektive der lernenden Subjekte darstellen. Es wird sich zeigen, daß durch das Einüben in den physikalischen Denkstil ein kollektiver Formierungsprozeß stattfindet und eine Immunisierung physikalischen Wissens und Methoden gegen eine notwendige kritische Reflexion erfolgt.

Den vorherigen Beschreibungen der Ausbildungspraxis läßt sich entnehmen, daß die heutige Physik mit einem symbolischen, menschlichen Geist operiert, der weder eine Geschichte, noch ein soziales Umfeld, geschweige denn Empfindungen hat. In dem fachsystematisch geordneten Lehrstoff tauchen allenfalls noch die Namen 'historischer Größen' als physikalische Einheiten auf, gewissermaßen als Ehrenbekundung für vergangene Taten. Dieser ansonsten entmenschlichten Physik gegenüber stehen die Studenten. Je nach Grad der Vorbildung stoßen hier zwei sehr unterschiedliche Ansichten von Natur aufeinander. Nur allzu gut ist die Vermittlungsproblematik zwischen diesen Sichtweisen der Natur von den Didaktikern beschrieben /26/.

Haben sich die Studenten nicht schon im Schulunterricht dieser speziellen Sichtweise von Natur verweigert, sondern hoffnungsvoll auf die spätere Einsicht gewartet, mußten viele erkennen, daß dieses Wissen oftmals nur mit der Faust in der Tasche anzueigenen ist. Je nach Hochschule bzw. Hochschullehrer wurde ein spezielles Ausbildungsprogramm entworfen, das der Überwindung bzw. Ausmerzung unphysikalischer Sichtweisen von Natur dienen soll. Gezielt ausgewählte Versuchsaufbauten, meist als Experimente bezeichnet, ständiges Trainieren bestimmter Argumentationsfiguren, werkzeughafte Verwendung abstrakter Begriffe und Rechenvorschriften sowie das Einüben in Meßprozesse charakterisieren diese Art der Ausbildung, deren Schattenseite ebenso an den Individuen abzulesen ist. Ich möchte diese dunkle Seite als die Entsinnlichung von Denken und Handeln bezeichnen und in den folgenden drei Kapiteln näher erläutern:

1.3.4.1. Das Ringen um Anschaulichkeit

Die folgenden zwei Beispiele illustrieren in unterschiedlicher Weise den Prozeß des Ringens um Anschaulichkeit in der Auseinandersetzung mit Physik. Das erste Beispiel möchte ich die Sprachlosigkeit der Physik nennen.

Wohl niemand wird heute mehr erstaunt sein über die Behauptung, Elektrizität bestehe aus zwei Arten von Ladungen, den negativen und den positiven. Dies ist sicherlich ein Ergebnis des Physikunterrichts sowie der Medien, die wissenschaftliche Erklärungen popularisieren. Daß die Physik trotz ihrer vielen Erläuterungen in der Beantwortung der Frage "Was ist Elektrizität?" sprachlos sein könnte, diesen Gedanken wagen nur wenige.

Während viele von der Vorläufigkeit physikalischer Erkenntnisse sprechen, betonte der theoretische Physiker Arnold Sommerfeld die Sprachlosigkeit seiner Disziplin, indem er davor warnte, den Begriff 'Ladung' mit Worten beschreiben zu wollen /27/, da dies unmöglich sei. Begreift man Worte im Sinne L. Flecks als "ursprünglich lautliche und gedankliche Äquivalente der Erlebnisse, die gleichzeitig mit ihnen gegeben sind" (Fleck 1980, S. 39), oder "als Träger unserer geistigen Imaginationen" (Gadamer 1986, S. 39), dann zeigt sich hier die Hilflosigkeit des Physikers: Es gibt keine Worte, keine sinnlich wahrnehmbare Erfahrungsrealität, die den physikalischen Begriff 'Ladung' erläutern könnte.

In der Physikausbildung wiederholt sich dieses Problem: Auf die dem je spezifischen Erfahrungskontext entspringenden Fragen der Lernenden antwortet die Physik mit einem abstrakten Begriff. Die physikalische Antwort ist deshalb keine Be-Antwortung der gestellten Frage. Zur Überwindung des möglicherweise entstehenden 'Verständigungsvakuum' wird vielfach noch das Elektron als kleinste denkbare Ladung angeführt. Doch in Kenntnis der Probleme mit diesem Konzept schreibt Feynman ehrlicherweise: "Vielleicht sollten wir sagen, daß das Elektron einfach ein Punkt ist und daß elektrische Kräfte nur zwischen verschiedenen Punktladungen wirken" (Feynman 1973, S. 1-3). Ladung als geometrischer Punkt oder besser noch, man stelle sich gar nichts darunter vor.

Will man schließlich der weiteren Argumentation in der Vorlesung folgen, muß man sich mit diesen Erläuterungen gestandener Physiker zufrieden geben. Im Laufe der Jahre wird dann dieser unverstandene Grundbegriff wegen seiner zentralen Bedeutung in der Elektrodynamik von niemandem mehr in Zweifel gezogen. Und es ist längst vergessen, daß trotz der begrifflichen Exaktheit die Physik insofern sprachlos ist, als ihre Begriffe unabhängig von der konkret sinnlich erfahrbaren Realität gelten, aus denen sich unsere Worte ableiten. Daß ihre Verwendung damit eine ganz begrenzte Sichtweise von Natur verkörpert, die nicht nur die eigene Wahrnehmung, sondern damit auch den Umgang mit Natur beeinflußt, bleibt ebenso unreflektiert wie der Tatbestand, daß sich die Physik mit der Festschreibung des Ladungsbegriffs der Frage nach dem Wesen der Elektrizität endgültig entzogen hat.

Das zweite Beispiel nenne ich die kollektiven Gedankenbilder.Würde man Studenten an der Hochschule, aber auch Physikern bzw. Physiklehrern Begrifflichkeiten aus der Elektrodynamik vorlegen und sie zu ihren Assoziationen befragen, so entstünde vor den Augen des Zuhörers eine erstaunliche und fantastische Gedankenwelt: Der "elektrische Fluß" läßt eine von Pfeilen durchsetzte birnenförmige Oberfläche vor dem inneren Auge erscheinen. Das "elektrische Feld" erscheint je nach Bedingungen als spezifisch geformte Kurvenschar. Die Ladung korrespondiert mit einem Punkt. Die elektromotorische Kraft erscheint als Zirkulation des Vektorfeldes usw.

Dieses Spiel ließe sich mit anderen Begriffen fortsetzen, und es würde sich in allen Fällen zeigen, daß die je spezifische Bedeutung durch die Verwobenheit des Begriffs mit einem ihm eigentümlichen Kontext zustande kommt. Dieser Bedeutungskontext zeichnet sich wiederum gerade durch seine historische und soziale Determiniertheit aus. L. Fleck führte diesen über den logischen Aussagegehalt hinausreichenden Bedeutungsgehalt eines Begriffs auf den in einem Denkkollektiv entstandenden Denkstil zurück. Einen zentralen Stellenwert haben in diesem Zusammenhang die kollektiven Gedankenbilder. So läßt A. Sommerfeld in seinem Vortragsmanuskript "Über die Anschaulichkeit in der modernen Physik" erkennen: "Diese Gedankenbilder, mit denen wir die physikalischen Tatsachen begleiten, ... sollten nicht mehr in sich aufnehmen als zur Wiedergabe der Tatsachen nötig ist" (undatiertes Sommerfeld-Manuskript, DM A 19,4, S. 9). Diese den Denkstil ausmachende spezifische Prägung der Vorstellung geschieht in der Ausbildung. Auch wenn Sommerfeld ein energischer Verfechter des Verzichts auf Anschaulichkeit zugunsten quantitativer Beschreibungen war, zeigen die Erfahrungen mit der Physik, daß trotz mathematischer Exaktheit Gedankenbilder zur Veranschaulichung physikalischer Begriffe von den Physikern verwendet werden.

Beide Beispiele sind daher Ausdruck des Ringens um Anschaulichkeit. Dieses Bemühen ist wiederum verständlich, da mit dem anschaulichen Denken sich der Mensch die Verwurzelung des neuen Wissens mit sich selbst garantiert, d.h. er stellt den Anschluß an seine historisch und sozial bedingten Dispositionen her. In diesem Prozeß spielt die Analogiebildung, die Verwendung von Metaphern und der Muttersprache eine entscheidende Rolle: (ANA-) gemäß (LOGOS) dem eigenen Wort, dem eigenen Denken werden neue Erfahrungen gemacht und interpretiert. Der metaphorische Gebrauch der Sprache übt die gleiche Funktion aus. Und schließlich legt die Muttersprache das Fundament für das Verstehen eines neuen Sachverhaltes, da die Umschreibungen des Neuen mit eigenen Worten erste Fühlungnahme garantieren. Mit diesem Vorgehen sichert sich das Individuum die ontologische Bindung der Kenntnisse.

Wie ich gezeigt habe, ist das physikalische Wissen und damit seine Sprache von ganz besonderer Art. Beides ergibt sich aus ihrer spezifischen Form der Auseinandersetzung mit Natur. "Sein so angenehm scharf abgegrenzter Begriffs-Horizont *beschränkt* uns und die Natur, auf: in Raum und Zeit am Materiellen meßbare Größen ('Centimeter, Gramm, Sekunde') und ihren mathematisierbaren Zusammenhang, 'Strukturen', wie wir heute sagen. Da ist vieles 'nicht drin': weder die Farbqualität 'Rot' noch der Begriff 'Verantwortung'. Trotzdem ist die physikalische Theorie 'richtig'; so wie eine Landkarte richtig ist, ohne doch die 'Wahrheit' ihrer Landschaft zu sein. Diese Einschränkung führt notwendig zu einer reduzierten, einer Kunst-Sprache" (Wagenschein 1980, S. 134 f).

Im Laufe der Geschichte der Naturwissenschaften haben die Sprache und damit die Gedankenbilder der Physik dauernd an Anschaulichkeit zugunsten eines mathematischen Formalismus verloren. In diesem Prozeß der Wanderung historischer Wissensbestände in die nachfolgende Theorie wurden je historisch geprägte Begriffe aus ihrem Entstehungszusammenhang in das logische Gerüst der Fachsystematik verpflanzt. Dabei sind sie ihrer ursprünglichen Bedeutungskontexte beraubt worden, was immer einen Verlust an ursprünglichen Vorstellungen und Sinnzusammenhängen zur Folge hat.

Der je aktuelle Bedeutungsgehalt dieser verpflanzten Begriffe erschließt sich den Studenten meist erst im Nachhinein über die am Ende des Kurses stehende Theorie. Trotz der dadurch garantierten mathematisch exakten Bestimmung derselben bleiben sie vielfach inhaltsleer oder vieldeutig. Da zudem die den Begriffen noch anhaftenden Ursprungs-Bedeutungen häufig der aktuellen Lehrmeinung widersprechen, müssen den Studenten diese Begriffe als Worthülsen bzw. Spielmarken der Physik erscheinen.

Die subjektive Aneignung dieser meist axiomatisch eingeführten Begriffe gelingt daher häufig nur durch das Hinzufügen individueller bzw. kollektiver Bedeutungsinhalte, Vorstellungen und Bilder. Diese werden auch in Alltagssituationen gesucht. Das bestätigt zum Beispiel das beliebte Spiel der Studenten, neu erworbene Begriffe auf soziale Zusammenhänge anzuwenden. Diese spielerische Suche nach Sinnzusammenhängen ist Ausdruck des Bedürfnisses, den gespürten Verlust an Anschaulichkeit aufzuheben.

Neben den sehr individuell geprägten Aneignungsstrategien gewinnen insbesondere die kollektiven Gedankenbilder an Bedeutung. Sie bilden wie die privaten Bilder die Verständigungsbrücke zur Überwindung der Kluft zwischen physikalischem Wissen und dem Alltagswissen. Damit schaffen sie die Grundlage, den Verlust der Anschaulichkeit zu ertragen. In einem solchen Ringen um Anschaulichkeit werden daher sehr schnell die Hilfsvorstellungen zur Ersatz-Realität. Sie bilden aber auch die geistige Verwandschaft, jene Verständigungsebene der Physiker, die für eine effektive Teamarbeit und gesellschaftliche Arbeitsteilung notwendig ist.

Daß diese beabsichtigte Formierung des wissenschaftlichen Geistes aber ebenso ein grundlegendes Problem darstellt, möchte ich in Anlehnung an Stephen Toulmin folgendermaßen beschreiben: Das Bild, das die zukünftigen Physiker und Physiklehrer von der Natur haben werden, wird in einem solchen Ausmaß durch die physikalischen Begriffe bestimmt, daß jene vergessen, wie die Natur ohne sie aussehen würde; sie sind so befangen, daß sie anderen Möglichkeiten gegenüber leicht blind werden (vgl. Toulmin 1981, S. 121).

Wie ich bereits oben erwähnt habe, verweisen die Lehrbuchautoren wie Feynman darauf, daß es eine Frage der Gewöhnung und Übung sei, diese abstrakt gewordenen Begriffe akzeptieren zu können. Da diese Aneignung des unanschaulich gewordenen Wissens nur um den Preis eines hohen Maßes an Selbstkontrolle und innerer psychischer Anspannung gelingt, sehe ich in dieser trainingshaften Ausbildung jenen Mechanismus, der ein angebotenes physikalisches Natur-Bild zu einem starren und verteidigungswürdigen Welt-Bild werden läßt. In diesem verbieten sich andere Ansichten über Natur schon aus Selbstverteidigungsgründen. Doch produziert diese Art der Ausbildung auch die Naturwissenschafts- und Technikfeinde: sie schützen sich bereits wesentlicher früher, indem sie sich von dieser unnahbar erscheinenden Sichtweise der Natur bereits im schulischen Physikunterricht abwenden. Eine naturwissenschaftliche Bildung, die diese Verleugnung der inneren Natur des Menschen zur Voraussetzung hat, ist keine Bildung im Sinne des hier vorzustellenden didaktischen Ansatzes.

1.3.4.2. Die verordnete Selbstbegrenzung

Die Entsinnlichung des Denkens in der theoretischen Ausbildung geht einher mit der Entsinnlichung des Handelns in der Experimentalausbildung. Hiermit ist sowohl die Verfremdung von Forschungspraxis gemeint, d.h. die Verfälschung physikalischer Forschungsmethodik durch Vereinfachung, aber auch die völlige Reduzierung sinnlicher Erfahrungen auf die Möglichkeit der optischen Meßwertaufnahme sowie die Ausbildung manueller Fähigkeit im Aufbau physikalischer Funktionseinheiten.

Daß die Physik in zunehmender Weise eine künstliche Erfahrungswelt geschaffen hat, wird jedem ohne viele Worte beim Besuch eines Labors und mittlerweile auch im Alltag deutlich. Doch daß unter dem Schleier der Technik- und Maschinenfaszination nur allzu leicht die sinnlichen Fähigkeiten des Menschen verborgen bleiben, ja dem eigenen Körper sogar Naivität zugesprochen wird, bleibt im derzeitigen Physikunterricht unausgesprochen. Dennoch wird diese Haltung schon sehr früh im Unterricht eingeübt. Allen bekannt mag vielleicht der Versuch zur Temperaturbestimmung mit den Händen sein (siehe Dorn/Bader 1976). Hier dienen bestimmte Versuchsanordnungen einzig und allein dazu, den Schülern die Unzulänglichkeit ihres eigenen Wahrnehmungsvermögens zu demonstrieren und die Notwendigkeit "objektiver", "genauer" Meßinstrumente zu begründen. In den Physiklabors wird ebenfalls diese Haltung der Hochschätzung technischer Apparaturen praktiziert. Ebenso wie bestimmte theoretische Begriffe die Wahrnehmung der Subjekte prägen, trägt eine solche Experimentalausbildung zur Formierung des Physikers bei: Der Umgang mit Natur geschieht nur noch in distanzierter Form, d.h. zwischen dem zu untersuchenden Objekt der Erkenntnis und dem die Forschung betreibenden Subjekt sind zahlreiche technische Apparaturen geschaltet, so daß eine Vermittlung zwischen den in der Natur wirkenden Kräften und dem Physiker nicht mehr besteht.

So ist es beispielsweise kaum noch vorstellbar, daß elektrischer Strom über Geschmacksveränderungen an der Zunge nachgewiesen wurde und die Erforschung der Elektrizität im 18. Jahrhundert zum großen Teil am eigenen Körper erfolgte. Mit dieser am eigenen Leibe spürbaren Kraft glaubte man Aufschluß über innere Vorgänge im Menschen und in der Materie zu gewinnen. Heute hält sich die Physik ihre Untersuchungsgegenstände vom Leibe, und was sich nicht messen läßt, gehört nicht zum Phänomenbereich. Die Einführung in die Elektrizitätslehre gestaltet sich daher in genau dieser Weise: es wird eingeübt in den gefahrlosen Umgang mit Elektrizität, und man braucht nur wenig über diese Kraft zu wissen, um sie beherrschen zu können.

Daß diese kaum spürbare und anfangs nur schwer nachweisbare Kraft mittlerweile zu einer Gefahr für den Menschen werden konnte, ist ebenso eine Folge dieser Entsinnlichung physikalischer Praxis. Bildete der Mensch lange Zeit die natürliche Begrenzung für elektrische Ströme und fungierte er selbst als empfindlichstes "Nachweisinstrument" geringer Ströme, wurde im Verlauf der Herausbildung einer physikalischen Disziplin diese sinnlichen und nur schwer reproduzierbaren Erfahrungen ausgegrenzt. An dessen Stelle trat technisches Gerät zur Erzeugung und Messung der Elektrizität, die für den Menschen gefährliche Spannungen und Ströme ermöglichten, vor denen dann Schutz nur durch komplizierte rechnerische Abschätzungen oder aufwendige Sicherheitsvorkehrungen möglich ist.

Neben dieser verordneten Selbstbegrenzung im Praktikum bereiten die oben erwähnten Standardversuche den Boden für eine verzerrte Wahrnehmung eigenen wissenschaftlichen Handelns. Da die ausgewählten Versuche in den meisten Fällen zur Demonstration von physikalischen Gesetzmäßigkeiten oder zum empirischen Nachweis einer Naturkonstante dienen, erschließt sich der Sinn des studentischen Handelns vorwiegend in der Bewältigung der gestellten Aufgabe. Die Erreichung der "Literaturwerte" wird häufig zum einzigen Ziel. In den meisten Fällen ist diese Aufgabe bereits so komplex und umfangreich, daß eine kritische Reflexion des Stellenwertes dieses Versuches in dem physikalischen Theoriegebäude ausbleibt. Vielmehr geht es darum, die Fehler zu suchen, die zum Verfehlen geführt haben.

In einem solchen vorwiegend auf Reproduzierbarkeit von Abläufen ausgerichteten Handeln übt sich laut Werner Kutschmann (derselbe 1986, S. 375 ff) zweierlei: Das Augenmerk auf die Wiederholbarkeit von Vorgängen zu richten und damit alles andere als zu vermeidende Störgrößen zu betrachten. Damit wird bereits zwischen der konkreten Handlung und den Folgen der Handlung getrennt. Man könnte daher auch von dem Einüben in die Folgenlosigkeit naturwissenschaftlichen Handelns sprechen. Die Empfindungen in praktischen Handlungsvollzügen zurückzunehmen, das Unbeteiligt-Sein. Hier festigt sich die Haltung, lediglich Arrangeur von Objekten zu sein und sich aus dem konkreten Geschehen heraushalten zu können.

Auch hier könnten historisch rekonstruierte Experimentiersituationen notwendige Veränderungen herbeiführen: Die Einbettung des Experiments in den historischen Kontext würde die Folgenhaftigkeit physikalischer Forschungspraxis - im Gegensatz zur bislang erlebten Folgenlosigkeit - offenlegen und damit nachvollziehbar machen. Anhand solcher Fallstudien könnten die historischen Handlungssituationen als Orientierungshilfen für eigenes Handeln dienen.

1.3.4.3. Der Physiker - "ein Mensch von heute und sonst nirgendwoher"

Das Einüben in den physikalischen Denkstil geht einher mit einem statischen Wissenschaftsbegriff, der Physik letztendlich als eine Sammlung von Gesetzen, Begriffen und experimentellen Tatsachen darstellt. Mit der Abkoppelung der physikalischen Resultate von ihrer historischen Genese entsteht im Vermittlungsprozeß ein verfremdetes Bild von der Physik, in der nur noch ein symbolischer "menschlicher Geist" arbeitet /28/.

Genau in dieser Weise wird auch die Physik als ursprünglich menschliches Erkennen zu einer von den konkreten Subjekten befreiten Wissenschaft, in der die physikalische Erkenntnismethode zu einer ahistorischen, objektiven und damit wertfreien Handlungsweise stilisiert wird. Eine solche, ihrer Entstehungsgeschichte beraubte Physik, aufbereitet in speziellen künstlich geschaffenen Lernsituationen, führt daher zu einer Immunisierung physikalischen Wissens und ihrer Methoden gegen die notwendig gewordene kritische Reflexion.

Ein Unterricht, von dem diese Analyse ausgegangen ist, erzeugt damit zunächst ein Bewußtsein von der Folgenlosigkeit der eigenen studentischen Forschungspraxis. Hier sehe ich den Ursprung jenes naturwissenschaftlichen Selbstverständnisses, von dem Werner Kutschmann sagt: "Die Naturwissenschaft hält die Folgen des eigenen Handelns in Beobachtung, Messung, Experiment etc. für prinzipiell vernachlässigbar und irrelevant; sie begreift sich selbst als rein hypothetisches Unternehmen von theoretischer Analyse und artifiziell konstruierter Praxis; den tatsächlichen technischen Folgen der naturwissenschaftlichen Erkenntnis gegenüber hält sie sich für ohnmächtig und schuldlos" (Kutschmann 1986, S. 376).

Und selbst jene über die Grenzen ihrer eigenen Disziplin hinausschauenden Studenten und Physiker, die ausschließlich über die Ambivalenz der Forschungsergebnisse diskutieren, bemerken häufig nicht den an ihnen selbst vollzogenen Formierungsprozeß, der ihnen ihre eigene Arbeitsweise, d.h. ihr spezielles geistiges und materielles Instrumentarium als unantastbares Handwerkszeug erscheinen läßt, dem man, so heißt es, doch nichts vorwerfen könne.

Es verwundert daher nicht, daß solch grundlegende Kritik der physikalischen Erkenntnismethoden vorwiegend von drei Personengruppen geführt wird:

- von den *Naturwissenschaftlerinnen*, die aufgrund geschlechtspezifischer Voraussetzungen eine kritische Distanz zur Physikergemeinschaft einnehmen können.
- von jenen auf ihre Karriere zurückblickenden Physikern, die es erst im Alter wagen und denen es mittlerweile zu einem Bedürfnis geworden ist, über die Grenzen der selbst praktizierten physikalischen Methode zu sprechen.
- von Geisteswissenschaftlern, die wegen ihrer disziplinären Zugehörigkeit diese grundlegende Kritik der Naturwissenschaften betreiben können.

Allen gemeinsam ist es, keinen Prestige- und damit Identitätsverlust in ihrer Denkgemeinschaft befürchten zu müssen. Im Gegenteil, diese tiefergehende Reflexion dient ihnen zur Identitätsfindung bzw. -stabilisierung. Unbeantwortet bleibt, weshalb solch eine grundlegende Auseinandersetzung mit den Naturwissenschaften nicht in der curricularen Hochschulausbildung selbst stattfinden kann.

Oberflächlich betrachtet scheint dort alles in Ordnung zu sein: Die Studenten verstehen es, sich mit großer Sicherheit in dem Theoriegebäude zu bewegen. Und in der Welt der Experimentalapparaturen bezeugen wiederum andere eine geradezu meisterhafte Geschicklichkeit. Beides stärkt erheblich deren Selbstbewußtsein. Doch allzu leicht verdeckt dieser Eindruck, daß das Wissen auf einem sehr dünnen Fundament gebaut ist. "Ein im strengen Stil errichtetes Gebäude kann gleichwohl bald nach der Besichtigung im Moor versinken" (Wagenschein 1980, S. 137). Vergegenwärtigt man sich dazu nochmals die Situation des oftmals vergeblichen Ringens um Anschaulichkeit (siehe oben) sowie um ein Verstehen des abstrakten Formalismus, dann wird vielleicht nachvollziehbar, daß jene Vermittlungsprobleme eine emotionale Situation erzeugen, in der dieses Verstehensdefizit durch das Gefühl der Denksolidarität mit dem Lehrer und der Gemeinschaft kompensiert wird. In diesem vielschichtigen Identifikationsprozeß mit der Denkstruktur (Theorie) über die Denkgemeinschaft übt sich während der eigenen Ausbildung zum Experten sehr wirksam das Vertrauen auf wissenschaftliche Autorität und damit wieder die eigene Abhängigkeit von

Expertenurteilen. Die Entwicklung eines eigenen Stand-Punktes kann lediglich soweit stattfinden, daß das Infragestellen der erlernten Erkenntnismethode ausgeschlossen bleibt. Denn dies ließe nicht nur einen Verlust der Gruppenzugehörigkeit befürchten, sondern könnte auch Identitätskrisen auslösen.

Daß menschliches Erkennen und damit selbstverständlich auch naturwissenschaftliche Forschung immer Grenzüberschreitungen erforderte und dies durch historische Subjekte geschah, deren Handlungen immer von Verunsicherung, Mißtrauen und Ablehnung begleitet waren, das lehrt uns die derzeitige Ausbildung nicht. Dies könnte man aus der noch zu rekonstruierenden Geschichte der eigenen Disziplin erfahren. Doch mit dem Verzicht auf eine Darstellung des Lehrstoffes als Produkt menschlicher Arbeit bleibt dieser nicht nur unvermittelt, sondern erzieht zu einem ahistorischen Bewußtsein. "Der nur darlegend Informierte ist nicht wissenschaftsorientiert, sondern -installiert. Er bewegt sich (vielleicht sicherer) in einem Gebäude, von dem er nicht weiß, wo es herkommt. Er hat keinen Boden unter den Füßen und empfindet das womöglich als Hochgefühl. Ein Mensch von heute und sonst nirgendwoher" (Wagenschein 1975, S. 110).

2. Historische Rekonstruktion in didaktischer Absicht

2.0. Begriffserläuterung

Die bislang erfolgte Kritik an der Ausbildungspraxis verweist auf das physikdidaktische Problem der Vermittlung der Fachsystematik, hier der Elektrodynamik. Entsprechend der Oldenburger Interpretation des historisch-genetischen Ansatzes soll zugleich und im gleichen Maße die Fachsystematik als auch die historisch vermittelte Kritik an Entstehung, Entwicklung und Anwendung der Physik (Naturwissenschaften) gelernt werden. Dieses Ziel glauben wir über die Vermittlung der Entstehung der physikalischen Disziplin Elektrodynamik erreichen zu können. Voraussetzung dafür ist die historische Rekonstruktion in didaktischer Absicht, d.h. die Offenlegung der Geschichtlichkeit dieses physikalischen Wissens.

Die Art und Weise, in der die Genese dieses Wissens rekonstruiert wird, begründet sich aus der didaktischen Absicht, d.h. die Leitlinien der Rekonstruktion bestimmen sich aus meiner gegenwärtigen Wahrnehmung der historischen Situation. Phänomenologisch habe ich diese für die Physikausbildung dargestellt, doch ist es notwendig, diese Beschreibung durch einige wissenschafts-und kulturkritische Überlegungen zu ergänzen bzw. zu verallgemeinern.

Dementsprechend gliedert sich dieses Kapitel in drei Schwerpunkte: Zunächst werde ich einige, für diese Thematik wesentliche wissenschaftskritische Aspekte anführen, die die Absicht meiner Rekonstruktion der Wissenschaftsgeschichte offenlegen. In einem zweiten Schritt stelle ich wissenssoziologische und erkenntnistheoretische Überlegungen vor, mit deren Hilfe sich Physik als sozial und historisch bedingte Erkenntnistätigkeit darstellen läßt. Unter Verwendung dieses begrifflichen Instrumentariums soll dann die Entstehung der Fachsystematik als Theorie- und Experimentierentwicklung auf dem Hintergrund der Kulturgeschichte des 18. Jahrhunderts beschrieben werden. D.h. die Entwicklung der physikalischen Begriffe, der Arbeitsmittel, sowie der experimentellen Methoden, insgesamt die Herausbildung der physikalischen Disziplin Elektritiätslehre, steht im Zentrum der weiteren Untersuchung.

2.1. *Wissenschaftskritische Überlegungen*

2.1.1. Naturbeherrschung als Aufforderung zur Selbstreflexion

Ausgehend von der heutigen Diskussion um die Funktion der Naturwissenschaften in unserer Gesellschaft möchte ich nochmals aus physikdidaktischer Sicht auf die zentrale wissenschaftspolitische Aufforderung zur Selbstreflexion über das eigene Handeln als Naturwissenschaftler zurückkommen. Dazu möchte ich den Begriff der Naturbeherrschung dialektisch im Sinne der kritischen Theorie aufgreifen: "Herrschaft über Natur üben die Menschen gesellschaftlich organisiert aus. Wie das geschieht und mit welchen Folgen in der Natur und für die Menschen, ist in den verschiedenen Gesellschaften und unter den verschiedenen Lebensbedingungen, die die Natur anbietet, ganz unterschiedlich... Naturbeherrschung ist der Stand dieser Entwicklung - wir können ruhig von einem Konstitutionsprozeß sprechen - indem der Antagonismus zwischen den gesellschaftlich organisierten Menschen und der Natur zu deren weitgehender Unterwerfung und Verfügbarkeit geführt hat. Heute heißt das: Bekämpfung von Krankheiten und Schädlingen, Ausbeutung von Energiequellen und Rohstoffen, ..." (Lippe 1974, S. 22/23).

Unzweifelhaft haben sich unter all den unterschiedlichen Herrschaftsformen die Naturwissenschaften mit ihren Theorieansätzen und den experimentellen Methoden in ihrer Rückwirkung auf Natur und Gesellschaft als folgenschwerste erwiesen. Darauf verweisen nicht nur die zahlreichen Glorifizierungsversuche der Naturwissenschaften als Kulturleistung, sondern ebenfalls die Kritiker dieser Wissenschaft.

Für den hier zu behandelnden Gegenstand betrachte ich nun die physikalischen Theorien, hier die Elektrodynamik, als einen symbolischen Repräsentanten dieses kulturgeschichtlich gewachsenen Herrschaftsverhältnisses über Natur. Die experimentellen Methoden als Materialisierungen dieser Ansichten der Natur und gleichzeitig als Widerspiegelungen des Entwicklungsstandes der gesellschaftlich zur Verfügung stehenden Arbeitsmittel. Eine konstruktive Kritik an den Naturwissenschaften bedeutet für mich demnach immer eine kritische Überprüfung des sich historisch entwickelten Mensch-Natur-Verhältnisses, welches diese Naturwissenschaft ermöglichte. Da aber nun jegliche Form der Aneignung von Natur - sei es durch den Hopi-Indianer oder den Industriephysiker - durch den Begriff der Naturbeherrschung charakterisiert ist und andererseits dieser implizit eine Kritik an der historischen Entwicklung beinhaltet, stellt sich gerade aus didaktischer Sicht die Frage: "Wogegen richtet sich dann die Kritik, die im Begriff der Naturbeherrschung steckt? Da es grundsätzlich nicht möglich ist, quantitativ zu entscheiden, bis zu welchem Maß der Antagonismus sich als Selbstentfaltung der menschlichen Gattung und von wo an er sich als verwerfliche Hegemonie über die Natur verobjektiviert, betrifft die Frage den Zusammenhang in allen seinen geschichtlichen Phasen bzw. in allen seinen gegenwärtigen Schichten und Dimensionen. Sie verwandelt sich deshalb in die Frage nach dem historischen Subjekt und dem historischen Ort von Kritik an Naturbeherrschung am Menschen, an Naturbeherrschung überhaupt" (Lippe 1974, S. 25).

In diesem Sinne begreife ich unsere derzeitige historische Situation als Herausforderung, das bislang erfolgte Programm der Naturbeherrschung zu überdenken. Die Auseinandersetzung mit der Entstehungsgeschichte dieser Naturwissenschaften soll daher der Selbstreflexion über das, was mit der Natur und mit der Gesellschaft geschieht, - der Beherrschung der Naturbeherrschung -dienen. Wie ich zeigen konnte, bleibt aber die Physik in der derzeitigen Hochschulausbildung sich selbst gegenüber unbewußt. Insbesondere entgleiten die physikalischen Theorien - Repräsentanten des derzeit konstitutiven Naturverhältnisses - und deren Methoden dieser notwendigen Kritik. Ziel dieser Arbeit ist es nun, eine historische Fallstudie zur Theorie- und Experimentierentwicklung - die Herausbildung der physikalischen Disziplin Elektrizitätslehre - zu rekonstruieren, deren Rekonstruktionskriterien sich aus der aktuellen Kritik an den Naturwissenschaften und ihrer Vermittlung ergeben. Die folgenden Aspekte sind daher nicht nur Leitlinien der historischen Rekonstruktion, sondern zugleich zu verifizierende Hypothesen.

2.1.2. Für die Rettung des Subjekts in den Naturwissenschaften

Die mit der Abkoppelung der physikalischen Resultate vom Erkenntnisprozeß erfolgte Befreiung des Wissens von den historischen Spuren menschlicher Arbeit hinterläßt ein von jeglichen Zwecken und Zielen historischer Subjekte gereinigtes Wisssensreservoir: hier die Elektrodynamik. Damit erstarrt die Physik zu einer ahistorischen, von wissenschaftstreibenden Subjekten befreiten, papiernen offiziellen Gestalt.

Der Wissenschaftshistoriker Fabio Bevilacqua problematisiert dieses folgendermaßen: "Im naturwissenschaftlichen Unterricht richtet sich die Hauptanstrengung nach wie vor darauf, neutrales und objektives Wissen zu vermitteln, losgelöst vom Subjekt. Kann man das überhaupt noch 'wissenschaftliches' Wissen nennen? Warum gibt es eine derartige Weigerung, im naturwissenschaftlichen Unterricht die Rolle des Subjekts anzuerkennen?" (Bevilacqua 1988, S. 63).

Dabei erweist sich dieser Verlust des Subjekts nicht nur als ein didaktisches Problem. Unter Wissenschaftshistorikern war die Rolle des Subjekts lange Zeit durch den "Mythos der unpersönlichen Entwicklung wissenschaftlicher Gedanken" /1/ ersetzt. Doch auch wenn die "New Philosophy of Science" versucht, dieser Tendenz entgegenzuarbeiten /2/, so bleibt diese neue historische Dimension für die Physik derzeit noch folgenlos.

Wissenschaftspolitische Konsequenzen fand diese neue Sicht bislang nur innerhalb der feministischen Wisssenschaftskritik und unter Vertretern der kritischen Theorie, die der 'bürgerlichen Selbstüberschätzung', getragen von ihrem Glauben an die 'überhistorische Vernunft', das historische Subjekt als prägend für die Entwicklung der Naturwissenschaften entgegenzusetzen versuchen /3/. Die hier vorliegende historische Rekonstruktion versucht daher, in besonderem Maße die Rolle des Erkenntissubjekts in der Entstehung physikalischen Wissens über Natur zu thematisieren. Damit geraten das naturwissenschaftliche Denken und die naturwissenschaftliche Praxis in den Mittelpunkt der Betrachtung. "Ideen und Methoden, und selbst die Zielsetzungen, von denen die Wissenschaft im ganzen gelenkt wird, entwickeln sich ständig in einer sich wandelnden intellektuellen und sozialen Umwelt" (Toulmin 1981, S. 129f). Und dies geschieht durch historische Subjekte, was Bertrand Russell beständig zu vermitteln suchte und selbst gestandene Physiker wie Erwin Schrödinger zugestehen: "Though we are entirely the product of historical development, yet it is we who make its continuation and not history that drags us along a predestined trail. It depends entirely on us, on our stopping to think and acting according to reason, whether there will be decay or a new rise after the crisis" (Schrödinger 1952, S. 111).

Methodisch schlägt sich diese Erkenntnis darin nieder, daß ich die Entwicklungsgeschichte der Elektrizität an ausgewählten Urhebern elektrischer Theorien des 18. Jahrhunderts darstellen werde. Durch die Einbettung ihrer Forschungsarbeit in den je spezifischen historischen Kontext erhoffe ich mir eine Darstellung von naturwissenschaftlicher Praxis, die eine Beurteilung der sich wandelnden Ziele und Methoden der Forschung ermöglicht.

Vergegenwärtigen wir uns die subjektiven Auswirkungen der Physikausbildung wie den Verlust der Anschaulichkeit physikalischer Theorien, sowie die sehr eng umgrenzten Möglichkeiten der sinnlichen Wahrnehmung von Natur im physikalischen Experiment, so verweisen diese Tatbestände erneut auf die vernachlässigte Rolle des Subjekts in den Naturwissenschaften. Der Physiker und Philosoph Werner Kutschmann widmete sich in seiner Dissertation ausschließlich der Rolle des Körpers in der methodischen Praxis der neuzeitlichen Naturwissenschaften /4/. "Dieser Körper, Repräsentant einer fraglos zu eigen seienden 'inneren Natur', stellt eine, wenn nicht die wesentliche anthropologische Voraussetzung aller naturwissenschaftlichen Erkenntnisbemühungen dar. ... Im Selbstverständnis der Naturwissenschaften hat diese 'innere Natur' allerdings keinen Platz - weder in den Reflexionen der Wissenschaftstheorie noch im Selbstverständnis oder Habitus des einzelnen wissenschaftlichen Repräsentanten" (Kutschmann 1986, S. 375). Seine Arbeit zeigt, daß die Entstehung der neuzeitlichen Naturwissenschaft gleichzeitig als eine Geschichte der "Domestizierung und Sublimierung des Körpers" gelesen werden kann. D.h die Verwissenschaftlichung der Erfahrung /5/ geht einher mit der Reduzierung menschlicher Erfahrung auf die optische Wahrnehmung von Objekten und einer gleichzeitigen inneren Stillstellung des Wissenschaftlers. "Hypothetisch zwar zur äußersten Empfindsamkeit und Wachsamkeit dem experimentellen Geschehen gegenüber angehalten, steht der Wissenschaftler dennoch unter der strengen Auflage, sich physisch in keiner Weise bemerkbar zu machen, Regungen seines kreatürlichen Befindens, Wollens und Wünschens zu unterdrücken" (Kutschmann 1986, S. 383).

Die historische Rekonstruktion der Herausbildung der physikalischen Disziplin Elektrizitätslehre versucht ebenfalls die Veränderung der inneren Natur des Erkenntnissubjekts mitzuerfassen: Zum einen soll der Stellenwert und die Veränderung der sinnlichen Erfahrung von Elektrizität nachvollzogen werden. Es zeigt sich dabei, daß die naturwissenschaftliche Beherrschung der Elektrizität nur gelang, indem der Mensch sich die Phänomene vom Leibe hielt. Ursprünglich versuchte der Mensch Erfahrungen mit Elektrizität durch das Experimentieren am eigenen Körper zu machen. Er hoffte unter Einsatz alle Sinne Aufschluß über das Wirken dieser subtilen Kraft im Menschen und der Materie zu gewinnen. Im Zuge der Verwissenschaftlichung dieser Erfahrungen wurden instrumentelle Verfahren ersonnen, die diese subjektiven Erfahrungen ausschlossen. Dies ging einher mit der Ausgrenzung dynamischer Phänomene zu Gunsten statischer. Am Endpunkt dieser Entwicklung stand die uns heute als Elektrostatik bekannte Theorie. Es wird sich aber zeigen, daß die Ausgrenzung subjektiver sinnlicher Wahrnehmungen das Erkennen wesentlicher elektrischer Vorgänge wie den Galvanismus, d.h. die Existenz fließender Elektrizität, verhinderte. Denn zum Ende des 18. Jahrhunderts besaßen die Elektrizitätsforscher keinerlei Möglichkeit, die geringen Spannungen beim Fließen eines galvanischen Stromes zu messen. Nur die Geschmacksempfindungen der Zungenspitze konnten die These eines konstant fließenden Stromes beim Berühren zweier in Kontakt stehender Metalle "bestätigen". Zum anderen soll der Verlust der Anschaulichkeit in der Entstehung einer wissenschaftlichen Sprache über Elektrizität nachgezeichnet werden. Es wird sich zeigen, daß die Entstehung der physikalischen Sprache über Elektrizität einer Reinigung von Anthropomorphismen bedurfte, deren Rekonstruktion eine Geschichte verdrängter Selbsterfahrung zu Tage fördert. Gaston Bachelard spricht in diesem Zusammenhang von "unbewußten sexuellen Obertönen" /6/, die die Geschichte der Elektrizität begleiten. Reste dieser verdrängten Erfahrungsgeschichte mit Elektrizität sind beispielsweise in unserer Umgangssprache aufgehoben. So wird ein begeisterter Mensch als "elektrisiert" bezeichnet. Erotisch-sinnliche Erfahrungen werden metaphorisch mit "knisternde Spannung", "ein Funke springt über", "unter Strom stehen" usw. beschrieben. Wie ich noch zeigen werde, haben diese Ansichten zur Elektrizität ihren Ursprung in der Elektrizitätsforschung des 18. Jahrhunderts.

2.1.3. Der Verlust der Natur und ihre gesellschaftliche Rekonstruktion

Wohl niemand wird es bezweifeln, daß die Physik eine Erfahrungswissenschaft ist. Ebenso ist es ein Allgemeinplatz, daß die Physik neben Chemie und Biologie eine Naturwissenschaft sei. Allzu schnell wird daher behauptet, die Physik befrage die Natur im Experiment, d.h. daß das Wissen über Natur den Erfahrungen mit dieser entspringt. Dieser Argumentation liegt eine ebenso selbstverständlich gewordene Auffassung von der Erfahrbarkeit der Natur zu Grunde, deren Gültigkeit bereits in der aristotelischen Physik in Frage gestellt wurde. "Wir können also mit Recht sagen, daß die aristotelische Naturlehre nicht empiriefeindlich war, sondern im Gegenteil größtes Vertrauen in die Sinneserfahrung setzte und von ihr ihren Ausgang nahm. ... Für die aristotelische Physik ist Erfahrung nur das, was der passive Beobachter an der sich selbst überlassenen Natur wahrnimmt. Wenn der Mensch aktiv in das Geschehen der Natur eingreift, kann er über die Natur nichts erfahren. Man sah daher seit der Rezeption des Aristoteles die Mechanik und die mechanischen Künste im Gegensatz zur Physik als nicht im Einklang mit der Natur, sondern als künstlich erzeugt und gegen die Natur und ihre organische Ordnung gerichtet. Die Mechanik lehrte demnach Fertigkeiten, mit deren Hilfe man die Natur manipulieren und überlisten kann" (Heidelberger 1981, S. 31). Letzteres gilt auch für die heutige Physik: sie erfährt nur aspekthaft etwas über die Natur, indem sie sie überlistet und den Gegenstand der Erfahrung durch das Verfahren der Erfahrung - im Experiment - herstellt. Entsprechend dem gesellschaftlichen Entwicklungsstand bestimmen die zur Verfügung stehenden Arbeitsmittel über die Verfahrenstechniken zur Produktion isolierter Phänomene. Gernot Böhme und Wolfgang van den Daele (1977) weisen nun darauf hin, daß bereits mit der Institutionalisierung der Wissenschaften im Europa des 17. Jahrhunderts die experimentelle Philosophie diese reproduzierbare Tatsache zum Forschungsideal erhoben hat. Mit der Hervorhebung von Messung und Experiment bekannten sie sich zu jener Vorstellung von Erfahrung, wie sie die heutige Physik vertritt, und glaubten damit die Forschung von sozialen, politischen und religiösen Motiven befreien zu können. Heute zeigt sich, daß damit jene Phase der Naturbeherrschung einsetzte, die als das "Technisch-Werden der Natur und das Natürlich-Werden der Technik" (Böhme, v.d. Daele 1977, S. 188) bezeichnet werden kann. Die Disziplinentwicklung der Elektrizität erweist sich als ein hervorragendes Beispiel für diesen Prozeß der gesellschaftlichen Bestimmung von Natur, in der zu Beginn der Apparat zur Objektivierung dessen diente, was sinnlich erfahrbar war, doch dieses Verhältnis sich sehr bald umdrehte: "Der Apparat dient nicht mehr dazu, ein so und so empfundenes Phänomen zu messen, sondern er definiert das Phänomen. Weil mit der Wissenschaft Erfahrung apparative Erfahrung wird, dehnt sich ihr Bereich schnell über das mit menschlichen Sinnen Erfahrbare aus. Wichtiger noch, daß über die Effekte am Apparat Phänomene identifiziert werden, die für die sinnliche Wahrnehmung auseinanderliegen, etwa Licht und Elektrizität" (Böhme, in: Böhme, v. Engelhardt 1979, S. 124).

Die nachfolgende historische Rekonstruktion wird gerade diesen gesellschaftlichen Prozeß der technischen Produktion elektrischer Phänomene und das diesem Vorgehen zugrunge liegende Naturverhältnis offenlegen. Am Endpunkt dieser Entwicklung steht die moderne Elektrodynamik. Auf ihr basiert die heutige Elektrotechnik, die unseren alltäglichen Umgang mit Elektrizität bestimmt. Inwieweit wir durch diese Zurichtung auf technische Zwecke und die damit verbundene 'eindimensionale' Betrachtungsweise Kenntnisse über Natur verloren haben, gilt es zu überprüfen. Dieser Frage nachzugehen bedeutet, konkurrierende Naturauffassungen der damaligen Zeit aufzufinden, die verlorengegangenen Erfahrungen und verschütteten Gedankengänge zu rekonstruieren, ihren Gehalt und die in ihnen liegenden Möglichkeiten zu prüfen. Allgemein gesagt, der historische Prozeß, der zur Herausbildung moderner Theorien führte, wird zum Untersuchungsgegenstand. Was waren die treibenden Kräfte, welche Kriterien zur Bewertung von Erklärungen erwiesen sich als ausschlaggebend? Antworten darauf geben nicht nur Auskunft darüber, wie Wissenschaft betrieben wurde und wird; sie kennzeichnen auch, was die weiterverfolgten Ansätze von den unterdrückten und schließlich vergessenen unterscheidet. Mittlerweile haben uns der selbstverständlich gewordene, tägliche Umgang mit Elektrizität und ebenso die gelernten abstrakten Begriffe wie Ladung, Elektron etc. längst das Staunen und damit auch das Fragen nach dem Wesen dieser verborgenen Wirkkraft in der Natur verlernen lassen. Die individuellen und gesellschaftlichen Folgen dieses historisch gewachsenen Naturverhältnisses erscheinen geradezu paradox: Die mit der Aufklärung von der Naturwissenschaft versprochene Befreiung des Menschen von unbegriffenen Naturkräften wird eingelöst durch das Einüben in den sachgerechten Umgang des Menschen mit einer ebenso unbekannten, aber durch immense technische und mittlerweile soziale

Kontrolle beherrschbaren Naturkraft. Trotz der faszinierenden Möglichkeiten, die diese naturwissenschaftlich-technische Entwicklung ermöglichte, ist es dennoch gerechtfertigt, von bürgerlich-technischer Naturfremdheit der hochindustrialisierten Gesellschaften zu sprechen /7/. Und tatsächlich scheint es so, daß die ökologischen Krisen ein Resultat dieses bereits angedeuteten Programms der Naturbeherrschung sind. Die Selbstbeschränkung der Physik auf die quantitativ-technisch beherrschbaren Aspekte der äußeren Natur ermöglicht reproduzierbare Tatsachen, doch nur unter Vermeidung von Störeffekten und gegebenenfalls Ausgrenzung von Phänomenen. "Die 'Störeffekte', die wir im Interesse der Wiederholbarkeit der Versuche soweit wie möglich ausschalten, kommen durch die Hintertür wieder, nämlich dann, wenn wir die so gewonnenen Ergebnisse, z.B. die chemischen Produkte in die Natur entlassen" (Gebelein, in: Daxner et al. 1981, S. 187). Dies gilt ebenso für die Elektrizität, deren Auswirkungen ihrer großtechnischen Nutzung (elektromagnetische Umweltverschmutzung etc.) nur unzureichend bekannt sind. In dieser Unvermitteltheit zur Natur "bleibt auch ein arbeitendes Substrat der Natur, das an ihr, was sonst Wirkungskraft und Samen genannt worden ist, außer Bezug" (Bloch 1973, S. 779). Physikalische Begriffe wie Ladung, Feld, Elektron sind nichts weiter als "bloße Namen für das, was man nicht erklären kann", "neue Termini von Wirkungskraft und Samen" und damit "über die Hälfte Abstrakta statt Vermittlungen" (ebenda, S. 802f). Damit wird Natur mit allen Mitteln der List und damit der Überlistung einem Zweck unterworfen, der ihr nicht eigen ist.

Eine aus diesem Kapitel abzuleitende Leitlinie der historischen Rekonstruktion wird daher das den unterschiedlichen Theorien zugrunde liegende Naturverhältnis und deren Veränderung im Laufe der historischen Entwicklung sein. Es lassen sich zwei Entwicklungslinien festmachen: die in der Tradition der experimentellen Philosophie stehenden Schulen, die die Erforschung der Elektrizität mit Hilfe immer aufwendigerer technischer Geräte und quantitativer Methoden betrieben sowie die an den alten Traditionen der Alchemie und Magie festhaltenden Forscher, die in den elektrischen und magnetischen Phänomenen jenes universelle Gestaltungsprinzip der Natur vermuteten, welches nicht nachzumachen sei, geschweige denn beliebig verstärkt werden dürfe.

2.1.4. Wider den intuitiven Fortschrittsbegriff in der Physik

Erinnern wir uns an die besprochenen Lehrbücher, so wird man feststellen, daß diese fachsystematische und damit ahistorische Darstellung der Elektrodynamik dennoch einen geschichtlichen oder besser einen pseudo-geschichtlichen Ablauf der Entwicklung dieser Forschungsdisziplin suggeriert. "Gewiß ist es nicht Sinn und Zweck der üblichen Art von Physiklehrbuch, die Geschichte der Naturforschung zu lehren oder sie auch nur *implicite* mitzuerledigen, aber mit dem besten Willen in der Welt tun sie es doch. Das Ergebnis davon ist, daß es eine vielen zum Gemeingut gewordene, auch dem breiten Publikum zugängliche, 'implizite' Geschichte der wissenschaftlichen Forschung gibt. Und da nur wenige Studenten wissenschaftshistorische Kurse besuchen, ist diese 'implizite' Geschichte die am weitesten verbreitete" (Holton 1981, S. 266 f). Der Physikstudent sieht daher die Entwicklung der Elektrodynamik, "als führe sie in gerader Linie zum gegenwärtigen Stand der Disziplin. Kurz, er sieht sie als Fortschritt. Solange er diesem Fachgebiet treu bleibt, hat er gar keine andere Wahl" (Kuhn 1979, S. 178). Ein aktuelles Beispiel aus der Oldenburger Anfängerveranstaltung: Mit der axiomatischen Einführung der Punktladung in Verbindung mit dem Coulomb-Gesetz und der Anwendung der Relativitätstheorie gelangt der moderne Physikstudent zeitökonomisch zu einem physikalischen Formalismus, aus dem alles bisherige physikalische Wissen über Elektrizität abgeleitet werden kann. Sicherlich beeindruckt von der Eleganz (manche Lehrende sprechen auch von der Ästhetik) dieser "Natur"-Beschreibung, wird wohl niemand auf den Gedanken kommen, daß diese durch die Mathematisierung der Elektrizität angestrebten Vereinheitlichungsversuche der Naturbeschreibung historisch mehrfach in Sackgassen geführt haben: Die Anwendung der Newtonschen Mechanik auf die Elektrizität lieferte zwar die uns bekannte Elektrostatik, doch grenzte sie alle bekannten dynamischen Phänomene aus, sodaß die Entdeckung der "natürlichen Elektrizität", des Galvanismus, und ihr physikalischer Nachweis mit Hilfe der Coulombwaage verhindert wurde. Und selbst der uns heute so geläufige Zusammenhang zwischen Elektrizität und Magnetismus und sämtliche darauf fußenden Meßgeräte hätte jenes Festhalten an der Newtonschen Physik mit der Vorstellung von Zentralkräften verhindert. Das hier aus didaktischen Gründen gewählte Verfahren impliziert daher ein Bild von Disziplingenese, welches zu einem positivistischen Begriff von Erkenntnisfortschritt führt, nach dem die bessere physikalische Theorie sich dadurch auszeichnet, daß sie das alte Wissen vereinfachend zusammenfassen kann und darüber hinaus möglichst viel Vorhersagegehalt verspricht, um daran weitere Rätsel (Kuhn) lösen zu können. Dieser "quantitative Fortschrittsbegriff" /8/ hat fundamentale Konsequenzen für das Selbstverständnis der Physiker: Die Kriterien für erfolgreiche Arbeit sucht er sich innerhalb seines Forschungsbereiches. "... wenn also etwa die Ladung des Elektrons aus einigen anderen fundamentalen Naturkonstanten folgt, dann wäre man um einen großen Schritt weiter. Als Nebenprodukt des wissenschaftlichen Fortschritts, wie er sich aus der stetigen Reduzierung der Grundaxiome und aus dem zunehmenden Maß an erklärten Phänomenen ergibt, folgt ein übergreifendes Zusammenwirken hinsichtlich der Verfahren und Methoden. Resultate aus dem einen Bereich erweisen sich oft in einem weit entfernten anderem Bereich als erstaunlich brauchbar" (Holton 1984, S. 141).

Diese immer noch favorisierte, "intuitive" Auffassung vom wissenschaftlichen Fortschritt gerät derzeit unter der Last der ökologischen Krisen zunehmend in Verruf. Selbst die ehrgeizigen Physiker spüren die Fragwürdigkeit ihrer "Erfolge", da es mittlerweile kaum mehr zu leugnen ist, daß der wissenschaftliche Fortschritt nicht mehr uneingeschränkt gesellschaftlichen Fortschritt bedeutet. Die derzeitige Kritik am Erfolg wird aber häufig nur als Anwendungskritik der Naturwissenschaften formuliert und weniger als Aufforderung, die der derzeitigen naturwissenschaftlichen Praxis zugrundeliegenden Kriterien für Erfolg zu überdenken. Denn deren Auswahl ist ein sozialer, an die je spezifische Situation historischer Subjekte gebundener Entscheidungsakt und damit bestimmend für die Entstehung neuen Wissens. Seitdem nun die Wissenschaftstheorie gegen Ende der sechziger Jahre verstärkt die Wissenschaftsgeschichte als ihr Komplement erkannte /9/, ist dieser, an die Wertvorstellungen einer bestimmten Wissenschaftlergruppe gebundene, relative Fortschrittsbegriff mittlerweile zum Allgemeinplatz geworden. D.h. die historisch rekonstruierten Fallstudien wissenschaftlicher Forschungspraxis zeigten, daß die Kriterien für Erfolg nicht einer innerwissenschaftlichen Logik folgen, wie es viele Naturwissenschaftler vorgeben, sondern daß sogenannte externe Faktoren /10/ verantwortlich zu machen sind: Die Forschung eines ehrgeizigen Physikers war nicht nur von bereits zur Verfügung stehenden Theorien und den Möglichkeiten der experimentellen Techniken abhängig, sondern die Akzeptanz neuen Wissens konnte unmittelbar von der Plausibilität der verwendeten Modelle, Analogien, ja sogar von der Gunst der politischen und gesellschaftlichen Situation abhängen. Die auf dieser Relativierung wissenschaftlicher Rationalität beruhenden Erklärungsmodelle von Wissenschaftsdynamik markieren heute jene als 'New Philosophy of Science' bekannten wissenschaftstheoretischen Schulen /11/, von denen ich an dieser Stelle nur das Kuhnsche Modell wissenschaftlicher Revolutionen vorstellen möchte.

Der ehemalige Physiker und Wissenschaftstheoretiker Th.S. Kuhn beschreibt Wissenschaftsdynamik und damit Fortschritt als einen von revolutionären Umbrüchen bestimmten Forschungsprozeß, die er als wissenschaftliche Revolutionen bezeichnete. Ihnen voraus geht die Phase der normalen Wissenschaft, die durch das Vorhandensein eines Paradigmas gekennzeichnet ist. "In diesem Essay bedeutet 'normale Wissenschaft' eine Forschung, die fest auf einer oder mehreren wissenschaftlichen Leistungen der Vergangenheit beruht, Leistungen, die von einer bestimmten wissenschaftlichen Gemeinschaft eine Zeitlang als Grundlagen für ihre weitere Arbeit anerkannt werden. Heute werden solche Leistungen in wissenschaftlichen Lehrbüchern, für Anfänger und für Fortgeschrittene, im einzelnen geschildert, wenn auch selten in ihrer ursprünglichen Form" (Kuhn 1979, S. 25). Wissenschaftliche Arbeiten, die folgende zwei Merkmale aufwiesen, bezeichnete er als Paradigma. "Ihre Leistung war beispiellos genug, um eine beständige Gruppe von Anhängern anzuziehen, hinweg von den wetteifernden Verfahren wissenschaftlicher Tätigkeit, und gleichzeitig war sie noch offen genug, um der neubestimmten Gruppe von Fachleuten alle möglichen Probleme zur Lösung zu überlassen. Leistungen mit diesen beiden Merkmalen werde ich von nun an als Paradigma bezeichnen, ein Ausdruck, der eng mit dem der normalen Wissenschaft zusammenhängt" (ebenda, S. 25). In dieser Phase der Forschung handelt es sich gewissermaßen um das Lösen von Rätseln, die von vornherein so gestellt sind, daß sie in den typischen Vorgabezeiten einer Doktorarbeit oder Habilitation zu bewältigen sind. Oder wie es Kuhn wörtlich sagt, "Einer der Gründe für den offenbar schnellen Fortschritt der normalen Wissenschaft ist, daß man sich bei ihr auf Probleme konzentriert, an deren Lösung nur Mangel an Scharfsinn hindern könnte" (ebenda, S. 51).

Zusammenfassend läßt sich sagen, daß es in dieser Phase vornehmlich drei Klassen von Problemen gibt: Bestimmung für das Paradigma bedeutsamer Tatsachen, gegenseitige Anpassung von Fakten und Theorie, Artikulierung der Theorie. Laut Kuhn führt diese normale Forschungspraxis schließlich zu Entdeckungen, die zunächst als Anomalien behandelt werden, bei etwaiger Häufung jedoch eine Krise des Paradigmas hervorrufen können, sodaß neue Theorien favorisiert werden. Diesen komplizierten Prozeß des Umbruchs, d.h. Entscheidungen für oder wider eine neue Theorie in der jeweiligen Disziplin zu treffen, versucht er aus der je historisch und sozial determinierten Situation in den Wissenschaften zu rekonstruieren. Damit bindet er die in den Naturwissenschaften streng gehüteten Vorstellungen von Wertneutralität, Objektivität und Fortschritt an die Wertvorstellungen der wissenschaftlichen Gemeinschaft.

Diese Annahme bricht grundlegend mit jenem intuitiv vorhandenen ahistorischen Bild von Wissenschaft, auf dessen Hintergrund deren Bestandteile wie Theorien, Konzepte, Begriffe, experimentelle Befunde, als geschichtslose, rein logische "Gegenstände" betrachtet wurden. Folgerichtig relativiert sich damit auch jener geläufige Objektivitätsbegriff, nach dem bereits die intersubjektive Überprüfbarkeit von Aussagen im quantitativen Experiment ein Beweis für die Wertfreiheit dieser Forschung ist. Vielmehr ist nun jedes physikalische Gerät, jedes physikalische Resultat das Ergebnis eines langen Entwicklungsprozesses. Und deren je aktuelle Verwendung bedeutet immer auch schon ein diesen Vorbedingungen entsprechendes Manipulieren bzw. Konstruieren des Untersuchungsgegenstandes. In diesem Sinne wirkt in jeder Tätigkeit, in einem Denkvorgang wie in einem Experiment, die geschichtliche Tradition. D.h. objektiv ist der physikalische Erkenntnisakt und damit das Resultat nur in dem durch die historische Situation vorgegebenen Sinn. "Wissenschaft insgesamt, sowohl in ihrem Entstehungsprozeß wie auch in ihrer fixierten Fassung als 'Ergebnis', kann nie vom 'Subjektiven', d.h. von menschlicher Tätigkeit, abgetrennt werden - was in Übereinstimmung steht mit meiner Auffassung von Wissenschaft als Teil menschlicher Praxis (auch einer entfremdeten). Dies hat aber weiterhin Bedeutung für die Objektivität der Erkenntnis: es gibt nur 'subjektive' Objektivität: sie ist an die Subjekte ihrer Zeit gebunden, sie ist abhängig von der Tradition, der Überlieferung, von der Tätigkeit vergangener und von der Tätigkeit gleichzeitig lebender Menschen" (Maurer, in: Ewers 1979, S. 170). Damit ist wissenschaftlicher Fortschritt immer nur relativ aus der je historischen Situation unter Offenlegung des Beobachterstandpunktes zu begreifen.

Mit dem Kuhnschen Modell von Wissenschaftentwicklung wurde zwar der positivistische Begriff von wissenschaftlichem Fortschritt obsolet, doch trotz dieser Relativierung fehlt diesem die notwendige Toleranz gegenüber anderen Wissensformen. Dies zeigt sich besonders deutlich in seiner ungenügenden Beschreibung und Bewertung der vorparadigmatischen Phase. "In der ganzen Vorparadigma-Phase, wenn es eine Vielzahl konkurrierender Schulen gibt, läßt sich ein Fortschritt kaum nachweisen, es sei denn innerhalb der Schulen. Das ist die in Abschnitt II beschriebene Periode, in der Einzelne Wissenschaft treiben, die Ergebnisse ihres Unterfanges aber keine Wissenschaft in unserem Sinne ergeben" (Kuhn 1979, S. 174). Auch wenn er im Postskriptum anmerkt, daß diese Phase "des Übergangs zur Reife" genauerer Bearbeitung bedarf, als es in seinem Buch geschehen ist, läßt seine Ausdrucksweise auch dort erkennen, daß seiner Wissenschaftsgeschichtsschreibung ein Fortschrittsbegriff zugrunde liegt, der ausschließlich die Kriterien heutiger Wissenschaftlichkeit reproduziert. Wenn beispielsweise Elektrizitätsforscher des 18. Jahrhunderts es ablehnen, ihre Erfahrungen mit der Elektrizität in eine mathematische Wissenschaft zu überführen oder auf technische Verstärkung dieser Kraft verzichten, weil ihre Erkenntnishaltung auf einem respektvollen Verhältnis zur Natur aufgebaut ist, so führen solche Forschungen aus der Sicht dieser Wissenschaftstheorie lediglich zu Ergebnissen, die "keine Wissenschaft in unserem Sinne ergeben" (ebenda, S. 174). Der "Übergang zur Reife" bestimmt sich hiernach über die derzeit akzeptierten Vorstellungen von Wissenschaft. Doch einen Gedanken als falsch oder richtig zu beurteilen, setzt immer schon Maßstäbe voraus; eine alte Erklärung kann immer nur im Rahmen ihres eigenen konzeptionellen Kontextes verstanden und gewürdigt werden. Eine ausschließliche Bewertung auf der Grundlage der heute akzeptierten Auffassung leugnet daher deren eigene Geschichtlichkeit. Vielmehr ist es im Denken der Wissenschaftler nur allzu tief verankert, daß die Phase der Herausbildung einer wissenschaftlichen Disziplin ein Übergang von vorwissenschaftlicher Naturerfahrung zur wissenschaftlichen Erklärung und damit ein Übergang zur Exaktheit und Objektivität ist. Daß es sich in diesem Prozeß der Verwissenschaftlichung von Erfahrung um eine auf Präzisierung ausgerichtete Transformierung des an die historischen Subjekte gebundenen Erfahrungsbereiches handelt, in dem Qualitäten verloren gehen, wird nur von wenigen berücksichtigt.

Dieses ungeklärte Verhältnis zu anderen Wissensformen stößt aber nicht nur die Wissenschaftstheorie an ihre Grenzen, sondern auch die Naturwissenschaftsdidaktik. Hier zeigt es sich weniger im Umgang mit historischem Wissen, als im Umgang mit Schülervorstellungen oder allgemein dem Alltagswissen. Wohl allen ist es bekannt, daß zwischen dem Alltagswissen und dem physikalischen Wissen eine große Kluft besteht. Ihrer Überwindung gilt daher das Bemühen, denn die Schülervorstellungen (wie das Wissen der historischen Vorgänger) gelten aufgrund der Definitionsmacht der herrschenden Wissenschaft als 'misconceptions'. Doch gibt es ebenso Hinweise, daß Menschen die Erkenntnisse aus der Welt der Physik in konkreten Alltagssituationen kaum anwenden, ja sogar trotz physikalischer Ausbildung resistent an Erklärungsmustern festhalten, die mit denen der aristotelischen Physik übereinstimmen /12/. Dieses Festhalten am Alltagswissen kann daher auch als ein Zeichen der Entfremdung der herrschenden Naturwissenschaft vom Alltag gelesen werden. Und die bestehende Kluft als Folge des historisch vollzogenen Prozesses der Verwissenschaftlichung von Naturerfahrung, an dessen Endpunkt einerseits die Elektrodynamik steht, andererseits aber auch Ansichten und Erfahrungen mit Natur verlorengegangen sind. Dies scheint insbesondere unter Naturwissenschaftlern weitgehend unreflektiert zu sein. Aus den vorgenannten Überlegungen halte ich es deshalb für sinnvoll, nicht die Überwindung dieser Kluft durch Ausmerzen der Schülervorstellungen mittels didaktischer Tricks zu betreiben, sondern den historischen Verlauf und die Veränderungen des Bruchs zwischen physikalischem Wissen und dem Alltagswissen erkennbar werden zu lassen.

Gernot Böhme hat dazu mit seiner Arbeit (Böhme, in: Böhme, v. Engelhard 1979, S. 121 ff) explizit die Geschichte der Naturwissenschaften als Prozeß der Verwissenschaftlichung von Erfahrung zu rekonstruieren versucht und damit Hinweise auf epistemologische Brüche gegeben. In der nachfolgenden Rekonstruktion habe ich einige Charakteristika dieses Verwissenschaftlichungsprozesses anhand der Elektrizitätsforschung nachweisen können: 1. Die Ablösung der sinnlichen Erfahrung von Elektrizität durch technische Geräte. Am Endpunkt dieser Entwicklung steht die mittlerweile gefährlich gewordene Berührung mit Elektrizität. 2. Die Linearisierung eines Phänomenbereichs, wie die Erfahrung der Elektrizität als polarer Gegensatz von Anziehung und Abstoßung oder männlicher und weiblicher Elektrizität hin zum linearisierten Konzept von negativen und positiver Ladung.

Ausgehend von der gleichen Einsicht in die scharfe Trennung zwischen Wissenschaft und Alltag rekonstruierte der Wissenschaftshistoriker Gaston Bachelard bereits in den dreißiger Jahren dieses Jahrhunderts die Elektrizitätsforschung des 18. Jahrhunderts, um daran die zu überwindenen Schwierigkeiten bei der "Bildung des wissenschaftlichen Geistes" (Bachelard 1984) offenzulegen. Er führte dazu den Begriff des "Erkenntnishindernisses" ein, der die Probleme des Übergangs vom animistischen zum rationalen Denken plausibilisieren sollte. Mit seiner Darstellung der Dialektik von bildhaftem und begrifflichem Denken wollte er eine entscheidende Umbruchslinie zur Entwicklung der modernen Naturwissenschaften markieren. Dennoch ist diese materialreiche Fallstudie eher eine Verfallsgeschichte, die im Schatten der erfolgreichen Durchsetzung des naturwissenschaftlichen Denkens über Elektrizität steht. Sie führt aber nicht, wie man annehmen könnte, über das bereits Kritisierte hinaus, da letztendlich für ihn nur die Überwindung dieses vorwissenschaftlichen, bildhaften Denkens wissenschaftlichen Fortschritt bedeutet /13/.

Verallgemeinernd läßt sich abschließend feststellen, daß der Fortschrittsbegriff je nach dem ihm zugrundeliegenden Begriff von Wissenschaft bestimmt ist. Diese oben angeführte Kritik hat damit Konsequenzen für die historische Rekonstruktion: Es wird bewußt jene Phase der Elektrizitätsforschung untersucht, die aus der Sicht der Wissenschaftstheorie als vorparadigmatisch bzw. als der Übergang zur Paradigma-Phase gilt. Die Herausbildung der physikalischen Disziplin Elektrizitätslehre wird als sozialhistorischer Prozeß der Verwissenschaftlichung von Naturerfahrungen rekonstruiert. Dabei gilt es zugleich und im gleichen Maße die der Entstehung und Entwicklung dieser physikalischen Disziplin zugrundeliegenden Triebkräfte offenzulegen, wie die diesem Verwissenschaftlichungsprozeß zum Opfer gefallenen Ansichten und Umgangsweisen mit Elektrizität zu rekonstruieren.

Hierzu ist jedoch ein begriffliches Instrumentarium von Nöten, das historisches Naturwissen gleichberechtigt neben der exakten Naturwissenschaft als Wissensformen mit je spezifischen Zielen und Methoden erfassen kann. Die Berücksichtigung erkenntnistheoretischer und wissenssoziologischer Ansätze trägt dieser geforderten Toleranz gegenüber anderen Wissensformen methodologisch Rechnung.

2.2. *Physik als sozial und historisch vermittelte Erkenntnistätigkeit*

2.2.1. Der Erkenntnisprozeß - Die Achillesferse der Physik

Sämtliches Wissen, auch die noch so abstrakten physikalischen Theorien des 20. Jahrhunderts, ist von Menschen gemacht und daher an einen spezifischen Erkenntnisprozeß gebunden. Damit ist dieses Wissen immer auch historisch und sozial determiniert. Historisch allein schon deshalb, weil die Entstehung neuen Wissens ohne das diesem vorhergehende nicht zu denken ist. Sozial insofern, weil jeder Erkenntnisakt eine durch soziale Faktoren geprägte Handlung ist. Nur durch die Abtrennung des Erkenntnisprozesses von den je spezifischen Resultaten erscheinen diese als ein rein logisches und objektives Wissenskonstrukt. Objektiv ist es jedoch nur im aktuell historischen Sinn, d.h. eine neue Theorie kann das bereits geltende Wissen in Frage stellen und anstelle dessen wesentlich ältere Auffassungen favorisieren. Um daher diese Dynamik der Entstehung und Entwicklung unseres Naturwissens zu erfassen, soll ein begriffliches Instrumentarium vorgestellt werden, welches den Erkenntnisprozeß in seiner historischen und sozialen Dimension umschreibt.

Für den hier darzustellenden Fall, die Entstehung der Elektrodynamik, gilt es zunächst festzuhalten, daß die dieses logische Wissenskonstrukt prägenden Begriffe, symbolischen Verallgemeinerungen /14/ und experimentell bestätigten Tatsachen jene spezielle Form des historisch gewachsenen Wissens über Elektrizität repräsentieren, welches mit den bislang entwickelten physikalischen Methoden und Zielsetzungen erreicht werden konnte. Diese Aussage kann als unbestritten gelten und mag daher manchen geradezu banal erscheinen, doch verweist sie auf den hier wesentlichen Tatbestand, daß die Inhalte der Wissenschaft (Physik) mit der Geschichte ihres Erkennens unmittelbar verknüpft sind. Wie diese Verknüpfung im einzelnen über den Begriff der Erkenntnistätigkeit gelingt, dazu soll dieses Kapitel Auskunft geben.

Daß diesem sozial-historischen Erkenntnisprozeß bereits einschränkende Erkenntnisbedingungen vorausgehen, wird daran deutlich, daß die Überprüfung gezielter Hypothesen die Verwendung spezifischen Experimentiergerätes, d.h. selektives Wahrnehmen bzw. Eingreifen in Natur bedeutet. Beispielsweise führte die Entwicklung der Elektrisiermaschinen die Elektrizitätsforschung letztendlich in eine Sackgasse, da sie ausschließlich das Augenmerk auf die "künstliche Elektrizität" (Elektrostatik) richtete, ja sogar dynamische Wirkungen der Elektrizität wie den Galvanismus (natürliche Elektrizität) ausgrenzte. Aus heutiger Sicht gelang es ihnen zunächst nur, hohe Spannungen bis zu 500000 Volt zu erzeugen, doch keine konstanten Ströme. Auch die Krönung der elektrischen Meßtechnik, die Coulombwaage, konnte dynamische Vorgänge nicht als elektrische identifizieren, da Messungen an geschlossenen Stromkreisen damit nicht durchzuführen waren. Die Durchsetzung neuen Wissens über Elektrizität gelang in diesem Falle nur durch das wissenschaftliche wie politische Engagement historischer Subjekte gegen die herrschende Meinung.

Doch wurden bereits in der Zeit auch Fragestellungen aufgegeben, wie z.B. die diejenige nach dem Wesen der Elektrizität. Mit der Einführung des Ladungsbegriffs durch Benjamin Franklin als "negative und positive Elektrizität" und dem erfolglosen Streit um die Anzahl möglicher Fluida wurde die Suche nach einer grundlegenden Einheit eingestellt. Dies hatte nicht nur experimentiertechnische Gründe, sondern demonstriert die Abhängigkeit dieser Fragestellung von den jeweiligen Zielen der betroffenen wissenschaftlichen Schulen.

Wenn es heute auch so erscheinen mag, daß die Erforschung der Natur immer gleichbedeutend mit einer quantitativen Beschreibung ist, steht die Elektrizitätsforschung des 18. Jahrhunderts beispielhaft für den Prozeß des Übergangs von qualitativer zu quantitativer Naturerkenntnis. Dieses Festhalten an qualitativen Beschreibungen darf jedoch nicht, wie so oft, als Unfähigkeit zur wissenschaftlichen Arbeit interpretiert werden, sondern geschah als bewußte Entscheidung gegen eine sich abzeichnende Tendenz in der Naturforschung, umfassendere, naturphilosophische Fragen durch quantitative Aussagen über Natur zu ersetzen /15/. Beispielhaft für die alte Tradition stehen die elektrischen Theologen, mit deren Theorie der Elektrizität P. Divisch eine Fortführung alchemistischen Naturwissens versuchte, um damit die Philosophie insgesamt voranzutreiben. Die elektrischen Phänomene hielten jene für Zeichen einer Selbstbewegung in der Natur, die der Mensch nicht nachmachen, sich aber dennoch - in gewissen Grenzen - ihrer bedienen könne. Diese, einer von religiösen Motiven geprägten Erkenntnishaltung entspringende Resultate galten als der herrschenden philosphischen Auffassung der Aufklärung widersprechend. Die Publikation wurde demgemäß untersagt /16/.

Diese Beispiele sollen genügen, um die Abhängigkeit der Forschungsresultate von der dieser Arbeit zugrundeliegenden Erkenntnishaltung darzulegen. Sie deuten bereits darauf hin, daß unser physikalisches Wissen über Elektrizität, die Elektrodynamik, als Resultat eines geschichtlichen Konstitutionsprozesses gedeutet werden kann, in dem die Erkenntnishaltung der historischen Subjekte, ihre existentiellen Bedingungen den Erkenntnisprozeß beeinflusssen können.

In diesem Kapitel soll nun ein begriffliches Instrumentarium vorgestellt werden, das sowohl die Entstehung als auch die Entwicklung wissenschaftlicher (und anderer) Konzeptualisierungen von menschlicher Erfahrung erfaßt. Eine solche vergleichende, über den Anspruch der Wissenschaftstheorie hinausgehende Erkenntnistheorie, die sich durch Toleranz gegenüber anderen Wissensformen auszeichnet, finde ich in der Denkkollektiv-Denkstiltheorie von Ludwik Fleck /17/. "Die Wissenschaftstheorie ist eine eigene Wissenschaft, gestützt auf Beobachtung und Experiment, historische und soziologische Untersuchungen. Sie ist Teil der Wissenschaft über die Denkstile" (Fleck 1983, S. 145). "Die Fruchtbarkeit der Denkkollektivtheorie zeigt sich eben in ihrer Möglichkeit, primitives, archaisches, kindliches und psychotisches Denken zu vergleichen und einheitlich zu untersuchen. ... Der alte Standpunkt, der über normative Feststellungen vom "schlechten" und "guten" Denken nicht hinauskommt, ist überholt" (Fleck 1980, S. 70).

Eine zentrale Behauptung in seiner Theorie ist, daß jegliches Wissen historisch und sozial geprägt ist. "Ein ahistorisches, von der Geschichte abgetrenntes Erkennen ist unmöglich, ähnlich wie auch ein asoziales, von einem isolierten Forscher ausgeführtes Erkennen unmöglich ist" (Fleck 1983, S. 123). Dies gilt ebenso für den physikalischen Erkenntnisprozeß: Selbst eine noch so abstrakte physikalische Theorie ist unmittelbar mit ihrer Geschichte verwoben, und es ist unmöglich von dieser loszukommen. So wie in der derzeit gelehrten Maxwellschen Elektrodynamik historische Wissensbestände in veränderter Form abgelagert sind, wird der/die derzeitige StudentIn das zukünftige Wissen über Elektrizität aus diesem historischen Wissensbestand und dem jeweils aktuellen geistigen Klima seiner Zeit weiterentwickeln.

Indem Fleck das historische Subjekt, das Kollektiv, mit seiner Erfahrungsgeschichte in den Mittelpunkt der Analyse stellt, bindet er die Inhalte naturwissenschaftlicher Theorien, Konzepte und Experimente an den jeweiligen sozialhistorischen Enstehungskontext. Damit wendet er sich entschieden gegen jene Art von Erkenntnistheorie, die ein abstraktes, überhistorisches Subjekt zur Grundlage nimmt.

"Ein Grundfehler vieler Betrachtungen aus dem Gebiet der Theorie des Erkennes ist, daß (mehr oder weniger offenkundig) mit einem symbolischen, epistemologischen Subjekt operiert wird, genannt 'der menschliche Geist', 'der menschliche Verstand', 'der Forscher' oder einfach 'der Mensch' ('Jan', 'Sokrates'), das keinerlei konkrete Lebenslage hat, grundsätzlich keinen Veränderungen unterworfen ist, selbst über Jahrhunderte hinweg, und, ungeachtet des Milieus und der Epoche, jeden 'normalen' Menschen repräsentiert" (Fleck 1983, S. 84). Folgerichtig betrachtet er physikalische Begriffe, Modelle, Analogien sowie experimentelle Tatsachen als über die Erkenntnistätigkeit sozial und historisch determiniert. Damit ist es möglich, die naturwissenschaftlichen Theorien selbst zum Gegenstand der Untersuchung werden zu lassen.

Trotz grundlegender erkenntnistheoretischer Unterschiede zwischen dem physikalischen Naturwissen und beispielsweise den mystischen Naturauffassungen ist es ihm gelungen, Gemeinsamkeiten im Entstehen dieser Wissensformen aufzuzeigen. Hierzu bildet sein Begriff des Denkstils die notwendige verbindende und unterscheidende Größe: "Naturwissenschaftler, Philologen, Theologen oder Kabbalisten können sich innerhalb ihrer Gemeinschaften ausgezeichnet verständigen, aber die Verständigung eines Physikers mit einem Philologen ist schwierig, mit einem Theologen sehr schwierig und mit einem Kabbalisten oder Mystiker unmöglich. ... Sie werden aneinander vorbei und nicht zueinander sprechen: sie gehören anderen Denkgemeinschaften bzw. Denkkollektiven an, sie haben einen anderen Denkstil. Was für den einen wichtig, sogar wesentlich ist, ist für den anderen Nebensache, keiner Erwägung wert. Was der eine für evident hält, das hält der andere für Unsinn. ... Was für den einen Wahrheit ist (evtl. 'erhabene Wahrheit'), ist für den anderen eine 'schäbige Erdichtung' (evtl. eine Täuschung) (Fleck 1983, S. 87).

Ebenso wie es in der Wissenschaftsentwicklung Unvereinbarkeiten von theoretischen Ansichten gibt, gilt dies in der Fleckschen Terminologie: Es können damit Mißverständnisse zwischen verschiedenen wissenschaftlichen Schulen, aber auch zwischen wissenschaftlichen und "nichtwissenschaftlichen" Denkern offengelegt werden. Denn da selbst Ziele, Methoden, Wertvorstellungen Elemente eines Denkstiles sind, gelingt es auch diejenigen Ansichten zur Elektrizität zu erfassen, die im Kuhnschen Modell als vorwissenschaftliche abgetan wurden. Der Verzicht auf die Verwendung quantitativer Beschreibungen ist damit denkstilspezifisch zu erklären, ebenso die Ausgrenzung dynamischer Phänomene, da sie nicht mit der Coulombwaage gemessen werden konnten. Erst die Offenlegung dieser vielfach unklaren Denkstilfaktoren ermöglicht eine Beurteilung der je spezifischen Ansichten zu Elektrizität und ihrer Möglichkeiten der Durchsetzung. Wie ich noch zeigen werde, bietet dieser Ansatz die Möglichkeit, den Prozeß der Herausbildung der physikalischen Disziplin Elektrizitätslehre als Umbruchsphasen je spezifischer Denkstile zu begreifen.

2.2.2. Versuch einer vergleichenden Erkenntnistheorie

2.2.2.1. Denkstil und Denkkollektiv

Indem sich L. Fleck auf das erkennende Subjekt einläßt und damit den Erkenntnisprozeß in seiner historischen und sozialen Dimension zu erfassen versucht, bricht er mit der klassischen Vorstellung der Trennung von Subjekt und Objekt. Er verweist auf die Notwendigkeit der Einführung einer dazwischentretenden, dritten Komponente, des Denkkollektivs.

"Der Satz 'jemand erkennt etwas' verlangt analog einen Zusatz z. B.: 'auf Grund des bestimmten Erkennntisbestandes' oder besser 'als Mitglied eines bestimmten Kulturmilieus' oder am besten 'in einem bestimmten Denkstil, in einem betimmten Denkkollektiv'. Definieren wir 'Denkkollektiv' als Gemeinschaft der Menschen, die im Gedankenaustausch oder in gedanklicher Wechselwirkung stehen, so besitzen wir in ihm den Träger geschichtlicher Entwicklung eines Denkgebietes, eines bestimmten Wissensbestandes und Kulturbestandes, also eines besonderen Denkstiles. Hiermit gibt das Denkkollektiv das fehlende Glied der gesuchten Beziehung" (Fleck 1980, S. 54 f). Bezogen auf den physikalischen Erkenntnisakt bedeutet dies, daß in jedem Experiment, in jedem Denkvorgang sowohl die geschichtliche Tradition als auch das kulturelle Umfeld wirkt.

Mitglieder verschiedener Denkkollektive tun sich häufig schwer, sich miteinander zu verständigen. Nicht nur zwischen einem Physiker und einem Philosophen gibt es Verständnisprobleme, sondern mittlerweile auch unter Kollegen gleicher Fachdisziplinen. Sie reden aneinander vorbei. Fleck führt dies darauf zurück, daß sie einen unterschiedlichen Denkstil entwickelt haben. Damit verweist er auf den zweiten wesentlichen Kernpunkt seiner Theorie hin, den Denkstil. Dieser ist unmittelbar mit dem des Denkkollektivs verwoben, erlaubt aber eine tiefere Analyse der dritten Komponente. "Der Denkstil besteht, wie jeder Stil, aus einer bestimmten Stimmung und der sie realisierenden Ausführung. Eine Stimmung hat zwei eng zusammenhängende Seiten: sie ist Bereitschaft für selektives Empfinden und für entsprechend gerichtetes Handeln. Sie schafft die ihr adäquaten Ausdrücke: Religion, Wissenschaft, Kunst, Sitte, Krieg usw., je nach der Prävalenz gewisser kollektiver Motive und der angewandten kollektiven Mittel. Wir können also Denkstil als gerichtetes Wahrnehmen, mit entsprechendem gedanklichen und sachlichen Verarbeiten des Wahrgenommenen, definieren. Ihn charakterisieren gemeinsame Merkmale der Probleme, die ein Denkkollektiv interessieren; der Urteile, die es als evident betrachtet; der Methoden, die es als Erkenntnismittel anwendet" (Fleck 1980, S. 130).

Mit Hilfe dieser Begrifflichkeiten versucht er, den in der Wissenschaftstheorie unklaren "context of discovery" ins Blickfeld zu nehmen. Seine Theorie des Erkennens soll daher "psychologische, soziologische und historische Methoden umfassen. Ihr Gegenstand wird die Gesamtheit des Erkenntnislebens, dessen Organisation, zeitlichen Fluktuationen und Entwicklungseinheiten, lokalen Merkmale, die Eigenheiten seiner mannigfachen Formen" (Fleck 1983, S. 107 f). Den konkreten Inhalt eines Denkstils führt er auf drei Quellen zurück: "1. Die vorgeschichtliche Ideogenese aus der Zeit des Anfangs eines Stils, aus der Zeit, als sich der Stil als Variante eines anderen Stils abspaltete. Hierher gehören die Urideen /18/. 2. Veränderungen, hervorgerufen durch die dauernde Veränderung im Kollektiv, diktiert durch die im Kollektiv wirkenden Kräfte: Stilisierung, Systematisierung, Legitimierung, Widerstand, Denkrevolution. 3. Die fortwährenden Einflüsse fremder Stile" (Fleck 1983, S. 114).

In der weiteren Abfolge dieses Kapitels werde ich zunächst zu Punkt 2 auf zwei Stilelemente des physikalischen Denkstils eingehen, um dann zum Schluß die unter 1 und 3 gefaßten Aspekte darzustellen. Zentrale Bedeutung bei der Herausbildung eines spezifischen Denkstils z.B. der Physikergemeinschaft mißt Fleck der Ausbildung bei. Neben dem Einüben in eine experimentelle Praxis erwecken Lehrbücher mit ihren physikalischen Begriffen und Aussagen nicht nur den Eindruck objektiven Wissens, sondern prägen ebensosehr die Wahrnehmung. Die Ausbildung kommt einem Initiationsritus gleich, der zum Aufbau eines Denkstils beiträgt, der die Lernenden in ihrem Gebiet Phänomene erkennen läßt, die einem Nichtphysiker verschlossen bleiben. Ebenso mögen dem so gebildeten Physiker Phänomene wie der Mesmerismus /19/ als irrational erscheinen. Flecks vergleichende Erkennntnistheorie kann jedoch dazu beitragen, Rationalität und Irrationalität nicht als Merkmale der Phänomene zu betrachten, "sondern (als) Beleg von Tauglichkeit oder Untauglichkeit der verstandesgemäßen Methoden. Daraus folgt also, daß wir bislang über keine tauglichen Methoden zur Untersuchung der genannten Phänomene verfügen" (Fleck 1983, S. 87).

Zur näheren Erläuterung dieses 'Blind-Werdens' für spezielle Phänomene zieht er die Gestaltpsychologie heran /20/ und nimmt damit dem so scheinbar individuellen Erkenntnisakt seine Intimität, indem er postuliert, daß wir zwar mit den eigenen Augen schauen, doch mit den Augen des Kollektivs sehen."Die Gestalt ist nicht aus 'objektiven' physikalischen Elementen aufgebaut, sondern aus kulturellen und historischen Motiven" (Fleck 1983, S. 156). "Die Rolle des kollektiven Lebens, d.h. des Kollektivs, ist klar. Aus dem Vorrat traditioneller, allgemein anerkannter Gestalten schöpfen wir vor allem jene sich gegenseitig verdrängenden Ähnlichkeiten, danach formt das kollektive Leben aus diesen oszillierenden Möglichkeiten eine bestimmte neue Gestalt, festigt sie und zwingt sie dem Individuum auf. Kollektive Erfahrung und Gewohnheit bestimmen, was Hauptmerkmal ist und was verändert werden kann und wie weit diese Veränderbarkeit gehen kann" (ebenda, S. 161).

Wendet man diese Betrachtung auf die Physik (-ausbildung) an, stoßen wir auch dort auf ihr inhärente, stilbildende Elemente: Die Aneignung der Fachsprache, die Verwendung wissenschaftlichen Gerätes, das Denken in Modellen und Analogien führt unzweifelhaft zu einer Gerichtetheit der Wahrnehmung. Da es beispielsweise unmöglich ist, ein Elektron direkt zu sehen, sondern nur Dampfspuren in einer Nebelkammer, bedarf es zusätzlicher kontextbezogener Informationen über Nachweismöglichkeiten und das Vertrauen auf ihre Zuverlässigkeit. In der Ausbildung entsteht dieses Vertrauen und die Fähigkeit Elektronen, Punktladungen, Ströme, Felder als theoretische Gegenstände wahrzunehmen. Infolge dieses Gestaltsehens prägen sich spezifische Wahrnehmungsweisen - Fleck würde von Denkstil sprechen - , die laut N.R. Hanson das Auftreten von Kontroversen in der wissenschaftlichen Forschung erklärbar werden lassen.

Welche Folgen es hat, wenn den speziell ausgebildeten Menschen die Spezifität ihrer Denkstile nicht bewußt gemacht wird (denn ihr stillschweigendes Wirken ist ein weiteres wesentliches Kriterium des Denkstils) demonstriert Fleck anhand des Aufeinandertreffens verschiedener Denkkollektive wie folgt: "Wie kann man nicht die schlechten und guten Geister sehen, die an jeder Ecke erscheinen? - Wie kann man nicht die Gesetze der Natur sehen, die in jedem Phänomen erscheinen?" (Fleck 1983, S. 159). Mißverständnisse, sei es zwischen Physikern und Theologen, zwischen Physiklehrern und Kindern, sind laut Fleck lediglich Fragen des jeweiligen Stils der Denksysteme. Doch neben den inhaltlichen Differenzen besteht der wohl entscheidende Unterschied der Wissensformen in der Definitionsmacht der Wissenschaft, die dann den Ausdruck 'misconception' sogar als wissenschaftlichen Terminus verwenden kann. Hierauf hat insbesondere Paul Feyerabend hingewiesen /21/.

Daß dieser gesellschaftliche Prozeß der Entwicklung unserer derzeit akzeptierten Naturwissenschaft in sich stilvolle und ebenso logische Wissenssysteme ausgrenzte, demonstriert Fleck u.a. am Beispiel des Schwerebegriffs. " 'Warum ist ein Mensch nüchtern schwerer als nach dem Essen? Weil durch die Speisen die Geister vermehrt werden, welche wegen ihrer luftigen und feurigen Natur den menschlichen Cörper erleichtern, denn Feuer und Lufft machen insgemein leicht. Dahero ist auch ein fröhlicher Mensch viel leichter, als ein trauriger, weil ein fröhlicher Mensch mit mehreren Geisterlein begabet ist, als ein betrübter. Auch ist ein Todter weit schwerer, als ein Lebendiger; weil dieser voller Geisterlein ist, jener aber derselben beraubt ist'. ... Dieser archaische Schwerebegriff stellt jedoch eine geschlossene und stilvolle Einheit dar: Ihm stellt sich als Entsprechung die 'Leichtigkeit' entgegen, und der Unterschied zwischen den entsprechenden Erscheinungen findet in der Anwesenheit oder im Fehlen jener Geister der Lebenskraft, die mit Luft und Feuer zusammenhängen, eine einheitliche Erklärung. Gegen einen solchen Schwerebegriff kann man nichts einwenden, weder vom logischen noch vom empirischen Standpunkt aus" (Fleck 1983, S. 105f). Daß Trauer einen Menschen schwerer und Fröhlichkeit ihn leichter macht, diese Vorstellungen sind in unserem Alltagswissen heute noch in den Formulierungen 'schweres Los, schwere Aufgabe, schwerer Weg' zu finden. Doch diese ehemals stilvolle Einheit des Wissens wurde durch die Verwissenschaftlichung der Erfahrung zerbrochen. Wenn der Physiker eine Waage zur Bestimmung der Schwere nimmt, "dann bedeutet das, daß das Kollektiv der Physiker mit dem Verlauf der Geschichte aus der Gemeinschaft der Phänomene, Eindrücke, Begriffe und früheren Anschauungen gewisse Elemente isoliert und zu einer konsequenten Ganzheit ausgebaut hat, wobei er den Rest verwarf" (Fleck 1983, S. 164).

Die ehemals aus einem Erleben heraus entstandene Idee der Schwere erfuhr durch die Physikergemeinschaft eine Ausdiffernzierung zum Begriff der Schwere, dessen Bedeutung nur in ihrem logischen System deutlich wird. "Der wissenschaftliche Apparat (Gerät, d.V.) lenkt das Denken auf die Gleise des Denkstils der Wissenschaft: Er erzeugt Bereitschaft, bestimmte Gestalten zu sehen, wobei er gleichzeitig die Möglichkeit, andere zu sehen, beseitigt. Eine Analogie zwischen dem Tragen eines schweren Steins und dem Tragen einer schweren Trauer gibt es nicht und kann es für den Physiker nicht geben, oder genauer gesagt, für den physikalischen Stil des Denkens. Ähnlich gibt es für den Physiker keine Analogie zwischen hohen Tönen und gelber Farbe einerseits und tiefen Tönen und blauer Frabe andererseits, obwohl die Psychologie behauptet, daß sie fast alle Menschen unmittelbar herausfühlen" (Fleck 1983, S. 164).

Die auch heute noch vorzufindene Vermischung des Begriffs mit der alltäglichen Erfahrung demonstriert, daß trotz der intensiven Vermittlung des physikalischen Schwerebegriffs in der Umgangssprache der archaische überdauert. Diese ontologische Bindung ursprünglicher menschlicher Erfahrungen scheint trotz des historisch sich vollzogenenen Bruchs zwischen physikalischem Wissen und dem Alltagswissen bestehen zu bleiben. Hierfür sprechen nicht nur Flecks Untersuchungen, sondern ebenfalls die Erfahrungen aus der Naturwissenschaftsdidaktik zum Verhältnis von Alltagswissen und Naturwissenschaft. Trotz der aufwendigen Apparatephysik sperrt sich der Großteil der Schüler und insbesondere die Schülerinnen gegen diese neue Sicht der Natur. Selbst in der Universität erledigen die Studenten diese Vorlesungen mit der Faust in der Tasche /22/.

Derartige Überlegungen finden weitere Bestätigung in der Geschichte der Elektrizität. Verfolgt man die 'Geschichte des Wortes als Zugang zur Analyse des Begriffs' (vgl. Gadamer 1986, S. 39), so stoßen wir auf eine Erfahrungswelt des 18. Jahrhunderts mit Elektrizität, die zunächst unwissenschaftlich anmutet /23/. So behauptet der Rektor der Universität Leipzig, Johann Heinrich Winkler, daß die Wirkungen der sogenannten Elektrizität zu vergleichen seien mit der Belebung älterer Menschen durch die Anwesenheit jüngerer. Doch sah man in der Elektrizität nicht nur das Medium für geistige Belebung, sondern ebenso für körperliche. In der Heilpraxis wurden "elektrische Bäder" verordnet, sogenannte Elektrisierer zogen über die Lande und boten ihre Heilkünste gegen Entgelt an. Newton sprach von dem "electric spirit", der als aktives Prinzip in der Materie wirke, Chr. August Hausen von dem "spiritus animalis", auf den alle elektrischen Wirkungen zurückzuführen seien, Winkler von dem "Fünften Element", P. Divisch von "archeus". Dieser betrachtete die Elektrizität als seelische Kraft, welche wir mit allen Lebewesen und Pflanzen gemeinsam haben. J. Priestley hielt es für sinnvoll, die bisherige Trennung von Geist und Materie aufzuheben. Jegliche zwischengeschlechtlich, sinnlich-erotische Berührungen wurden in England poetisch als "electric touch" umschrieben. In Deutschland wurde eine elektrisch aufgeladene Frau als "Venus Electrificata" bezeichnet, deren elektrischer Kuß nachhaltige Wirkung zeigte. So war es nichts Außergewöhnliches, daß die Zeugung neuen Lebens ursprünglich auf die Wirkung der Elektrizität zurückgeführt wurde. Kaum jemand wollte es ernsthaft abstreiten, daß die Elektrizität das Pflanzenwachstum beschleunige. Der weibliche französische Adel ließ sich anstelle der langweilig gewordenen Quadrille (zeitgenössischer Tanz) von einer Elektrisiermaschine elektrisieren.

All diesen ungewöhnlichen Vorstellungen und Handlungen liegt die Annahme zugrunde, die Elektrizität sei ein geistiges Prinzip, welches viele als die Lebenskraft, als Zeichen für Lebendigkeit betrachten. Und in der Tat schien es mit Hilfe der elektrischen Experimente möglich, die Materie im wahrsten Sinne des Wortes zu erregen, zu be-geistern. Hier bot sich gewissermaßen erstmals die Möglichkeit, der als inaktiv und träge geltenden Materie künstlich Vitalität und Spontanität des Geistes /24/ zu entlokken. Der elektrische Funke stand als Symbol für dieses belebende Prinzip. Auf der Grundlage dieser Annahme entpuppen sich diese Auffassungen zur Elektrizität als stilvolle Einheiten, gegen die, wie im obigen Beispiel, weder logisch noch empirisch etwas einzuwenden ist.

Heute sind diese, an die Lebenskraft oder allgemein an ein geistiges Prinzip erinnernde Vorstellungen, weitestgehend aus dem physikalischen Denken ausgeklammert /25/. Sie finden sich vielmehr in der Umgangssprache aufgehoben. Wir kennen den Ausdruck "elektrisiert sein", womit eine Begeisterung des Menschen angezeigt werden soll. Desweiteren erinnern metaphorische Umschreibungen wie "ein Funke springt über" oder "knisternde Spannung" an sinnlich-erotische Situationen oder an Aha-Erlebnisse. Für die meisten Physiker haben diese Umschreibungen nur noch nichtphysikalischen, metaphorischen Charakter, der nicht einmal mehr daran erinnert, daß diese Auffassungen ursprünglich integraler Bestandteil des wissenschaftlichen Denkens über Elektrizität waren. Doch im Zuge der angesprochenen Verwissenschaftlichung der Erfahrungen mit Elektrizität durch die sich entwikkelnde Physik ist diese Art der Naturbetrachtung mit seinem eigenen Denkstil verworfen worden.

Im folgenden möchte ich nun auf zwei, das physikalische Wissen wesentlich prägende Stilelemente eingehen, den physikalischen Begriffen und die experimentellen Tatsachen. Zunächst zur Fachsprache der Physik: Sie zeichnet sich, wie jede wissenschaftliche Sprache durch technische Termini aus und bildet das sprachliche Fundament, auf dem sich unsere Ansichten zur Elektrizität aufbauen. Für die weitere Argumentation ist von grundlegender Bedeutung, daß mit den Begriffen spezifische Vorstellungen verbunden sind, die über den logischen Bedeutungsgehalt hinausgehen. Dies zeigen nicht nur die in der Ausbildung erworbenen kollektiven Gedankenbilder, sondern auch die unter Physikern (Wissenschaftlern) des öfteren zu Schlagworten werdenden Begriffe wie derzeit die Fraktale oder die Simulation. Sie stehen symbolhaft für ein spezifisches geistiges Klima im Denkkollektiv. Die vollständige Bedeutung eines Begriffs kann daher nur über das Denkkollektiv erschlossen werden, denn in diesem werden sie von historischen Subjekten geschaffen, gedeutet und uminterpretiert. Über diese Verknüpfung bekommen die Begriffe folgerichtig eine historische und soziale Dimension. Jeder physikalische Begriff ist nunmehr als das Ergebnis denkgeschichtlicher Entwicklung zu betrachten. Ihre derzeitige Einbindung in die Fachsystematik kann als Folge eines Konstitutionsprozesses historischen Naturwissens und der gegenwärtige Wissensstand als aktuelle Etappe im Prozeß der Entwicklung unseres Wissens über Elektrizität aufgefaßt werden.

Entscheidend in diesem dynamischen Konzept von Begriffsentwicklung ist die Thematisierung des Bedeutungswandels der Begriffe durch den Denkverkehr im Kollektiv, d.h. die Begriffsgeschichte wird nicht als ein formallogischer Weg von qualitativen zu quantitativen Begriffen verstanden /26/, sondern als ein auf dem Hintergrund der historischen Entwicklung spezifischer Denkstile stattfindender Vorgang der Uminterpretation bzw. Neuschöpfung von Begriffen. Dies möchte ich anhand mehrerer Begriffe aus der Elektrizitätslehre, auf die im historischen Teil umfassender eingegangen wird, erläutern:

Zu Beginn des 18. Jahrhunderts wollten deutsche Naturforscher die "elektrische Kraft" nicht als eine primäre Ursache anerkennen. Für Christian Wolff galt sie vielmehr als eine Propaganda für die neue englische Philosophie, die Newtonsche Mechanik. Newton wurde vedächtigt, mit der Einführung seiner Gravitationskraft eine okkulte Qualität in die Naturwissenschaft eingeführt zu haben. Als einzig vorstellbar galt die durch Druck und Stoß eines Mediums (mechanischer Äther) entstehende Kraftwirkung. Jegliche Kraftwirkung in die Ferne, ohne vermittelndes Medium, wurde in dem zu jener Zeit akzeptierten Denkstil als Rückfall in den Okkultismus gewertet. Elektrische wie magnetische Wirkungen erinnerten zu sehr an bereits überwunden geglaubte magische Kräfte eines Athanasius Kircher, der darin das Wirken einer Urkraft sah, die sowohl physischen, wie psychischen und spirituellen Einfluß ausübte. Die Vorstellung einer elektrischen Kraft wurde daher gemäß dem damals favorisierten Denkstil zugunsten einer Effluviatheorie aufgegeben. Diese führte letztendlich alle bekannten elektrischen Phänomene der Anziehung und Abstoßung auf Druck und Stoß eines unwägbaren, in den Raum ausströmenden Stoffes zurück. In der zweiten Hälfte des 18. Jahrhunderts entwickelten sich neue Denkstile, die elektrische oder magnetische Wirkungen auf das Vorhandensein spezifischer Fluida zurückführten, deren Kraftwirkungen analog der Gravitationskraft zu denken war. Dies gelang nur über eine mathematische Vereinheitlichung dieser verschiedenen Kräfte. Doch konnte damit kein ursprünglicher Zusammenhang zwischen Elektrizität und Magnetismus aufgezeigt werden, wie es bereits Kircher behauptet und die Romantiker 1820 bewiesen hatten (Kircher 1641).

Der uns so geläufige Ausdruck des elektrischen Stromes hat eine wechselvolle denkstilabhängige Geschichte: Im Sinne der bereits erwähnten Ausdünstungstheorien wurde von dem "elektrischen Strom" gesprochen, als ein in den den elektrisierten Körper umgebenden Raum austretendes Effluvium. Fortleitung von Elektrizität galt daher ebenfalls als eine um die verbundenen, elektrisierten Körper stattfindende Druck- und Stoßbewegung dieses Effluviums. Erst mit der Annahme eines neuen Denkstils, in dem Elektrizität als die Materie durchdringende Teilchen gedacht wurde, konnte der elektrische Strom als in der Materie stattfindend begriffen werden.

Ein weiteres Beispiel für die Kontextabhängigkeit sind die Begriffe Leiter und Nichtleiter. Diese physikalisch nicht korrekten und dennoch häufig verwendeten klassifikatorischen Begriffe verweisen auf einen interessanten Ursprung: In der bereits erwähnten Effluviatheorie bezeichnete man die Leiter der Elektrizität wie die Metalle als "non-electrics", die Nichtleiter wie Seide als "electrics per se". Im Kontext der jeweiligen Theorien ergibt diese Zuordnung ihren Sinn. In der Ausdünstungsvorstellung galten alle diejenigen Körper als elektrisch, die eine Kraftwirkung nach außen zeigten, denn nur in dieser unmittelbaren Umgebung ließ sich die Kraftwirkung mittels des Elektroskops messen. Geriebenes Metall zeigte nun keine Wirkung nach außen, daher galt es als "non-electric". Diejenigen Forscher, die eine Fließvorstellung elektrischer Teilchen in der Materie favorisierten, stellten fest, daß die alte Bezeichnungsweise irreführend sei. Sie konnten nachweisen, daß die Metalle hervorragend die Elektrizität leiteten. Insofern schien es angebracht, die vormals "non-electrics" als Leiter und die "electrics per se" als Nichtleiter zu bezeichnen.

Auch die Entwicklungsgeschichte des Feldbegriffs zeigt die Abhängigkeit des Ursprungs und des Wandels des Begriffs von seinen je spezifischen Kontexten. Die jeweiligen Beschreibungsmodelle elektrischer Phänomene beruhten von Beginn der Elektrizitätsforschung an darauf, die Wechselwirkung zwischen betroffenen Körpern zu erfassen. Im Rahmen der angesprochenen Effluviatheorien wurde der Begriff einer "elektrischen Atmosphäre" geprägt. Sie charakterisierte das subtile Medium, auf das die Wirkungen zurückzuführen waren. Mit der Durchsetzung der Newtonschen Mechanik in Europa prägte dieser Denkstil die Erforschung der Elektrizität. Aus dem Begriff der "elektrischen Atmosphäre" wurde in den Theorien der zweiten Hälfte des 18. Jahrhunderts der des "elektrischen Wirkungskreises", der nicht mehr Träger eines immateriellen Stoffes war, sondern lediglich die Begrenzung von Kraftwirkungen markierte. Mit der Entwicklung des elektrischen Kraftgesetzes durch Coulomb ließ sich dieser Wirkungskreis zudem noch quantitativ bestimmen. In den heutigen Lehrbüchern findet sich diese mathematische Beschreibung des Wirkungskreises als Feldliniendarstellung mit der geometrischen Veranschaulichung des $1/r^2$-Gesetzes.

In engem Zusammenhang damit muß auch die Entstehung und Entwicklung des Influenzbegriffs gesehen werden: In der Effluviatheorie wurde dieser aus der Alchemie bekannte Begriff als anschauliche Beschreibung der ausströmende Elektrizität und ihrer Einwirkung auf einen anderen Körper eingeführt. In dem mechanistischen Denkstil, der die Newtonsche Mechanik auf die Elektrizität anzuwenden versuchte, wandelte sich der Bedeutungsgehalt dieses Begriffs entschieden: Influenz bezeichnete demnach nur noch jene Wechselwirkung zweier Körper im "elektrischen Wirkungskreis", wonach ein positiv geladener Körper in dem zweiten eine negative Ladung induziert.

Die Beispiele zeigen, daß die Bedeutung der Begriffe nur über die ihm zugrundeliegenden Denkstile erschlossen werden kann. Die Übernahme eines Begriffs in eine neue Theorie bedeutet gleichzeitig einen Verlust an Vorstellungen, da die je spezifischen Enstehungskontexte abgeschnitten wurden und das Resultat in einen neuen logischen Zusammenhang Einlaß fand, der dem alten Begriff einen neuen Stellenwert und eine abgewandelte Bedeutung gibt. Die heutige Fachsystematik bildet den vorläufigen Endpunkt dieser Entwicklung, indem die ursprünglichen Begriffe zu symbolischen Verallgemeinerungen erstarrt sind und den Begriffen wie die Ladung, das Elektron, das elektrische Feld, die elektromagnetische Wechselwirkung den Anschein von unpersönlichen, objektiven "Gegenständen" geben. Wie ich bereits erwähnte, kommen sie Worthülsen gleich, deren Bedeutungsgehalt je nach kollektivem Denkstil wechselt.

Ein zweites wesentliches Element des physikalischen Denkstils ist die empirische Tatsache. Zentrale Bedeutung kommt dabei dem wissenschaftlichen Gerät und damit der experimentellen Praxis zu. Die folgende Darstellung zeigt, wie eng die Enstehung physikalischer Tatsachen durch die spezifischen wissenschaftlichen Geräte und den diesen zugrundeliegenden theoretischen Entwürfen von Natur zusammenhängen.

Zu Beginn eine allgemeine Bemerkung, die das Augenmerk auf die Denkrichtung lenken soll. Martin Wagenschein sprach von einer gewissen Voreingenommenheit, mit der sich die Physiker entschließen, an die Natur heranzugehen. Man könnte auch sagen, ihr Vorgehen ist keineswegs voraussetzungsfrei, sondern immer auswählend. Die Physik zeigt die Natur daher nicht, wie sie objektiv ist, sondern aspekthaft, sie schafft ein Natur-Bild. Diese Bilder oder auch diese kollektiv entwikkelten, gedanklichen Entwürfe von Natur sind unmittelbar mit den physikalischen Tatsachen verbunden. Im Wagenscheinschen und Fleckschen Sinne sind physikalische Tatsachen demnach Tat-Sachen im wahrsten Sinne des Wortes: die exakten (ex actu) Laboratoriumstaten sind unauflösbar mit den ihnen zugrundeliegenden Natur-Bildern verwoben /27/.

Heute lesen wir im Experiment Zeigerstellungen ab, benutzen mittlerweile digitale, computerunterstützte Meßvorrichtungen, führen spezielle Handlungsanweisungen aus. Doch bleibt es weitgehend unbemerkt, daß sämtliche Geräte und Einrichtungen uns gewissermaßen "objektive" Denkanstöße geben, nämlich solche, wie es der in diesen Instrumenten verwirklichte Denkstil bedingt.

Die Rekonstruktion der Frühgeschichte der Elektrizität liefert überzeugende Beispiele für diese stillschweigende Beeinflussung unserer Wahrnehmung durch das wissenschaftliche Gerät. Die Entwicklung der Elektrisiermaschinen zur Erzeugung "künstlicher Elektrizität" belegt, daß die Hypothese der Verstärkung der Elektrizität durch Erhöhung der Reibeflächen als wesentliches Konstruktionsmerkmal der verschiedensten Maschinen wiederzufinden ist: Entweder wurden Geräte mit mehreren Reibeflächen, d.h. bis zu sechs parallel rotierende Glaskolben gebaut oder der Durchmesser einer Reibefläche bei (Glas-)Scheibenelektrisiermaschinen erhöht. Dieses materialisierte Verstärkungsprinzip prägte die Experimentierpraxis und damit entscheidend das Denken der Elektrizitätsforscher bis zum Ende des Jahrhunderts. Andere Verstärkungsprinzipien wie die des Kondensators oder die Erfindung der ersten Batterie erfolgten notwendigerweise von Außenseitern, gemäß ihrem jeweiligen Denkstil. Ihre experimentellen Tat-Sachen lösten deshalb grundlegende Umwälzungen in der Wahrnehmung und damit in der Theorieentwicklung aus.

Auch heute prägen technische Geräte unsere Wahrnehmung der Realität. Sie geben uns z.B. indirekte Hinweise auf die Existenz von Elektronen, eines fließenden Stroms. Doch erst in Kenntnis der mit ihnen verbundenen, begrifflichen Entwürfe sind wir in der Lage, die Elektrizität als theoretische Gegenstände 'wahrzunehmen'. "The electron, first discovered in the current within discharge tubes rather like those now used for fluorescent fixtures, later reappeared prominently in the explanation for electric currents in wires and liquids, for photoelectricty, for thermionic phenomena (as in todays radio tubes), for radioactivity, for the emission of light from hot bodies, and much besides. *That* is the only reason and the full meaning behind the statement that scientists 'believe in the reality' of electrons; the concept is needed so often and in so many ways. 'The only justification for our concepts,' said Einstein, 'is that they serve to represent the complex of our experiences' " (Holton 1955, S. 239). In unserer technischen Welt, die mittlerweile ohne elektrischen Strom lebensunfähig geworden ist, wird diese Prägung unserer Wahrnehmung durch das Experimentiergerät in der Forschung und durch elektrische Geräte im Alltag kaum mehr reflektiert.

Die geschilderte Beeinflussung der menschlichen Wahrnehmung durch speziell angefertigte Instrumente zeigt, daß das wissenschaftliche Gerät wie die wissenschaftlichen Begriffe die Art, den Stil unseres Denkens entscheidend beeinflussen. Da im Sinne der Denkstiltheorie in jedem Experiment, in jeder Hypothese die denkgeschichtliche Tradition wirkt, kann uneingeschränkt von der Theoriebeladenheit wissenschaftlicher Beobachtung gesprochen werden. Die in einem Denkstil wirkenden historischen Vorläufer in Form von wissenschaftlichen Begriffen und Gerät sowie das kulturelle Milieu des Erkenntnissubjekts erzeugen jene geistige Brille, welche mögliche Erfahrungen mit Elektrizität rational beschreibbar werden läßt, aber auch verhindern kann. Über diese sich historisch wandelnden Ansichten (Bilder) der Natur schrieb Albrecht von Haller 1745 metaphorisch, die Elektrizität sei ein Land, von dem nur wenige Provinzen bekannt seien, und es noch nicht möglich sei, eine genaue Karte von diesem anzugeben, geschweige denn ihre Gesetze zu bestimmen, nach denen es regiert würde. Der Naturforscher des 18. Jahrhunderts stand vor einer Vielzahl von Phänomenen, die sich ursächlich auf das Wirken dieser neuen elektrischen Kraft zurückführen ließen. Die Rekonstruktion zeigt, daß bestimmte Gruppen sich darauf konzentrierten, nur Phänomene an der unbelebten Materie zu untersuchen, andere den Phänomenbereich hingegen auf die organische Materie ausweiteten. So versuchten die einen, die Elektrizität mit Hilfe mechanischer Theorien zu beschreiben, während andere die Elektrizität als Erscheinungen eines diesen Auffassungen widerstrebenden dynamistischen Prinzips begriffen. Entsprechend ihrer durch das Denkkollektiv bestimmten spezifischen Erkenntnishaltung gestalteten sich deren Landkarten.

Gemäß dem je favorisierten Denkstil gewinnen bestimmte Phänomene an Bedeutung, andere wiederum gelten als vernachlässigbare Punkte der Landkarte. "Auf seiner Karte bestimmt der Physiker nur 'Haupt'punkte, und den Rest füllt er aus, indem er sich irgendeines allgemeinen Prinzips bedient. Woher kann man wissen, welche Punkte die hauptsächlichen sind und welches Prinzip anzuwenden ist? Erneut nur auf der Grundlage eines bestimmten Denkstils und auf der Grundlage eines ganzen Vorrats an Wissen, das im gegebenen Moment zur Disposition steht" (Fleck 1983, S. 165). Damit geht in die wissenschaftliche Beobachtung, in die Gestaltung, Ausführung und Interpretation der Experimente der ganze Vorrat an historischem Wissen, an Erfahrung und traditionellen Gewohnheiten des jeweiligen Kollektivs ein. Die empirischen Tat-Sachen sind somit immer an diesen Prozeß des Erkennes gebunden und der zu beobachtende Naturvorgang wird immer schon gemäß dem Stil des Denkens als gebrochene Wirklichkeit erfaßt oder in entsprechender Weise zugerichtet. Es ist deshalb ungenau, davon zu sprechen, daß der Physiker eine wissenschaftliche Tatsache entdeckt. Anhand einiger Beispiele möchte ich zeigen, daß eine experimentelle Tat-Sache nie unabhängig von dem ihm zugrundeliegenden begrifflichen Entwurf von Natur, von dem in dem jeweiligen Denkkollektiv entwickelten Denkstil gesehen werden kann:

In jedem Physikbuch gilt es als aus der Erfahrung bestätigt, daß die elektrische Kraft zwischen zwei Ladungen mit dem Quadrat des Abstandes abnimmt. Die Überprüfung dieser physikalischen Tat-Sache im Praktikumsexperiment erweist sich selbst heute, mit erheblich verfeinerter Meßtechnik, als unbefriedigend. Dies ist sicherlich nicht nur auf das mangelnde experimentelle Geschick der Studenten zurückzuführen, sondern verweist auf die oftmals mühevolle, zeit- und materialaufwendige Arbeit der empirischen Absicherung theoretischer Annahmen. In diesem Fall beschäftigte die Physiker diese wissenschaftliche Beweisführung fast 200 Jahre /28/.

Die historische Rekonstruktion der Ursprünge dieser Tat-Sache zeigt nun, daß es sich hierbei in keinem Fall um eine experimentelle "Bestätigung" gehandelt hat: Die Idee eines quadratischen Abstandsgesetzes nimmt in der Physik des 18. Jahrhunderts mit Newtons Gravitationsgesetz seinen Anfang. Auch wenn sich damit hervorragend die Planetenbewegungen beschreiben ließen, gab es keinen experimentellen Beweis, der in einem Labor durchgeführt werden konnte. Dennoch gab es viele Versuche, dieses Kraftgesetz auf die Elektrizität anzuwenden.

Die historische Rekonstruktion des verwendeten wissenschaftlichen Geräts sowie die damit durchgeführten Versuche zeigen /29/, 1. daß diese zentrale Idee des mechanistischen Denkstils (das quadratische Abstandsgesetz) bereits in der technischen Konstruktion der Coulombschen Drehwaage verwirklicht wurde. Seine Berechnung der elektrischen Anziehung über das Schwingungsverhalten einer Schellacknadel im Kraftfeld einer geladenen Kugel zeigt, daß er die Ladung der Kugeloberfläche gleichsetzte mit der Ladung im Mittelpunkt M. So kann er nur vorgehen, wenn er davon ausgeht, daß sich die Kraft proportional mit $1/r^2$ ändert. 2. daß Coulomb zahlreiche, grundlegende Schwierigkeiten nicht erwähnt hat: so muß man die Influenzwirkung zwischen der geladenen Schellacknadel und der ungeladenen Kugel von dem Ergebnis der Kraftwirkung bei negativ geladener Nadel und positiv geladener Kugel abziehen, um die Nettokraft zu berechnen, die Coulomb postulierte. Ebensowenig steht bei ihm etwas über die während des Versuchs zu beobachtende Auslenkung des Kokonfadens.

Trotz dieser methodischen Mängel und den dürftigen Meßergebnissen (Meßfehler von 20%) kommentierte Coulomb seine Versuche als "par expérience" und mit "le plus grande exactitude" durchgeführt. Damit erhob er dieses in zehn Minuten (Devons) entwickelte Ergebnis zu einer unbestreitbaren, empirischen Tat-Sache. Die aufblühende französische Schule sprach fortan von dem Grundgesetz der Elektrizität und die Coulombwaage avancierte zum Standardmeßgerät.

Dieses Vorgehen kann nur historisch erklärt werden. Zwei Gründe sind erwähenswert: Coulomb hatte als Militäringenieur großen Einfluß am königlichen Hofe und ebenso in der Akademie. Die Bemühungen, seine mechanischen Kenntnisse auch auf die Elektrizität anzuwenden, wurde mit großem Interesse verfolgt. Das Gelingen seines Projekts wurde nicht in Frage gestellt, im Gegenteil, der Erfolg schien ihm sicher. Desweiteren fügte sich sein experimenteller Befund nicht nur hervorragend in das bestehende wissenschaftliche und philosophische Denken der Zeit ein, sondern schien dieses Weltbild sogar erstmals experimentell zu bestätigen. Besonderen Stellenwert hatte Coulombs Arbeit für die Weiterentwicklung einer mathematischen Theorie der Elektrizität durch Siméon-Denis Poisson. Unter Verwendung der theoretischen Mechanik stellte dieser ein Lehrgebäude der Elektrostatik auf, welches das Coulombsche Kraftgesetz als zentrales Axiom voraussetzte. Von diesem Zeitpunkt an, wurde die schwache empirische Absicherung durch axiomatische Notwendigkeit gestützt.

Die historische Rekonstruktion von Forschungspraxis zeigt auch, daß es des öfteren Kontroversen um die Angemessenheit spezifischer Denkstile, hier theoretischer Konzepte, gegeben hat. Häufig sollten diese mit Hilfe entscheidender Experimente behoben werden /30/. Damit kommt dem Experiment eine Bedeutung zu, welches ihm nicht zusteht. Dieser Auffassung sind ebenfalls die Vertreter der New Philosophy of Science, wenn sie die Beweiskraft eines Experiments schon allein deshalb in Frage stellen, weil es immer der Theorie widersprechende Tat-Sachen gegeben hat, zum anderen, weil die Geschichte zeigt, daß nicht die Tat-Sachen, sondern letztendlich die wissenschaftliche Gemeinschaft die Entscheidungsinstanz über eine Theorie bildet. Im Sinne der Denkstiltheorie läßt sich ebenfalls in dieser Weise argumentieren.

Die Geschichte der Elektrizität ist u.a. geprägt durch den Streit um die Anzahl der möglichen Fluida, d.h. ob es ein einziges Fluidum gebe oder etwa zwei. Gemäß dieser Annahmen entwickelten sich beständig divergierende Denkstile, die zur Erhärtung ihrer Aussagen Experimente ersannen, die den jeweiligen Gegner von der Richtigkeit ihrer Theorie überzeugen sollten. Betrachtet man nun die Experimente als aus diesen spezifischen Annahmen hergeleitet, gewissermaßen als Verwirklichungen bestimmter Annahmen eines Denkstils, so ist es grundsätzlich in Frage zu stellen, inwieweit ein Experiment der Theorie A über die Richtigkeit der Theorie B entscheiden kann. Vielmehr entscheiden die Experimente nur über die Berechtigung einer Hypothese im Denkstil A. Denn die Resultate eines Experiments sind einem spezifischen Denkstil entspringende, abstrakte und symbolische Urteile /31/. Das physikalische Experiment umfaßt nämlich nicht nur die Anwendung einer spezifischen Apparatur und die stilgemäße Beobachtung, sonder ganz entscheidend die Interpretation. Die historische Rekonstruktion zeigt, daß die Forscher die ihnen je historisch zur Verfügung stehenden Möglichkeiten der Überzeugung und Durchsetzung ihres Denkstils angewandt haben. Die Fallbeispiele in Kapitel 3 zeigen, wie komplex dieser Durchsetzungsprozeß im einzelnen gestaltet ist.

Als letztes Beispiel möchte ich auf solche Tat-Sachen zu sprechen kommen, die von dem sich herausbildenden, physikalischen Denkstil als unwissenschaftlich betrachtet wurden, da diese Resultate auf Rahmenbedingungen beruhten, die den denkstilspezifischen Maßstäben von Objektivität widersprachen. Aktuell lassen sich hierfür viele Beispiel anführen: Das wohl bekannteste ist der Streit um die Akupunktur als Heilverfahren, welches mittlerweile durch den um die Homöopathie abgelöst wird. Für die Physik ist vielleicht der Wünschelruteneffekt oder die Parapsychologie zu erwähnen.

Die jeweils behaupteten Tat-Sachen können im Sinne der Denkstiltheorie nur an ihrer jeweiligen Denkform gemessen werden. Und so gilt es festzuhalten, "daß die Bedingungen der experimentellen Prüfung oft im Gegensatz zu den Bedingungen der zu untersuchenden Erscheinungen (stehen)" (Feyerabend 1979, S. 79). So zeigt das historische Beispiel zum Streit zwischen Elektrizitätsforschern und den Mesmeristen, daß bestimmte denkstilspezifische Untersuchungsbedingungen notwendige Randbedingungen zum Gelingen des Versuchs ausschalten können. So bestand die Untersuchungskommission darauf, die Wirkung eines "thierischen Magnetismus" nur dann anzuerkennen, wenn es gelänge, in einem ihrem Denkstil gemäßen Experiment Versuchspersonen zu hypnotisieren. Da den Mitgliedern (B. Franklin, Lavoiser u.a.) bekannt war, daß vorwiegend weibliche Personen den Behandlungen Mesmers "zum Opfer fielen", stellten sie sich selbst als Versuchspersonen mit den "stärkeren Nerven" zur Verfügung oder aber Menschen, von denen sie glaubten, sie hätten die nötige wissenschaftlich aufklärerische Skepsis. Feyerabend verwies darauf, daß damit unter Umständen notwendige Randbedingungen zum Gelingen des Versuchs beseitigt worden sind. Tatsächlich wurde historisch ein Urteil gefällt, dessen einzige Entscheidungsgrundlage sich aus den Wertvorstellungen einer wissenschaftlichen Gemeinschaft ableitete.

Alle drei Beispiele verweisen auf die enge Verwobenheit einer empirischen Tatsache mit dem ihm entspringenden Denkkollektiv. Die in diesem wirkende Denktradition, der Entwicklungsstand der Arbeitsmittel, das soziokulturelle Umfeld prägen denjenigen Denkstil, der über Akzeptanz oder Verwerfen einer Hypothese entscheidet. Diese Auffassung ist insofern relativistisch, als daß sie die naturwissenschaftlichen Resultate an den Erkenntnisprozeß, an die naturwissenschaftliche Praxis historischer Subjekte bindet, deren Denken und Handeln durch ihre Erfahrungsgeschichte und ihre aktuelle soziale Eingebundenheit bestimmt ist.

Bislang habe ich versucht, dem physikalischen Erkenntnisprozeß durch die Begriffe des Denkkollektivs, des Denkstils diese historische und soziale Dimension zu geben. Die erste Ausdifferenzierung des Denkstils hat ergeben, daß sowohl physikalische Begriffe wie das wissenschaftliche Gerät wesentliche Bestimmungsmomente der Wahrnehmung im Erkenntnisprozeß darstellen. Darüberhinaus sind sowohl die Begriffe, als auch die empirischen Tat-Sachen unauflöslich mit den jeweiligen Denkstilen verbunden.

2.2.2.2. Die Funktion anschaulicher Leitbilder in der Forschungspraxis

Im vorherigen Kapitel habe ich bereits auf zwei wesentliche Bestimmungsgrößen der menschlichen Wahrnehmung, die physikalischen Begriffe und das wissenschaftliche Gerät, hingewiesen. Doch geben sie allein keine befriedigende Vorstellung von dem Entstehungs- und Entwicklungsprozeß einer physikalischen Theorie. Es wird derzeit noch nicht ersichtlich, weshalb ein denkstilspezifischer Theorieansatz durch einen anderen abgelöst wird: ob es sich dabei um unausweichliche Gegebenheiten handelt, um Integrationsversuche in bereits bestehende Theorien oder vielleicht sogar um Stilfragen im Sinne von Moden. Ebenso unklar bleibt es, weshalb Forscher bestimmte Denkfiguren und Erklärungsmodelle zu geheiligten Prinzipien erheben und damit über lange Zeiträume wissenschaftliche Kontroversen auslösen. Die folgende Darstellung geht von der These aus, daß anschauliche Leitbilder den Erkenntnisprozeß historischer Subjekte in erheblichem Maße steuern, ja selbst für den konkreten Inhalt einer Theorie bestimmend sind. Diese dem jeweilgen Forscher, seinem Denkkollektiv, unmittelbar einleuchtenden "Erklärungsideale" /32/ bilden das sogenannte heuristische Filter, welches den je spezifischen menschlichen Erfahrungen mit Natur einen Sinn gibt.

In der relevanten wissenschafts- und erkenntnistheoretischen Literatur führte dieser Aspekt menschlichen Erkennens, die systematische Erfassung menschlicher Vorlieben, zu den unterschiedlichsten Bearbeitungen. Generell bestätigen alle, daß der Naturwissenschaftler durch die in ihm wirkende Erfahrungsgeschichte mit einer vorgefaßten Meinung an die Bearbeitung eines Problems herangeht /33/. Thomas S. Kuhn spricht von "metaphysischen Paradigmata" (Kuhn 1979, S. 196), die die Entscheidungen im Erkenntnisprozeß erleichtern. Paul Feyerabend behauptet, daß in der konkreten naturwissenschaftlichen Praxis der Forscher jene geistigen und materiellen Mittel zu Hilfe nimmt, die in der historischen Situation zur Verfügung stehen. Diese Aussage verweist auf die generelle Schwierigkeit, diesen je individuellen Erkenntnisakten eine gemeinsame Logik zu unterlegen. Letztendlich ist es daher nur möglich, die Funktion dieser anschaulichen Leitbilder historisch zu rekonstruieren.

Was sind nun anschauliche Leitbilder? Wohl jedem sind Lernsituationen vertraut, in denen zunächst das Neue mit Hilfe von bereits Bekanntem erklärt wird. 'Erklären' verstehe ich hier im Sinne des Einbindens bislang unbekannter Phänomene in den Erfahrungskontext des Lernenden. Wie ich bereits in Kapitel 1 darstellte, kommt hier der Umgangssprache, der Analogiebildung und den Metaphern zentrale Bedeutung zu. Für den naturwissenschaftlichen Erkenntnisprozeß gilt gleiches. Zunächst entscheiden bereits das Vorwissen, die Vorerfahrungen über die Auswahl eines Phänomens. Die erste Annäherung und Einordnung geschieht über unmittelbar einleuchtende Analogien, Metaphern, umgangssprachliche Umschreibungen, Modelle. Georg Christoph Lichtenberg führte zur Beschreibung dieses Verhaltens den Ausdruck "Paradeigma" ein. "In der Physik, so meinte Lichtenberg, erklärt man seltsame Erscheinungen, indem man sie auf einen Standardvorgang oder ein Paradigma bezieht, das für den Augenblick als von selbst einleuchtend akzeptiert wird" (Toulmin 1978, S. 131). Im konkreten Erkenntnisprozeß vertraut der Forscher somit auf den common sense, sein Alltagsverständnis, wobei hiermit die an seine ganz persönliche Lebensgeschichte gebundene Vorstellungswelt gemeint ist.

Die so entstandenen Beschreibungen des Naturvorgangs sind Erklärungen im obigen Sinne. Für den einzelnen, aber auch für das Kollektiv besteht diese Beschreibung nicht nur aus einem logischen Muster, sondern mit diesem verbindet ihn eine gewisse psychische Gestimmtheit, da es unmittelbar einleuchtet. Dadurch können Erklärungsmodelle zu geheiligten Prinzipien werden. Diese emotionale Bindung ist den Betroffenen oftmals nicht bewußt, sie zeigt sich dem teilnehmenden Beobachter meist nur durch die ungeheure Energie, mit der jene Theorien, die auf diesen Erklärungsidealen beruhen, über Jahrzehnte hinaus gegen Angriffe anderer Schulen verteidigt werden.

In diesem historisch vielfach belegbaren Festhalten an ausgewählten Deutungsmustern /34/ sieht Toulmin die Bestätigung dafür, daß das zentrale Ziel der Wissenschaft nicht die Vorhersagbarkeit von Vorgängen, sondern die Suche nach einem Verständnis von Natur ist. Wobei Verständnis hier gleichbedeutend ist mit der Suche nach "rationalen Verknüpfungsmustern, mit deren Hilfe wir einen Sinn im Strom der Ereignisse finden können" (Toulmin 1981, S. 118). Der Sinn konstituiert sich dabei über den jeweiligen Denkstil, der in einem Denkkollektiv vertreten wird. Toulmin sieht deshalb in der - besonders in Krisenzeiten zu vernehmenden - Einschätzung der Naturwissenschaftler, sie würden keine Erklärungen geben, sondern nur immer exaktere mathematische Beschreibungen der Natur liefern, eine Schutzbehauptung /35/.

Mit dieser alogischen Bindung wissenschaftlicher Vorstellungen an die jeweiligen Erkenntnissubjekte scheinen zunächst einem vereinfachenden Relativismus die Tore geöffnet zu sein, doch dieser scheinbare Subjektivismus wird aufgehoben, indem diese Erklärungsideale über den Begriff des Denkstils als historisch und sozial vermittelt dargestellt werden. Das heißt: Dem individuellen, kreativen Akt der Erkenntnis wird insofern seine Beliebigkeit genommen, als dieser unauflöslich mit der vorherrschenden Denktradition, d.h. dem geistigen und geschichtlichen Klima einer Epoche verbunden ist.

Folgerichtig lassen sich zwei wesentliche Typen anschaulicher Leitbilder als Bestimmungselemente für die Herausbildung einer neuen Theorie festmachen: zum einen sind es Erklärungsmodelle, die durch die gegenseitige Beeinflussung verschiedener Denkstile entstehen können; zum anderen ideogenetische Bilder, die in bestimmten historischen Epochen entstanden sind, über lange Zeiträume unbedeutend sein können und in speziellen historischen Situationen in veränderter Form wieder als Leitmotiv der Forschung dienen.

Im folgenden werde ich beide Typen erläutern und an Beispielen zeigen, daß die Entwicklungsgeschichte und damit das Wissen über Elektrizität maßgeblich durch diese anschaulichen Leitbilder geprägt ist.

Ein Physiker ist, laut Fleck, Mitglied vieler Denkkollektive, sodaß er verschiedene Denkstile in sich vereint. Es gibt beispielsweise religiöse Physiker, solche, die sich aktiv politisch engagieren, philosophischen Zirkeln angehören usw.. In seiner Person können sich deshalb teilweise sorgfältig von einander isolierte oder auch widersprechende Denkstile überschneiden. Dennoch geschieht es - meist unbemerkt - daß Elemente verschiedener Stile aneinandergeraten, Veränderungen unterliegen, gegenseitig assimiliert werden. Diese beständigen Einflüsse "werden zu einem der Faktoren, die jenes schöpferische Chaos schillernder, sehr verwandelbarer Möglichkeiten ergeben, aus dem später durch die stilisierende Wanderung innerhalb des Kollektivs eine neue Gestalt, eine neue 'Entdeckung' entsteht" (Fleck 1983, S. 114). Hier liegt der Ursprung für selektives Wahrnehmen und dementsprechendes Handeln. Bereits hier sind die Bestimmungsmomente des heuristischen Filters im Erkenntnisprozeß zu suchen, die für die Aufstellung von Forschungshypothesen, von Erklärungsmodellen verantwortlich zu machen sind.

In welch verschiedener Weise diese Beeinflussung für die Entwicklung der Elektrizitätsforschung bestimmend gewesen ist, möchte ich an dieser Stelle durch einige kurze Hinweise auf die historisch rekonstruierten Fallbeispiele erläutern /36/.

Um die Mitte des 18. Jahrhunderts wandte sich u.a. der Amerikaner Benjamin Franklin der Erforschung der Elektrizität zu. Dieser ist den meisten heute jedoch wegen seiner Bemühungen um die amerikanischen Unabhängigkeit und als Inbegriff des "Homo Oeconomicus" bekannt. Sekundärliteratur und eigene Quellenstudien verweisen auf ein charakteristisches Denkmuster Franklins: die buchhalterische Interpretation von Wirklichkeit. Wie das Kapitel 3.2.1. veranschaulicht, führte ihn dieser ökonomische Denkstil unter anderem zur Aufstellung des Ladungserhaltungssatzes. Damit legte er erste, grundlegende Bausteine für die quantitative Wissenschaft von der Elektrizität.

Eine zweite, häufiger zu beobachtende Form der Beeinflussung unterschiedlicher Denkstile ist die Integration neuer Phänomene in schon bekannte Theorien. So waren die Wissenschaftler bis ins zwanzigste Jahrhundert bemüht, die elektrischen und magnetischen Phänomene der Mechanik unterzuordnen /37/. Den für die Elektrizitätsforschung des 18. Jahrhunderts bedeutendsten Versuch stellt die Anwendung der Newtonschen Mechanik auf die elektrischen Phänomene an. Dieser Denkstil prägte zum Beispiel Coulombs Wahrnehmung und Sprachgebrauch maßgeblich. So führte er analog zum Massenbegriff die Termini "elektrische Massen" und "magnetische Massen" ein. Ihre Wirkung stellte er sich als von den Mittelpunkten ausgehende Zentralkräfte vor, die - entsprechend unseren Punktladungen - mit dem Quadrat des Abstandes umgekehrt proportional abnehmen. Diese Übertragung der in der Mechanik bewährten Denkstilelemente auf ein neues Forschungsgebiet erleicherte die Aufstellung rationaler Erklärungsmuster für elektrische und magnetische Erscheinungen. Doch zeigt die Geschichte auch, daß dieses Festhalten an bewährten Erklärungsmodellen leicht zu vorschnellen Ausgrenzungen abweichender Auffassungen führen kann: Dieses Forschungsprogramm der französische Schule hätte keinesfalls zu den galvanischen Phänomenen geführt.

Zusammenfassend läßt sich daher sagen, daß im naturwissenschaftlichen Erkenntnisprozeß anschauliche Leitbilder fremder Denkstile als heuristische Modelle für neue, offene Forschungsgebiete dienen können. Diese sind dann Erklärungen im Sinne der obigen Definition. Mitglieder anderer wissenschaftlicher Schulen mit anderen Denkstilen müssen jedoch vielfach überzeugt werden. Hierzu werden wiederum eigene zielgruppenorientierte Bilder und Hilfsvorstellungen eingesetzt. So benutzte beispielsweise B. Franklin das Modell eines Schwammes, um seine Hypothese der Minus-Elektrizität anschaulich zu vermitteln: Ein trockener Schwamm bedeutete minus elektrisch, ein tropfnasser plus-elektrisch und ein mit Wasser gesättigter den neutralen, natürlichen Zustand der Materie.

Gewisse naturwissenschaftliche Denkstile erfahren zu bestimmten Zeiten hohe gesellschaftliche Anerkennung, da sie die Grundlage für Weltbilder abgeben, mit denen soziale Ordnungen gerechtfertigt werden. So führten Newtons Ideen von Materie und Kraft zu einem Weltbild, nach dem die passive Materie (matter) von einem davon getrennt zu betrachtenden Geist (spirit) kontrolliert wird. Dieses Naturkonzept stand für ein Gesellschaftsmodell, wie es das 'ancien régime' verkörperte: die geistige Elite regierte die Masse /38/.

Ebenso konnten Leitbilder das Newtonsche Weltbild in Frage stellen. Die in der Elektrizitätsforschung des 18. Jahrhunderts entwickelten Materievorstellungen boten genügend Anlaß dazu. Die neuen Phänomene ließen viele Menschen annehmen, daß dieser sogenannte 'spirit' elektrisch sei und womöglich in der Materie in Form aktiver Prinzipien wie Anziehung und Abstoßung wirke. Damit gewannen Äthervorstellungen an Attraktivität und insbesondere der 'matter-spirit'-Dichotomie wurden konkurrierende Vorstellungen entgegengesetzt.

Einer der einflußreichsten englischen Elektrizitätsforscher, Joseph Priestley, lieferte ein solches Gegenkonzept zu Newtons Materietheorie. "He does not endow matter with forces, he *equates* 'matter' with forces, thus rejecting the older notion of matter entirely" (McMullin 1978, S. 119). Wie Steven Shapin ausführte, entwarf er aus einer sozialen Antipathie gegen den Newtonianismus eine Kosmologie, die die geheiligte Grenzziehung zwischen Geist und Materie überschritt /39/. Der schottische Naturforscher John Robison hielt deshalb Priestley's Vorstellung für sozial und moralisch gefährlich. Indem er der Materie Qualitäten zukommen lasse, die Gott allein eigen seien, breche sein Ansatz mit der grundlegenden Schranke zwischen der reinen Materie und dem regierenden Geist.

Für viele Zeitgenossen in Europa bildete dieses Konzept ein anschauliches Leitbild für soziale Veränderungen. Die französischen Enyklopädisten wie Diderot drückten dieses neue Denken wie folgt aus: "Le distinction d'un Monde physique et d'un Monde morale lui semblait vide de sense" (Diderot, in: Shapin 1980, S. 121). F. A. Mesmers Theorie des "thierischen Magnetismus" muß ebenfalls in diesem Lichte gesehen werden. Sein Ansatz beruhte auf einer Äthervorstellung, die genau diese Grenze zwischen der moralischen und der physischen Welt durchdrang. Dieser Äther bildete die Grundlage für ein medizinisches System, deren spirituelle und psychische Wirkungen von größter gesellschaftlicher Bedeutung in Frankreich wurden.

Für eine kleinere Gruppe von Mesmeristen diente dieses neue naturwissenschaftliche Bild des Fließens eines universellen Mediums als Metapher für notwendige politische Umwälzungen. Individuelle Krankheiten wie soziale Mißstände können überwunden werden, indem die bestehenden Blockaden im menschlichen Körper wie im absolutistischen Staat durch den freien Fluß dieses hyperfeinen Mediums aufgebrochen werden. Dies hatte Mesmer in seinen therapeutischen Behandlungen bewiesen, und ebenso wollte er es mit den Gesellschaftsgründungen, den Societés de l'harmonie.

In den neunziger Jahren ging Professor Robison sogar soweit zu behaupten, daß zwischen Priestley's Kosmologie und der französischen Revolution ein ursprünglicher Zusammenhang bestehe. Es verwundert daher nicht, daß sich in einem solchen geistigen Klima in England und Frankreich die Äthertheorien gegen die mechanistische Fluidaphysik in der zweiten Hälfte des 18. Jahrhunderts nicht durchsetzen konnten. Begriffe wie Äther, electric spirit, thierischer Magnetismus wurden zu Reizwörtern. Diese strikte Ablehnung der Vorstellung, geistige Kräfte könnten in der Materie stecken, erklärt auch das zehnjährige Zögern Luigi Galvanis, seine Entdeckung der "thierischen Elektrizität" bekanntzugeben. Das Beispiel weist darauf hin, daß das geistige Klima einer Epoche über die Akzeptanz eines naturwissenschaftliche Erklärungsmodells entscheiden kann. Versuche einer vereinheitlichenden Theorie wurden zugunsten einzelner Fluidakonzepte, den sogenannten Imponderabilien, aufgegeben. Dies verhinderte u.a. die Suche nach ursächlichen Zusammenhängen zwischen Elektrizität und Magnetismus.

Da nun alle Theorien Menschenwerk sind, verwundert es nicht, daß ihnen menschheitsgeschichtlich tief verankerte Vorstellungen zugrunde liegen. Diese sind jedoch nicht unmittelbar den in den jeweils favorisierten Theorien verwendeten Begriffen und Axiomen zu entnehmen. Sie bilden vielmehr den geistigen Hintergrund, auf dem die jeweiligen Theorien entworfen worden sind. Im allgemeinen werden solche Erklärungsideale als Konzepte /40/ bezeichnet. In der Physik kennen wir zahlreiche, wie Teilchen-, Feld-, Energiekonzept usw..

In der Elektrodynamik habe ich bereits von den Folgen des stillschweigenden Wechsels verschiedener Konzepte gesprochen, hier das Nah- und das Fernwirkungskonzept. Sie müssen im unmittelbaren Zusammenhang mit dem Teilchen- und Feldkonzept genannt werden: Die Einführung in die Elektrostatik über das Coulombgesetz setzt ein Teilchenkonzept voraus, denn nur so kann eine Ladungs-Ladungs-Wechselwirkung als Fernwirkung verstanden werden. In den weiteren Argumentationen wird jedoch auf diese Art der Darstellung einer Wechselwirkung verzichtet. Es wird fortan nur noch von Ladung-Feld-Wechselwirkungen gesprochen. Das bislang nur als Folge einer Fernwirkung zu verstehende Abstoßen zweier elektrisch geladener Teilchen wird nun erklärt durch das Wirken eines Kraftfeldes, das sich in den Raum ausbreitet.

Offenbar liegen all diesen unterschiedlichen Theorien die die menschliche Vorstellungskraft bestimmenden Annahmen zugrunde, die in verschiedenen Epochen der Geistesgeschichte zur Formulierung von Foschungshypothesen Pate gestanden haben. In diesem Fall mag es das Gegensatzpaar des Kontinuums und der Diskontinuität gewesen sein, dessen eine oder andere Bevorzugung zu den jeweiligen begrifflichen Entwürfen von Natur führte.

Weitere solcher denkgeschichtlich tief verwurzelten Vorstellungen sind beispielsweise der Erhaltungsgedanke (Energie-, Impuls-, Massen- und Ladungserhaltung), die Symmetriebetrachtung, der Gedanke der Polarität, die Dichotomie von Materie und Geist usw.

Hiermit möchte ich einen weiteren Aspekt innerhalb des Versuchs einer vergleichenden Erkenntnistheorie darstellen. Er verweist auf den zweiten Typ anschaulicher Leitbilder, die Ideogenese in der Entwicklung eines physikalischen Denkstils. Damit ist jene Phase des individuellen Erkenntnisprozeses gemeint, der der begrifflichen Formulierung unmittelbar vorausgeht. Das Denken in Analogien, die Verwendung von Metaphern, Allegorien etc. ist hier anzusiedeln. Es handelt sich dabei um jene geistigen Bilder, die im erkennenden Subjekt durch Einwirkung äußerer Reize - die sinnliche Wahrnehmung von Objekten - entstehen. Diese Beschreibung setzt ein Verständnis des Wahrnehmungsprozesses voraus, das mit der Vorstellung des Menschen als reines "Datenaufzeichnungsgerät" bricht. Vielmehr geht diese Untersuchung von der Annahme aus, daß Problemlösen, sowohl in der Kunst als auch in den Naturwissenschaften, als Denken in Bildern vor sich geht /41/. Dies ist den Betroffenen oftmals nicht klar, aber dennoch haben diese ihre tiefe emotionale Bedeutung und werden damit für den konkreten Forschungsprozeß zu zentralen Leitmotiven.

Rudolf Arnheim weist z.B. dem Feldbegriff in der Physik diese immense psychologische Bedeutung zu. Dies möchte ich näher erläutern. Wie ich bereits erwähnt habe, sind heutzutage die abstrakten Begriffe der Physik gebunden an Ersatzbilder, wie der elektrische Fluß als von Pfeilen durchsetzte, birnenförmige Oberfläche, die Ladung als einfacher Punkt, die EMK als Zirkulation des Vektorfeldes, die Kraft als Pfeil. Dies bestätigt auch Arnheim, wenn er sagt: "Theoretical concepts are not handled in empty space. They may be associated with a visual setting. The images resulting from these associations may appear more accidently than they actually are" (Arnheim 1969, S. 111). Die häufig fehlende Anschaulichkeit in der Physikausbildung läßt diesen geistigen Hintergrund der vermittelten Bilder zur Ersatzrealität werden. Weshalb hat nun beispielsweise der Feldbegriff diese zentrale Bedeutung in der Elektrodynamik? Arnheim stellt zunächst fest: "Attention to the behaviour of forces and the urge to represent them calls for images that can show continuous flow or, at least, continuous extension. This need, however, is resited by the mind, which strats its account of reality with self-contained, circumscribed shapes. All early imagery relies on the simple distinction between figure and ground: an object, defined and more or less structured, is set off against a separate ground, which is boundless, shapeless, homogenous, secondary importance, and often entirely ignored" (Arnheim 1969, S. 284). Solange nun die Fernwirkungstheoretiker die Elektrizität, den Magnetismus als von Kräften bewegte Materieteilchen behandelten, bildete der leere, unendlich ausgedehnte, absolute Raum den notwendigen Hintergrund für die Vorstellungskraft. Heute weiß man, daß diese elektrischen und magnetischen Objekte keine solchen im klassischen Sinne sind, sodaß die notwendige Bedingung der "continuous extension" der Objekte obsolet geworden ist. Das hat eine Aufhebung der Dichotomie von Hintergrund und Figur zur Folge.

Dieser Gestaltwandel läßt sich gut mit den Entwicklungsstufen beim Malen eines Porträts vergleichen. Ein Kind malt zunächst einen Kreis, es dient als Hintergrund, im nächsten Schritt werden Nase, Mund, Augen und Haare als zusätzliche Objekte angebracht. In vergleichbarer Weise entstehen Porträtstudien professioneller Künstler. Im nächsten Schritt verschmelzen dann Hintergrund und Objekte zu einem kontinuierlichen Bild, welches die vormals angebrachten zusätzlichen Objekte wie Nase, Mund etc. als Modifikationen dieses "continuous flow" begreift.

Gleiches gilt für die Feldvorstellung. Hintergrund und Figuren verschmelzen zu einem neuen kontinuierlichen Fließen eines Mediums. Die vormals am leeren Hintergrund befestigten Ladungen werden in dem neuen raumerfüllenden Medium, dem Feld, zu dessen Modifikationen: zu Quellen und Senken des Feldes. Arnheim argumentiert in seiner Arbeit, daß die Abstraktheit des Untersuchungsgegenstandes ein solches geistiges Bild erforderte. Historisch nimmt dieser Übergang zum heutigen Feldbegriff mit dem englischen Naturforscher Michael Faraday seinen Ausgangspunkt /42/. Aus dieser psychologischen Sicht ist die Einführung des Feldes eine notwendige Folge der Suche nach einer anschaulichen Vorstellung von Wechselwirkungen. Die Metapher des Kraftfeldes ersetzt die wesentlich ältere Vorstellung eines materiellen Äthers. Wie die Gebrüder Böhme hervorheben, besitzt der Äther jenseits seiner physikalischen Qualität den Sinn des Wassers. "Auf psychodynamischer Ebene ist dies eine tragende, schützende Umgebung, in der man schwebt - wie die Sterne im Äther. Das Schwimmen der Gestirne im Äther des Alls: dies ist eine seit Bruno geläufige, offenbar affektiv wohltuende kosmologische Metapher" (Böhme, Böhme 1985, S. 185). Hierin muß ein wesentliches Erklärungsmoment gesehen werden, weshalb nur sehr wenige Elektrizitätsforscher des 18. Jahrhunderts die Vorstellung einer Kraftwirkung durch den leeren Raum akzeptieren konnten und die meisten - trotz Kenntnis der Newtonschen Gravitationstheorie - ein ätherisches Medium zur Erklärung elektrischer Erscheinungen bevorzugten. Selbst mit der experimentellen Bestätigung des elektrischen Kraftgesetzes durch Coulomb galt dieses Wechselwirkungskonzept nur als geometrisch vorstellbar, doch nicht als eine Erklärung der Naturvorgänge /43/.

Diese Rekonstruktion der Vorgeschichte des Feldbegriffs wird den historischen Prozeß des Ringens um Anschaulichkeit darstellen, das auf dem von Nah- und Fernwirkungstheoretikern aufgespannten Feld ausgetragen wurde.

Mit der im 19. Jahrhundert entstandenen Feldkonzeption durch Faraday und Maxwell sind diese konträren Positionen des 18. Jahrhunderts gewissermaßen auf einer abstrakteren Ebene symbiotisch zusammengefügt worden: Die unanschauliche Kraft wurde durch symbolische Kraftlinien ersetzt, deren Anfangs- und Enpunkte, deren Dichte in dem zu betrachtenden Bereich, dem Feld, jene affektiv wohltuende Wirkung auf den Physiker ausüben wie bis dahin der Äther.

Trotzdem ist bis heute das grundsätzliche Problem nicht gelöst worden, welches mit der Einführung des Kraftbegriffs in der Physik begann: Im Gegenteil, der hohe Grad an Plausibilität der Feldvorstellung läßt offen, wie die Wechselwirkung zwischen Ladung und Feld aussieht. Mehr noch, sie führt sogar zu Paradoxien: Wie kann eine Probeladung gleichzeitig Quelle des Feldes und feldfreier Nachweiskörper sein /44/? Die Geschichte lehrt uns, daß Einstein genau dieses Problem als Ausgangsbasis zur Entwicklung seiner Relativiätstheorie nahm. Und auch die Entwicklungen in der Quantenfeldtheorie zeigen, daß die Diskussion um ein angemessenes Wechselwirkungskonzept die physikalische Theoriebildung bis heute prägt /45/. Verallgemeinernd läßt sich daher feststellen, daß in diesen Erklärungsidealen offensichtlich eine denkgeschichtliche Tradition wirkt, die die Weiterentwicklung physikalischer Theorie entscheidend beeinflussen kann.

Diese den begrifflichen Entwürfen zugrunde liegenden Erklärungsprinzipien gewinnen in der Wissenschaftsgeschichte zunehmend an Bedeutung. Gerald Holton führte für diesen Aspekt des Erkenntnisprozesses den Begriff "Themata" ein (Holton 1981, S. 18 ff). Zur Veranschaulichung dieser Voraussetzungen, die die Theorie-und Experimentierpraxis bestimmen, denke man sich die Theorien und Begriffe als durch eine empirische x- und analytische y-Achse aufgespannte Ebene. Orthogonal dazu bildet die z-Achse die Themata. Im Sinne der wörtlichen Übersetzung des Begriffs ist dort das "Vorausgesetzte, das erste Wort, das Niedergelegte" jeglicher wissenschaftlicher Aktivitäten angesiedelt, die durch die x-y-Ebene aufgespannt sind. Wissenschaftliche Aktivitäten lassen sich deshalb nur vollständig in diesem dreidimensionalen Raum erfassen. Beispiele für solche Bestimmungselemente aus der z-Ebene sind: die Idee der Entsprechung von Mikrokosmos und Makrokosmos, inhärente Prinzipien, teleologische Zwänge, Fernwirkungen, raumerfüllende Medien, der Gedanke der Polarität, aber auch die Effizienz der Geometrie als Erklärungsmittel, Symmetrien, Erhaltungsvorstellungen, die Suche nach den letzten Bausteinen.

Die Geschichte der Naturwissenschaft betrachtet Holton demnach als "Aufstieg und Verfall von Themata wie auch die völlige Aufgabe oder die Neueinführung von Themata" (ebenda, S. 41). Die Bevorzugung bestimmter Themata erklärt er aus der spezifischen Erfahrungsgeschichte des Subjekts. Das, was als unmittelbar einleuchtend, dem Geist als angenehm erscheint und von A.I. Miller als Anschauung bezeichnet wird, findet in anderen Arbeiten solche Umschreibungen wie "root-metaphors", "mental images", "Ideale der Naturordnung", "Symbole", "Urideen" /46/. Sie können sozusagen die Keimzelle für die Entwicklung einer Theorie sein. Es ist wichtig, auf die Möglichkeit eines solchen Denkzwangs hinzuweisen, denn auch Holton gesteht zu, daß seine historischen Rekonstruktionen nicht immer im Sinne der thematischen Analyse erfolgreich gewesen sind.

Dennoch scheint dieser Aspekt der thematischen Vorstellungskraft Antworten darauf zu geben, weshalb zu bestimmten Zeiten konkurrierende Theorien zu demselben Phänomenbereich entworfen wurden, weshalb über lange Zeiträume die Theorieentwicklung sich um bestimmte, unregelmäßig auftauchende Erklärungsideale gruppiert. Die nachfolgende historische Rekonstruktion der Geschichte der Elektrizität (Kapitel 3) soll zeigen, daß die Disziplingenese u.a. als Entwicklungsgeschichte von anschaulichen Erklärungsmodellen begriffen werden kann, die sich als Interpretationen bestimmter Themata identifizieren lassen.

Ludwik Fleck sprach diesbezüglich von der vorgeschichtlichen Ideogenese aus der Zeit des Anfangs eines Stils, in dem "Urideen" den Inhalt eines Denkstils prägen können. Zur Veranschaulichung dieses Aspekts greift er in Übereinstimmung mit Holton und Arnheim auf jene Psychologie zurück, die die Worte nicht als Lautgruppen, sondern als Übertragung der Erlebnisse und Gegenstände betrachtet. "Worte und Ideen sind ursprünglich lautliche und gedankliche Äquivalente der Erlebnisse, die gleichzeitig mit ihnen gegeben sind. Dies erklärt die magische Bedeutung der Worte und die dogmatische, religiöse Bedeutung der Sätze" (Fleck 1980, S. 39). So soll es sich auch bei den Ur- oder Praeideen verhalten: "Gedankliche Wiedergabe wäre ursprünglich nicht eindeutige Zuordnung im Sinne der Logik, sondern eine Übertragung der Erlebnisse in ein Material, das leicht formbar und stets bei der Hand sei. Der Zusammenhang zwischen Wiedergabe und Erlebnissen gliche nicht dem konventionellen Verhältnis zwischen einem Zeichen und dem Bezeichneten, sondern läge in einem psychischen Entsprechen beider. Die Evidenz wäre in derart entstandenen Denkgebilden unmittelbar enthalten" (Fleck 1980, S. 39).

Um diese Formulierung mit einer sicherlich bekannteren Vorstellung zu erläutern, erinnere ich an das bei Kindern zu beobachtende Lernverhalten: Gibt man dem Kind die Möglichkeit, ihm abstrakte Vorgänge in seiner Sprache auszudrücken und zu bearbeiten, schafft es sich den notwendigen Sinnzusammenhang. In dieser Form verstehe ich die Fleckschen Urideen, die aus einem ursprünglichen Erleben zu Analogien führen, die in einer späteren Phase begriffliche Differenzierungen erfahren. Das Wort ist lebendiger Ausdruck von Seinserfahrung, der Begriff Ausdifferenzierung dieser Erfahrungen gemäß eines spezifischen Denkstils. "Das Wort ist das lebendige Bild des Gegenstandes, mehr sogar: das magische Äquivalent. Ähnlich entstehen Vorstellungen und Begriffe, und auch Meinungen, d.h. deren Verbindungen. Der Glaube an eine Analogie von Feuer und Leben ist nicht als logischer Schluß aus einer gewissen Anzahl von Prämissen entstanden, sondern er ist Ausdruck des Erlebens dieser Analogie, mehr sogar: er ist das unmittelbare Erleben dieser Analogie selbst" (Fleck 1983, S. 103).

Fleck verweist mit dem Analogiebegriff auf jenen zentralen Aspekt im Erkenntnisprozeß, den Arnheim als "visual thinking" bezeichnete. Obwohl dies ein individueller Erkenntnisakt ist, wird diesem die Intimität radikal genommen, indem die dieser Erfahrungswelt entspringenden Bilder als historisch und sozial gewordene verstanden werden. Kein Bild in seiner Vorstellung ist aus diesem Beziehungsgeflecht "Denkkollektiv-Denkstil" herauszulösen. In jedem Erkenntnisprozeß wirkt die Tradition - die Geschichte - und das derzeitige Umfeld. Am Beispiel der Entstehung des Syphilisbegriffs führt Fleck umfassend aus, wie der Gedanke der Veränderung des Blutes - abgeleitet aus der Astrologie im 15. Jahrhunderts - und die ethische Beurteilung der Krankheit als Lustseuche bis in das heutige Jahrhundert die Forschung massiv geprägt haben. Wesentlich ist dabei die soziale Stimmung. Obwohl Tuberkulose seit Jahrhunderten mehr Schaden angerichtet hatte, wurde sie von Wassermann und anderen verworfen - zugunsten der Syphilisforschung. "Es gab eine mächtige soziale Stimmung für Syphilisprobleme, die durch alte, vorwissenschaftliche Ideen hervorgerufen war: erstens durch die Idee der Syphilis als ethisch betonte Lustseuche, zweitens durch eine hartnäckig nach Realisierung verlangende Idee der syphilitischen Blutveränderung. ... die Tuberkulose bekommt von der Gesellschaft keinen so starken Anstoß, keine soziale Spannung sucht hier in der Forschung Luft" (Fleck 1980, S. 102 f).

Als weitere Beispiele für Urideen führt er die Idee der Elemente, den Satz von der Erhaltung der Materie, die Kugelgestalt der Erde, das heliozentrische System, die Atomvorstellung. Ähnlich wie bei Holton und Toulmin spricht Fleck mit diesem Begriff jene Themata oder Ideale der Naturordnung an. In diesem Sinne sind Urideen als entwicklungsgeschichtliche Anlagen zu betrachten, deren Entstehen denksozial zu begründen ist und deren Wirkung bis in die neuzeitlichen Theorien zu verfolgen ist. Damit können diese Ideen u.a. auch als treibende Kräfte im historisch und sozial bedingten Erkenntnisprozeß verstanden werden.

"Viele wissenschaftliche, bestbewährte Tatsachen verbinden sich durch unleugbare Entwicklungszusammenhänge mit vorwissenschaftlichen, mehr oder weniger unklaren verwandten Urideen (Praeideen), ohne daß inhaltlich dieser Zusammenhang legitimiert werden könnte. Eine unklare Idee syphilitischer Blutveränderung gab es - wie wir darstellten - Jahrhunderte vor der naturwissenschaftlichen Beweisführung. Sie sonderte sich aus einem chaotischen Gedankenbrei ab, sie entwickelte sich während vieler Epochen, sie wurde immer inhaltsreicher, präziser und suchte ihre Beweise in den verschiedensten Auffassungen. Nach und nach entstand ein sich festigendes Dogma vom syphilitischen Blute. Mehrere Forscher erlagen der Suggestion öffentlicher Meinung, unmögliche Beweise wurden angeblich gefunden (Gauthier!). Wie kaum in einem zweiten Falle, wurde das ganze, der Zeit zur Verfügung stehende Arsenal der Forschung benützt, bis das Ziel erreicht wurde und sich die Blutidee in der Wassermann-Reaktion und in späteren, vereinfachten Reaktionen wissenschaftlich verkörperte. Darüberhinaus lebt die Uridee im Volke weiter, das noch immmer vom unreinen Blut des Syphiliskranken spricht" (Fleck 1980, S. 35).

Mit der Darstellung von vier, die Entwicklung der Elektrizität wesentlich prägenden Urideen möchte ich dieses Kapitel beenden.

Daß die Theorieentwicklung in der Elektrizitätsforschung als beständiger Wechsel von Nah- und Fernwirkungskonzepten beschrieben werden kann, darauf habe ich bereits hingewiesen /47/. Zurückverfolgen läßt sich diese Uridee bis in die Antike. Wie der Wissenschaftshistoriker Michael Heidelberger betont, glaubten Aristoteles, fast das ganze Mittelalter, Galilei und Descartes nur an Kraftübertragungen durch Kontakt, also an Nahwirkungen. Dem gegenüber stand der Neuplatonismus, nach dem die ganze Welt gewissermaßen von Kräften, von Sympathien und Antipathien, durchzogen ist, die aufeinander wirkten

(Heidelberger, in: Heidelberger, Thiessen 1981, S. 98 ff). Wie er weiter belegt, bildet der Gedanke, daß der Mensch durch geheimnisvolle Kräfte mit der Welt zusammenhängt, in der Astrologie und Alchemie des Paracelsus die Grundlage. Mit dieser Lehre wurde die Idee einer Fernkraft, d.h. die instantane Wirkung einer Kraft durch den Raum ohne ein vermittelndes Medium, möglich gemacht. "Von dieser 'Kraft der Natur' war es jedoch noch ein weiter Weg, bis sich ein Kraftbegriff in der Physik herausbilden konnte, der mit den Vorstellungen von universaler Beseelung und Sympathie nichts mehr zu tun hatte" (Heidelberger, in: Heidelberger, Thiessen 1981, S. 102).

Den ersten Schritt in diese Richtung unternahm Kepler, indem er in seiner zweiten Ausgabe des "Mysterium Cosmographicum" von 1621 (in den Anmerkungen zu seinen gefundenen Gesetzen) darauf hinweist, anstelle des Wortes "Anima" (Seele) das Wort "Vis" (Kraft) einzuführen. Diese Überlegungen in Verbindung mit den ersten Arbeiten zu Elektrizität und Magnetismus von William Gilbert und Athanasius Kircher bilden die Vorgeschichte zur Durchsetzung eines Fernwirkungskonzeptes innerhalb der Physik. Mit Newtons Einführung des Kraftbegriff in die Mechanik entflammte erneut die Frage, ob es sich dabei nicht um eine ähnlich okkulte Qualität handele. Die intensive Erforschung der Elektrizität im 18. Jahrhunderts stand somit ganz unter der Frage der Angemessenheit von Nah- oder Fernwirkungskonzept. Die subtilen, elektrischen Phänomene stellten die bestehenden Ansichten zur Natur auf die Probe. Sie nährten daher sowohl die Hoffnung auf Anknüpfungsmöglichkeiten an die alte Tradition der Alchemie, aber auch die Befürchtung einer Bedrohung des bestehenden Weltbildes, welches auf ein Nahwirkungskonzept aufgebaut war.

Die Forschung in Europa war daher von Unsicherheit in ihren Anschauungen über Wechselwirkungen geprägt: So mutmaßte der deutsche Aufklärer Christian Wolff, daß die Erforschung der Elektrizität nur ein Propagandamittel der Engländer sei, um die Newtonsche Physik zu etablieren. Charles Dufay /48/ in Frankreich schwankte zwischen den zwei durch Newton und Descartes symbolisierten Konzepten. Johann H. Winkler in Leipzig entwickelte eine Emanationstheorie, doch seine Versuche einer Veranschaulichung im Sinne eines mechanischen Modells scheiterten. Benjamin Franklin beklagte den Tatbestand, daß er es sich nicht vorstellen könne, wie denn nun eine Kraft ohne ein vermittelndes Medium wirke solle. Und selbst das Coulombgesetz wurde von einigen als unanschaulich bezeichnet, da es keine Erklärung der Natur sei, sondern nur eine geometrische Beschreibung.

Für die experimentelle Philosophie wurde die Elektrizität und der Magnetismus zur Bewährungsprobe, in der die Mathematisierung physikalischer Theorien entscheidenden Einfluß darauf hatte, die Fernwirkung hoffähig werden zu lassen. Heute ist diese Epoche als Phase der Imponderabilien bekannt, in der jedem Phänomenbereich ein eigenes Fluidum zugordnet wurde, welches fernwirkende Zentralkräfte ausübt.

Im 19. Jahrhundert beginnt erneut ein Streit um die Wechselwirkungskonzeptionen: Faraday entwirft seine Nahwirkungstheorie der "lines of force". In Deutschland entwickelt W. Weber eine Fernwirkungstheorie, in England Maxwell eine Nahwirkungstheorie. Und selbst in unserem Jahrhundert wirkt die denkgeschichtliche Tradition: Wie ich in der Schulbuchanalyse zeigen konnte, werden zur Veranschaulichung von Wechselwirkungen bei elektrodynamischen Vorgängen Nahwirkungskonzepte verwandt. Derzeit wird entweder das Feld oder der Austausch "virtueller Photonen" als Ursache für die Abstoßung zweier Elektronen angeführt. Hier entscheidet der jeweilige Hochschullehrer, welche Theorie angemessen erscheint. Diese, durch die Quantenelektrodynamik hervorgebrachte neue Anschaulichkeit des Austausches virtueller Photonen, zeigt einerseits die alten Vorbehalte gegen die Vorstellung einer instantanen Kraftwirkung, da die Wechselwirkung als Austausch bzw. Wanderung von Teilchen beschrieben wird. Dieses darin zum Ausdruck kommende Bedürfnis nach einem mechanischen Nahwirkungskonzept schlägt sich u.a. in dem Lehrbuch von H. Rollnik deutlich nieder, wenn er die Wechselwirkung zwischen zwei Teilchen wie folgt beschreibt: "Danach (nach der Quantenfeldtheorie, d.V.) kann man die Wechselwirkung zwischen zwei Teilchen durch den Austausch eines (im allgemeinen) anderen Teilchens deuten. In pseudoanschaulicher Weise versucht Fig.I.3. diese Aussage zu verdeutlichen: Man stelle sich Spieler auf einem spiegelglatten Parkett vor. Beim Austausch von Tennisbällen erleiden sie eine abstoßende Kraft; Fig.I.3a. Wenn sie ihr Spiel mit Bumerangen durchführen: Fig.I.3b, wäre auch die Übertragung einer Anziehungskraft möglich. Dieses Bild stilisiert man in der physikalischen Literatur - einem Vorschlag von Feynman folgend - in der Weise, wie es Fig.I.4. zeigt" (Rollnik 1971, S. 30 f).

Andererseits eröffnet diese rein statistische Betrachtung der elektrischen Wechselwirkung Raum für moderne Spekulationen über alte, mit dem Fernwirkungskonzept verbundene, alchemistisch-magische Vorstellungen. Als ein Beispiel möchte ich hier den theoretischen Physiker J. Charon nennen. Er interpretiert den Austausch virtueller Photonen bei der elektrostatischen Abstossung zwischen zwei Elektronen als Fernwirkungsprinzip. Dem Elektron weist er nunmehr die Möglichkeit zu, "Information durch Fernwirkung mit anderen Elektronen auszutauschen" (Charon 1979, S. 85). Darin sieht er den ersten wissenschaftlichen Ausgangspunkt für die Erklärung telepathischer Phänomene.

Unabhängig von den jeweiligen persönlichen Hoffnungen, die an neue Theorien geknüpft werden, zeigt sich doch zweierlei: Zum einen handelt es sich bei dem Nah- und Fernwirkungskonzept offensichtlich um ein Thema, um eine Uridee, die die Forschung über mehrere Jahrhunderte beeinflußte. Zum anderen scheint es, daß diese, aus einem bestimmten geistigen Klima heraus entstandenen Vorstellungen die Geschichte der Elektrizität bis in die heutige Zeit prägen. Einerseits war die Erforschung der Elektrizität beständig eine Suche nach anschaulichen Modellen im Sinne von Nahwirkungskonzepten, in der Ursache und Wirkung offensichtlich waren, andererseits erzwang der Untersuchungsgegenstand eine permanente Auseinandersetzung mit dem Fernwirkungskonzept und seiner alchimistisch-magischen Tradition.

Von ebenso zentraler Bedeutung für die Entwicklung der Elektrizitätsforschung ist neben den Wechselwirkungskonzepten der Antagonismus von Anziehung und Abstoßung. In den aktuellen Physikbüchern zur Elektrodynamik wird diese Uridee nicht explizit erklärt: "Certainly one fundamental property of electric charge is its existence in the two varieties that were long ago named positive and negative. The observed fact is that all charged particels can be devided into two classes such that all members of one class repel each other, while attracting members of the other class. ... Why this universal law prevails we cannot say for sure. But today physicists tend to regard positive and negative charge as, fundamentally, opposite manifestation of one quality of 'handedness' (Purcell 1965, S. 3). Sowohl die Existenz zweier Arten von Ladungen wie die daraus gefolgerten Anziehungs- und Abstoßungsphänomene scheinen mittlerweile so selbstverständlich geworden zu sein, daß es nicht mehr für notwendig erachtet wird zu erklären, weshalb sich gleichnamige Ladungen abstoßen, ungleichnamige anziehen. Vielmehr erwecken die jeweiligen Darstellungen den Eindruck, einfache Reibungsphänomene genügten zur Bestätigung (vgl. Sibum, Meya 1985, S. 176).

Doch wie beispielsweise Arthur I. Miller andeutet, scheint die Einsicht in diesem Fall auf außerphysikalische Erfahrungen zu beruhen. Er spricht von einem Anthropomorphismus, der solchen einfachen physikalischen Darstellungen zweier sich abstoßender Elektronen einen Sinn gibt (Miller 1987, S. 171). Welche menschlichen Eigenschaften werden hier auf nicht Menschliches übertragen? Im oben genannten Zitat wird auf die allen vetraute Symmetrie von links und rechts verwiesen. Mit Anziehung und Abstoßung werden aber auch die Begriffe Liebe und Haß, Sympathie und Antiphatie, die Geschlechterpolarität assoziiert. Letztere bilden genau jene menschheitsgeschichtlich tief verankerten Erfahrungen, die Max Jammer in seiner Arbeit zur Geschichte des Kraftbegriffs als die Urahnen anziehender und abstoßender Kräfte bezeichnet. Er geht dabei auf eine Vorstellung von Empedokles zurück, die zwei antagonistische Kräfte voraussetzt, nämlich Liebe und Haß als die die vier Elemente, Feuer, Wasser, Luft und Erde verbindenden und trennenden Kräfte. Diese Ergänzung hielt er für notwendig, da die vier Elemente als solche keine eigenen Quellen der Bewegung in sich trugen. Weiter weist Jammer darauf hin, daß Plato Empedokles' Liebe-Haß-Konzept als die zwei wirkenden Kräfte der Anziehung und Abstoßung interpretiert (Jammer 1957, S. 24 ff).

In der Elektrizitätsforschung des 18. Jahrhunderts erfuhren diese Leitbilder eine Renaissance. Den bedeutenden Anfang hatte Newton mit der Behauptung der Existenz einer universellen Anziehungskraft gemacht. Die elektrischen Phänomene wiesen nun darauf hin, daß es zusätzlich noch eine weitere, abstoßende Kraft geben könnte. Es verwundert daher nicht, daß dieses alte Motiv von Anziehung und Abstoßung die Elektrizitätsforschung des 18. Jahrhunderts als Thema entscheidend beeinflußt hat.

Was heute als so selbstverständlich gilt, nämlich, daß sich zwei gleichnamige Ladungen abstoßen und zwei ungleichnamige sich anziehen, diese Erkenntnis hat ihren Ursprung in diesem Leitbild und ist das Ergebnis eines langen Entwicklungsprozesses, in dem mit Beginn des 18. Jahrhunderts beständig konkurrierende Theorien entwickelt wurden, deren unterscheidendes Merkmal die Anzahl der elektrischen Fluida war, die unterschiedliche Auffassungen von Anziehung und Abstoßung nach sich zogen.

Der Franzose Charles Dufay versuchte Anziehung und Abstoßung als Folge verschieden erzeugter Elektrizitäten zu interpretieren. In Deutschland entwickelte der Rektor der Universität Leipzig eine konkurrierende Theorie, die von nur einem Fluidum ausging und den Dualismus von Anziehung und Abstoßung als Folge unterschiedlicher Dichten eines ausströmenden Fluidums betrachtete. Vergleichbares gilt für die Forschung in der zweiten Hälfte des 18. Jahrhunderts. B. Franklin postulierte in seiner Ein-FluidumTheorie wie seine Vorgänger ohne Kommentar, daß Gleiches sich abstößt und Ungleiches sich anzieht. D.h. daß in diesem Fall die Elektrizitätsteilchen sich untereinander abstoßen, die gemeine und die elektrische Materie sich aber anziehen. Zur gleichen Zeit, als in Europa diese Theorie bekannt wurde, hatte R. Symmer erneut eine Zwei-Fluida-Theorie vorgeschlagen und den Antagonismus von Anziehung und Abstoßung zum Grundprinzip aller elektrischen Erscheinungen erhoben. Der "elektrische Theologe" Prokop Divisch entwickelte in seiner Theorie der Elektrizität explizit den Gedanken der Polarität und verwies dazu auf die Geschlechtermetapher von Adam und Eva.

Die Phänomene der Anziehung und Abstoßung führten die Elektrizitätsforschung letztendlich zu einer permanenten Diskussion über die mögliche Anzahl elektrischer Fluida. Entweder wurden die entgegengesetzt wirkenden Kräfte als je eigene Ursache eines Fluidums begriffen oder als Eigenschaften eines einzigen Mediums. Der Gedanke der Polarität, wie er zu Beginn des 19. Jahrhunderts in der Romantik entwickelt wurde, stieß in der zweiten Hälfte des 18. Jahrhunderts auf Ablehnung. Die Begründung des Publikationsverbots der Divischschen Theorie zeigt dies sehr deutlich (siehe Kapitel 3.3.1.).

Eine endgültige Antwort auf die Frage nach der Anzahl der Fluida konnte auch experimentell nicht gegeben werden. Für die sich durchsetzenden abstrakten, mathematischen Beschreibungsversuche elektrischer Phänomene war dies nicht von Belang. Dem französischen Ingenieur Ch. Coulomb ging es daher auch nicht um Spekulationen über die Anzahl elektrischer Kräfte, sondern um die exakte Bestimmung eines Abstandsgesetzes für anziehende und abstoßende Kräfte. In Anlehnung an die Mechanik sprach er fortan von zwei Arten "elektrischer Massen", die in jedem Körper gleichmäßig verteilt waren. Letztendlich betrachtete er diese als auf mathematische Punkte reduzierbare Kraftzentren. Damit erübrigte sich für ihn und seine Kollegen die Frage nach dem Wesen von Anziehung und Abstoßung.

Gegen diese Entwicklung, solche grundlegende Kraftwirkungen ursächlich auf mathematische Punkte zurückzuführen, hatten bereits Kepler und Gilbert im 17. Jahrhundert Einwände erhoben. "Punctum mathematicum ... nequit movere gravia. In corporibus ipsis vis agens existat, non in spatiis, aut intervallis" /49/.

Die mit der Erforschung der Elektrizität verbundenen Hoffnungen, das Wesen dieser widerstreitenden Kräfte von Anziehung und Abstoßung näher bestimmen zu können, haben letztendlich zu einer Aufhebung des Antagonismus von widerstreitenden Kräften geführt, zugunsten einer Symmetriebetrachtung negativer und positiver Ladungen - wie links und rechts als Eigenschaften von Seitigkeit.

In der Frage, weshalb sich gleichnamige Ladungen abstoßen und ungleichnamige anziehen, scheint die Physik offensichtlich trotz der Fortschritte nicht weitergekommen zu sein. Lediglich die damit unmittelbar verknüpften Wechselwirkungskonzepte sind verändert worden.

Von ebenso zentraler Bedeutung für die Elektrizitätsforschung bis auf den heutigen Tag ist die metaphysische Antithese von Materie und Geist. In dieser neuplatonischen Idee sieht Max Jammer das Vorbild für den physikalischen Gegensatz von Masse und Kraft. In seiner Geschichte des Massenbegriffs verweist er darauf, daß sich der Idee der Trägheit und der Inaktivität der Materie die Vorstellung der Vitalität und Spontanität des Geistes entgegensetzte. Auch wenn die Newtonsche Dynamik diese Begriffe von Masse und Kraft von ihren metaphysischen Beziehungen zu befreien glaubte, trug die Erforschung der Elektrizität und des Magnetismus Erhebliches zur Neuinterpretation dieser Uridee bei. Seit Beginn des 18. Jahrhunderts überschattet diese Antithese die Theorieentwicklung der Elektrizität. Entweder waren die Physiker bemüht, die elektrischen Erscheinungen der Mechanik unterzuordnen oder die Mechanik der Elektrodynamik. Erst in diesem Jahrhundert, im Gefolge der Bestimmung der Elementarladung durch Millikan 1910, schrieb Sommerfeld der Ladung eine eigene, von der Mechanik unabhängige Dimension zu.

Heute finden wir in den Physikbüchern diese alte Vorstellung der Dichotomie von Materie und Geist in den Konstanten der Elektronen-Masse m und der Elementarladung e aufgehoben. Die Bestimmung der spezifischen Ladung als e/m zeigt zudem noch deren wechselseitige Bezogenheit. Nun ließe sich annehmen, daß mit der exakten Bestimmung zweier Konstanten dieses Thema für die Physik beendet sei. Im Gegenteil: Mit der Entwicklung der Quantenmechanik zeigt sich erneut die Vagheit der Grundbegriffe und die Wirkung des alten Themas. Läßt sich zurecht die Masse mit einem Schauspieler vergleichen, der sein Selbst nie zeigt, da er in immer neuen Rollen auftaucht, so gesteht Arthur March zu, daß das Elektron eben nicht mit einem Kleiderbügel zu vergleichen ist, dem man verschiedene Qualitäten umhängen könne, denn es ist letztendlich substanzlos /50/. "Schon in der Schrödingergleichung sehen wir die beiden Janusköpfe des Elektrons. Wir behandeln die Elektronen im Atom mit einer Wellengleichung, aber wir setzen in diese Gleichung die Coulombsche Anziehung durch den Kern ein, ausgedrückt durch die Koordinaten der beiden Korpuskeln Kern und Elektron" (Sommerfeld 1933, S. 10). Damit beginnt in der Physik ein Trend, das Elektron nicht mehr als Korpuskel, als Ding, sondern gleichzeitig als Wellenfeld, als eine Form, zu betrachten. Es wird allmählich die tote Materie aus dem physikalischen Weltbild getilgt und durch ein Spiel von Formen ersetzt. Einen vorläufigen Endpunkt dieser Entwicklung bilden sogenannte Einheitstheorien, dessen Vertreter Jean E. Charon sich dazu veranlaßt sieht, für ein neues Weltbild zu plädieren, in dem das Elektron die kleinste geisttragende Einheit ist. Dies eröffnet ihm die Möglichkeit einer Psychophysik, mit der er die Beseeltheit der Materie zurückzugewinnen glaubt (Charon 1979, S. 75 ff).

Für die Elektrizitätsforschung war diese Beziehung von Materie und Geist seit ihrem Beginn im 18. Jahrhundert ein die Auseinandersetzung bestimmendes Thema. J. H. Winkler bezeichnete die Elektrizität als das fünfte Element und knüpfte damit an die alte Elementevorstellung von Empedokles an. Neben Feuer, Wasser. Luft und Erde wies die Elektrizität auf jenes verbindende und scheidende Medium hin, welches dieser als die bewegende Seele der Materie auffaßt hatte. Zu Winklers Zeiten wurde ebenso von dem "spiritus animalis", dem "Äther", dem "electric spirit" gesprochen. Auch die Formulierung der elektrischen Atmosphäre, in der anziehende und abstoßende Kräfte wirken, knüpften an das von Paracelsus benannte Konzept des "archeus" /51/ an. Dieser Begriff wird explizit in der Theorie der Elektrizität des P. Divisch wieder aufgenommen und als Weiterführung der Alchemie begriffen. In seinem Bemühen, das Wesen der Elektrizität zu erfassen, orientierte er sich an überlieferten Traditionen. Das elektrische Feuer identifizierte er als jenen Naturgeist, den die alten Weltweisen "ignis elementaris", "ignis electricus", "archaeus", "Spiritus Mundi" genannt haben. Im Anhang seiner Theorie der Elektrizität heißt es weiter: "Es gibt eine Selbstbewegung in der Natur, die wir nicht nachmachen können: und diese ist im electrischen und elementarischen Feuer" (Fricker, in: Divisch 1768, S. 122). Ebenso entwickelte er die Vorstellung einer zweifachen Seele des Menschen: die rationale, die die Gedanken ordnete und willkürliche Bewegungen dirigierte, und die "wachsthümlich, empfindsame Seele", die die Wachstumsvorgänge und Empfindungen ermögliche. Die empfindsame Seele bezeichnete er als elektrisch und hielt diese für das gemeinsame Band, das Mensch, Tier und Pflanzen verband. Doch warnten eben diese Philosophen davor, mit Hilfe der Mathematik diesen Weg der Erkenntnis gehen zu wollen. Dies könne nur zu metaphysischen Bildern führen, die den Schein einer Erklärung abgeben /52/. Wenn man bedenkt, daß mit diesem Konzept des "archeus" die Vorstellung der Lebenskraft verbunden war, welche nicht im Menschen eingeschlossen ist, sondern diesen umgibt wie eine leuchtende Atmosphäre, verwundert es nicht, daß Forscher bemüht waren, eine elektrische Apotheose technisch zu realisieren, oder daß die Elektrizität als Beweis für das Wirken der Weltseele angesehen wurde.

Wie ich bereits erwähnte, hatten im 18. Jahrhundert solche Versuche der Aufhebung der Trennung von Materie und Geist durch Einführung von Äthertheorien keine Chance. Dennoch scheint diese Uridee bis in die heutige Zeit die Forschung zu beeinflussen.

Das letzte Beispiel versucht eine Antwort darauf zu geben, was die Menschen aller Schichten im 18. Jahrhundert dazu veranlaßte, der Elektrizität solch große Aufmerksamkeit zu widmen. Auf den Jahrmärkten konnte man sich gegen Entgelt elektrisieren lassen, in jedem Dorf ließen sich kranke Menschen von einem Elektrisierer behandeln, an den Höfen richteten sich die Adeligen ein elektrisches Kabinett ein, anstelle der Quadrille ließen sich die Damen elektrisieren.

Gaston Bachelard spricht von der Entdeckung der Lebendigkeit, die mit der Entzündung eines elektrischen Funkens assoziert wurde. "Dies ist kein bloßes Wort", kommentierte er jene historische Quelle, in dem der Autor es bedauert, daß erste Prinzip in der Natur, die Elektrizität, nicht Lebendigkeit genannt zu haben. "Dies ist kein bloßes Wort; es soll die Vorstellung des Feuers und des Lebens getreulich übersetzen, die die elektrischen Erscheinungen erklärt" (Bachelard 1984, S. 231). Woher jedoch diese Analogie von Feuer und Leben? Hierzu L. Fleck: "Der Glaube an eine Analogie von Feuer und Leben ist nicht als logischer Schluß aus einer gewissen Anzahl von Prämissen entstanden, somdern er ist Ausdruck des Erlebens dieser Analogie, mehr sogar: es ist das unmittelbare Erleben dieser Analogie selbst. Es ist eine Vision des Denkkollektivs, von der sein Geistesleben so tief erschüttert wurde, daß man sie nicht mehr verwerfen kann. An sich ohne festen Sinn, denn sie gibt die gegenseitige Beziehung der Begriffe an, deren Inhalt noch nicht festgesetzt worden ist, wird sie Leitlinie zur Festsetzung dieses Inhalts" (Fleck 1983, S. 103).

Unter Berücksichtigung dieser erkenntnistheoretischen Annahme mag es verständlich werden, daß die elektrischen Funkenexperimente von solch zentraler Bedeutung für die damalige Bewertung und Entwicklung der Elektrizitätsforschung wurden. Enthusiastische Kommentare der elektrischen Versuche wie "The fable of Prometheus is verified. What can mortals find after this difficult" (Schaffer 1983, S.9) mögen die entfachte Forschungsmotivation illustrieren. Doch war damit auch die Forschungspraxis und die Forschungsrichtung bestimmt: Diese an den Schöpfungsmythos des Adam von Michelangelo erinnernde "erregende (begeisternde) Berührung", "the electric touch", fand nicht nur publikumswirksame Darstellungsweisen wie die "Venus electrificata" mit ihrem elektrischen Kuß oder die Jahrmarktsangebote wie das "Electrisieren für einen Schilling", sondern das Experimentieren am eigenen Leibe. Mit allen Sinnen diese verborgene Kraft erfahren zu wollen, gestaltete die gesamte Experimentierpraxis.

Auf jenes Erleben der Analogie von Feuer und Leben begründet sich aber nicht nur die damalige Hoffnung, die Elektrizität habe besondere Heilkräfte, sondern sie könne Aufschluß über die Natur des Lebendigen geben. Wie nun zahlreiche historische Quellen belegen, hat diese Identifikation des elektrischen Feuers, des Funkens, mit dem Lebensprinzip eine starke sexuelle Komponente (Bachelard 1985, S. 36). Phänomene wie der Funkenüberschlag wurden als "ignis mas" (männliches Feuer) bezeichnet, hingegen jedes schwache Glühen eines elektrisierten Körpers als "ignis femina" (weibliches Feuer) /53/. Solche Bilder schlagen sich um die Jahrhundertmitte in Frankreich in den vielfältigsten Formen nieder. So wurde u.a. folgende Fortpflanzungstheorie verfaßt: "Das weibliche Geschlecht ist der geheime Speicher kleiner menschlicher Sphären, die sich im Eierstock befinden. Diese kleinen Sphären sind ein ruhender, lebloser elektrischer Stoff; wie eine nicht angezündete Kerze oder ein Ei, das bereit ist, das Lebensfeuer aufzunehmen, wie der Obstkern oder das Korn, oder schließlich wie der Zunder oder das Streichholz, die diesen Feuergeist erwarten" (Rabiqueau, in: Bachelard 1985, S. 37). Der elektrische Funke wurde allgemein als ein männliches Formprinzip angesehen, das dem weiblichen Stoff Gestalt gab.

Unter Berücksichtigung sozialpsychologischer sowie kulturkritischer Untersuchungen des 18. Jahrhunderts /54/ erscheint es gerechtfertigt, die Behauptung aufzustellen, daß sich in der Elektrizitätsforschung des 18. Jahrhunderts die Analogie von Feuer und Leben als eine starke, soziale Spannung aufgrund einer verdrängten Sinnlichkeit Luft gemacht hat. Führte dies im barocken Deutschland noch dazu, daß der Naturforscher G. M. Bose elektrische Phänomene als Symbole der Männlichkeit und Weiblichkeit interpretierte und er zum gesellschaftlichen Vergnügen eine "Venus electrificata" erfindet, so ist in der zweiten Hälfte des Jahrhunderts eine Ausgrenzung solcher Phantasien aus dem wissenschaftlichen Denken zu beobachten /55/.

Dennoch verschaffte diese im Alltagsleben der Menschen tief verwurzelte Vorstellung des elektrischen Funkens als Lebensprinzip der Elektrizitätsforschung große Popularität in allen Bevölkerungsschichten und bestimmte sogar entscheidend die Forschungsrichtung: Mehr Aufklärung über die Natur des Lebendigen zu gewinnen, so hieß von nun an das Motto vieler Elektrizitätsforscher. Hier liegt der Ursprung der Entwicklung des Galvanismus und der ersten elektrischen Batterie. Doch erst mit der Fertigstellung dieser technischen Stromquelle, d.h. der Ermöglichung des Fließens eines elektrischen Stromes durch Voltasche Elemente, entstand aus der Suche nach der Lebenskraft die physikalische Tatsache des elektrischen Stromes. Doch selbst damit war der Elektrizität die ihr anhaftende Vorstellung der Lebenskraft nicht genommen. Darauf verweist schon allein die Tatsache, daß die ungewöhnlich schnelle Verbreitung dieses Instruments nicht aus physikalischem Interesse geschah, sondern wiederum aus medizinischem.

Zusammenfassend gilt es festzuhalten, daß die Entwicklung einer Forschungsdisziplin durch historisch tief verankerte Vorstellungen bestimmt sein kann. Der Gedanke der Nah- und Fernwirkung, die Idee der Anziehung und Abstoßung, die Antithese von Materie und Geist, die Analogie von Feuer und Leben, sind solche Urideen, die in spezifischen historischen Epochen in unterschiedlichsten Ausdrucksformen die Forschung beeinflussen können. Der Begriff des Denkstils erfaßt sie als ein prägendes Element in der Entstehung und Entwicklung wissenschaftlicher Tatsachen, Ideen, Begriffe, Modelle. Wie ich gezeigt habe, bilden darüber hinaus die jeweiligen, sich in einem Individuum oder Kollektiv vermischenden Denkstile eine weitere Quelle des Inhalts eines Denkstils. Zusammengenommen bilden sie die anschaulichen Leitbilder in dem naturwissenschaftlichen Erkenntnisprozeß, die die Wahrnehmung einschränken, aber auch fokussieren. Mit der zusätzlichen, systematischen Einbindung der Geschichtlichkeit von Begriffen und wissenschaftlichem Gerät ermöglichen diese verschiedenen Elemente des Denkstils letztendlich eine Erfassung der Erfahrungsgeschichte historischer Subjekte. Damit läßt sich die Herausbildung einer physikalischen Disziplin Elektrizitätslehre als Entstehung und Entwicklung von Denkstilen rekonstruieren.

2.3. *Die Entstehung der physikalischen Disziplin Elektrizität*

2.3.1. Wider eine Legitimationsgeschichte der Physik

Die Entstehung der heutigen Fachsystematik entweder als eine kumulative Geschichte großer Entdeckungen zu beschreiben oder sie aus einer linearen Abfolge wissenschaftlicher Konzepte hervorgehen zu lassen, kann nicht das Ziel dieser Arbeit sein. Den historischen Vorläufern gute oder schlechte Noten zu geben, je nachdem ob sie der herrschenden Lehrmeinung entsprechen oder nicht, leugnet zudem die eigene Geschichtlichkeit und damit Veränderbarkeit unseres derzeitigen Denkens über Natur. Solche historischen Orientierungen dienen daher mehr der Rechtfertigung des Status Quo und können daher auch als Legitimationsgeschichten der Physik bezeichnet werden.

Entsprechend dem ausführlich dargestellten wissenschaftskritischen Anspruch soll Geschichte zum Zweck der Reflexion physikalischen Denken und Handelns genutzt werden. Denn in der Möglichkeit, Fragen an die Geschichte zu stellen, bietet sich uns die Chance, aus dieser historisch-kritischen Betrachtung Antworten für zukünftige Orientierungen zu gewinnen. Im Sinne eines ebenso kritischen Geschichtsverständnisses kann also nicht der Anspruch erhoben werden, die historische Wahrheit finden zu wollen, sondern die Geschichte soll re-konstruiert werden. Die bisherigen Ausführungen über die historische und soziale Bedingtheit menschlichen Erkennens zeigen, daß selbst der Objektivitätsanspruch des Historikers nicht uneingeschränkt zu halten ist. Denn, so schreibt der Naturwissenschaftshistoriker Gerald Holton, die Voreingenommenheit eines Historikers aufgrund seiner persönlichen Erfahrungsgeschichte, die sich laut Fleck aus historischen und sozialen Motiven zusammensetzt, prägt ebenso stillschweigend dessen Theoriebildung wie die eines Physikers (Holton 1981, S. 23).

In Kenntnis dieser erkenntnistheoretischen Annahme ist es folgerichtig, jede Art von Geschichtsschreibung als Re-konstruktion zu bezeichnen, da sie von historischen Subjekten betrieben wird, deren Erkenntnishaltung - deren Denkstil - die Aufdeckung und Interpretation von historischen Fakten bestimmt. Das dieser Arbeit zugrundeliegende Verfahren habe ich daher als historische Rekonstruktion in didaktischer Absicht bezeichnet. Damit ist nicht nur das Bekenntnis zur Re-konstruktion von Geschichte abgelegt, sondern gleichermaßen wird auf Kriterien hingewiesen, die diese Geschichtsschreibung bestimmen. Sie verkörpern zugleich die didaktische Absicht. Wie ich bereits gezeigt habe, begreife ich didaktisch im Sinne einer Wiedereinführung kritischen Denkens innerhalb der Physik, das über den fachinternen Problemhorizont hinausgeht. Naturbeherrschung als Aufforderung zur Selbstreflexion zu begreifen, erfordert, die dieses Naturverhältnis prägenden physikalischen Theorien fortwährend einer Kritik zu unterziehen. Im Sinne von Hans Georg Gadamer muß es dem Physiker deutlich gemacht werden, was mit ihm - und damit der Gesellschaft - und mit der Natur geschieht, wenn er Physik betreibt. Zu diesem Zweck will die Re-konstruktion der Disziplingeschichte Antworten auf die aus dem aktuellen Problembewußtsein abgeleiteten Fragen, wie sie im Kapitel 2.1. gestellt worden sind, geben. Mit der Offenlegung dieser eigenen Erkenntnishaltung sowie des verwendeten begrifflichen Instrumentariums, werden die Ergebnisse dieser Art von Rekonstruktion von Geschichte nachvollziehbar.

2.3.2. Historische Rekonstruktion ursprünglicher Erfahrungen mit Elektrizität

Diese Formulierung verweist auf die Absicht, die unser Denken über Elektrizität bis heute prägenden ursprünglichen Vorstellungen aufzuspüren. Dazu ist es notwendig, die für das 18. Jahrhundert wesentlichen Denkstile zu bestimmen und darzustellen. Denn in dieser Zeit wurde das gedankliche Fundament gelegt, auf dem unser wissenschaftlicher Begriff von der Elektrizität fußt.

Die hier vorliegende Re-konstruktion beschränkt sich daher auf die Darstellung des Beginns der Theorie- und Experimentierentwicklung im ausgehenden 17. bis zum 18. Jahrhundert, jene Phase einer Disziplinentwicklung also, die die Physikhistoriker gerne als die "vorparadigmatische Phase" oder allgemein als "vorwissenschaftlich" bezeichnen. Für jene handelt es sich um eine Zeit, die sich durch ungewöhnliche Umgangsweisen mit Elektrizität, beständig konkurrierende Theorien und Neubestimmungen des Phänomenbereichs ausweist. Zudem war die Elektrizitätsforschung keine von der Öffentlichkeit ausgeschlossene Betätigung, sondern erfreute sich im Gegenteil ungewöhnlich großer Beliebtheit.

Auf dem geistigen Hintergrund der heutigen Fachsystematik der Elektrodynamik oder allgemeiner des Denkens eines Naturwissenschaftlers im 20. Jahrhundert muß diese Zeit als vor-wissenschaftlich gelten, wenn heutige Kriterien von Wissenschaft die alleinige Bewertung dieser Epoche bestimmen. Es verwundert daher auch nicht, daß den meisten Physikern aus der Elektrizitätsforschung des 18. Jahrhunderts allenfalls das Coulombgesetz, vielleicht B. Franklins negative und positive Elektrizität, ganz sicher L. Galvanis Froschexperimente bekannt sind. Kaum mehr als solche spärlichen historischen Hinweise finden sich in den heutigen Physikbüchern. Es drängt sich hier die Frage auf, ob das in der Tat die einzigen erwähnenswerten Ergebnisse eines ganzen Jahrhunderts Elektrizitätsforschung sind, oder ob vielleicht die Bewertungskriterien bzw. die Untersuchungsmethoden für diesen Zeitraum unzutreffend gewählt wurden? Mir scheint letzteres der Fall zu sein.

Dies bestätigt z.B. auch Simon Schaffer, wenn er an jenen Historikern Kritik übt, die das 18. Jahrhundert so gern als das Newtonsche Zeitalter titulieren. Bestärkt durch eine Vielzahl historischer Befunde zu Anti-Newtonschen Bewegungen in dieser Zeit betrachtet er diese Klassifizierung als Folge einer traditionssuchenden Methode, "traditional seeking method", der Naturwissenschaftsgeschichtsschreibung. Er schlägt daher vor, daß es dem Denken der Zeit viel angemessener wäre, das 18. Jahrhundert als das Zeitalter der "Natural Philosophy" zu bezeichnen, in der die Entstehung einer "Physical Science" zu beobachten ist (Schaffer 1980, S. 58).

Unter Verwendung des oben entwickelten Analyseinstrumentariums, der vergleichenden Erkenntnistheorie, ist es nun möglich, den spezifischen Charakter der Elektrizitätsforschung dieses Zeitraums zu erfassen und entsprechend seiner Eigenarten zu würdigen. Für den Nachvollzug der Entstehung und Entwicklung der Elektrodynamik stellt diese Arbeit jene entscheidende Umbruchphase als Fallstudie dar, die als die Verwissenschaftlichung menschlicher Erfahrungen mit Elektrizität bezeichnet werden kann, wobei Verwissenschaftlichung hier als Herausbildung der physikalischen Denk- und Arbeitsmethoden verstanden werden soll. Entscheidend für diese Art der Rekonstruktion ist das Verfahren des Aufrollens ursprünglicher Ansichten zur Elektrizität aus der Perspektive der den jeweiligen Theorien vorausgehenden Denkstile. Nur so gelingt es, denkgeschichtliche Umbrüche offenzulegen. Ein Beispiel soll zur Veranschaulichung genügen: Um die zeitgenössische Bedeutung des Wortes "vis electrica" zu erfassen, ist es zunächst notwendig, den Bedeutungskontext zu erschließen, in dem dieser Begriff entstanden ist. Bereits dieses Verfahren der Rückführung physikalischer Begriffe in ihren ursprünglichen Entstehungskontext fördert Ansichten zur Elektrizität zu Tage, die mit der Übernahme in die heutige Fachsystematik verloren gegangen sind. Doch gerade diese Ansichten verweisen auf ein Naturwissen, welches sozusagen auf der Rückseite der Geschichte angesiedelt ist. So haben elektrische wie magnetische Kräfte eine ursprünglich magische Bedeutung, im Sinne einer geheimen Urkraft, die auch als okkulte Qualität bezeichnet wird. Im nächsten Schritt gilt es, die zu der Zeit dominierenden naturphilosophischen Ansichten zu erfassen, um anhand dieser die möglichen Reaktionen auf die Behauptung, es gäbe eine elektrische Kraft, beurteilen zu können. In diesem Fall zeigt es sich, daß die ursprüngliche Bedeutung "Kraft des Bernsteins" unter den führenden Denktraditionen der Descartschen Schule und der neu aufkommenden Newtonschen Schule heftige Auseinandersetzungen hervorrief, wobei z.B. die deutschen Cartesianer die elektrische Kraft als Propaganda für die neue englische Philosophie ablehnten. War es in Newtons Fernwirkungskonzept durchaus denkbar, eine solche Kraft anzunehmen, so mußten die Nahwirkungstheoretiker eine solche Kraftform, wie die Newtonsche Kraft selbst, ablehnen. Nur mit einem solchen Rekonstruktions-Verfahren gelingt es, die möglichen Fort- und Rückschritte in der Entstehung und Entwicklung einer Disziplin zu bestimmen.

Eine solche Rekonstruktion der Theorie- und Experimentierentwicklung als Entstehung und Entwicklung unterschiedlicher Denkstile kann Aufschluß darüber geben, ob und welche abweichenden Vorstellungen zu der Zeit mit dem Begriff Elektrizität verbunden waren und welche in Folge der Durchsetzung der physikalischen Disziplin untergegangen sind. Nur so können wir die Möglichkeiten und Grenzen naturwissenschaftlichen Erkennens erfahren. Desweiteren ist es möglich, jene Triebkräfte zu bestimmen, die zur Durchsetzung dieser physikalischen Denkformen und Experimentierweisen geführt haben. Gemäß der oben formulierten Kritik an der Abfassung einer Fortschrittsgeschichte unterscheidet sich diese Art der Rekonstruktion nun dadurch, daß die Herausbildung der uns bekannten physikalischen Disziplin Elektrizität nicht ohne die damit unmittelbar verbundenen Ausgrenzungen abweichender theoretischer Annahmen dargestellt wird. In diesem Sinne zeigt diese Rekonstruktion sowohl die Geschichte der Sieger als auch die der Verlierer. Diese Dialektik verweist auf den Tatbestand, daß die Anwendung der Kategorien von falsch und wahr für die historische Rekonstruktion unangemessen ist. Ein heute als historischer Irrtum gewertete Aussage kann morgen zur genialen Entdeckung avancieren, je nachdem, wie sich der geistige Hintergrund bis dahin verändert hat.

Auf dem Hintergrund dieser Überlegungen strukturiert sich die historische Rekonstruktion der Elektrizitätsforschung im 18. Jahrhundert wie folgt:

a) Die Entstehung einer wissenschaftlichen Disziplin soll als von Menschen gemacht dargestellt werden. Damit gerät der Erkenntnisprozeß historischer Subjekte in den Mittelpunkt der Betrachtung. Mit Hilfe der vergleichenden Erkenntnistheorie gelingt es, diese individuell bzw. kollektiv entstandenen Ansichten zur Elektrizität als historisch und sozial vermittelte Prozesse zu beschreiben.

b) Für die jeweiligen Zeitabschnitte des 18. Jahrhunderts werden deren spezifische Bedeutungsfelder von Elektrizität anhand ausgewählter Theorien dargestellt. Sowohl in der ersten als auch der zweiten Jahrhunderthälfte stehen sich konkurrierende Theorien gegenüber, deren thematische Streitpunkte in dieser Fallstudie als Leitmotiv für die Rekonstruktion genommen wurden. Diese die Entwicklung des ganzen Jahrhunderts stark beeinflussenden Urideen sind:
- Die Wechselwirkungskonzepte der Nah- und der Fernwirkung, d.h. Äther- versus mechanistische Fluidakonzepte.
- Die Vorstellung von Anziehung und Abstoßung als polares Gegensatzpaar, welche hier die Bestimmung der angemessenen Anzahl elektrischen Fluida auslöste.
- Die Uridee von Feuer und Leben, die zur Idee der Identität von Elektrizität und Lebendigkeit führte.

Sie bestimmten nicht nur die Bildung unterschiedlicher Schulen, sondern auch die Forschungsfragestellungen. Der Verlauf dieses Theorienstreits soll nachgezeichnet werden.

c) Die Theorien selbst werden in ihrer ursprünglichen Form dargestellt, d.h. ihre Begrifflichkeit und deren Bedeutungen sollen sich aus dem ursprünglichen Kontext ergeben. Dadurch werden denkstilspezifische Bedeutungsgehalte offengelegt, die dem heutigen Denken über Elektrizität sehr fremd erscheinen mögen, in diesem Kontext jedoch eine stilvolle logische Einheit bilden. Die Rekonstruktion zeigt nun, wie im Zuge der Herausbildung der physikalischen Disziplin mit diesen Vorstellungswelten gebrochen wurde zugunsten formalisierbarer Aussagen. Aus dieser historischen Perspektive ist es möglich, den Verlauf und die Veränderungen der Brüche im Denken dieser Menschen nachzuvollziehen.

d) Ebenso zeigt die Rekonstruktion ein für die Zeit charakteristisches Bild experimenteller Forschungspraxis. Diese Darstellung läßt nicht nur die Entwicklung spezieller Geräte zur Produktion und Messung elektrischer Phänomene nachvollziehen, sondern gleichzeitig die Bedeutung der sinnlichen Wahrnehmung elektrischer Phänomene sowie den Prozeß der Ausgrenzung solcher Erfahrungsweisen mit Elektrizität erkennen.

Von übergeordneter Bedeutung ist die Offenlegung unterschiedlicher qualitativer Stufen von Naturbeherrschung in dieser Entwicklungsphase. Mit Hilfe der vergleichenden Erkenntnistheorie gelingt es, unterschiedliche Ziele und Methoden der Forschung als Stilmerkmale zu erfassen. Damit besteht die Möglichkeit, das den jeweiligen Theorien und Experimenten zugrundeliegende Mensch-Natur-Verhältnis zu erkennen.

Die Rekonstruktion zeigt, daß die Erforschung der Elektrizität auch in diesem Punkt durch entscheidende Umbrüche gekennzeichnet ist. Wie bereits S. Schaffer nachwies, gilt die allgemeine wissenschaftliche Entwicklung des 18. Jahrhunderts als eine Phase des Umbruchs. Es entsteht eine physikalische Wissenschaft auf Kosten der "Natural Philosophy". G. Böhme und van denDaele verwiesen darauf, daß diese Entwicklung mit der Begründung der wissenschaftlichen Gesellschaften im 17. Jahrhundert begann: Für England und Frankreich begann der Siegeszug der experimentellen Philosophie und mit ihr eine Etablierung der experimentellen Methode, sowie die dogmatische Verkündung der reproduzierbaren Tatsache als Metaphysik und der Möglichkeit der Ausgrenzung sozialer, philosphischer wie religiöser Motive aus der Forschung.

Diese Entwicklung spiegelt sich auch in der Elektrizitätsforschung des 18. Jahrhunderts wieder. Die Erforschung elektrischer Phänomene erforderte erstmals in der Entwicklung der Naturwissenschaften Experimentiergeräte, die zunächst solche Phänomene produzieren mußten. Im Gefolge dieser Bemühungen stießen die sogenannten Elektrisierer auf Phänomene, die nicht vorhersagbar gewesen waren. Die mit diesem Verfahren sich eröffnenden Möglichkeiten lösten Grundsatzdiskussionen über die Bedeutung des Experiments aus, zumal in Deutschland das Experiment lediglich als Möglichkeit der Demonstration von Lehrmeinungen begriffen wurde. Die Einschätzungen reichten daher von dem Experiment als bloßem Spielwerk, wie es der deutsche Aufklärer Mylius in einem Gedicht beschrieb, bis hin zum Plädoyer J. Priestleys für die Etablierung einer Experimentalphysik, die zwar teuer sei, aber große Erfolge zu versprechen schien /56/.

In dieser allgemeinen Umbruchphase gewannen die von den Experimentellen Philosophen formulierten Prinzipien der Forschung entscheidend an Bedeutung: Die reproduzierbare Tatsache sollte metaphysische Spekulationen der Elektrizitätsforscher ersetzen. Dies erforderte die absolute Trennung des Erkenntnissubjekts von dem Untersuchungsgegenstand, was sich im Falle der Elektrizität als äußert schwierig erwies, da es kaum andere Möglichkeiten des Nachweises dieser Kraft gab als die der sinnlichen Erfahrung. Als drittes ist ein verstärktes Bemühen der quantitativen Bestimmung elektrischer Phänomene zu beobachten, sowie die Betonung der Nützlichkeit dieser Forschung.

Die hier vorliegende Rekonstruktion versucht nun, zwei zentrale Entwicklungslinien aufzuzeigen, die die allmählichen Veränderungen im Denken und im Umgang mit der Naturkraft Elektrizität erkennen lassen. Der Nachvollzug der diese Entwicklung charakterisierenden Brüche zeigt zum einen, welche Voraussetzungen geschaffen werden mußten, um den Weg zur Elektrostatik und den Weg zum elektrischen Strom zu ermöglichen, zum anderen zeigt diese Darstellung auch, um welchen Preis dies geschah.

Es lassen sich zwei Entwicklungslinien unterscheiden: "Die quantitativ-technische Beherrschung der Natur - der Weg zur Elektrostatik" wird im Kapitel 3.2. beschrieben:

Die Geschichte der Elektrizität ist von Beginn an durch dynamische Vorgänge gekennzeichnet gewesen. Die Rekonstruktion zeigt nun, daß sich diese ursprünglichen Phänomene dem Zugriff der sich etablierenden physikalischen Disziplin entzogen. Oftmals wurden sie sogar ausgegrenzt, um fest-stellbare Ergebnisse zu bekommen. Am Endpunkt dieser Entwicklungslinie steht die Elektrizitätslehre der französischen Schule, die Elektrostatik. Dies gelang jedoch nur durch die Unterordnung der Elektrizität unter die Mechanik Newtons. Daß es sich dabei in der Tat um einen Sieg über die "Natural Philosophy" gehandelt hat, dokumentiert Charles Coulomb mit seiner Arbeit zum elektrischen Kraftgesetz, der "principia electricitatis", wie J. Heilbron diese genannt hat, indem er auf die Erwähnung etwaiger Vorgänger in der Erforschung der Elektrizität verzichtet. Gillmor führt hierzu aus, daß Coulomb mit seiner Arbeit den Beginn der Elektrizitätsforschung kennzeichnen wollte (Gillmor 1971, S. 175). Dieser rekonstruierte Entwicklungsstrang zeigt, welche historischen Voraussetzungen und spezifischen Erkenntnishaltungen notwendig waren, um aus diesen ursprünglichen Erfahrungen mit Elektrizität eine Wissenschaft im Sinne unserer heutigen Physik zu machen.

Es zeigt aber auch, daß diese Form der Naturbeherrschung mit für die Zeit charakteristischen Vorstellungen und Umgangsweisen brach:
a) Die sinnliche Wahrnehmung von Naturphänomenen galt in zunehmendem Maße als unwissenschaftlich.
b) Metaphysische Leitbilder aus der Philosophie und der Religion sollten fortan aus der Forschung ferngehalten werden.
c) Nicht die Suche nach dem Wesen, sondern allein die nutzbringende Anwendung der Elektrizität stand im Interesse dieser Forscher.

Diese Fragen berühren die zweite Entwicklungslinie, die ich mit "Die Beherrschung der eigenen Natur des Menschen- der Weg zum elektrischen Strom" (vgl. Kapitel 3.3.) überschrieben habe:

Mit dieser Formulierung soll das Augenmerk auf die eigene Natur des Menschen mit "seinen leiblich-sinnlich sich realisierenden Bedürfnissen und Vermögen" (Lippe 1974, Bd.1, S. 23) gerichtet sein. Die Folgen der Beherrschung dieser eigenen Natur lassen sich ebenfalls anhand der Elektrizitätsforschung rekonstruieren. Es zeigt sich, daß mit der Durchsetzung physikalischen Denkens mögliche Formen eines Allianzverhältnisses /57/ zur Natur verhindert wurden. Konnte um die Mitte des Jahrhunderts noch von der Elektrizitätsforschung als ein Versuch der Natur- und Selbsterfahrung gesprochen werden, waren infolge der Verwissenschaftlichung dieser menschlichen Erfahrungen mit Elektrizität die dem unmittelbaren Erleben und die der Tradition der Magie und Alchemie entspringenden Vorstellungen zur Elektrizität zum Scheitern verurteilt. Elektrizität als "Lebendigkeit", "archeus", "spiritus animalis", "Balsam der Natur" etc. zu bezeichnen, stieß von dieser Zeit an auf heftigen Widerstand. Ebenso waren die Elektrizitätsforscher zunehmend bemüht, auf sinnliche Wahrnehmung elektrischer Kräfte zugunsten technischer Meßverfahren zu verzichten.

Die Bemühungen eines P. Divisch oder Franz A. Mesmer stehen für eine Form der Naturbeherrschung, die eine Achtung der Naturkräfte demonstriert, wie sie die heutige Physik nicht mehr kennt: Divisch lehnte eine quantitative Beschreibung elektrischer Phänomene ab, ebenso die unbegrenzte Verstärkung der elektrischen Kraft. Sein Mitarbeiter Frikker sprach von einer Selbstbewegung in der Natur, die wir nicht künstlich nachmachen können. Mesmer praktizierte den Umgang mit einer Naturkraft - anfangs Elektrizität, dann "thierischer Magnetismus" genannt - ohne technisches Gerät zu verwenden. Beide Ansätze konnten sich nicht durchsetzen, weil sie gegen herrschende Vorstellungen der Zeit verstießen.

Dennoch bildeten diese Erfahrungen der Zeit den geistigen Hintergrund, aus dem Innovationen für die weitere Entwicklung der physikalischen Disziplin abzuleiten sind.

a) Die Idee von der Elektrizität als Lebendigkeit prägte die Forschungsrichtung entscheidend. Mit den Torpedofischen glaubten die Forscher, ein Untersuchungsobjekt gefunden zu haben, welches weiteren Aufschluß über die Natur des Lebendigen gibt.
b) Damit begann jene Phase der Erforschung des Lebendigen, die die Tötung von Leben zur Voraussetzung hatte. Dies ist die Geburtsstunde des Galvanismus.
c) Der Physiker A. Volta entwickelte aus der Idee der Selbstbewegung in der Natur, die Galvani als "thierische Elektrizität" bezeichnete, das Konzept der "elektromotorischen Kraft", der "Antriebskraft der Elektrizität". Gleichzeitig war damit ein Gerät geschaffen, das "elektromotorische Instrument", welches er das erste "künstliche, elektrische Organ" nannte und das erstmals bei geringen Spannungen konstanten Strom erzeugte.

Somit waren zwar die grundlegenden experimentellen Befunde geschaffen, die in der weiteren Entwicklung die Basis der elektrischen Theorien bilden - doch die Frage nach dem Wesen der Elektrizität wurde nicht gelöst.

Diese Rekonstruktion der Verwissenschaftlichung menschlicher Erfahrungen mit Elektrizität im 18. Jahrhundert zeigt, daß die Herausbildung der physikalischen Disziplin zugleich eine Ausgrenzung wesentlicher Ansichten und Umgangsweisen mit Elektrizität bedeutete. Ihre Rekonstruktion liefert die Geschichte verdrängter Erfahrungen mit der eigenen Natur des Menschen. Die historischen Quellen zeigen, daß von den sich zeigenden Möglichkeiten ihrer Beherrschung nur jene sich durchsetzen konnten, die die eine Mechanisierung der Lebensvorgänge anstrebten. Die Feststellung, daß die mit der Elektrizität urprünglich verbundenen vorwissenschaftlichen Vorstellungen bis heute nicht aufgegeben sind, veranlaßt mich dazu, diese Abkehr von der eigenen Natur des Menschen als Verdrängung zu bezeichnen. In den Schülervorstellungen oder auch der Umgangssprache finden sich Reste dieses historischen Naturwissens, die trotz quantitativer und damit scheinbar objektiver Beschreibungen elektrischer Kräfte kaum aufgegeben werden. Inwieweit heutige Handlungen - von Physikern oder Nichtphysikern - durch solche Erfahrungen bestimmt sind, bedürfte weiterer Untersuchungen.

3. Das fünfte Element - eine historische Fallstudie zur Elektrizitätsforschung des 18. Jahrhunderts /1/

3.1. Die "Vis electrica", das Anathema der mechanischen Philosophie

3.1.1. Okkulte Kräfte im Lichte der experimentellen Philosophie

Bereits im Altertum war bekannt, daß Magnet- und Bernsteine besondere Wirkungen ausübten. Der Bernstein zog nach kräftigem Reiben leichte Stoffpartikel jeglicher Art an sich. Mit dem Magneten ließen sich dagegen nur Metalle anziehen, wobei sich die Kraft ohne Reibung zeigt. Diese Eigenschaft der Körper wurde entweder auf eine den Dingen anerschaffene Sympathie (Zuneigung) zurückgeführt oder auf die mechanische Stoßwirkung einer 'feinstofflichen' Materie.

Mit Ausnahme vereinzelter Anmerkungen finden wir bis zu Beginn des 16. Jahrhunderts keinerlei Hinweise auf eine gezielte Erforschung der Kräfte dieser Steine. Im Jahre 1550 beschrieb der italienische Mathematiker Girolamo Cardano (1501 - 1576) erstmals die unterschiedlichen Merkmale dieser Kräfte: Die Wirkung des Magneten drang unter anderem durch eine Holzplatte hindurch, die Bernsteinkraft wurde durch solche Materialien aufgehoben. Zudem besaß der Magnet 'Kraftzentren', sogenannte 'Pole', d.h. Punkte, von denen die Kraft ausgeht.

Im Jahre 1600 legte der englische Leibarzt Elisabeths I., William Gilbert (1544 - 1603), den Grundstein für eine weitere Erforschung. Er behandelte in seinem Werk "De Magnete, Magnetisque Corporibus, et de magno magnete tellure, physiologia nova" (Neue Naturlehre vom Magneten, von magnetischen Körpern und von dem großen Magneten Erde; Gilbert 1600) auch die Kraft des Bernsteins und nannte sie die "vis electrica" (die Kraft des Bernsteins). Diesen Ausdruck verwendete er auch für die von ihm an geriebenen Bergkristallen, Glas und Schwefel beobachteten Anziehungskräfte.

Neben diesem Begriff "vis electrica" bürgerte sich der eng-lische Ausdruck "electricity" ein, obwohl sein Bedeutungs-gehalt erst im 18. und 19. Jahrhunderts festgelegt wurde. Im 17. Jahrhundert konnte man weder auf eine einheitliche Sprachregelung zurückgreifen, noch läßt sich überhaupt ein Phänomenbereich 'Elektrizität' mit eigenständigen Theoriekonzepten feststellen. Trotz erster Unterscheidungsversuche zwischen magnetischen und elektrischen Kräften standen die damaligen Untersuchungen noch ganz im Zeichen übergeordneter Fragestellungen: Wie die Arbeit Gilberts war auch die Forschung des in Rom lebenden Jesuitenpaters und Mathematikprofessors Athanasius Kircher (1601-1680) von dem Gedanken der Beseeltheit der Welt, d.h. von der möglichen Existenz 'sympathischer' Wirkungen getragen. Diese Vorstellung geht auf antike Lehren über den inneren Zusammenhang des Universums zurück, nach denen eine geheime Grundkraft in der Natur existiert /2/. Der griechische Philosoph Platon nannte sie die "Kunst Gottes", die Römer "okkulte Qualität".

Während Gilbert diese Idee einer immateriellen Kraft am Magnetstein diskutierte, die elektrische Kraft dagegen als Folge eines materiellen Ausflusses betrachtete, lag Kircher weniger an einer solchen Trennung. Er sah in beiden Kräften den Beweis für die den Kosmos durchdringende Grundkraft /3/. Seine spekulativen Betrachtungen blieben nicht ohne den Versuch einer empririschen Absicherung. Den Nachweis der Existenz einer selbst aus großer Entfernung wirkenden Kraft glaubte Kircher mit seinem Sonnenhoroskop erbringen zu können /4/. Während ihrer Blütezeit folgt die Sonnenblume dem täglichen Lauf der Sonne, so daß man an ihr sehr exakt die Uhrzeit ablesen kann. Diese Reaktion der Pflanze auf den Lauf der Sonne war für Kircher der Beweis für eine sympathische Kraftwirkung in die Ferne. Mit dieser Vorstellung waren Kraftübertragungen ohne ein vermittelndes Medium denkbar, d.h. daß die Kraftwirkung etwa von der Sonne nicht mechanisch durch Druck oder Stoß eines materiellen Trägers, sondern instantan (unverzüglich) ohne Zwischenmedium zur Sonnenblume übertragen wird. Diese Vorstellung bezeichnen wir im folgenden als ein Fernwirkungskonzept. Wie diese Studie zeigt, wurde um die Angemessenheit dieser Vorstellung im 17. und 18. Jahrhundert heftig gestritten.

Bereits im Jahre 1644 veröffentlichte in Frankreich René Descartes (1596 - 1650) die "Principia Philosophiae" (1644). Hier wurde die Welt aus zusammenhängenden Korpuskeln bestehend vorgestellt, und alle Phänomene ließen sich auf die Bewegungen dieser Teilchen zurückführen. Mit diesem Modell wollte Descartes die Erscheinungen der Natur als Folge von Druck- und Stoßwirkungen erklären und lieferte damit ein mechanisches Modell, welches wir im Gegensatz zum Fernwirkungskonzept als Nahwirkungskonzept bezeichnen. Die anziehenden und abstoßenden Kraftwirkungen des Magneten betrachtete Descartes daher auch nicht als sympathische und antipathische Wirkungen in die Ferne, sondern als Folge eines auf der einen Seite des Magneten ausströmenden und auf seiner anderen Seite wieder eintretenden Materieflusses /5/. Er unterschied zwei Arten von gerieften Korpuskeln: entsprechend einem Links- und einem Rechtsgewinde einer Schraube. Am Südpol eines Magneten treten geriefte Korpuskeln mit Rechtsgewinde aus, und es treten Korpuskeln mit Linksgewinde ein. Am Nordpol gilt Entgegengesetztes. Der Magnet bildet gewissermaßen das Gehäuse mit entsprechenden Muttern. Stehen sich nun zwei Südpole gegenüber, so können die austretenden Rechtsgewinde nicht in die gegenüberliegenden Mutterwindungen eintreten, sie stoßen sich daher ab. Stehen sich Nord- und Südpol gegenüber, so können die austretenden rechtsgewindigen Korpuskeln des Südpols in die gegenüberliegenden Öffnungen des Nordpols eindringen. Obwohl diese Hypothese eines materiellen Mediums, auch Äther genannt, ebensowenig empirisch abgesichert war wie die immaterielle Fernwirkungskraft, schlossen sich bis weit ins 18. Jahrhundert hinein viele Naturforscher dieser Denkrichtung an.

Dieser auch als mechanische Korpuskularphilosophie bekannte Denkstil feierte seinen Triumph in der zweiten Hälfte des 17. Jahrhunderts. Die mit diesem Konzept gebotene Möglichkeit, alle Vorgänge in der Natur auf mechanische Prinzipien zurückzuführen, faszinierte besonders diejenigen 'Naturphilosophen', die an einer Abkehr von Magie und Alchemie interessiert waren. Die Verbreitung dieses Forschungsinteresses geschah u.a. durch die offizielle Einrichtung wissenschaftlicher Akademien wie der Royal Society in London (1662) und der Académie Royale des Sciences in Paris (1666). Mit der offiziellen Institutionalisierung von Wissenschaft brachen ihre Initiatoren mit der spekulativen Philosophie und propagierten einen neuen Forschungstypus, die "experimentelle Philosophie". Ihre Vorstellungen von Forschungspraxis gingen zurück auf Francis Bacon (1561-1626) und Galileo Galilei (1564-1642). Für sie wurden neue Erkenntnisse und technisch brauchbares Wissen nicht durch Spekulation, sondern durch Experimente gewonnen. Genaues Beobachten und exakte Messungen belegen aber nicht nur Hypothesen, es lassen sich auch Kanonen und Brücken damit bauen. Bauelement dieser neuen Welt war nicht wie zuvor die beseelte Welt, sondern die tote Materie. Gernot Böhme und Wolfgang van den

Daele beschreiben diese Phase der Wissenschaftsentwicklung sinngemäß wie folgt: Mit der Institutionalisierung erhoben die Mitglieder dieser neuen wissenschaftlichen Gesellschaften die wertfreie Forschung zum obersten Postulat. Jegliche sozialen, religiösen sowie politischen Motive sollten ausgegrenzt werden. Mit dem Bekenntnis zur Erfahrung als Basis der Naturerkenntnis entwickelte sich die reproduzierbare Tatsache als Ideal der Forschung. Beobachtung, Experiment und Messung waren die Mittel der experimentellen Philosophie. Die Effektivität des kontrollierten und konstruktiven Umgangs mit Natur garantierte Objektivität. Ergebnis dieses experimentellen Umgangs war es, daß der Gegenstand der Erfahrung durch das Verfahren der Erfahrung hergestellt wurde. Das Ideal der kontrollierten Erfahrung bildete somit das Paradigma der Naturforscher. Doch als Norm wissenschaftlicher Praxis war es noch nicht vollständig akzeptiert /6/. Damit begann offiziell die neuzeitliche empirische Wissenschaft, für die die Elektrizitätsforschung zur ersten großen Bewährungsprobe wurde, denn die mit ihnen verbundenen Fragen nach dem Wesen verborgener Kräfte in der Natur und ihrem Wirkungsmechanismus waren damit keineswegs vergessen.

Im Jahre 1672 veröffentlichte der Marburger Bürgermeister und studierte Festungs- und Wasserbaukünstler Otto von Guericke (1602-1686) seine "Experimenta nova Magdeburgica de vacuo spatio" (Neue Magdeburgische Experimente über den stoffleeren Raum, 1672). Mit ihnen versuchte dieser, auf alte philosophische Fragen experimentelle Antworten zu geben. Mußte der Raum zwischen den Planeten mit einer feinen Flüssigkeit (Medium) gefüllt sein, oder konnte es doch einen völlig stoffleeren Raum geben? Auf beide Fragen lieferte er überraschende Antworten: So gelang es ihm einerseits, das den Menschen bisher unvorstellbare Vakuum mit Hilfe des als Magdeburger Halbkugel bekannten Experimentiergerätes indirekt nachzuweisen, andererseits wies er an seinem Weltmodell /7/ die Existenz verschiedener Weltkräfte nach. So demonstrierte er an einer Schwefelkugel (ca. 25cm Durchmesser) - wie er meinte - die anziehende Kraft der Erde. Neben der Anziehung beobachtete er aber auch eine Abstoßungskraft; beide Kräfte ließen sich an Leinenfäden fortleiten. Bei Dunkelheit konnte er während des Reibens der Kugel mit der trockenen Hand ein schwaches Leuchten erkennen. Das kaum hörbare Knistern beim Annähern der Hand deutete er als die tönende Kraft.

Auch wenn wir heute wissen, daß die beobachteten Phänomene elektrischer Natur sind, so stand die damalige Deutung dieser Phänomene ganz im Zeichen dieser vorab erwähnten Spekulationen über Weltkräfte. Sogar Isaac Newton (1642 - 1727), der spätere Präsident der Royal Society, lieferte dazu einen bedeutenden und folgenreichen Beitrag. Newton wurde mit 26 Jahren auf den Lehrstuhl für Mathematik an die Universität Cambridge berufen. In besonders engem Kontakt stand er damals mit dem Philosophen Henry More (1614 - 1687), der die dortige Platonische Schule vertrat und seine Forschungen aus tief religiösen Motiven betrieb. In ihm fand er einen der wenigen verständnisvollen Gesprächspartner für seine eigenen alchemistischen Studien. Die Ausübung dieser okkulten Wissenschaft war zu der Zeit nur im Schatten der offiziellen Forschung als private Betätigung möglich. Ab den siebziger Jahren nahm Newton selbst Abstand von dieser Wissenschaft /8/.

In Abgrenzung zur mechanischen Nahwirkungstheorie Descartes aber hatte Newton 1687 seine "Philosophiae Naturalis Principia Mathematica" (Mathematische Prinzipien der Naturphilosophie, 1687) veröffentlicht. In dieser Arbeit interpretierte er die Anziehungskraft der Planeten als Gravitation, eine zwischen allen Körpern wirkende Universalkraft. Diese Behauptung sicherte er allerdings mit einer exakten mathematischen Beschreibung ab, wobei er seinen Berechnungen zugrundelegte, daß die Gravitationskraft umgekehrt proportional zum Quadrat des Abstandes der Körper abnimmt. Er lieferte damit das mathematische Rüstzeug zur exakten Vorhersage der Planetenbewegungen. Daß sein Modell aber auf einer immateriellen Fernwirkung aufgebaut war, beunruhigte weniger ihn als sein wissenschaftliches Umfeld /9/.

Gegen Ende des 17. Jahrhunderts standen sich zwei naturphilosophische Schulen gegenüber, deren Streit um die Angemessenheit ihres Weltbildes bis weit ins 18. Jahrhundert hineinreichte und die Elektrizitätsforschung stark beeinflussen sollte. Aus Frankreich und Deutschland wurden schwere Vorwürfe gegen das Fernwirkungskonzept vorgebracht. Gottfried Wilhelm Leibniz (1646 - 1716) faßte die Kritik zusammen:

"Anderen gefällt es, zu den okkulten Qualitäten und scholastischen Fakultäten zurückzukehren. Aber weil diese durch barbarische Philosophen und Ärzte in Misskredit geraten sind ändern sie den Namen und reden von Kräften. Aber es gibt in Wahrheit nur eine einzige Art körperlicher Kräfte, nämlich die, welche durch Stösse zustande kommen. Sie aber erfinden besondere Kräfte und ändern sie nach Bedarf. Demgemäss reden sie von anziehenden und abstossenden, richtenden, ausdehnenden und zusammenziehenden Kräften. Das konnte man einem Gilbert, einem Cabeus, oder in unserer Zeit, einem Honoratus Fabrius verzeihen, da damals die klare Art zu philosophieren noch nicht bekannt oder noch nicht genügend geschätzt war. Aber kann heute ein Verständiger solche chimärischen Qualitäten dulden, die zum Ausverkauf aller Naturprinzipien führen? Es ist erlaubt, magnetische, elastische u.a. Kräfte zuzugestehen, aber nur unter der Bedingung, dass sie nicht als ursprünglich und schlechthin gegeben betrachtet werden, sondern dass sie aus Bewegung und Gestalt entspringen. Aber das wollen die Patrone solcher Neuerungen nicht. Es wurde in unserer Zeit bemerkt, dass die schon früher ausgesprochene Vermutung richtig ist, nach welcher die Planeten gegeneinander gravitieren und gegeneinander streben. Sogleich erdichtet man nun, die Materie besitze eine wesentliche, von Gott angeordnete Anziehungskraft, eine stille Liebe, die gleichsam als Wahrnehmungsvermögen oder Intelligenz dient, und die jedem ihrer Teile zukommt. Kraft dessen nehme sie auch das Entfernte wahr und könne es begehren. Da finden mechanische Überlegungen keinen Raum, die zeigen würden, wie das gegenseitige Zueinanderstreben grober Körper durch die Bewegung eines sie durchdringenden feinen Körpers erklärt werden kann. Und diese Leute verheissen uns noch andere solche okkulte Qualitäten, was uns schließlich ganz ins Reich der Dunkelheit führen wird ..." (Leibniz, in: Fierz 1977, S. 136).

Diesen okkulten Kräften galt der Kampf vieler der von den Ideen der Aufklärung geleiteten 'Naturphilosophen' des 18. Jahrhunderts. Ausgehend von England über Frankreich und Deutschland glaubten sie mit "den Waffen der Vernunft, gestützt auf Erfahrung, die Welt von den unbegriffenen Mächten zu befreien" (Encyclopédie 1751, Einleitung). In diesem Programm der Befreiung der Welt vom Irrationalen diente die mechanische Äthermaschine Descartes noch lange als Erklärungsmodell, obwohl bereits die sich verstärkende Erforschung der "vis electrica" Anlaß zum Umdenken bot. In England versuchten die Anhänger Newtons, seine mathematischen Beschreibungen der Planetenbewegung zum Paradigma für alle weiteren Forschungen zu erheben. Im Ausland gelang dies erst in der zweiten Hälfte des 18. Jahrhunderts. Die "Principia" wurden zum mustergültigen Vorbild für jene naturphilosophische Denkrichtung, die ich als mechanistische Philosophie bezeichnen werde; sie gelten noch heute in der Physik als Standardwerk der klassischen Mechanik.

Sein ursprüngliches Interesse an okkulten Kräften hatte Newton zugunsten seiner beruflichen und damit gesellschaftlichen Anerkennung geleugnet; auch seine Schüler waren bemüht, die letzten Spuren seiner anfänglichen animistischen Neigungen aus den Übersetzungen seiner Werke zu eliminieren /10/.

Das Interesse der experimentellen Philosophie an der "vis electrica" und der "vis magnetica" war daher um die Jahrhundertwende schon nicht mehr groß. Mit der seit Mitte des 16. Jahrhunderts vorläufig abgeschlossenen Diskussion um die Funktion der Kompaßnadel schienen die Anwendungsmöglichkeiten magnetischer Kräfte erschöpft, eine weitere Beschäftigung nicht mehr lohnenswert. Die Erforschung der "vis electrica" ließ ebensowenig einen nützlichen Forschungsbeitrag erhoffen. Im Gegenteil, bereits die Anerkennung sowie Spekulationen über die Wirkungsweise dieser Kräfte konnten der neuen Wissenschaft nur schaden. Mit Ausnahme einiger weniger englischer Forscher bezeichnete der Großteil der Naturforscher die Kraftwirkung des Bernsteins als nebensächlich /11/.

Die Fortführung der Studien zur Elektrizität im beginnenden 18. Jahrhundert war dann vor allem durch die Arbeiten des Instrumentenmachers und wissenschaftlichen Assistenten der Royal Society, Francis Hauksbee (1666 - 1713), bestimmt. Er konstruierte unter anderem eine Maschine, die das Reiben von Bernstein im Vakuum ermöglichte /12/. Bei Dunkelheit beobachtete er ein bläuliches Leuchten im Innern des gläsernen Vakuumgefäßes. Angeregt durch Hauksbees Experimente besann sich Newton 1707 auf eigene, frühere Überlegungen zum Äther (um 1670) und sprach seitdem vom "electric spirit" als möglicher Ursache für die Gravitation /13/.

Das Phänomen der elektrischen Anziehung war demnach hochgradig mit Vorurteilen besetzt und der Wissenschaftshistoriker Gad Freudenthal verweist darauf, daß die Gelehrten des beginnenden 18. Jahrhunderts vorsichtig genug waren, so gut wie keine Spekulationen über den Wirkungsmechanismus der elektrischen Anziehung abzugeben, weil sie an alchemistische Deutungen erinnerten: Um zu erklären, wie eine elektrische Ausströmung aus einem geriebenen Körper eine Bewegung auf diesen hin erzeugen konnte, standen Gilbert und anderen Forschern des 17. Jahrhunderts nur das anschauliche, alchemistische Konzept der "fetten Effluvia" zur Verfügung. "So stellte sich Gilbert die elektrischen Effluvien wie 'Arme' vor, die leichte Körper 'an sich ziehen'. Nach meinem Dafürhalten hat er sich diese 'Arme' zunächst als fette Fäden gedacht, die elastisch und damit der Ausdehnung und der Kontraktion fähig waren" (Freudenthal 1986, S. 323). Genau diese Annahme bildete das Kernproblem für die mechanische Korpuskularphilosophie, da sie nur feste Partikel denken konnte, die allenfalls Haken, Riefen (Descartes) oder andere Formen haben konnten.

Mit dem Versuch einer Erklärung elektrischer Kräfte, aber auch der Gravitationskraft begab man sich um die Jahrhundertwende in die Gefahr, eine unangenehme Diskussion über die Angemessenheit möglicher Wechselwirkungskonzepte heraufzubeschwören.

3.1.2. Ausströmungstheorien - charakteristische Denkmodelle der ersten Hälfte des 18. Jahrhunderts

3.1.2.1. Effluviakonzepte - Stephen Grays Bemühungen um die Elektrizität

Aus den vorangenannten Gründen verwundert es dann auch nicht, daß die Royal Society in England die Elektrizitätsforschung zunächst nur mit skeptischer Aufmerksamkeit verfolgt und vielmehr das persönliche Interesse von Einzelpersonen diese Forschung vorantreibt. Daß Vorsicht bei der Aufstellung von Hypothesen zum Wechselwirkungsmechanismus geboten war, bestätigen neuere historische Untersuchungen: So schrieb der Assistent des Trinity College Observatoriums in Cambridge, Stephen Gray, bereits 1708 einen unveröffentlichten Brief an den Sekretär der Royal Society Hans Sloane, in dem er sehr offen zum Ausdruck bringt, wie verwirrend die Wirkungsweise der elektrischen Anziehung sei /14/. Die in diesem Brief verwendete Begrifflichkeit eines ausströmenden Effluviums, das beim Austritt leichte Partikel an sich zieht, verweist auf jene von Freudenthal dargelegte alchemistische Tradition der fetten Effluvia. Gemäß dieser Vorstellung öffneten sich beim Reiben des Körpers die Poren der Oberfläche, und eine geheimnisvolle, feine fette Flüssigkeit trat aus. Dieses Effluvium, diese Emanation war der Träger der Kraft. Gelangte ein Probekörper in diese elektrischen Ausdünstungen, wurde dieser von dem fettigen Strom des Effluviums angezogen. Dies war eine mögliche Erklärung, sie sollte jedoch im Laufe der ersten Hälfte des 18. Jahrhunderts noch sehr verschiedene Variationen erfahren.

Welche Probleme Gray mit der Erklärung der elektrischen Anziehung hatte, soll folgendes Zitat erläutern:

"I have therefore thought of an other Hypothesis which at Present Seems to me somewhat more probable that as all bodies Emitt soe they Receive part of the Effluvia of all other bodies that Inviron them and that the attraction is made according to the current of these Effluvia but then how rubing the Glass though it may cause a more copius and swift Eruption of the Effluvia yet that it shold in like manner affect other distant bodies is hard to conceive I am therefor far from thinking what I here offer is an Intire solution of the Phenomena this I must leave to the consideration of the Learned" (Gray, in: Chipman 1954, S. 36).

Daß die gelehrte Welt in der Tat äußert vorsichtig war, sich offiziell auf eine Erklärung festzulegen, spiegelt die Karriere Grays sehr deutlich wider: Erst wenige Jahre vor seinem Tod (1736) wurde er als wissenschaftliches Mitglied der Royal Society anerkannt. In den dreißiger Jahren wurden seine Experimentalarbeiten zu den besten wissenschaftlichen Beiträgen der Elektrizitätsforschung ausgewählt. Wegen dieser wissenschaftlich-experimentellen Leistung ehrte ihn die Royal Society 1732 durch die Ernennung zu ihrem Mitglied. Damit aber hatte sich Gray nicht nur die öffentliche Anerkennung als Wissenschaftler erworben, der Erforschung der Elektrizität wurde von nun an eine verstärkte Aufmerksamkeit gewidmet. Die Auszeichnung erfolgte jedoch wegen der experimentellen Leistungen, die angemessene Theorie dazu mußte noch gefunden werden.

Auch wenn das unveröffentlichte Dokument Grays sehr deutlich belegt, daß er zwischen mehreren Hypothesen schwankte, zeigt seine erste Veröffentlichungen im Jahre 1731, daß dieser Denkstil des Ausströmens eines Effluviums, "current of these Effluvias", seine Interpretationen der elektrischen Phänomene entscheidend geprägt hat. In dem folgenden Beispiel werde ich zeigen, welche charakteristische Vorstellung mit seinem Strombegriff verbunden ist und welche klassifikatorischen

Begriffe zur Beschreibung von Leitern und Nichtleitern er daraus ableitete: Wird eine Glasröhre mit einem Tuch gerieben, so werden leichte Partikel angezogen. Wird diese Röhre an den Enden mit einem Korkstopfen versehen, so wirkt an diesem ebenfalls eine anziehende Kraft. Diese Erkenntnis veranlaßte ihn, die Glasröhre mit anderen Materialien zu verbinden, wie z. B. Holz oder ebenso Hanfschnüre. Letztere verband er unter anderem mit der einen Seite der Röhre und legte diese Schnur über eiserne Haken, die an der Decke befestigt waren. Die am anderen Ende der Schnur befestigte Elfenbeinkugel zeigte jedoch nach mehrmaligem Elektrisieren (Reiben) der Glasröhre keinerlei anziehende Wirkung. Dies konnte nur zweierlei Ursachen haben: Entweder war die Hanfschnur nicht in der Lage, die elektrische Anziehungskraft weiterzuleiten, oder die erzeugte Elektrizität war über die Haken in die Decke entwichen.

Von einem Freund, Granville Wheler (1702-1770), angeregt, ersetzte er die Eisenhaken durch Seidenschnüre, weil er der Meinung war, daß durch diese dünnen Fäden nicht soviel Elektrizität entweichen könne. Das Versuchsergebnis bestätigte seine Annahme: Leichte Teile wurden durch die am Ende der Schnur befindliche Elfenbeinkugel angezogen. Doch daß es, modern gesprochen, bei der Isolierung nicht auf die Dünne des Fadens, sondern auf die Art des Materials ankam, dies sollte Gray erst in einem anschließenden Versuch erfahren. Da er die Hanfschnur auf über 147 Fuß (40m) verlängerte, zerrissen einige der Seidenfäden, so daß er sich entschloß, diese durch sehr dünne Messingdrähte zu ersetzen. Das Ergebnis war verblüffend - eine anziehende Kraft zeigte sich diesmal nicht. Es gab offensichtlich Materialien (Haare, Harze, Glas, Seide etc), die als Befestigung der Schnur die Mitteilung der elektrischen Kraft unterstützen konnten, im Gegensatz zu Metallen, Hanf, Holz, Kork etc., die diese Kraft geradezu verschlangen.

In der Interpretation seiner Experimente prägte der alte Denkstil der Emanationstheorien seine Wahrnehmung. Entsprechend war sein Blick auf den den elektrisierten Körper umgebenden Raum, in dem die Phänomene zu beobachten waren, gerichtet. Mögliche Vorgänge in den Materialien blieben zunächst unberücksichtigt. Er versuchte vielmehr die Stoffe danach einzuteilen, ob sie diese elektrischen Ausdünstungen hervorbrachten oder nicht. Der "current of effluvia" war somit das Trägermedium, welches die Kraftwirkung erzeugte. Entgegen unserem heutigen Strombegriff verband er mit dem Ausdruck "current" ein in den Raum austretendes Fluidum. Dies ist ein für die erste Hälfte des 18. Jahrhunderts charakteristisches Denkstilelement. Gray erwartete nun, daß die "mitgetheilte" elektrische Anziehung im direkten Zusammenhang mit der Menge des austretenden Fluidums stehe, d.h. je mehr elektrische Materie aus dem Körper ausströmte, um so stärker war die elektrische Anziehung. Den Tatbestand, daß Glas und Bernstein einerseits die geeignesten Materialien waren, durch Reiben das elektrische Fluidum austreten zu lassen, anderseits die Fortleitung der elektrischen Kraft verhinderten, interpretierte er gemäß der Ausströmungsvorstellung wie folgt: Er unterschied die experimentell untersuchten Materialien wie Hanf und Metall in "Empfänger" der Elektrizität und Glas, Harz, Seide etc. in "Unterstützer" der Elektrizität. Den Begriff Empfänger wählte er, weil das Hanf bzw. die Metalle offenbar die Elektrizität sehr leicht aufnahmen, wie der Fortleitungsversuch gezeigt hatte. Dagegen gab es andere Stoffe, die Unterstützer, die durch geringes Reiben elektrische Ausdünstungen hervorbrachten. Die Lösung des Problems, daß Bernstein zwar das elektrische Fluidum leicht austreten ließ, aber dennoch nicht eine Fortleitung ermöglichte, lautete daher im Sinne der Ausströmungsvorstellung: Die Fortleitung elektrischer Kräfte wird von Glas, Harz oder Seide unterstützt, da diese sehr leicht das elektrische Fluidum austreten lassen. Die Fortleitung ist aber nur in bzw. an Materialien möglich, die der Klasse der Empfänger zuzuordnen sind (z.B. Metalle) und auf einem Unterstützer aufruhen.

Während wir heute mit der Unterscheidung der Materialien in Leiter und Nichtleiter sehr leicht eine Erklärung dafür geben können, so darf dabei nicht vergessen werden, daß die Begriffe Leiter und Nichtleiter nur mit dem unausgesprochenen Konzept eines in Leitern möglichen Elektronenstromes verbunden sind. Den Anhängern der Ausströmungsvorstellung stand dieses Erklärungsmodell noch nicht zur Verfügung. Gray bezeichnete die heutigen Leiter als Empfänger der elektrischen Kraft und die Nichtleiter oder Isolatoren als ihre Unterstützer.

Zusammenfassend kann festgehalten werden, daß sich die ersten Theoretisierungsversuche stark an die alchemistische Tradition anlehnten und daher mit Vorsicht diskutiert wurden. Vielmehr bemühte man sich im Sinne der experimentellen Philosophie auf die Darstellung reproduzierbarer Tatsachen. Trotz der von Seiten der experimentellen Philosophie zu beobachtenden Vorsicht gegenüber solch okkulten Auffassungen war die Idee der Emanationen zu der Zeit weit über Englands Grenzen hinaus ein beliebtes Erklärungsmodell.

3.1.2.2. Charles Dufays Bestimmungsversuche anziehender und abstoßender Kräfte

Als Grays Arbeiten in Frankreich bekannt wurden, war Charles Francois de Cisternay Dufay (1698 - 1739) 35 Jahre alt. Der Beginn seiner akademischen Karriere lag bereits zehn Jahre zurück. Nach einer abgebrochenen militärischen Laufbahn wechselte der Sohn einer alt eingesessenen Aristokratenfamilie zur Wissenschaft. Ihm gelang der Einstieg über die Beziehungen seines Vaters zu einflußreichen Mitgliedern der Académie Royale des Sciences in Paris. Am 14. Mai 1723 wurde er dort als Chemiker eingestellt. 1732 übernahm er die Leitung des königlich-botanischen Gartens.

In den Jahren 1733 bis 1737 erschienen Dufays acht Abhandlungen zur Elektrizität. Seiner Arbeit stellte er eine Beschreibung der wissenschaftlichen Vorgehensweise voran, in der er sich zwar auf die traditionellen Ansichten der Wissenschaft berief, aber bezüglich des Experimentierens zu bedenken gab, daß die Fragestellungen den experimentellen Aufbau und ebenso das Ergebnis bestimmen. Er war davon überzeugt,

"daß man dasjenige sonderbare und außerordenliche, so bey den Experimenten sich ereignet, nicht sogar genau anführen wird, zumal wenn es mit denen Grundsätzen, die man gerne setzen will, nicht übereinzustimmen scheint" (Dufay 1745, S. 267).

Dieser Kritik am wisssenschaftlichen Arbeiten folgend formulierte er zu Beginn seiner Abhandlungen sechs Fragen, die eine klare und präzise Erfassung des Untersuchungsgegenstandes zeigen:

"1. ob die Electricität eine allg. Eigenschaft sey, oder bey allen Materialien könne angebracht werden.
2. ob alle Materien geschickt sind, diese Kraft zu erlangen, entweder durch unmittelbare Berührung oder durch bloße Annäherung.
3. Was vor Cörper eigentlich die Fortpflanzung dieser Kraft verhindern oder befördern könne.

4. Was die zurücktreibende Kraft derer electr. Cörper mit der anziehenden Kraft gemeinsam habe, oder welche Verwandtschaft bestehe.
5. Was für Umstände eigentlich eine Veränderung der Electricität verursachen, und diesselbe entweder vermehren oder vermindern könne.
6. Was für eine Verwandtschaft zwischen der Electricität und der leuchtenden Kraft bestehe" (Dufay 1745, Einleitung).

Zur Erklärung der schon seit Guericke bekannten Phänomene der Anziehung und Abstoßung orientierte sich Dufay anfangs ebenfalls an Wirkungsmodellen, die er den Arbeiten älterer Naturforscher entnahm, um sie dann in seinem Sinn zu verändern. Nach seiner Meinung stieß die beim Reiben austretende 'Flüssigkeit' auf die den Glasstab umgebende Luft. Dadurch wurde diese beiseite gedrängt und leichte Partikel mitgerissen.

Trotz der in England bereits durchgeführten Experimente zur elektrischen Anziehung im Vakuum wurde diese Ausströmungstheorie weiterhin aufrechterhalten. Dufay entging einer Auseinandersetzung, indem er auf dem Ausströmen eines unwägbaren Fluidums insistierte, welches völlig unabhängig von der Luft eine Anziehung bzw. eine Abstoßung verursachte. Diese Nahwirkungstheorie benötigte allerdings als zusätzliche Annahme, daß das austretende Fluidum auf Kreisbahnen wieder in den Körper eintrat. Befand sich ein leichter Körper in dem Austrittsbereich des Fluidums, so wurde er abgestoßen, in der Umgebung der Eintrittsstelle wurde er dagegen angezogen /15/.

Dufays Forschungsprogramm begann mit der Fragestellung, ob alle Materialien in der Lage sind, elektrisch zu werden und ob sie dies durch unmittelbare Berührung oder durch bloße Annäherung werden. Um diese Fragen zu klären, mußte er zunächst einmal festlegen, unter welchen Bedingungen er einen Körper für elektrisch hielt und wann nicht. Hierzu versuchte er die elektrische Kraft, die er als Ursache der Anziehung und Abstoßung auffaßte, genauer zu fassen. Waren beim Ziehen eines Wagens die aufzubringenden Muskelkräfte noch unmittelbar physisch spürbar, so kam man der elektrischen Kraft nur wesentlich behutsamer auf die Spur: Näherte man sich mit dem Gesicht einer geriebenen Schwefelkugel (20 cm Durchmesser), so spürte man zwar eine 'feine Bewegung' des elektrischen Fluidums, doch diese 'Meßmethode' erschien Dufay ungeeignet. Die durch das ausströmende Fluidum vermittelte Kraft mußte sich auch anders erfassen lassen.

Das erste Nachweisgerät für Elektrizität (1735), welches bald auch in Frankreich bekannt wurde, stammte von dem Engländer John Canton (1712 - 1772). Canton sah in der Auslenkung einer an einem seidenen Faden aufgehängten Holundermarkkugel ein Maß für die Stärke der elektrischen Kraft. Die Empfindlichkeit dieses Gerätes hing von der Schwere des Kügelchens ab /16/.

Eigene Materialuntersuchungen führten Dufay zu der Erkenntnis, daß fast alle Körper elektrische Kräfte zeigten. Er unterschied dabei zwei Klassen: diejenigen, die durch Reibung ohne weitere Vorbereitungen elektrisch werden und diejenigen, die nur nach zusätzlicher Erwärmung eine elektrische Wirkung zeigen. Als problematisch erwiesen sich Flüssigkeiten, da sie nicht gerieben werden konnten, und Metalle, da sie beim Reiben keine Kraftwirkung in den Raum zeigten. Dufay versuchte das Verhalten dieser beiden Gruppen mit Hilfe seiner Ausströmungstheorie zu erklären. Ebenso wie Gray stellte er sich vor, daß sich beim Reiben eines Körpers die Poren der Oberfläche öffnen und eine feine Materie, das elektrische Fluidum, austritt. Brachte er einen geriebenen Glasstab in die Nähe einer Flüssigkeit, so nahm er an, daß das Fluidum in diese eingeströmt sei. Während wir heute dieses Phänomen mit dem abstrakten Begriff der Influenz (die Beeinflussung eines elektrisch ungeladenen Körpers durch die Annäherung eines geladenen) beschreiben, war Dufay (wie Gray) ganz im Sinne der Ausströmungstheorie von dem Einfluß, dem Einströmen einer feinen elektrischen Materie in die Flüssigkeiten überzeugt /17/. Erst im Zusammenhang mit den Untersuchungen Benjamin Franklins sollte dieses Einwirken der elektrischen Materie auf einen zweiten, unelektrischen Körper neu diskutiert werden, so daß jene Anschaulichkeit, die die Emanationstheorie noch zuließ, aufgehoben war. Diese Diskussion führte zu der uns heute geläufigen Verwendung des Influenzbegriffes.

Bezüglich der Metalle bedauerte Dufay, daß er für diese Materialien noch kein geeignetes Mittel gefunden habe, um sie elektrisch zu machen. Er rechtfertigte sich mit der Behauptung, daß die Metalle allzeit die elektrische Kraft aufhalten würden. Daß sie aber gerade sehr gute Leiter sind, konnte Dufay damals nicht erwarten. Ihm fehlte ein theoretisches Konzept, mit welchem er einen solchen Leitungsvorgang in der Materie hätte beschreiben können. Die Vorgänge in den Materialien blieben also unberücksichtigt. Vielmehr versuchte auch er die Stoffe danach einzuteilen, ob sie elektrische Ausströmungen hervorbrachten oder nicht. Ebenso wie bei Gray war auch Dufays Blick allein auf den Raum gerichtet, der den jeweiligen Körper umgab. Ihm war daher auch bekannt, daß aus Glas, Bernstein und Seide sehr leicht und in großen Mengen das elektrische Fluidum austrat. Die Metalle dagegen blieben beim Reiben nach außen hin völlig neutral; es zeigte sich keine Kraftwirkung. Dufays Schlußfolgerung lautete, daß es nicht der Mühe wert sei, sich noch länger mit diesem Problem zu beschäftigen, zumal man hoffen dürfte, daß sich der Nachweis von Elektrizität an Metallen eventuell von selbst ergeben würde (Dufay 1745, S. 55).

Erstmals 1735 nutzte er die Grayschen Ergebnisse für seine eigenen Untersuchungen, indem er kleine Goldblättchen an Seidenfäden aufhing, um deren Auslenkung als Nachweismethode der elektrischen Kraft zu benutzen. Dies bedeutete für ihn aber nicht, daß Metalle gute Leiter (im heutigen Sinn) sind. Sie mußten lediglich besonders behandelt werden, d.h. sie bedurften einer unterstützenden (isolierenden) Unterlage, um eine Kraftwirkung zu zeigen.

Seine experimentellen Erfahrungen veranlaßten Dufay, sein eigenes Wirkungsmodell immer wieder zu hinterfragen. In den dreißiger Jahren verkehrte er sehr häufig mit F.M. Voltaire (1694 - 1778) und der Marquise du Châtelet (1706 - 1749). Beide galten als entschiedene Anhänger Newtons und erkannten in Dufay einen Gesinnungsgenossen und Freund. Angeregt durch viele Gespräche glaubte Dufay, daß Newtons These von der Existenz einer einzigen anziehenden Kraft in der Natur zu Recht bestehe. Warum sollten die elektrischen Erscheinungen nicht ebenso auf eine einzige anziehende Kraft zurückzuführen sein? Dufay gab sich eine Zeitlang optimistisch:

Er interpretierte sämtliche Abstoßungen als Anziehungen durch benachbarte Gegenstände. Seine Lieblingsidee mußte er aber schon recht bald aufgeben. Das folgende Experiment und Gespräche mit seinem Förderer und Mitglied der Académie Royal des Sciences Rene Antoine Ferchault de Réaumur (1683 - 1757) lieferten nämlich den Beweis der Existenz einer abstoßenden Kraft. So beobachtete Dufay bei Annäherung eines geriebenen Glasstabes an ein Goldblättchen, daß dieses zunächst angezogen, nach einer Weile jedoch wieder zurückgestoßen wurde, ohne daß benachbarte Körper vorhanden waren. Er leitete folgende Gesetzmäßigkeiten ab: Elektrische Körper ziehen alle diejenigen Körper an, die nicht elektrisch sind und stoßen sie ab, sobald sie durch Annäherung oder Berührung ebenfalls elektrisch geworden sind. Dieses einfache Gesetz, Anziehung - Mitteilung - Abstoßung, brachte eine erste Ordnung in das Chaos der elektrischen Phänomene (vgl. Heilbron 1979, S. 255).

Was bedeutete dieses Gesetz aber für seine Theorie? Die ursprüngliche Anlehnung an Newton war mißglückt. Aber auch seine ältere Ausströmungstheorie versagte gegenüber diesem experimentellen Befund, denn Anziehung und Abstoßung vollzogen sich an einem Ort. Sein Modell der ein- und austretenden Kreisströme des elektrischen Fluidums war falsch. Zum Bedauern seiner Freunde griff er jetzt auf das Äthermodell von Descartes zurück: Danach waren alle beobachtbaren Phänomene auf die zahlreichen Wirbelbewegungen eines unwägbaren Stoffes zurückzuführen. Warum sollte sich das elektrische Fluidum nicht in gleicher Weise wie der Descartessche Äther verhalten? Von nun an sah Dufay die elektrisierten Körper von unzähligen Wirbelströmen umgeben, so daß durch eine minimale Ortsveränderung des leichten anzuziehenden Teilchens eine Abstoßung hervorgerufen werden konnte. Auch er sah sich nicht in der Lage, eine befriedigende Theorie aufzustellen. In seinen weiteren Arbeiten konzentrierte sich Dufay daher auf die experimentelle Klärung von Detailfragen: Würden elektrisierte Körper sich auch untereinander abstoßen? Würde ein geriebener Glasstab einen Körper abstoßen, der durch einen zweiten Stab elektrisiert wurde?

Mit folgendem Experiment hoffte er Klarheit zu gewinnen: Er näherte eine geriebene Glasröhre zwei getrennt aufgehängten Goldblättchen. Wie erwartet wurden zunächst beide angezogen, dann aber wieder abgestoßen. Kurz darauf stießen sie sich untereinander ab. Er ersetzte die Glasröhre durch einen geriebenen Stab aus Gummi-Copal (bernsteinähnliches Harz) und näherte ihn einem dieser Goldblättchen. Wider Erwarten näherte sich dieses dem Stab und blieb dort haften; Dufay traute seinen Augen nicht. Sollte sein Gesetz der Anziehung - Mitteilung - Abstoßung nicht für alle Materialien gelten?

Er wiederholte den Versuch viele Male; das Ergebnis aber war immer das gleiche. Also mußte es zwei wesentlich verschiedene Gattungen von Elektrizität geben, von denen er die eine die Glas-und die andere die Harzelektrizität nannte. Zu den Stoffen, die Glaselektrizität erzeugten, zählte er Glas, Edelsteine, Haare und Wolle, zu denen, die

Harzelektrizität erzeugten, Bernstein, Gummilack und Seide. Das entscheidende Merkmal beider Elektrizitätsarten war, daß gleichartige Elektrizitäten sich abstießen, entgegengesetzte sich anzogen (Dufay 1745, S. 116 ff). Dufay formulierte seine Forschungsergebnisse als 'Grundgesetze' der Elektrizität und veröffentlichte sie mit weiteren Untersuchungen in den Philosophical Transactions (1733/34).

Die Thesen Dufays wurden zu seiner Zeit noch weitgehend ignoriert. Sie fanden erst 1759 mit der Veröffentlichung einer neuen Theorie der Elektrizität /18/ allgemeine Anerkennung. Folgen wir Markus Fierz in seiner Argumentation, so waren Dufays Arbeiten noch von der barokken Philosophie bestimmt, die das Universum als einen einheitlichen Organismus betrachtete. Für den Großteil der damaligen Forscher mündete diese philosophische Grundhaltung in der vereinfachten Alltagsvorstellung, daß Gegensätze wie Tag und Nacht nicht gleichzeitig bestehen konnten. Ebensowenig durften zwei entgegengesetzt wirkende Kräfte existieren /19/. Außerdem erinnerten diese immateriellen Kräfte an jene als längst überwunden geglaubten magischen Vorstellungen von Sympathie und Antipathie, Liebe und Haß /20/.

Auch Gray interessierte sich nicht für die zwei Elektrizitätsarten. Ihn beschäftigte vielmehr Dufays Beobachtung eines ungewöhnlichen Leuchtphänomens: Dieser hatte sich an isolierenden Seidenbändern aufhängen lassen, wobei ihm nach einer beständigen "Mitteilung" elektrischer Materie einige Papierschnipsel ins Gesicht flogen. Als ein Helfer ein solches Papierstückchen entfernen wollte, erhielt er einen Schlag, begleitet von einem lauten Geräusch. Im Dunkeln sah man einen Funken überspringen. Gray ersetzte nun den Menschen durch einen Metallkörper und elektrisierte ihn. Dabei stellte er folgendes fest:
1. Stumpfe Objekte erzeugten bei Annäherung des Fingers ein Knakken.
2. Zugespitzte Metallstangen waren von einem kegelförmigen Glühen umgeben.
3. Das Wasser in einer flachen Schale stieg unter der elektrisierten Metallstange und brach in einer bestimmten Entfernung unter lautem Knacken und einem Funkenschlag zusammen.

Folgende Versuchsreihe lieferte ihm weitere Erkenntnisse: Er ersetzte den Metallkörper durch einen Jungen; daneben postierte er eine zweite Person auf einer Wachsplatte. Berührte die zweite Person den elektrisierten Jungen, so sprang ein Funke auf ihn über. Dies ließ sich so lange wiederholen, bis die elektrische Materie des Jungen vollständig auf die zweite Versuchsperson übergegangen war. Je nach "elektrischem Vermögen" eines Körpers gegenüber einem anderen gestaltete sich der Übergang der Elektrizität, der sich auch in Form von elektrischem Feuer (Funke) zeigte. Dufay interpretierte den Funkenüberschlag wie folgt: 1. Alle Körper haben eine natürliche Atmosphäre um sich. 2. Beim Eindringen der natürlichen Atmosphäre eines Fingers in die elektrische, die durch das Ausströmen des elektrischen Fluidums entsteht, übt sie einen Stoß auf das elektrische Fluidum aus. 3. Dabei wechselt die elektrische Materie unter Entfaltung eines elektrischen Funkens auf den Finger über. 4. Steht die anfangs unelektrisierte Person isoliert, wird sie elektrisch /21/. Stieß nun das in alle Richtungen ausströmende Fluidum auf die natürliche Atmosphäre des Körpers, dann bildete sich je nach der Stärke des Stoßes ein elektrischer Funke. Dufays Erklärungen basierten auf der Vorstellung eines mechanischen Atmosphärenkonzeptes.

Diese Nahwirkungstheorie hatte seine Wurzeln zwar in den alten Emanationstheorien, doch versuchte er in Anlehnung an das in Frankreich allgemein akzeptierte Descartessche Äthermodell eine mechanische Korpuskulartheorie zu entwerfen, nach der die ausströmenden Effluvia durch ihren Impuls eine Wirkung zeigten. Dies stand einerseits in Einklang mit den zu der Zeit favorisierten Vorstellungen, daß jeder menschliche Körper von einer natürlichen Atmosphäre umgeben sei, die durch ständige Ausdünstungen hervorgerufen werde. Anderseits widersprach es der sich in England etablierenden Newtonschen Fernwirkungstheorie. Da nicht einmal die Existenz der Gravitationskraft von den französischen Forschern akzeptiert wurde, wurden die elektrischen Wirkungen schon gar nicht auf weitere eigenständige Kräfte zurückgeführt. Vielmehr waren diese Phänomen eine Folge der Druck- und Stoßwirkungen eines feinen Mediums /22/.

Trotz dieser Plausibilität wiesen seine Theoretisierungsver-suche eine erhebliche Schwäche auf. Das 'Grundgesetz' der zwei Arten von Elektrizität, die Harz- und Glaselektrizität, konnte Dufay nur empirisch nachweisen. Seine Ausströmungstheorie lieferte keine Erklärung für diese zwei unterschiedlichen Zustände. Völlig unklar war es, ob er zur Erklärung von Anziehung und Abstoßung etwa zwei verschiedene elektrische Flüssigkeiten benötigte, oder ob es weiterhin ausreichte, ein einziges Fluidum (Flüssigkeit) als Grundlage einer Theorie der Elektrizität zu verwenden. Eine für die erste Hälfte des 18. Jahrhunderts charakteristische Antwort gab Johann Heinrich Winkler (1703 -1770) in Deutschland.

3.1.2.3. Elektrizitätsforschung in Deutschland (1720 - 1744) - kein Thema der anerkannten Naturphilosophie

Friedrich Wilhelm I. regierte in Preußen von 1713 bis 1740. Sein vorrangiges Interesse galt dem Ausbau des Militärwesens, nicht der Wissenschaft. Hier scheute er keine Kosten und Mühen, dort verzichtete er auf eine weitere Förderung. Der im Jahre 1700 von seinem Vater gegründeten Akademie der Wissenschaften erschwerte er sogar die Arbeit: Der Mitbegründer der Akademie, Gottfried Wilhelm Leibniz, wurde seines Amtes enthoben. Friedrich Wilhelm I. nannte ihn einen närrischen Kerl, der nicht einmal zum Wachestehen tauge. Aber auch außerhalb Preußens herrschte ein völlig desolater Zustand. Albrecht von Haller (1707 - 1777), der Experimentalphysiologe und Begründer der Universität Göttingen, schrieb in seinen Reisetagebüchern aus den Jahren 1723 bis 1727:

"Hiemit thate, nach und nach, auch ich die Augen auf. Hier wäre vor mich nichts Rechtschafnes zu tun. Alle Gesellschaften waren gleiche Müssiggänger, gleiche Säufer. Die Herren Professoren waren teils ohne Eifer, teils ohne Gelehrtheit. Mein Gelt ginge in schädlichen Ausgaben auf" (Haller 1883, S. 19 f).

Dennoch wurden weiterhin in Deutschland neue naturphilosophische Positionen erarbeitet. An ihnen war maßgeblich Christian Wolff (1679 - 1754), ein Schüler Leibniz', beteiligt. Er hatte Mathematik, Philosophie und Theologie in Leipzig studiert. 1707 trat er in Halle die Professur für Mathematik an. Wolff begründete eine philosophische Denkrichtung, die sich gegenüber dem zu dieser Zeit gerade in England vorherrschenden Newtonianismus deutlich abgrenzte: Für Wolff waren alle beobachtbaren Phänomene und deren mathematische Beschreibung Erkenntnisse zweiten Ranges. Sinnliche Wahrnehmung und dessen Beschreibung bildeten das "untere Erkenntnisvermögen". Zur Erkenntnis des wahren Wesens der Dinge gelangte man nur mit Hilfe des "oberen Erkenntnisvermögens", der reinen Vernunft. Diese reine Verstandeskenntnis war aber metaphysische (überempirische) Erkenntnis; sie zielte auf das Erkennen des wahren Seins, welches allem Seienden zugrunde lag, aber jenseits der materiellen Welt existieren mußte /23/.

Damit stellte Wolff seine metaphysische Erkenntnis über die von den Anhängern Newtons verfolgte empirisch-mathematische Naturforschung, nach der die aus dem Experiment gewonnenen Beobachtungsdaten in allgemein gültige Naturgesetze mündeten. Obwohl Wolff große Hochachtung vor dem Experiment und der Mathematik zeigte, so vertrat er doch den Standpunkt, daß an den Punkten, wo die Newtonsche Forschung aufhörte, seine erst richtig beginne. Eine Physik, die nicht in der Metaphysik endet, war für ihn keine Physik. Die empirische Einzelforschung ohne philosophische Einbettung, ohne eine allgemeine, zielsetzende philosophische Wissenschaft führte für ihn lediglich zu einer immensen Anhäufung von Wissen. Experimentalphysik, so wie sie damals erstmals in England, dann aber auch in Frankreich und Holland praktiziert wurde, war ihm ohne metaphysische Einbettung gefährlich; sie als Experimentalphilosophie und deren Akteure als Naturphilosophen zu bezeichnen, hielt er für geradezu grotesk. Über Newtons Idee der Gravitationskraft schrieb er in der berühmten wissenschaftlichen Zeitschrift "Acta Eruditorum" 1710 sinngemäß: Man kann in der Natur ruhig eine anziehende Kraft annehmen, nur muß sie dann auch erklärt werden können. Bezieht man sich dabei aber auf ein spirituelles Agens, um die Wirkung in die Ferne erklären zu können, so laufen wir Gefahr, zu den okkulten Kräften zurückzukehren. Gute Philosophen brauchen keinen Gott, um die Phänomene zu retten. Damit wandte er sich entschieden (wie schon Leibniz) gegen die Einführung okkulter Kräfte. Und selbst über die mathematische Leistung Newtons urteilte Wolff:

"So hoch ich den Newton in der höheren Geometrie halte, so kan ich ihn doch für keinen Anfänger in der Philosophie, geschweige für einen Philosophen halten" (Wolff, in: Ostertag 1910, S. 16).

Die beginnende Elektrizitätsforschung in Deutschland hatte unter der Vorherrschaft der Philosophie Wolffs ein ähnliches Los wie Leibniz unter Friedrich Wilhelm I.. Auch wenn Wolff eine anziehende Kraft in der Natur akzeptierte, faßte er diese jedoch nur als ein sinnlich erfaßbares Phänomen unter anderen auf, keineswegs als universell wirkende Naturkraft wie Newton die Gravitation. Er sah die Erforschung der elektrischen Erscheinungen in England lediglich als einen weiteren Versuch, Newtons These der universellen Gravitationskraft zu untermauern. Für ihn waren die elektrischen Phänomene zunächst bedeutungslos:

"Nachdem man in England die Attractionem Universalem einführen wollen, so hat man auch angefangen die Experimenta de Elektricitate vor die Hand zu nehmen. Da ich nun von derselben eben kein Freund bin, so habe ich zu der Zeit, da ich die Experimente geschrieben, auch nicht darauf acht gehabt, indem ich von den wenigen, welche dazumal vorhanden waren, keinen besonderen Nutzen zu zeigen wußte" (Wolff an Gralath, in: Stichweh 1984, S. 259).

Die elektrischen Phänomene schienen somit auch in Deutschland nur sehr geringes Interesse zu wecken. Diese vorläufige 'Verbannung' der Elektrizität trug ganz entscheidend zur Trennung der Phänomenbereiche Licht und Elektrizität bei. Daß dieser Zusammenhang aber eigentlich schon damals auf berechtigten Annahmen fußte, dafür sprachen folgende Arbeiten: In England hatte Hauksbee Leuchterscheinungen in Barometern untersucht /24/. In weiterführenden Versuchsreihen rieb er unter anderem Glas und Harz im Vakuum und beobachtete nicht nur eine elektrische Anziehung, sondern auch ein schwaches Glühen. Für seine Versuche stellte er eine eigene Elektrisiermaschine her: Er fertigte eine Spindel an, deren Mittelteil eine Glaskugel bildete. Diese spannte er in eine, auf einem Tisch befestigte Halterung. Durch das unter dem Tisch angebrachte Schwungrad ließ sich die Glaskugel in Rotationsbewegungen versetzen /25/. Wurde die Kugel mit der Hand von außen gerieben, konnte er ein starkes Leuchten im Innern des Glaskörpers beobachten, während von der Außenseite leichte, in der Nähe befindliche Teilchen angezogen wurden.

Auch Dufay hatte in späteren Versuchen an einer evakuierten Glasröhre dieselben Leuchterscheinungen beobachtet. Seine Schlußfolgerung war eindeutig: Es mußte ein Zusammmenhang zwischen Licht und Elektrizität bestehen. Die ersten Funkenexperimente bestätigten ebenfalls diese Vermutung. Selbst Christian Wolff interessierte sich für die Leuchtphänomene. Er experimentierte mit der Hauksbeeschen Kugel, berichtete aber nie von einer elektrischen Anziehung kleiner Teilchen. Seine Aufmerksamkeit galt ausschließlich der Leuchterscheinung im Innern der Kugel. Es liegt nahe anzunehmen, daß Wolffs ablehnende Haltung gegenüber der Elektrizität seine Wahrnehmung stark beeinflußte, und er deshalb den Zusammenhang zwischen Licht und Elektrizität übersah. Erst in den vierziger Jahren wurde Wolffs Interesse mehr und mehr auf die Elektrizität gelenkt.

Abgesehen von der inhaltlichen Distanz zur Elektrizität erwies sich auch die geringe Verankerung der experimentellen Methode im Denken der deutschen Naturforscher als hinderlich. Die Experimentalphysik rückte erst durch die vereinzelten Kontakte zum Ausland mehr und mehr in den Vordergrund. Als Vorreiter verstand sich Christian August Hausen (1693 - 1743), dessen Interesse an der Experimentalphysik durch eine Reise nach London und Paris (1716/17) geweckt worden war. Er wirkte als Naturforscher an der Universität in Leipzig. Die Beschäftigung mit Elektrizität bot ihm die Möglichkeit, seine experimentellen Fähigkeiten zu erproben und zu verbessern.

Sein Assistent Georg Mathias Bose (1710 - 1761) geriet durch ihn, insbesondere aber auch durch den in Leiden (Holland) arbeitenden Naturforscher Johann Jacob Schilling (1702 - 1779) in den Bann der Elektrizitätsforschung. Dessen phantasiereichen, publikumswirksamen Experimente und die brillante poetische Ausdrucksweise seiner Veröffentlichungen hatten ihm in kürzester Zeit große Aufmerksamkeit verschafft (Bose 1744). 1737 lernte Bose die Arbeiten von Gray und Dufay kennen. Da ihm das Nachmachen der Versuche Dufays zu langwierig erschien, ersetzte er die Glasröhre durch eine Elektrisiermaschine nach dem Hauksbeeschen Vorbild. Zur Fortleitung der Elektrizität von der drehenden Kugel baute er erstmals einen Konduktor. Den Ausdruck Konduktor übernahm er von Stephen Gray, der damit jenen Teil der geriebenen Glasröhre bezeichnete, mit dem man einen zweiten Körper berührte, um diesen zu elektrisieren. Bose verwandte hierzu einen Degen, den er an seidenen Fäden aufhing. An der Spitze des Degens konnte er mühelos die elektrische Materie abgreifen, während das andere Ende die rotierende Kugel berührte.

Doch weniger diese Verbesserungen als seine eigentümlichen Experimente wie die elektrische Apotheosis, der elektrische Kuß und die von ihm geprägten Begriffe "ignis mas" (männliches Feuer) und "ignis femina" (weibliches Feuer) spiegeln jene mit der Elektrizität verbundenen Vorstellungen wieder, welche sich nicht experimentell bestätigen ließen. So schreibt William Watson in einem Brief an die Royal Society:

"Das andere ist ein Versuch, welchen der Professor Bose zu Wittenberg Apotheosis oder Beatification nennet. Diesen Versuch hat niemand auf die von diesem Herrn in seinen Schriften erzählte Art nachmachen können. Er spricht: wenn man große Kugeln zum Elektrisieren nimmt, und jemand auf einen breiten Pechkuchen treten läßt, so steigt nach und nach eine Flamme, die längst des Körpers hinzieht, aus dem Peche, und breitet sich um dessen Füße herum; von da geht sie stufenweise weiter an die Knie, den Leib, und zuletzt an den Kopf: so daß alsdenn, wenn man mit dem Elektrisieren anhält, der Kopf der Person mit einem solchen Glanze umgeben wird, welchen die Natur in ihren Schilderungen um die Köpfe der Heiligen vorzustellen pflegen. Wenn in diesem Zustande die elektrisierte Person von einer unelektrisierten berühret wird, so fühlen sie beyde einen sehr heftigen Schmerz, der sich vom Finger bis in die Schulter erstrecket, und eine lange Weile dauert" (Watson 1752, S. 425).

Gemäß dem Geschmack der Zeit nutzte er diesen Effekt der elektrischen Entladung zur Präsentation der "Venus Electrificata", die jegliche Annäherung mit einem schmerzhaften Schlag rächte. Der sogenannte "elektrische Kuß" wurde zum barocken, gesellschaftlichen Ereignis. Und auch seine Bezeichnung des überspringenden elektrischen Funkens als "ignis mas" sowie des schwachen Glühens als "ignis femina" spiegeln jene Uridee der Polarität wider, die jedoch in dieser Phase als sexuelle Metapher mehr der Verbreitung der Elektrizitätsforschung diente, als daß sie zur Aufhellung des Wesens der Anziehung und Abstoßung beitrug /26/.

Neben Leipzig bildete nur Halle - bestimmt vom Einfluß Wolffs -ein weiteres wissenschaftliches Zentrum in Deutschland. Die Erforschung der Elektrizität hatte bis 1740 in beiden Städten nicht richtig Fuß fassen können. Nur wenige 'Außenseiter' an den Universitäten verhalfen diesem Forschungsbereich zu größerem Ansehen. Einer von ihnen war J. H. Winkler /27/. Er lehrte seit 1739 Philosophie an der Universität Leipzig. Seine Eltern lebten in sehr einfachen Verhältnissen. Bis zum elften Lebensjahr unterrichtete ihn die Mutter in Lesen und Schreiben. Nach einem anschließenden Schulaufenthalt wollte er 1724 nach Leipzig gehen, um Philosophie und Theologie zu studieren. Sein Vater versuchte ihm dies auszureden: Einerseits hielt er die Gelehrten allgemein für Müßiggänger, andererseits hatte Leipzig den Ruf, die teuerste aller Universitätsstädte zu sein. Doch Winkler setzte sich durch. Philosophie studierte er bei A. Ridiger (1673 - 1731). Dieser lehrte ihn die Grundlagen seines Faches, wobei er sich entschieden gegen die Philosophie von Wolff wandte. Winkler zeigte starkes Interesse an der philosophischen Position Ridigers. Nach seiner Abschlußprüfung (Magister 1728) vermittelte ihn Ridiger nach Jena, um mit den dortigen Philosophen gegen die Wolffischen Doktrinen zu lehren. Winkler wäre auch gerne dorthin gegangen, wenn nicht seine Eltern ihn für einige Zeit nach Hause gebeten hätten, um sich in Ruhe zu entscheiden. Dieser Aufenthalt wurde zum Wendepunkt in seinem Leben: Während er zu Hause Wolffs Gedanken von Gott und der Welt las, um die erwarteten Fehleinschätzungen zu finden, stellte er nach und nach fest, daß Wolffs Ideen vielfach seinen eigenen Vorstellungen entsprachen. Seine Zweifel an der Richtigkeit der Kritik seines Lehrers stiegen, und er faßte den Entschluß, seinen eigenen Standpunkt in der Philosophie zu finden. Durch diese Erkenntnis persönlich gestärkt, kehrte er nach Leipzig zurück, um die Lehrsätze der 'Weltweisen' (Aristoteles, Plato etc.) im Original zu lesen. Aus dieser Beschäftigung mit den Klassikern heraus entwickelte er nicht nur eine kritische Distanz zu seinem Lehrer, sondern auch zur Wolffschen Philosophie. Diese Phase seines Lebens, die fast zehn Jahre dauerte, gipfelte in der Ernennung zum Professor für Weltweisheit 1739. Im Jahre 1742 übernahm er zudem die Professur für lateinische und griechische Sprache. 1750 schließlich honorierte die Universität, an der er acht Jahre Rektor war, auch seine Forschungen zur Elektrizität mit der Vergabe einer Professur für Physik. Dieses Ziel aber hatte er nur mit größtem persönlichem Engagement erreichen können.

Eine solche Anhäufung von Lehrstühlen durch eine einzige Person war damals keineswegs ungewöhnlich; es entsprach der typischen Universitätskarriere. Entgegen den heutigen Universitätsstrukturen war es geradezu selbstverständlich, verschiedene Lehrstühle an eine Person zu vergeben. Dies hatte Vorteile sowohl für die Finanzkasse der Universität als auch für Winkler selbst. Mit dem Gehalt einer einzigen Professur konnte er seinen Lebensunterhalt kaum bestreiten, also war er, wie so viele andere, daran interessiert, möglichst mehrere Lehrstühle zu besetzen. Die Universität erhöhte für jeden weiteren Lehrstuhl das Gehalt um einen entsprechenden Betrag, der aber weit unter der Bezahlung eines eigens dafür eingestellten Professors lag /28/.

Wenige Tage nachdem Winkler seine Antrittsrede für die Professur der griechischen und lateinischen Sprache gehalten hatte (1742), erhielt er eine Einladung zu den in Leipzig bekannten Tischgesellschaften des Grafen von Manteuffel (1676 - 1749). Von dieser Zeit an traf er sich jeden Sonntag Mittag mit einigen Gelehrten zu einem Gedankenaustausch über die neuesten und erregendsten wissenschaftlichen Gegenstände. Manteuffel war eine Schlüsselfigur zwischen Wissenschaft und Politik. Sein Haus stand Gelehrten und Politikern aus dem In- und Ausland für Diskussionen immer zur Verfügung.

In diesem Sonntagskreis traf Winkler auch mit Christian August Hausen zusammen. Dieser hatte bereits einige wenige elektrische Experimente, die er auf seiner Studienreise nach London und Paris (1716/17) kennengelernt hatte, dem Manteuffelschen Kreis vorgestellt. Da in der Stadt selbst schon des öfteren über die elektrischen Erscheinungen gesprochen wurde, befürchtete Winkler Fragen seiner Studenten, die er nicht beantworten konnte. Hier konnte Hausen ihm große Dienste erweisen. Durch ihn lernte er die erste Elektrisiermaschine kennen, die die Vorführung elektrischer Phänomene erleichterte.

Neben Hausen beteiligte sich an den Sonntagstreffen regelmäßig auch sein Freund Johann Christoph Gottsched (1700 - 1766). Dieser Literaturtheoretiker und Wolffianer, der sich sehr engagiert um die Einführung von Lehrbüchern in deutscher Sprache bemühte, war zusammen mit dem Newtonianer Hausen ein idealer Gesprächspartner für Winkler. Winklers Selbstbewußtsein, gestärkt durch die philosophischen Auseinandersetzungen mit Wolff, gab ihm die Kraft, auch nach dem Tod von Hausen (1743) weiterhin für die 'Sumpfblüte' Elektrizität innerhalb der Naturlehre Partei zu ergreifen. Dabei leistete ihm sein Sonntagsklub unschätzbare Dienste, doch brauchte er auch außerhalb Mitstreiter. Einer von ihnen war der ehemalige Rektor der Thomas-Schule in Leipzig und damalige Professor für Beredsamkeit und Dichtkunst in Göttingen, J.M. Gesner (1691 - 1761). Winkler hatte ihn während eigener Lehrtätigkeit an der Thomas-Schule kennen- und schätzengelernt. Schon deshalb war ihm Gesners Meinung wichtig. Dieser teilte die Hoffnung, daß eine Erweiterung der Naturlehre durch die Elektrizität möglich war und immense Folgen haben würde. Gesner stützte diese Meinung seinerseits auf Erfahrungen, die er seit längerer

Zeit in einem privaten Zirkel in Göttingen gesammelt hatte. Dort hatte man sich ebenfalls intensiv mit der Erforschung der Elektrizität beschäftigt.

In der Leipziger Sonntagsrunde löste dann im Jahr 1744 die Nachricht von einem neu in Berlin durchgeführten elektrischen Experiment besondere Aufregung aus, das Winkler alsbald nachzumachen versprach: In der Berliner Akademie der Wissenschaften hatte man zu ihrer feierlichen Wiedereröffnung im Januar 1744 im Anschluß an die Festreden elektrische Experimente durchgeführt. Mit diesem Akt wollte Friedrich II. nicht nur die Repressalien seines Vorgängers gegen die Wissenschaft vergessen machen, sondern gleichzeitig Innovationsbereitschaft in der Wissenschaftspolitik demonstrieren. Leider folgte dieser ermunternden Tat nur die Vergabe einer Preisaufgabe im Mai zur Lösung der Frage nach der wahren Ursache der elektrischen Erscheinungen. Im Anschluß daran hüllte sich die Akademie zu Themen der Elektrizitätsforschung in völliges Schweigen. Eine Finanzierung der Akademie durch staatliche Haushaltsmittel war nach wie vor nicht vorgesehen /29/.

Einer der bei den Feierlichkeiten zur Wiedereröffnung durchgeführten Versuche hatte jedoch höchste Aufmerksamkeit erregt. Der Arzt Christian Friedrich Ludolff (1701 - 1763) entzündete einen in einem geerdeten Löffel ruhenden Spiritus durch Annäherung an den Konduktor der Elektrisiermaschine. Winkler erfuhr von diesem Versuch noch vor der Veröffentlichung in der Leipziger Illustrierten. Diese führte in wöchentlicher Folge eine eigene Spalte für elektrische Versuche. Wollte man sich informieren, erfuhr man das Neueste aus der Tageszeitung, keinesfalls aus wissenschaftlichen Veröffentlichungen. Zur Wiederholung dieses Experimentes in Leipzig hatte sich Winkler den Termin schon ausgesucht: den 14. Mai 1744. Für diesen Tag hatte sich der Kanzler der Universität Halle, Christian Wolff, angekündigt. Sollte die elektrische Demonstration gelingen, so wäre dies ein wahres Lehrstück für den Skeptiker Wolff. Zu dem angekündigten Termin fand sich eine ungewöhnlich große Zahl von Interessenten bei Manteuffel ein. Winkler nahm den Löffel, der mit Spiritus gefüllt war, und näherte ihn behutsam dem metallenen Konduktor der Elektrisiermaschine, die von einem Helfer betätigt wurde. Zunächst war nichts zu beobachten; offensichtlich war der Abstand zwischen Löffel und Konduktor noch zu groß oder die Stärke der Elektrizität zu gering. Winkler verringerte den

Abstand: Plötzlich entzündete sich mit einem lauten Knacken die Flüssigkeit - eine 'Schrecksekunde' für alle Beteiligten. Angeregt durch den Beifall, den ihm das gelungene Experiment einbrachte, ließ er sich darauf ein, die spontan geäußerte Frage eines Zuschauers, ob denn auch ein Mensch dieses Feuer entfachen könne, nachzuprüfen.

"So wurde hierdurch jemand in der Gesellschaft veranlasset, zu fragen, ob auch die Funken eines electrisierten Menschen dergleichen thun würden? Ich trat daher sogleich auf einen mit blauseidenen Schnüren überspanntes Viereck, und griff mit der einen Hand an die rostriche Röhre, und hielt die Finger der anderen über die Quintam Essentiam. Die Funken des Fingers schlugen so stark in den silbernen Löffel, daß die Essentia den Augenblick in eine Flamme gerieth. Je unvermutheter diese Begebenheit war, desto mehr Verwunderung und Vergnügen verursachte sie der ganzen Gesellschaft" (Winkler 1744, S. 58).

Man kann nur erahnen, welche 'magische' Wirkung diese Demonstration gehabt haben muß. Wenn auch vielen in dieser Situation ihr aufgeklärtes Denken den Glauben an magische Künste verbot, so war dennoch die Verunsicherung groß. Winkler mag manchen als der wahre Prometheus erschienen sein, der den Menschen das Feuer oder besser, die Erkenntnis, gebracht hatte. Nach dieser Vorführung ließ sich Wolff sofort eine Winklersche Elektrisiermaschine schicken: Vielleicht ahnte er, daß die Elektrizität von größerer Bedeutung für die Naturlehre sein könnte, als er bisher angenommen hatte /30/.

Die Konstruktion der Winklerschen Elektrisiermaschine war das Ergebnis einer intensiven Zusammenarbeit mit dem Drechslermeister Johann Friedrich Giessing. Als Antriebssystem benutzte er den schon lange bekannten Fußantrieb für Drechselbänke /31/. Das Fußtreten ermüdete weniger als das Drehen eines Rades. Lediglich die Spindel ersetzte er durch eine Glasröhre. Die Skizze dieser Maschine hatte Winkler dem Grafen Manteuffel vorgelegt, bevor er den Bau in Auftrag gab. Eine zweite Version, in der die Glasstäbe durch Auf- und Abbewegung gerieben wurden, bot Winkler ebenfalls an. Eine Verstärkung der elektrischen Kraft glaubte er nur über die Vergrößerung der Reibefläche zu erreichen, d.h. die Anzahl der zu reibenden Gläser bestimmte den Verstärkungsfaktor. Diese theoretische Annahme schlug sich in der Konstruktion der weiteren Elektrisiermaschinen nieder, indem er eine Vorrichtung erfand, die vier Glasröhren gleichzeitig drehen konnte.

Winkler nahm viele Aufträge über Manteuffel, aber auch von Besuchern der Leipziger Messe entgegen. Schon recht bald galt es an den Königshöfen als schick, ja geradezu als notwendig, eine Elektrisiermaschine in den physikalischen Kabinetten stehen zu haben.

Darüber hinaus sah Winkler bereits mehrere Anwendungsbereiche der Elektrizität: 1. Die Verwendung der Elektrizität zum sinnlichen Vergnügen: Darunter verstand er u.a. die "brennenden Namen in luftleeren Röhren" (Winkler 1750, S. 15), deren modernisierte Versionen uns heute in Form von unzähligen Leuchtreklamen begegnen.

"Je stärker ein Metall elektrisiert wird, desto lebhafter wird auch das Licht in einer luftleeren Glasröhre, wenn man sich mit ihr demselben nähert. Stellet eine dergleichen Röhre Buchstaben vor: so siehet man dieselben ganz helle Leuchten, wenn man die Röhre in einem verfinsterten Zimmer an ein stark elektrisiertes Metall bringet. Man würde vielleicht allerhand Vorstellungen auf diese Weise mit dem Electrisieren können hervorbringen, wenn man sich einen Künstler, der im Glasblasen und Glasschmelzen geschickt und geübt ist, aus holen und luftleeren Glasröhren solche Figuren bereiten ließe. Einige vornehme Personen, denen ich die electrischen Versuche zu zeigen die Ehre gehabt, sind besonders vergnüget worden, wenn sie von dem allerdurchlauchtigsten Namen AUGUSTUS REX die Anfangsbuchstaben in freyer Luft auf das helleste haben erleuchtet, und in einem Raume, da alles dunkel war, gleichsam brennen gesehen und die wallende Fluth beobachtet, womit das electrische Licht die gläsernen Buchstaben auf einmal wie durchdrungen und erfüllet" (Winkler 1745, S. 66).

2. Die technisch-militärische Anwendung der Elektrizität: "Zum anderen kann man durch Hülfe der Electricität in einer Entfernung, so groß als man sie auf dem Erdboden verlanget, in einem jeden bestimmten Puncte der Zeit eine Wirkung hervorbringen, z.B. ein Geschütz losbrennen, oder ein Zeichen geben" (Winkler 1750, S. 15).

3. Die Erklärung von Naturphänomenen wie Blitz, Donner, Wetterleuchten, die Planetenbewegungen sowie Ebbe und Flut: Hier zeigt sich seine mit Newtons Ätherhypothese übereinstimmende Haltung, daß die Ursache nicht die Gravitation, sondern ein dynamistischer Äther sein könnte /32/.

4. Die Anwendung in der Medizin: Er hielt es für notwendig, durch entsprechende Experimente den Nachweis zu führen, daß die Anwendung der Elektrizität auf Menschen heilend wirkte. Die ersten Ergebnisse seiner Vorstudien teilte er der Royal Society in London im Jahre 1748 mit (Winkler 1748, S. 262). Der von ihm vorgeschlagene Versuch des Heraustreibens von Geruchsstoffen und flüssigen Arzneimitteln aus elektrisierten Glasröhren erwies sich in England jedoch als nicht reproduzierbar. Dadurch geriet Winkler im Ausland in Mißkredit (Winkler 1751, S. 231 ff).

3.1.2.4. Johann Heinrich Winklers Theorie der elektrischen Atmosphäre

Zu Beginn der vierziger Jahre betrachtete Winkler seine Vorstellungen von Elektrizität lediglich als ein vorläufiges Gedankengerüst. Diesen selbstkritischen Anspruch gegenüber dem eigenen Forschungsstand teilte er mit seinen Freunden Gesner, S. Chr. Hollmann (1696 - 1787) und J.A. Segner (1704 - 1777), die in Göttingen aktive Mitstreiter waren. Für diese Vorreiter der Elektrizitätsforschung in Deutschland mußte die von der Berliner Akademie im Mai 1744 gestellte Preisfrage, welches die wahre Ursache der Elektrizität sei, wie eine Ohrfeige gewirkt haben. Zu einem solch frühen Zeitpunkt eine abschließende Antwort zu erwarten, hielt Winkler für absurd. Dies mag der Grund gewesen sein, weshalb er sich nicht an dieser Ausschreibung beteiligte. Mit einer kaum von Winklers Theorie abweichenden Abhandlung wurde dann J.F. von Waitz (1698 - 1777) zum tatsächlichen Gewinner erklärt.

Inwieweit aus dem Kreis um Winkler (u.a. Gesner, Hollmann, Segner) indirekt auf dieses Preisausschreiben Einfluß genommen wurde, konnte bis heute nicht eindeutig erklärt werden. Es liegt jedoch nahe anzunehmen, daß der Urheber eines anonymen Schreibens an die Akademie, das ebenfalls aus Anlaß des Preisausschreibens eingesandt worden ist, in diesem Umfeld zu suchen ist. In diesem sehr höflichen, aber bestimmten Brief wurde massive Kritik an der Ausschreibung dieser Preisfrage geübt. In dem Schreiben hieß es, daß die Erforschung der Elektrizität zunächst eine lange Phase der Phänomendarstellung bedürfe und nicht schon nach zehn Jahren die Hoffnung auf eine abschließende Theorie geschürt werden sollte.

"Allein, hochweise Herren, ist es nicht noch etwas frühe, sich an diese wichtige Materie zu wagen, und könnte ehrwürdige Herrlichkeit Verfahren daher nicht vielleicht als übereilt von einigen angesehen werden? Kaum sind zehn Jahre verflossen, da man diese Materie erst etwas sorgfältiger, als bisher geschehen war, zu untersuchen angefangen, und kaum ein einziges Jahr, da man erst eine von den allerwichtigsten Umständen bei dieser Sachen entdecket hat, daß nemlich ein electrischer Funken ein wahrhaftes Feuer sei, das Alcohol, Pech, Schwefel, Siegellack, Schießpulver, und andere dergleichen Sachen, entzünden, und in eine wahrhafte Flamme setzen kann. Weiß man denn nun, ob nicht noch andere, ebenso unerwartete Umstände verborgen und noch zurück sind, die diese wunderbare Sache immer mehr und mehr aufklären, und den Weg zur Entdeckung der wahren Ursache derselben uns erst recht bahnen könnten?" (Anonym 1745, S. 17).

Sinngemäß lautete es weiter: Die Vergabe von 50 Dukaten an den Sieger diene somit also nicht der Bereicherung der Naturlehre, sondern trage lediglich dazu bei, die ehrgeizigen Naturforscher zu animieren, preisverdächtige Theorien über die Ursache der elektrischen Phänomene und deren Wirkungszusammenhang zu produzieren.

Winklers Theorie der Elektrizität unterschied sich in wesentlichen Punkten von der Dufayschen Vorstellung, legte aber ebenfalls ein Nahwirkungskonzept zugrunde. Seine Theoretisierungsversuche sind sowohl durch das Bemühen der Überwindung mechanischer Korpuskularvorstellungen als auch durch die dem Denkstil der Zeit gemäßen Veranschaulichungsversuche mit Hilfe mechanischer Analogien geprägt.

Zur besseren Verständigung definierte er in seiner Abhandlung aus dem Jahr 1744 folgende Grundbegriffe:

"§1. Die Elektricität bestehet in einer Bewegung, welche sich um einen Körper dadurch äußert, dass leichte Sachen an ihn angezogen, und auch von ihm zurückgestoßen werden (E. § 5). § 2. Wird sie durch Reiben erreget: So heißt sie Ursprüngliche (E. § 19, 20). Wird sie aber von einem Körper, an welchem sie bereits befindlich ist, in einen anderen gebracht: So heißt sie die Mitgeteilte und Fortgepflanzte" /33/.

Schon in seiner Definition faßte er die Anziehung und Abstoßung als grundlegendes Prinzip der Elektrizität zusammen. Mit diesem Schritt legte Winkler den Grundstock für eine Ein-Fluidum-Theorie. Die Betrachtung so verschiedener Wirkungen wie Anziehung und Abstoßung als polares Gegensatzpaar benötigte keine zwei Fluida. Für ihn existierte eine elektrische Materie, die sich in/an allen Körpern befand. Sie entsprang der Oberfläche des geriebenen Körpers in 'divergenten Linien' /34/. Sowohl Sandkörner als auch andere leichte Körper wurden auf einem elektrisierten Glasstab in geraden Linien fortgestoßen; teilweise in die Höhe, teilweise seitwärts. Außerdem erkannte man an den Strahlen (Funken), die an den elektrisierten Metallspitzen austraten, daß die elektrische Materie untereinander einen Zusammenhang bildete und nach kurzer Zeit wieder in die Körper zurückkehrte. Winkler glaubte, daß diese Interpretation auch mit der Beobachtung übereinstimmte. Die an den Spitzen herausfahrenden Funken lieferten den sichtbaren Beweis einer ausströmenden elektrischen Materie; das plötzliche Erlöschen der Funken interpretierte er als den Rückzug der Materie in den Ausgangspunkt.

Welche Schwierigkeiten die Einordnung der elektrischen Anziehung oder der Influenz in mechanische Denkstile bedeutete, zeigen folgende Zitate:

"§ 118. Die Materie der mitgetheilten Electricität ist kein Ausfluß, welcher aus der Materie der ursprünglichen entstünde, und an den Körpern fortströmte. Denn der Raum, in welchem die ursprüngliche Electricität entweder ihre Wirkung in die Goldblättchen beweiset, oder einem anderen Körper die Electricität mittheilet, ist in Betrachtung des Raumes, wodurch sich die mitgetheilte ausbreitet, sehr klein. Denn der Körper, welchem sie sich mittheilen lässet, mag noch so lang, breit und dicke seyn: so wird dennoch sein ganzer Umfang von der Berührung einer electrisierten Hand, wie man in der Zeit, da sie den Körper anfaßt, nicht weiter electrisirt; ja von einem einzigen Funken eines electrisirten Fingers, oder einer electrisirten Nadel, der Electricität mit einer größeren Geschwindigkeit theilhaftig, als die Geschwindigkeit einer geschoßnen Kugel ist. ... Will man einwenden, daß es nicht begreifflich sey, wie die Electricität einem Körper mitgetheilet werden könne, wenn aus dem mittheilenden keine ströhmende Materie abgesondert würde: so erwege man, ob es sich begreiffen läßt, wie es zugehe, daß eine helfenbeinerne Kugel einer ruhenden, an welche sie anstößt, die Bewegung mittheilet, da sie von ihrer Materie nichts verliehret, und also von derselben nichts in die andere übergehet" (Winkler 1744, S. 84 ff).

Es zeigt sich deutlich, daß die Erklärung der Mitteilung der Elektrizität - heute würden wir von Influenz sprechen - eine Vorstellung von einem Übertragungsmechanismus erzwingt, der über die anschaulichen Ausströmungsvorstellungen hinausgeht. Ein solches Modell zu finden, bereitete nicht nur Winkler Probleme, sondern es beschäftigte die gesamte Elektrizitätsforschung des 18. Jahrhunderts /35/.

Zur Beschreibung der elektrischen Anziehung stützte Winkler sich auf jenes von Descartes favorisierte Nahwirkungskonzept (Korpuskularphilosophie), nach der elektrische Wirkungen Folge einer Bewegung materieller Partikel waren. In seiner Untersuchung zur Frage "Wie die Körper durch die Electricität an den electrisirten Körper anfahren" schreibt er:

"§ 127. Die electrischen Theilchen fahren in denen geraden Linien, nach welchen sie sich von dem electrisirten Körper entfernet haben, wieder zurück in den Punct, aus welchem sie hervorgetrieben worden. Dieses lässet sich deutlich an denen divergenten Strahlen wahrnehmen, welche aus den Spitzen electrisirter Metalle, oder einer electrisirten Brodtrinde entspringen (§ 56). Es sind aber diese Strahlen die electrische Materie: indem die leichten Körperchen durch sie in hüpfende Bewegungen gesetzet werden.
§ 128. So stark die elctrische Materie eines electrisirten Körpers in einen anderen wirkt: so stark wirkt dieser in die Theilchen zurück, welche ihn berühren, zurück. Denn ein jeglicher Körper wirkt dadurch, daß er eine widerstehende Kraft hat, in denjenigen, der in ihn wirkt, zurück. Und die Gegenwirkung ist der Wirkung allezeit gleich.
§ 129. Indem ein Körper in die electrische Materie zurück wirkt: so verliehret er von seiner Schwere so viel, als die Größe der Wirkung ist, womit ihn die electrische Materie stößt. Denn durch die Schwere bestrebt er sich gegen den Mittelpunct des Erdbodens. Indem er aber in die electrische Materie, von welcher er gestossen wird, zurück wirkt: so kann er den Theil, mit welchem er dem Stoße der electrischen Materie widerstehet, nicht zu seiner Schwere anwenden. So groß also seine Gegenwirkung in die electrische Materie ist, so groß ist der Verlust seiner Schwere. So stark demnach die elektrische Materie in ihn stößt, um so viel wird er leichter.

§ 130. Wenn zween Körper einander berühren, und mit gleichen Kräften gegeneinander wirken: so werden sie miteinander vereinigt, oder hängen zusammen.
§ 131. Wenn demnach ein Körper an einen electrisirten anfähret: so geschiehet solches deswegen, weil er mit den berührenden Theilen der electrischen Materie einen Zusammenhang bekömmt; und die electrische Materie nach denen geraden Linien, nach welchen sie im Electrisiren von der Fläche ihres Körpers weggetrieben worden, an sie zurück fähret. Der Zusammenhang entstehet, wenn der Stoß der electrischen Materie der Schwere des entgegen gestellten Körpers gleich ist. Denn solchergestalt verliehret der Körper durch seine eben so starke Gegenwirkung seine völlige Schwere (§ 128 u. 129). Indem also die electrische Materie den Körper berühret: so wird sie mit ihm vereiniget (§ 130). Wenn unter zusammenhangenden Körpern einer nach derjenigen Linie, nach welcher sie mit gleichen Kräften in einanderwirken, bewegt wird: so wird der andere nach dieser Linie zugleich mit bewegt. Weil demnach die electrische Materie in den electrisirten Körper zurück fähret: so muß ihr der Körper, welcher mit ihr zusammen hängt, notwendig folgen.
§ 132. Man kann also der electrischen Materie, welche durch das Electrisiren aus dem Körper, in welchem es sich befindet, auf eine gewisse Weite herausgetrieben wird, in eigentlichem Verstande eine anziehende Kraft zueignen.
§ 133. Weil die electrischen Linien, von dem Puncte ihres Ursprungs an, divergent sind (§ 109): so ist die electrische Materie desto dichter, je näher sie der Fläche ihres Körpers ist; und wirkt also mit der Abnahme der Entfernung immer stärker" (Winkler 1744, S. 93 - 97).

Solche Erklärungen fügten sich hervorragend in den herrschenden Denkstil ein, doch die Frage nach dem Wesen dieser elektrischen Kraft führte auch Winkler zu ungewöhnlichen Ansichten. Was stellte er sich unter der elektrischen Materie vor? Er spekulierte darüber, ob sie zu den festen Teilen der Materie gehöre oder sie sich um den Körper und in den Zwischenräumen der festen Teile befinde. Für ihn war es eine Art Flüssigkeit, die die ganze Fläche des Körpers umgab. Aber gleichzeitig war sie auch unmittelbarer Bestandteil der gemeinen Materie, d.h. an die festen Teile der Materie gebunden. Ein Körper bestand somit aus festen Materieteilen und einer "elektrischen Atmosphäre", die durch Reiben oder durch Mitteilung erregt werden konnte.

"Durch die Atmosphäre eines Körpers verstehet man eine flüssige Materie, welche ihn an Subtilität übertrifft, und ihrer Natur nach mit ihm vereinigt ist, und seine ganze Fläche umgiebt. § 142. Weil die ganze Fläche einiger festen Körper durch einen einzigen electrischen Funken in einem Augenblicke electrisiret wird: so ist zu schliessen, daß die Theile ihrer electrischen Materie in einem fort zusammenhängen. Denn wenn sie durch gewiße Zwischenräume getrennet wären: so würde sich die Bewegung nicht so schnell fortpflanzen können" (Winkler 1744, S. 102).

Diese Atmosphäre bestand wiederum aus elektrischen Teilchen, die eine gewisse Festigkeit besitzen mußten, denn ohne diese konnte er sich keine Kraftwirkung durch Stoß vorstellen. Dennoch sollte die elektrische Atmosphäre als Summe unzähliger elektrischer Teilchen keine Festigkeit besitzen, sondern eher elastisch sein. Hier zeigt sich erneut Winklers Konflikt: Einerseits wollte er die elektrische Materie eindeutig von der gemeinen Materie unterscheiden, andererseits benötigte er zur Veranschaulichung des Wirkungsmechanismus mechanische Eigenschaften wie Festigkeit.

Zur weiteren Charakterisierung dieses ungewöhnlichen Naturprinzips griff er auf die naturphilosophische Uridee der Elemente zurück und identifizierte die Elektrizität demgemäß mit dem fünften Element, dem Äther /36/:

"Sollte demnach denen alten Weltweisen, welche Wasser, Feuer, Luft und Erde für Elemente erkläret haben, die elektrische Materie bekannt gewesen seyn: sie würden ohnfehlbar dieselbe daruntergerechnet, und ihrer demnach fünfe gemacht haben" (Winkler 1745, S. 140).

Erneut wird damit jene naturphilosophische Tradition der okkulten Qualität aufgegriffen, die im Zuge der Etablierung der experimentellen Philosophie ausgegrenzt werden sollte: Denn die "Quinta Essentia" bildete besonders für die Alchemisten jenen geistigen Kern aller Materie, der unter vielen Namen bekannt ist: "Universalgeist", "Mercurius", "Balsam der Natur", "Archeus", "ignis elementaris" etc. Doch bereits in der Materietheorie des Aristoteles wird dieses Element erwähnt. Stephen Toulmin und June Goodfield haben gezeigt, daß Aristoteles es für notwendig hielt, neben den vier Elementen Feuer, Wasser, Luft und Erde ein fünftes Prinzip anzunehmen, denn er hatte nichts, "to explain either the permanent stability of the heavenly bodies or the more limited stability of living organism and species" (Toulmin, Goodfield 1962, S. 88). Zum Zwecke der Vervollkommnung seiner Materietheorie wählte er neben dem fünften Element, welches die himmlische Materie bildete, das Konzept des "Pneuma", welches die Psyche von einer Generation zur nächsten transportieren sollte /37/. Dieses Pneuma bildete mit dem fünften Element jenes dynamische Prinzip in der Natur, welches das Wachstum der Organismen und der Minerale stimuliert. "Regarded as a raw material, the pneuma is closely analogous to the quintessence of the celestial bodies, which shares its power to stimulate the growth of organisms (and even minerals) on the earth" (Toulmin, Goodfield 1962, S. 90). Mit der Erforschung der Elektrizität im 18. Jahrhundert sollten diese Überlegungen erneut an Bedeutung gewinnen.

Unabhängig von den verschiedenen Beschreibungsformen, die es bei dieser Begrifflichkeit zu berücksichtigen gilt /38/, galt das Pneuma als jenes Medium, welches für den Zusammenhalt der Materie verantwortlich war. "It is a continuus, dynamic agency, responsible for maintaining the cohesion of the body; and since it is hypothetical, quite as much as the atoms, it can be described only by producing models and analogies" (Toulmin, Goodfield 1962, S. 95).

Winkler interpretierte nun diese Uridee des fünften Elements gemäß dem Denkstil seiner Zeit. Er versuchte, mit Hilfe mechanischer Analogien ein anschauliches Bild eines Spannungszustandes der elektrischen Materie zu entwerfen, die gewissermaßen die alte Pneumavorstellung, die auch als Lebensgeist, Spannkraft der Materie bekannt ist, wiedergeben sollte /39/.

"Man stelle sich vor, als wenn alle electrische Theile, die unter dem Electrisiren eine Linie zusammen ausmachen, dergestalt miteinander vereinigt wären, wie entweder die Theile einer Saite, oder einer Spiralfeder. Wenn eine Saite gedehnt wird: so ist sie bemühet, sich wieder zusammenzuziehen. Sie wird auch wirklich verkürzt, so bald man im Spannen und Dehnen nachläßt. Wenn eine Spiralfeder zusammengezogen wird: so ist sie bemühet, wieder aus einander zu schnellen. Sie breitet sich wieder in den vorigen Raum aus, sobald man im Zusammenziehen aufhöret. Weil aber Saiten und Spiralfedern mit einem Ende irgendwo befestigt seyn müssen, wenn sie der Kraft, welche in sie wirkt, durch ihre Elasticität widerstehen sollen: so ist die Frage, wo die electrischen Linien an ihrem Körper befestigt seyn und wo sie entweder gedehnet, oder zusammengezogen werden sollen? ... Wenn also in jeglichem Puncte, aus welchem electrische Linien entstehen, die electrischen Theile wie Spiralfedern mit einander verbunden wären, welche durch jeglichen Stoß im Reiben nach verschiedenen Gegenden gedrückt würden: so ließe sich die Electricität aus der Elasticität erklären. Man hat also in den künftigen Untersuchungen der Electricität darauf zu sehen, ob man solche Kennzeichen entdecken kann, welche deutlich erweisen, daß die electrische Materie aus elastischen Körpern bestehe; oder ob man Merkmale finden kann, welche das Gegentheil auf eine untrügliche Art zeigen" (Winkler 1744, S. 133 f und S. 137).

Trotz dieser Bemühungen, die Dynamik seiner elektrischen Atmosphäre auf elastische Spannungszustände zurückzuführen, gelang es ihm nicht, völlig auf mechanische Druck- und Stoßbewegungen fester elektrischer Teilchen zu verzichten. Dennoch haben Winklers fünftes Element sowie das Pneuma der Stoiker, aber auch - wie ich noch zeigen werde - Newtons Äther eine gemeinsame Funktion: Sie sind die Träger anziehender und abstoßender Kräfte. Damit kann Winklers Versuch der Überwindung einer mechanischen Theorie der Elektrizität als eine Vorstufe zur Etablierung eines dynamistischen Konzeptes im Sinne des physikalischen Feldbegriffs angesehen werden. Doch entsprechend dem Denkstil seiner Zeit mußten die divergenten (Kraft)-Linien durch mechanische Modelle veranschaulicht werden /40/. Erst im Laufe des 19. Jahrhunderts konnte ein Kraftfeld akzeptiert werden.

Auch wenn diese Überwindungsversuche des mechanischen Denkens nur teilweise gelangen, versprach seine Hypothese der elektrischen Atmosphären ein erfolgversprechendes Forschungsprogramm zu sein: So wies er mit Stolz darauf hin, daß er mit dieser Idee der den Körper einhüllenden Atmosphäre dem "Ritter Newton" (so Winkler) die Lösung des Problems der Lichtreflexion/-brechung liefern könnte. Newton hatte im zweiten Buche der "Opticks" die Vermutung geäußert, daß die einfallenden Lichtstrahlen durch eine Kraft zurückgetrieben werden, die sich über die ganze Oberfläche des Körpers ergießen könnte. Ebenso hielt er es für möglich, daß die Lichtbrechung auf die Wirkung der Zwischenräume der Körper zurückzuführen sei. Winkler schrieb:

"Mich dünkt, was ich von der elektrischen Atmosphäre der festen Körper gesagt, das ist den Gedanken des Herrn Newton von der Ursache, womit die Lichtstrahlen gebrochen, zurückgeworfen und gekrümmt werden, nicht zu wider" (Winkler 1744, S. 106).

Im Laufe seiner weiteren Untersuchungen entwickelte er ein immer differenziertes Erklärungsmodell, das unter anderem auch eine Interpretation der Dufayschen Glas- und Harzelektrizitäten ermöglichte. Dufay selbst war nicht in der Lage, seinen experimentellen Befund der zwei Arten von Elektrizität theoretisch zu fassen. Er formulierte zu keiner Zeit ein plausibles Modell, anhand dessen er die unterschiedlichen Wirkungen (Anziehung bzw. Abstoßung) hätte klarmachen können. Winklers Ein-Fluidum-Theorie konnte diese Lücke schließen. Er fragte ganz richtig, worin denn die Gleich- bzw. Ungleichartigkeit der Elektrizitäten, die Abstoßung bzw. Anziehung bewirkten, zu sehen sei? In den Arten der elektrischen Teile oder in den Arten der Bewegung? Winkler vermutete letzteres, was auch für seine Vorstellung naheliegend erschien. Er wollte keine zwei verschiedenen Fluida annehmen. Elektrisierte er die Goldblättchen 1 und 2 mit einer Glasstange, so stießen sich beide ab. Elektrisierte er zwei weitere Goldblättchen 3 und 4 mit einer geriebenen Siegellackstange, so stießen sie sich ebenfalls ab. Brachte man aber Blättchen 1 mit 3 und 2 mit 4 zusammen, so zogen sie sich an.

Es wäre unsinnig anzunehmen, daß das Goldblättchen einmal elektrische Teilchen der Glasstange und ein anderes Mal Teilchen der Siegellackstange aufgenommen hätte. Dies widersprach dem Wesen der divergenten Linien, die wieder in ihren Ursprung zurückkehrten. Es war somit vernünftig anzunehmen, daß die Atmosphären unterschiedliche Bewegungen hervorriefen. So hielt er die Atmosphäre des Siegellacks für dichter als die des Glases. Er konnte vermuten, daß die elektrische Atmosphäre des Goldblättchens durch die Atmosphäre der Glasröhre in feinere Teile aufgelöst wird als durch eine Siegellackstange. Zwei unterschiedlich dichte Flüssigkeiten geraten in wirbelnde Bewegung, wenn eine in die andere dringt. Dabei entstehen Wirbel, bei denen der stärkere den schwächeren mitreißt, also das Goldblättchen anzieht.

Sind die Wirbel von gleicher Dichtigkeit, so stoßen sie sich ab, d.h. die Goldblättchen entfernen sich voneinander.

Winklers Theorie der elektrischen Atmosphäre lieferte für alle bekannten Phänomene der Elektrizität eine Erklärung. Die seit Gray empirisch nachgewiesene Fortleitung der elektrischen Kraft interpretierte er als die Fortpflanzung der Bewegung in den elektrischen Atmosphären mehrerer miteinander in Verbindung stehender Körper. Aufgrund des inneren Zusammenhalts der elektrischen Atmosphäre konnte kein Teil derselben verschoben werden, ohne den Nachbarn zu bewegen. Dieses Modell der mechanischen Kraftübertragung erschien den meisten 'Naturphilosophen' der Zeit ebenso plausibel wie die Winklersche Interpretation des elektrischen Funkens als Folge der Verdichtung zweier Atmosphären. Seine Arbeit "Gedanken von den Eigenschaften, Wirkungen und Ursachen der Electricität, nebst einer Beschreibung zwo neuer electrischen Maschinen" stellt einen charakteristischen Theoretisierungsversuch dar. Für viele Zeitgenossen galt dieses Buch als Standardwerk.

Daß Winkler trotz der stark durch mechanische Analogien geprägten Theorie der elektrischen Atmosphären die Elektrizität dennoch für jene Urkraft hielt, ohne welche die vier Elemente tote Materie wären, steht außer Zweifel. Dies bestätigt nicht nur seine Anlehnung an die philosophische Idee der "Quinta essentia", sondern auch seine feste Überzeugung von der physischen und psychischen Heilkraft der Elektrizität. So schreibt er über:

"die Veränderungen, welche von der verstärkten Elektrizität in einem Körper verursacht werden: Hingegen hätte jemand eine Schwachheit der Kräfte, ohne das sein Blut mit Materien angefüllt wäre, wovon eine schädliche Ausdünstung ausgehen könnte: so dürfte er vielleicht gestärkt werden, wenn entweder er oder ein anderer Mensch von lebhaften Kräften sich electrisiren liesse, und beyde einander mit ihren electrischen Atmosphären berührten. Verulamius erzählet, man habe angemerket, daß alte Leute durch beständigen Umgang mit jungen und munteren Personen gestärket würden; und führt einige aus den alten Sophisten und Lehrern der Rhetorik und Grammatik an, welche zu einem hohen Alter gelanget, und unter jungen Leuten, die sie unterrichtet, ihre Lebenszeit zugebracht" (Winkler 1746, S. 134).

Die elektrische Atmosphäre als unstoffliche Hülle der gemeinen Materie zu postulieren, konnte damit auch als Weiterführung der alchemistischen Lehren verstanden werden. Am Beispiel der Theorie der Elektrizität von P. Divisch, der explizit von Elektrizität als dem "archeus" spricht, werde ich diese Renaissance alchemistischer Gedanken darstellen /41/.

Die von Winkler gemäß den frühen Äthertheorien folgerichtig aufgestellten Spekulationen zu einem dynamistischen Erklärungsmodell fanden insofern nur wenig Gehör, weil um die Mitte des 18. Jahrhunderts die Welt mechanisch interpretiert wurde, d.h. die Hypothesen zu elastischen Elektrizitätsteilchen wurden zu Gunsten fester Partikel verworfen. Alle Theorien der Elektrizität und die ihnen zugrunde liegenden Analogien bauten uneingeschränkt auf der Existenz eines materiellen Äthers auf, auch wenn in England mit der Newtonschen Mechanik bereits ein mechanistisches Fernwirkungskonzept erfolgreich propagiert wurde.

Die nationalen Abweichungen in den Theorien sahen dabei folgendermaßen aus: In Deutschland etablierte sich eine allgemeine Äthertheorie, nach der elektrische Wirkungen als Ätherfluß zwischen zwei Körpern aufgefaßt wurde. Diese von Johann Albrecht Euler (1734 - 1800) ausgearbeitete Theorie leitete er aus den gemeinsamen hydrodynamischen Arbeiten mit seinem Vater ab. 1755 gewann Euler damit ein Preisausschreiben der Petersburger Akademie. In Frankreich hatte der damalige 'Papst' der Physik, Jean Antoine Nollet (1700 - 1770), eine Theorie der Elektrizität entwickelt, die die Phänomene der elektrischen Anziehung und Abstoßung als grundlegendes Prinzip elektrischer Vorgänge postulierte. In Anlehnung an die divergenten Strahlen der Winklerschen Arbeit charakterisierte Nollet die Umgebung eines elektrisierten Körpers durch gleichzeitiges Aus- und Zufließen elektrischer Materie.

3.1.3. Die Elektrizitätsforschung - eine Bewährungsprobe für die experimentelle Philosophie

3.1.3.1. Elektrizität - Naturphilosophie - Öffentlichkeit

Die Vorstellung des Ausströmens der Elektrizität aus der Materie verleitete nicht nur zu Spekulationen über die Zusammensetzung der gewöhnlichen Materie, sondern insbesondere über das Wesen des austretenden Fluidums selbst. Besondere Aufmerksamkeit galt dem elektrischen Funken. In Frankreich faßten die Enzyklopädisten die Elektrizität unter die Kategorie Feuer. Doch wie bereits erwähnt, hatte Winkler in seinen Publikationen die Frage erörtert, ob es sich bei den Funken um eine besondere Art des Feuers handele. Diese Ansicht wurde auch von vielen anderen Forschern in den europäischen Ländern geteilt. Der Astronom Edmond Halley (1656 - 1743) behauptete im Mai 1731 vor der Royal Society, daß die elektrischen Versuche offensichtlich den Beweis für die Existenz des von Newton vorausgesagten, universellen Mediums lieferten. Charles Dufay sah eine enge Verbindung zwischen Elektrizität, Feuer, Wärme und Lebenskräften. Benjamin Wilson schrieb über dieses Feuer als eine wundervolle Materie, die die Natur seit der Erschaffung der Welt vor uns verborgen habe. Doch nun sei der Mythos des Prometheus verifiziert - was könnten die Sterblichen hiernach noch schwierig finden. Der Verbindungsmann des Amerikaners Benjamin Franklin in England, Peter Collinson (1694 - 1768), glaubte, die Elektrizität führe zu höheren Wahrheiten.

Was veranlaßte diese Wissenschaftler zu solchen Spekulationen? Zum einen entfachte dieses ungewöhnlich subtile Feuer eine Diskussion um die theologische und kosmologische Bedeutung der Elektrizitätsforschung und damit allgemein der experimentellen Naturphilosophie /42/. Die Ursprünge gehen auf Newton zurück. "Newton wrote in a draft for the final query of the 1706 edition of the Latin Optics that ' Metaphysical arguments are intricate and understood by few. The argument which all men are capable of understanding and by which the belief of a Deity has hitherto subsisted in the world is taken from Phaenomena. We see the effects of a Deity in the creation and thence gather the Cause and therefore the proof of a Deity and what are his Properties belong to experimental Philosophy.' These queries listed the active powers which natural philosophers should use in such 'proof': fermentation , comets' tails, the Sun, eruption, cohesion, or electricity. The problematic identification of electricity with fire or with chemical activity, with phlogiston, light or nervous fluid, formed part of a practice in which it was essential to connect powers with divine action and then produce them from matter" (Schaffer 1983, S. 4).

Damit setzte sich die auch als Physikotheologie bekannte Forschung die Aufgabe, die Existenz und die Bedeutung dieser aktiven Prinzipien öffentlich zu demonstrieren. Das Konzept der "active principles" oder auch "active powers" verdanken wir Newtons Beeinflussung durch die Alchemie. Es kann als eine Weiterentwicklung alchemistischen Gedankengutes betrachtet werden. "These ways of thinking were in part the outcome of the neo-Platonic doctrines he had learned as an undergraduate from Henry More. The Cambridge Platonists found it necessary to broaden the categories of the mechanical philosophy in order to allow for the regular operation of God in the world and for the endless variety of activities in living things. To the passive principle of matter they added all sorts of active principles; without them, they argued, animation and purpose could not appear (McMullin 1978, S. 43).

Der elektrische Funke sowie die anziehenden und abstoßenden Kräfte standen für eine solches die mechanische Philosophie notwendig ergänzendes Prinzip, welches für das Werden in der Natur verantwortlich zu machen ist. Newton prägte in diesem Zusammenhang daher auch den Begriff "electric spirit", so wie schon die Stoiker vom Pneuma sprachen, welches die materielle Welt zusammenhält. "Its effect would be to set up strong forces of attraction and repulsion between the smallest particles of bodies, thus giving rise to coherence, chemical change, growth, and generation and even, perhaps, 'uniting the thinking soul and unthinking body'. The advantages of invoking such a 'spirit' (reminiscent inevitably, of what would later be called electrical field) were manifold. It suggested how a wide range of phenomena could, in principle, be united by the same laws of force, analogous with the long-range gravitational forces of the Principia. And by assigning a source for the activity, it allowed a much more satisfactory explanation than gravitation had yet received; the only source Newton had been able to find in the latter case (as we have seen) was the direct action of God" (McMullin 1978, S. 94).

Welche Bedeutung die Möglichkeit der künstlichen Erzeugung dieser aktiven Kraft in der Natur durch Manipulation der passiven Materie beigemessen werden muß, stellt Simon Schaffer in seinem Artikel ausführlich dar: Zum einen bewiesen die Wirkungen dieser aktiven Prinzipien das unmittelbare Wirken Gottes in der Natur, und zum anderen leiteten die Forscher daraus ihre Aufgabe ab, Kontrolle über diese Kräfte auszuüben /43/. Der elektrische Funke bewies nun die Möglichkeit der Reindarstellung eines geistigen Prinzips, welches zur Installierung eines Autoritätsmodells in der Gesellschaft genutzt wurde, nach dem geistige Eliten die Masse regierten /44/. Diese auf das englische Denken der Zeit bezogenen Auffassungen von einem jenseits der mechanischen Philosophie angesiedelten geistigen Prinzip stehen stellvertretend für die mit diesem elektrischen Feuer verbundenen denkgeschichtlichen Urspünge, wie sie auch in Deutschland von Winkler aufgegriffen worden sind.

Wie ich noch zeigen werde, sollte die dem mechanischen Denken zugrundeliegende Materie-Geist-Dichotomie im Verlaufe der zweiten Hälfte des 18. Jahrhunderts von Elektrizitätsforschern in Frage gestellt werden /45/. Und auch das von Newton aufgestellte mechanistische Denkmodell (vgl. Kapitel 3.1.), welches im Laufe des 18. Jahrhunderts das mechanische ablösen sollte, wurde kontrovers diskutiert. Doch während sich die Naturforscher noch beständig über die theologische und kosmologische Angemessenheit der Newtonschen Materie-Kraft-Konzeption stritten, wurde bereits in der ersten Jahrhunderthälfte die Newtonsche, mechanistische Naturauffassung von Philosophen wie John Locke als ein ideales Denkmodell für eine aufklärerische Gesellschaftstheorie interpretiert und verwendet: "John Locke z.B., ein Zeitgenosse Newtons, argumentierte, man könne alle Probleme der Menschen in der Gesellschaft lösen, wenn man nur die Naturgesetze der Mechanik anwende. Das Naturgesetz gelte sowohl in der Religion wie in der Physik. Er legte seiner Philosophie eine 'atomistische' Struktur der Gesellschaft zugrunde: Jeder Mensch ist vom anderen isoliert in dem Sinn, daß er keine 'organische' Beziehung mit ihm hat; alle Menschen sind Individuen, gleichsam Massepunkte, deren Beziehungen sich regeln nach zwischen ihnen herrschenden Kräften und Gegenkräften (2. und 3. Newtonsches Axiom). Die politische Macht hat dafür zu sorgen, daß sich ein Gleichgewicht bildet und dieses Gleichgewicht erhalten, stabil bleibt" (Pukies 1979, S. 65 f).

Hier zeigt sich, wie versucht wird, die bürgerliche Auffassung von Staat und Gesellschaft durch naturwissenschaftliche Leitbilder abzusichern. Simon Schaffer und Steven Shapin zeigten, daß Newtons naturwissenschaftliches Konzept - hier die Trennung von Materie und Geist, in Form von Masse und Kraft, aber insbesondere seine Trennung von passiver Materie und aktiven Prinzipien -ebenso als Absicherung eines autoritären Systems (im Sinne von: Geistige Eliten (Geist) regieren die Massen (Materie)) aufgefaßt wurde und daher Stein des Anstoßes war. Dabei spielte die theologische Komponente die entscheidende Rolle: "Newton understood active principles to be both lawful and products of providence; he thus made the natural order to be utterly dependent upon external spiritual superintendence" /46/. Das Gegenmodell bestand nun darin, daß die Materie selbst mit aktiven Prinzipien ausgestattet sei, sodaß die Abhängigkeit von göttlichem Wirken aufgegeben werden konnte. Damit war für die Vertreter dieser Richtung der aufklärerische Schritt zu einem freien Individuum theoretisch vollzogen.

Auf diesem Hintergrund kamen den öffentlichen Vorlesungen der experimentellen Philosophen zentrale Bedeutung zu. Im Sinne des Newtonschen Verständnisses gelang es mit diesen Vorstellungen, den Glauben der Menschen an das göttliche Wirken in der Natur zu stärken. Die überzeugenden Vorführungen der experimentellen Beherrschbarkeit dieser aktiven Prinzipien (wie der Elektrizität) stärkte die soziale Stellung dieser Naturforscher. Sie bildeten sowohl eine theologische und moralische wie politische Instanz. Die weitere Erforschung der Elektrizität sollte im wahrsten Sinne des Wortes noch "schlagende" Beweise der Macht dieser Naturphilosphie liefern.

Doch neben dieser ideologischen Funktion solcher öffentlichen Vorlesungen nutzten die experimentell arbeitenden Naturforscher wie Nollet, Watson und Priestley das Interesse der Öffentlichkeit, um ihren Forschungsetat aufzubessern. Sie führten neben ihren akademischen Verpflichtungen öffentliche Demonstrationsveranstaltungen für das aufstrebende, an naturwissenschaftlicher Bildung interessierte Bürgertum durch.

Die elektrischen Phänomene weckten das Interesse der Menschen aber noch in besonderer Weise. In dem Spannungsbogen von Faszination und Herausforderung entwickelte sich mit Beginn der zweiten Hälfte des 18. Jahrhunderts die Elektrizität zum Hoffnungsträger vieler Interessensgruppen. Ich möchte daher diese Phase der Elektrizitätsforschung als einen Versuch der Natur- und Selbsterfahrung bezeichnen. Eine Vielzahl von Menschen fühlte sich aufgerufen, aktiv an dieser Forschung teilzunehmen. Elektrische Experimente trugen jetzt nicht mehr nur ausschließlich zur Unterhaltung akademischer Tischgesellschaften und zur Bereicherung höfischer Theaterinszenierungen bei, sie wurden zu öffentlichen Schauspielen. Schlechte wirtschaftliche Verhältnisse und die von den elektrischen Phänomenen ausgehende Faszination waren Voraussetzungen zur Entstehung eines neuen Berufszweiges, des Elektrisierers.

Dieser zog auf den Jahrmärkten des Landes umher und elektrisierte Menschen gegen Bezahlung. Über die Bedeutung neuer Berufe schrieb allgemein Johann Beckmann in seinem Werk zur Geschichte der Erfindungen:

"Alle Politiker lehren, man müsse die Zahl der Einwohner zu vermehren suchen, aber dieser Grundsatz ist doch nur mit der Bedingung wahr, wenn man mehren als schon da sind Verdienst anweisen kann. Denn der Bettler haben wir schon zu viel zu futtern. Alle unsere Gewerbe sind nicht schon besetzt, sondern überbesetzt... Müssen wir nicht froh sein, wenn die Noth noch neue Gewerbe erfindet, gesetzt das sie sonst auch wohl entbehrt werden könnten" (Beckmann 1795, Bd.4, S. 58).

Glaubt man den Beschreibungen des englischen Naturforschers und Philosophen Joseph Priestley (1733 - 1804), so entwickelte sich das 'Elektrisieren' zu einem lohnenswerten Geschäft. Besondere Begeisterung rief das Funkenziehen aus menschlichen Körpern hervor. Diese von dem elektrischen Feuer ausgehende Faszination findet eine mögliche Erklärung in der bereits ausführlich dargestellten Identifikation von Feuer und Leben. Der elektrische Funke wurde demnach symbolhaft als die Verkörperung der Lebenskraft verstanden /47/. Aus den Untersuchungen von Bachelard /48/ geht hervor, daß es sich dabei um ein sexualisiertes Feuer handelt. Unter Berücksichtigung meiner eigenen Quellenstudien und kulturhistorischen Untersuchungen dieses Zeitraums ist es berechtigt anzunehmen, daß sich in der Erforschung der Elektrizität eine starke soziale Spannung einer verdrängten Sinnlichkeit Luft zu machen versuchte /49/.

Die Identifikation der Elektrizität mit der Lebenskraft sollte somit entscheidend die weitere Forschungspraxis bestimmen. Wie sich zeigen wird, war sie nicht nur Forschungsmotivation, sondern sie regte insbesondere zum Experimentieren am eigenen Leibe an. Mit allen Sinnen diese geheime Kraft zu erfahren, war ebenso selbstverständlich, wie die Anwendung der Elektrizität zu Heilzwecken /50/.

Doch wird sich auch zeigen, daß die Verwissenschaftlichung der Erfahrungen mit Elektrizität im Sinne der experimentellen Philosophie Ausgrenzungen von Annahmen und Umgangsweisen bedeutete. Sinnliche Erfahrungen wurden so zu Gunsten technischer Nachweisverfahren aufgegeben. So mußte zur Gewährleistung einer exakten Trennung des Untersuchungsobjektes vom zu untersuchenden Subjekt der Mensch als empfindlichstes "Meßinstrument" aus den Versuchsanordnungen entfernt werden.

Mit der Einlösung der Prämissen der experimentellen Philosophie wurden daher alle Phänomene, die sich nicht quantitativ beschreiben und instrumentell nachweisen ließen, als unwissenschaftlich erklärt. Wie diese Studie zeigen wird, fielen damit solche auf sinnliche Wahrnehmung sowie Entfaltung ausgerichtete Formen der Naturbeherrschung (wie z.B. die Heilpraktiken eines Franz Anton Mesmer) zum Opfer. Die Auswirkungen der Durchsetzung der quantitativ-numerischen Form der Naturbeherrschung zeigen sich auch in der Vereitelung einer sich abzeichnenden Renaissance der mit diesem Lebensprinzip verbundenen alchemistisch-magischen Äthervorstellungen. Das Publikationsverbot der elektrischen Theorie des Prokop Divisch, im Kapitel "Frühe Elektrodynamik - ein gescheiterter Versuch von Natur- und Selbsterfahrung" dargestellt, soll hier stellvertretend für andere genannt sein. Das Beispiel des Mesmerismus zeigt zudem, wie gerade auch mit der Stigmatisierung dieser Kraft als Sexualkraft jenes ursprüngliche Forschungsmotiv - die Entdeckung der Lebendigkeit -zur Waffe gegen die weitere Durchführung solcher Forschungen in der Öffentlickeit eingesetzt wurde.

Ein weiteres, die Elektrizitätsforschung des 18. Jahrhunderts prägendes Merkmal, ist die Herausbildung eines neuen Forschertyps, der mit dem alten Bild des Gelehrten völlig brach: Ein Großteil der Forscher besaß keine akademische Ausbildung. Sie setzten sich aus den unterschiedlichsten Berufen zusammen: Apotheker, Ärzte, Priester, Handwerker u.s.w. traten als gleichrangige Experten auf. Nicht die klassische Bildung in Sprachen, Philosophie und Theologie allein ermöglichte Erkenntnisfortschritt, Experimentalgeschick und gesunder Menschenverstand waren gefragt.

"In der Elektricität vornehmlich kann man sich die stärkste Hoffnung auf neue Entdeckungen machen. Es ist ein Feld, welches nur erst vor Kurzem eröffnet ist, und eben keinen starken Vorrath von besonderen Vorbereitungskenntnissen zu seiner Bearbeitung erfordert, so daß ein Jeder, wer in der Experimentalphysik (im Original Experimental Philosophy, d.V.) nur mittelmäßig bewandert ist, es sofort den erfahrensten

Elektrisirern gleichthun kann. Ja, die Geschichte zeiget, daß verschiedene sonst eben nicht ausserordentlich geschickte Experimentirer sich eben so berühmt gemacht haben, wie Andere, die in anderen Absichten die größten Physiker gewesen sind" (Priestley 1772, S. XV).

Im Schutze weitgehender Privatheit gedieh eine Forschungspraxis, in der die Fantasie noch ihren freien Lauf nehmen konnte. Beim Experimentieren ging es weniger um die Verifizierung einer allgemein akzeptierten Theorie, als vielmehr um das Überprüfen eigener, individueller Analogien, Fragestellungen und Theorieansätze, sowie insbesondere um die Vorführung reproduzierbarer Ergebnisse.

Der Wissenschafthistoriker Serge Moscovici sieht mit dieser Hervorhebung des Experiments die Herausbildung eines Philosophentypus, der den Wert der Entdeckung als oberstes Kriterium erkennt. Damit wird die reproduzierbare Tatsache zum Erkennungszeichen innovativer Forschung erhoben und nicht (wie bis zu dem Zeitpunkt) die aus philosophischen Traditionen weiterentwickelten theoretischen Einsichten /51/. Daß die Elektrizitätsforschung für diese Entwicklung als ein mustergültiges Beispiel begriffen wurde, das belegt unter anderem die Veröffentlichung des Romans "Der Philosoph ohne Anspruch oder der seltene Mann, ein Physikalisches, Chymisches, Politisches und Moralisches Werk von Herrn de La Follie" (La Follie 1781). Dieser utopische Roman beginnt mit einer Szene, in der ein Gelehrter in seiner Bibliothek steht und sich nicht entscheiden kann, welche Bücher er fortwerfen soll und welche unbedingt für die weitere Forschung notwendig seien. In diesem Moment taucht "Scintilla" (lat. Funke), ein Außerirdischer, auf, der mit einer fliegenden Elektrisiermaschine zur Erde herabgekommen ist und ihm die Grundsätze der wahren Philosophie anhand der Elektrizität erläutert. Der in diesem einleitenden Bild zum Ausdruck kommende Protest gegen die einseitige Anhäufung scholastischer Bücher beruht auf der noch jungen, sich erst durchsetzenden Überzeugung, Fortschritt könnte nur herbeigeführt werden, indem neue experimentell zu erschließende Forschungsgebiete geschaffen würden. So hält Moscovici Joseph Priestley für genau diesen Forschertypen, der Schöpfer des Erkenntnisgegenstandes und zugleich der Erkenntnis des Gegenstandes sein wollte. Mit seinen Arbeiten erfährt jenes physikalische Programm, in dem der Gegenstand der Erfahrung durch das Verfahren der Erfahrung hergestellt wird, einen entscheidenden Vorschub.

Infolge dieses neuen Denkens und Handelns verfolgten Einzelpersonen oder Gruppen unkonventionelle Fragestellungen, ohne darauf zu achten, ob sie philosophische Traditionen verletzten. Sie folgten ihren persönlichen Überzeugungen und gelangten damit zu ungewöhnlichen Ergebnissen, die häufig wesentlich zur Weiterentwicklung der Elektrizitätsforschung beigetragen haben. Die Erfindung des Kondensators als neues Verstärkungsprinzip der Elektrizität war ein solches Ergebnis. Aus den bestehenden Theorieansätzen zur Elektrizität ließ sich diese Entdeckung nicht herleiten.

3.1.3.2. Die Verstärkungsflasche - ein unerwartetes Experimentalphänomen mit weitreichenden Folgen

Im Jahre 1746 konnte man in zahlreichen Tageszeitungen und wissenschaftlichen Abhandlungen Berichte von den außergewöhnlichen Wirkungen einer Musschenbroekschen Flasche lesen. Man sprach von ihr auch als einer "Erschütterungs-" bzw. "Verstärkungsflasche" oder als "Kleistsche Flasche". Hinter all diesen Bezeichnungen verbarg sich ein Glasgefäß (z.B. ein langhälsiges Medizinfläschchen), welches halb mit Wasser gefüllt war und durch dessen Öffnung ein metallener Draht ins Wasser führte. Über diesen Draht wurde der Flüssigkeit "elektrische Materie" zugeführt. Mit dieser Flasche war der erste Kondensator (Verdichter oder Verstärker der Elektrizität) hergestellt, doch waren ihre Erfinder von der heute üblichen physikalischen Erklärung noch weit entfernt. Die Vorstellung von einer Verstärkungsmöglichkeit der Elektrizität beschränkte sich bis dahin auf die Vergrößerung der Reibungsfläche der Röhren oder der Masse der zu elektrisierenden Körper. Die Entdeckung der Verstärkungsflasche geht nicht auf einen genialen Forscher zurück, sie ist vielmehr das Ergebnis eines sich über Jahre und Personen hin erstreckenden Prozesses. Seinen Ausgang nahm er in Deutschland, wo der Jurist Ewald Jürgen von Kleist (1700 - 1748) am 4. November 1745 an J.N. Lieberkühn (1711 - 1756) in Danzig folgende Versuchsbeschreibung mitteilte:

"Wenn ein Nagel, oder starker messingener Drath u.d. gl. in ein kleines Medicingläschen gestecket, und elektisiret wird, so erfolgen besonders starke Wirkungen. Das Gläschen muß recht trocken oder auch warm seyn. Insgemein reibe ich es vorher durch die mit geschabter Kreide bestreuten Finger. Thut man ein wenig Mercurius, oder ein paar Tropfen Spiritus Vini hinein, so geht alles noch besser von statten... Wird die blecherne Röhre, wozu in einem Tubum von funfzehn Fuß gebrauche, auf gewöhnliche Art elektrisirt, und ich halte sodann den in dem Gläschen befindlichen Nagel daran, und fahre mit dem Elektrisiren fort: so sollte man nicht glauben, in welche Stärke die Elektricität gesetzet werde, wenn nicht die Erfahrung den besten Beweis darböte ... Als etwas Besonderes deucht mir hierbei, daß, wenn das Gläschen mit dem Nagel in eine andere fortpflanzende oder nichtfortpflanzende Materie gefüget wird, diese starke Wirkung nicht erfolgen wolle. Ich habe es auf Holz, Metall, Glas, Siegellack geküttet und elektrisiret, allein der Effect hat sich nur schwach gezeiget. Der menschliche Körper muß also wohl hierzu etwas beitragen. Dieser Satz wird bestärket, wenn ich zur Zeit noch keinen Spiritum anzünden können, ausser wenn er in der Hand gehalten worden ist" (Priestley 1772, S. 53 f; erstmals in Gralath 1754, S. 407 f).

In seinem Antwortschreiben gab ihm Lieberkühn jedoch zu verstehen, daß er den Versuch nicht reproduzieren könne. Es folgten Briefe Kleists an weitere wissenschaftliche Institutionen, u.a. auch an die Danziger Naturforschende Gesellschaft. Auf einer ordentlichen Sitzung dieser Gesellschaft am 15. Dezember 1745 ließ ihr damaliger Direktor Daniel Gralath (1708 -1767) das Schreiben Kleists verlesen und diskutieren. Die Mitglieder der Gesellschaft aber kamen zu dem gleichen, unbefriedigenden Ergebnis wie Lieberkühn. Sie beschlossen, auf den Brief von Kleist nur 'privatim' zu antworten /52/. Dieser Mißerfolg war gewissermaßen vorprogrammiert: Die damals allgemein verbreitete Überzeugung, daß zur Elektrisierung eines Gegenstandes eine Isolierung gegenüber dem Boden unbedingt notwendig sei, hatte auch die Danziger Experimentatoren veranlaßt, folgende Überprüfungsschritte durchzuführen: Eine isoliert stehende Versuchsperson hielt die Flasche mit dem Nagel an die Elektrisiermaschine. Daraufhin hielt sie dieselbe Flasche einer zweiten Person entgegen, die mit dem Finger den Funken zu ziehen beabsichtigte. Die spürbare Wirkung war schwach. Das Wesentliche dieses Versuches, daß der Mensch die für den Kondensator notwendige Erdung bildete, wurde nicht erkannt; Kleists ausdrückliche Betonung der Bedeutung des menschlichen Körpers genügte nicht. Im April 1746 aber erhielt Kleist aus Danzig endlich doch noch die gewünschte Bestätigung, daß sein Versuch erfolgreich wiederholt worden war.

Inzwischen sprach man auch in Leyden (Holland) von der Entdeckung der Verstärkungsflasche: Der derzeit sehr bekannte Physiker Pieter van Musschenbroek (1692 - 1761) berichtete am 20. Januar 1746 Réaumur von einem Versuch, der sowohl in seinen Auswirkungen wie in seiner Durchführung dem von Kleist entsprach. Offensichtlich wollte er zunächst nur den von G. M. Bose beschriebenen Versuch, elektrische Funken aus Wasser zu ziehen, wiederholen /53/, was ihm auch gelang, indem er Wasser in ein isoliert stehendes Trinkgefäß füllte, dieses mit Hilfe eines Metalldrahtes elektrisierte, um dann den Funken mit dem Finger aus dem Wasser zu ziehen. Da er weiterhin an der Isolierung des Trinkgefäßes festhielt, führte ihn der Versuch noch nicht zum Verstärkungsprinzip. Erst der Jurist Andreas Cunaeus (1712 -1788), ein Bekannter Musschenbroeks, erfuhr dann am eigenen Leibe die heftigen Erschütterungen, die das Trinkgefäß bewirkte, als er diesen Versuch in seiner Wohnung wiederholen wollte. Er war gezwungen, den Versuch allein durchzuführen, so daß er während des Elektrisierens die Flasche in eine seiner Hände nehmen mußte. Als er darauf mit der anderen Hand sich der Flüssigkeit näherte, durchfuhr ihn eine heftige Erschütterung. Erneut bestätigte sich die Kleistsche Behauptung, nach der dem menschlichen Körper eine zentrale Stellung im Versuchsaufbau zukam. Trotz erfolgreicher Wiederholung dieses Versuches zusammen mit Musschenbroek gelang es beiden nicht, eine befriedigende physikalische Erklärung zu geben. Dies sollte erst im Laufe der nächsten Jahre gelingen.

Für die rasche Verbreitung dieses neuen Experiments war ein Verstehen des Effekts auch keineswegs zwingend. Das unvergleichlich große Interesse an diesem Versuch beruhte auf seiner eindrucksvollen Wirkung. Ein Freund Winklers aus Freiburg berichtete,

"daß Handwerksleute, an welchen er den Versuch gemachet, ihn darauf versichert, daß ihnen wäre, als wenn sie einen halben Tag schwere Arbeit gethan hätten" (Winkler 1746, S. 6).

Die zahlreichen Beweise für den Zusammenhang von Mensch und Elektrizität veranlaßte in Frankreich Nollet, dieses Gerät bei der Behandlung von Paralytikern einzusetzen. Als erbitterter Verfechter der Experimentellen Philosophie nutzte er diesen Effekt aber auch, um die Macht des Naturphilosophen nicht nur über die aktiven Kräfte in der Natur, sondern auch über die Menschen zu demonstrieren. Zu diesem

Zwecke organisierte er eine der damals üblichen, öffentlichen Veranstaltungen, in der er vor den Augen des Königs hundertachtzig Soldaten, in einem Kreis aufgestellt, sich an die Hände fassen und durch eine einzige Entladung einer Flasche in die Luft hüpfen ließ (Priestley 1772, S. 68). Mit diesen 'Massendemonstrationen' gewann die Elektrizität und damit die 'experimentelle Naturphilosophie' mehr und mehr an öffentlicher Beachtung. Die Idee der kontrollierten Beherrschbarkeit der Natur erfuhr mit diesem Experiment der gleichzeitigen Kraftausübung auf eine ganze Batterie Soldaten eine triumphale Bestätigung. Die aus Teilsystemen zusammengesetzt gedachte Natur (Atome), aber auch die Gesellschaft (hier die Soldaten) konnte durch die kontrollierte Anwendung der Elektrizität endlich jenen perfekten Funktionsmechanismus bilden, der von übergeordneter Ebene kontrolliert werden konnte /54/.

Die erste ausführliche, wissenschaftliche Bearbeitung der Verstärkungsflasche wurde in Deutschland Ende 1746 von Winkler veröffentlicht. Mit seinem Werk lieferte er eine Fülle empirischen Materials. Seine Interpretationen und Arrangements der Experimente standen ganz im Zeichen der damals allgemein akzeptierten 'materiellen' Ausströmungstheorie. Für Winkler bestand das Prinzip der Verstärkung im Zusammenwirken der elektrischen Atmosphären von Glas und Wasser. Die Notwendigkeit einer Erdung der Flasche durch den Menschen deutete er folgendermaßen: Der Mensch und das Erdreich waren Körper, die sehr viel elektrische Materie beinhalten. Je mehr solcher Körper Kontakt zur Außenseite der Flasche hatten, desto stärker wurde die elektrische Atmosphäre des Glases. Sie wiederum führte zur Verstärkung der elektrischen Atmosphäre des Wassers. Trotz dieser Erklärung gab es für Winkler noch offene Fragen: Warum trat dieser Effekt nur bei Glas auf und nicht bei einem Metallbecher? Warum traten die Entladungsfunken nicht beständig, sondern in Intervallen auf? Seine Deutungsversuche zeigen immer wieder sein Festhalten an der altbewährten Vorstellung: Die Notwendigkeit der Isolierung eines zu elektrisierenden Körpers wollte er nicht in Frage stellen, nur weil das Glas sich offensichtlich anormal verhielt. Ihm erschien es unmöglich, die Vorstellung einer materiellen Atmosphäre aufzugeben und sich statt dessen die Trennung von Materie und Kraft vorstellen zu müssen. Die Verstärkungsflasche entpuppte sich als ein grundlegender Prüfstein für die Ausströmungstheorien.

Trotz seines starren Festhaltens an dem Atmosphärenkonzept lieferten Winklers Überlegungen dennoch eine Reihe von Hinweisen, die der weiteren Entwicklung dienlich waren. Elektrischer Strom wurde bislang als die Bewegung elektrischer Atmosphären verstanden. Die konkreten, sinnlichen Erfahrungen an der Flasche aber richteten den Blick auf das Innere des eigenen Körpers, allgemein auf die Vorgänge 'in' der Materie (Winkler 1746, S. 100 ff). Die Fortleitung der Elektrizität wurde nicht mehr nur als eine äußere Bewegung der Atmosphären erfahren, sondern zusätzlich als eine innere, im Körper stattfindende. Es bestand für Winkler ein enger Zusammenhang zwischen den schon länger bekannten äußeren Vorgängen um einen elektrisierten Körper und den bisher nur vermuteten inneren Bewegungen der elektrischen Materie (Winkler 1746, S. 66 f). Diese Verknüpfung führte ihn bereits zu der Hypothese eines Leitungsstromes, doch gelang es ihm nicht, die elektrostatischen Phänomene von den sich hier erstmals andeutenden elektrodynamischen Phänomenen zu trennen. Diesen Bruch mit der traditionellen Ausströmungstheorie zu vollziehen, gelang erst der nachfolgenden Generation.

Die Experimente mit der Erschütterungsflasche brachten allerdings auch noch andere traditionelle Vorstellungen von der Elektrizität ins Wanken. Sowohl die frühen Fortleitungsexperimente wie die Funkenerzeugung suggerierten in ihrer praktischen Ausführung die Möglichkeit einer uneingeschränkten, linearen Ausbreitung der elektrischen Atmosphäre. Erst aus den Erfahrungen mit der Flasche, in der ein Personenkreis immer die notwendige Bedingung für die Entladung darstellte, entwickelte sich der Begriff des elektrischen "Umkreises" (Priestley 1772, S. 69 ff), der uns als Stromkreis bekannt ist. Nach der Verdrängung des Menschen als Teil der Versuchsanordnung erinnert heute allerdings nichts mehr an einen Kreis. Der Ausdruck aber blieb erhalten, obwohl bereits Winklers Versuche auf die Tatsache hinwiesen, daß die Elektrizität zwar ausgezeichnete Wege benütze, diese aber keineswegs von der Form, sondern von der Materialbeschaffenheit abhingen (Winkler 1746, S. 35; vgl. dazu Franklins Stromkreishypothese S. 221 und 243f). Diese und weitere empirische Belege ließen ebenso die allgemein vertretene Behauptung fragwürdig erscheinen, "daß die elektrische Kraft in dem Umkreise, welche sie bei diesem Versuche machet, allemahl den nächsten und kürzesten Weg (oder, wie er sich ausdrückt, rectissimo cursu) zwischen dem elektrischen Metalle und der Wasserflasche nehme" (Priestley 1772, S. 61). Offensichtlich waren

Winklers Untersuchungen wie seine Experimente zu den Möglichkeiten der elektrischen Rückleitung durch Wasser oder den Erdboden nicht beachtet worden (Winkler 1746, S. 57 f).

3.1.3.3. Der Blick in die Materie - Erkenntnisgrenze oder Aufbruch ins neue Zeitalter

Waren sich die Elektrizitätsforscher in der Mitte des 18. Jahrhunderts im Wesentlichen darüber einig, daß es sich bei den elektrischen Erscheinungen um die Wirkungen eines ausströmenden, unwägbaren Fluidums handele, so richtete sich in den folgenden Jahren der Blick zunehmend auf bzw. in die Materie. Die Besonderheit des Untersuchungsgegenstandes Elektrizität lag in seinem schwierigen Zugriff. Erst durch Manipulationen der gewöhnlichen Materie (z.B. Reiben) zeigte sich in ihnen diese aktive Kraft, und mit ihrem plötzlichen Auftauchen war sie auch schon wieder verschwunden. Eine treffende Charakterisierung des Forschungsstandes um die Mitte des 18. Jahrhunderts gibt Haller in folgendem Zitat:

"Die Elektrizität erscheint uns als ein weites Land, von dem wir nur einige wenige angrenzende Provinzen kennen; es ist noch nicht die Zeit gekommen, eine genaue Karte von diesem anzugeben und den Anspruch zu erheben, die Gesetze zu bestimmen, durch welche es regiert wird" (Haller 1745, S. 195).

Doch es sollte noch eine längere Zeit dauern, bis die Gesetze dieses 'Neulandes' gefunden waren, denn erstmals schien es notwendig, den Untersuchungsgegenstand in Abhängigkeit von den verschiedenen Darstellungsmethoden zu betrachten.

Es gab aber auch Stimmen, die es für prinzipiell unmöglich hielten, das Innere der Materie physikalisch zu beschreiben, da hier der Mensch an die Grenze seiner Erkenntnismöglichkeiten gestoßen sei. Der Theologe und Naturforscher F. C. Oetinger (1702 - 1782) schrieb als Herausgeber der "Längst verlangten Theorie der metereologischen Elektrizität" des böhmischen Jesuitenpaters Prokop Divisch (1696 - 1765) in seiner Einleitung:

"... weil uns Sterblichen von dem höchsten Wesen Schranken gesetzt sind, daß wir die wirkliche Formation und Produktion der ersten Elemente aus dem Chaos nicht verständlich erreichen sollen; so daß diejenigen, welche mit ihrer Wissensbegierde solche Schranken überschreiten, ... leichtlich auf eigen ersonnene metaphysische Bilder und Meynungen verfallen, die den Schein einer Erklärung abgeben, aber als bloße abstracte Möglichkeiten ohne Frucht wieder zurückgelegt werden müssen. Der Herr Divisch ist also weit davon entfernt, die Elektricität in eine mathematische Wissenschaft zu bringen: Es ist ihm um einen höheren Zweck zu thun, die Philosophie selbst besser zu ergänzen" (Oetinger, in: Divisch 1768, S. 72).

Solche Positionen aber beeindruckten die experimentellen Philosophen wie den Engländer Joseph Priestley kaum; sie fühlten sich vielmehr aufgerufen, dem "neuen Licht" der Elektrizität zu folgen und schrieben:

"Bisher ist die Physik hauptsächlich nur auf die am meisten in die Sinne fallenden Eigenschaften der Körper gerichtet gewesen; die Elektricität sowohl als die Chymie, und die Lehre von dem Lichte und den Farben, scheinen dazu geschickt zu seyn, uns die inner Struktur derselben kennen zu lehren, von welche alle ihre in die Sinne fallenden Eigenschaften abhangen. Wenn man demnach diesem neuen Lichte (die Elektrizität, d. V.) nachgehet, so kann man es vielleicht dahin bringen, die Graenzen der Naturwissenschaft, über alles dasjenige, wovon man sich annitzt einen Begriff machen kann, hinweg zu erweitern" (Priestley 1772, S. XVI).

Das Überschreiten der Erkenntnisgrenze schien ihm lediglich eine Frage des Geldes und der entsprechenden Organisation zu sein:

"Die Physik ist eine Wissenschaft, welche der Hülfe der Reichtümer ganz besonders bedarf. Verschiedene andere erfordern nichts weiter, als wozu jemand durch sein eigenes Nachdenken gelangen kann. Diejenigen, welche dieselben treiben, finden in ihnen selbst alles, was sie vonnöthen haben. Die Experimentalphysik hingegen ist so unabhängig nicht. Die Natur läßt sich von ihrer Bahn nicht abbringen, und leidet nicht, daß man ihre Materialien in alle mannigfaltige Lagen versetze, dergleichen die Physik erfordert, um ihre wundervollen Kräfte ohne Mühe und Kosten zu entdecken. Daher kann sich auch diese Wissenschaft ohne den Schutz der Großen, in keinem blühenden Zustande befinden. Andere können große Projekte machen; sie allein aber haben die Kraft, dieselben wirklich auszuführen" (Priestley 1772, S. XX).

So glaubten einige Institutionen und Privatpersonen, mit dem Bau kostspieliger Elektrisiermaschinen die Zusammenhänge der Natur erschließen zu können. Die wohl größte Maschine dieser Art wurde in Harlem (Niederlande) von Martinus van Marum (1750 - 1827) betrieben. Sie erzeugte zwar sechzig Zentimeter lange Funken und ließ weitere Spekulationen über das Wesen der Elektrizität zu, doch eine weitere Klärung ließ sich nicht herbeiführen. Die hohen Spannungen (nach heutigen Begriffen etwa 500.000 Volt) erwiesen sich zudem für die neuen Erfindungen geradezu als hinderlich; dieser Weg führte in eine wissenschaftlich-technische Sackgasse.

Noch vor dem Bau dieser Maschine hielt es Priestley allerdings auch für notwendig, die Forschungsmethoden der Elektrizitätsforscher zu reflektieren. Er widmete in seinem 1767 erstmals erschienenen und damals meistgelesenen Werk "The History and Present State of Electricity" (Die Geschichte und gegenwärtiger Zustand der Elektrizität) dieser Problematik eigens ein ganzes Kapitel:

"Ich habe mich bei dieser Materie (der Methodendiskussion, d. V.) etwas lange aufgehalten, weil ich befürchte, daß Electrisierer gemeiniglich auf ihren verschiedenen Theorien allzu sehr bestanden, und eben dadurch den Fortgang wirklicher Entdeckungen aufgehalten haben. Es gibt in der That keinen einzigen Theil in dem ganzen Bezirke der Philosophie, welcher einen so artigen Schauplatz für scharfsinniges Nachgrübeln eröffnete, wie dieser. Hier kann man der Einbildungskraft freien Lauf lassen, in der Vorstellung der Art und Weise, wie eine unsichtbare wirkende Ursache eine fast unendliche Mannigfaltigkeit von sichtbaren Wirkungen hervorbringe. Da die wirkende Ursache unsichtbar ist, so hat jeder Naturforscher die Freiheit, darzu machen was er will, und derselben solche Eigenschaften und Kräfte, als sich zu seiner Absicht am besten schicken, beizulegen. Und wofern er seine Theorie dergestallte einrichten kann, daß sie sich wirklich zu allen Begebenheiten passet, so hat er in der That den augenscheinlichsten Beweis von Wahrheit, welchen die Natur der Sache nur irgends gestattet" (Priestley 1772, S. 294).

Sein besonderes Augenmerk richtete er auf die Überprüfung von Hypothesen; in ihrem ungeprüften Gebrauch sah er eine große Gefahr. Da er sich der Verwendung von Lieblingshypothesen durchaus bewußt war, betonte er ausdrücklich die Notwendigkeit, sich an der Baconschen Methode zu orientieren, d.h. vom Besonderen zum Allgemeinen fortzuschreiten. Eine vorschnelle Einschätzung einer Hypothese als "wirkliche Begebenheit" müsse unter allen Umständen vermieden werden. Aber selbst der Glaube, daß eine genügende Anzahl experimenteller Bestätigungen der Garant für Wahrheit sei, sollte in vielfältiger Weise auf die Probe gestellt werden (Priestley 1772, S. 293).

In der zweiten Hälfte des 18. Jahrhunderts entbrannten heftige Kontroversen um die Angemessenheit neuer Theoriekonzepte und deren empirische Absicherung. Der Streit um die Anzahl der elektrischen Fluida bestimmte ebenso die Forschung wie die Ablösung des Nahwirkungskonzeptes durch die Fernwirkungstheoretiker. Diese Auseinandersetzungen waren getragen von den Bemühungen, den Phänomenbereich Elektrizität eindeutig zu bestimmen. Die aufsehenerregenden Wirkungen der Verstärkungsflasche hatten erneut auf den Zusammenhang von Mensch und Elektrizität hingewiesen, so daß ebenfalls physiologische und allgemein medizinische Fragestellungen die weitere Forschungsarbeit mitbestimmten. Auch gelang es den experimentellen Philosophen nur schwer, eine kontrollierbare Trennung des Beobachters vom Beobachtungsgegenstand zu erreichen. Die von ihnen angestrebte allgemeine Reproduzierbarkeit ihrer Experimente verlangte aber objektive, d. h. vom Empfinden des Menschen unabhängige Bestimmungsgrößen.

Die Entwicklung der Elektrizitätsforschung in der zweiten Hälfte des 18. Jahrhunderts kann nur unter Berücksichtigung der in diesem Kapitel angedeuteten Rahmenbedingungen verstanden werden. Elektrische Phänomene waren von Beginn der Forschung an innovativ, aber ebenso provokativ, da sie sowohl das mechanische, als auch das sich allmählich in Europa durchsetzende mechanistische Weltbild auf die Probe stellten. Die zwei nachfolgenden Kapitel zeigen, welche Möglichkeiten und Grenzen der Versuch der physikalischen Beherrschung der Naturkraft Elektrizität boten. Es wird sich zeigen, wie letztendlich das persönliche Erkenntnisinteresse der maßgeblichen Elektrizitätsforscher und ihr Einfluß richtungsweisend für die inhaltliche und methodische Ausrichtung der Forschung wurde.

3.2. *Die quantitativ-technische Beherrschung der Natur - der Weg zur Elektrostatik*

In dem folgenden Kapitel werde ich den Weg aufzeigen, den die experimentelle Philosophie in der Beherrschung elektrischer Phänomene eingeschlagen hat, um als eigenständige Disziplin anerkannt zu werden. Am Endpunkt dieser Entwicklung steht die Elektrostatik der französischen Schule. Es wird sich zeigen, daß entsprechend dem Denkstil der Zeit eine verstärkte Entwicklung instrumenteller Nachweisverfahren, der Metrisierung elektrischer Phänomene, eine Integration in das mechanistische Naturbild, eine exakte Bestimmung des Phänomenbereichs, sowie ihre technische Nutzanwendung angestrebt wurden. Anhand der für die Zeit wesentlichen Forschergruppen und deren theoretischen wie experimentellen Arbeiten werde ich zeigen, wie und zu welchem Preis dieses Programm der Naturbeherrschung gelang.

Entsprechend dem formulierten Erkenntnisinteresse, qualitative Stufen der Naturbeherrschung sichtbar werden zu lassen, erweist sich dieser Entwicklungsstrang als ein wesentlicher, die Herausbildung der physikalischen Disziplin bestimmender Weg. Doch mit Hilfe der Methode der vergleichenden Erkenntnistheorie, wie ich sie in Kapitel 2 beschrieben habe, wird zugleich, gewissermaßen an der Rückseite dieser Entwicklungslinie, historisches Naturwissen sichtbar, welches nicht in die jeweils favorisierten naturwissenschaftlichen Denkstile integriert werden konnte. Diese Bemühungen einer Suche nach anderen Ansichten und Umgangsformen mit Elektrizität und ihre Bedeutung werden in Kapitel 3.3. behandelt werden.

3.2.1. Benjamin Franklins ökonomische Theorie der Elektrizität

Liest man in der heutigen Zeit Aufsätze über oder von Benjamin Franklin, so handeln diese selten von der Elektrizität. Mit seiner Person verbindet man eher die amerikanische Unabhängigkeitsbewegung oder seinen (für einen Amerikaner angeblich typischen) Geschäftssinn. "Time is Money" (Zeit ist Geld) ist einer seiner berühmten Belehrungssprüche, der an Beliebtheit bis in die heutige Zeit keineswegs verloren hat. Franklin, Politiker, Journalist, Geschäftsmann und Naturphilosoph in einer Person, wirkte nicht nur maßgeblich im Streit Englands und Frankreichs um die amerikanischen Kolonien mit, sondern schaffte es gleichzeitig, seinen naturphilosophischen Positionen, insbesondere zur Elektrizität, einen bedeutenden Platz in Europa zu verschaffen. Innerhalb der Elektrizitätslehre fand sein Denken in so wesentlichen Begriffen wie Plus- und Minus-Elektrizität (positive und negative Ladung), Leitungsstrom, Ladungserhaltung seinen Niederschlag. Doch diese uns heute so selbstverständlich erscheinenden Begriffe wurden seit den fünfziger Jahren des 18. Jahrhunderts nur mit größter Zurückhaltung in Europa aufgenommen, geschweige denn verstanden.

Am 17. Januar 1706 wurde Franklin als siebtes Kind aus zweiter Ehe seines Vaters in Boston geboren. Seine Eltern lebten in sehr ärmlichen Verhältnissen, so daß er mit neun Jahren die lateinische Schule wegen finanzieller Schwierigkeiten verlassen mußte. Er wechselte zu einer Schreib- und Rechenschule über, in der er seine schriftstellerischen Fähigkeiten entdeckte. Aber auch dieser Aufenthalt war recht kurz. Bereits mit zehn Jahren sah er sich gezwungen, sein Leben selbst in die Hand zu nehmen. Er arbeitete tagsüber in der Druckerei seines Bruders James, in den Abendstunden und frühmorgens bildete er sich weiter /1/.

Bereits im Alter von sechzehn Jahren wollte er seine Gedanken der Öffentlichkeit mitteilen. Er schrieb deshalb kleinere Artikel unter dem Pseudonym Mrs. Silence Dogood. Diese Vorsichtsmaßnahme hielt er für angebracht, weil sein Bruder die Veröffentlichungen in seinem Lokalblatt verweigert hätte. Mit achtzehn Jahren galt er in Philadelphia bereits als exzellenter Journalist. Im Jahr 1725 druckte er selbst seine philosophische Abhandlung "A Dissertation on Liberty and Necessity, Pleasure and Pain" und vertrieb sie im Selbstverlag. Obgleich ihn inhaltliche Vorbehalte veranlaßten, diese Abhandlung wieder aus dem Verkehr zu ziehen, so zeigt diese Arbeit dennoch eine für Franklin typische Denkfigur:

"The *Pain* of Labour and Fatigue causes the *Pleasure* of Rest, equal to that *Pain*, The *Pain* of Absence from Friends, produces the *Pleasure* of Meeting in exact proportion. &c. This is the *fixt Nature* of Pleasure and Pain, ... A receives ten Degrees of *Pain*, which are necessarily succeded by ten Degrees of *Pleasure*: B receives fiftheen of *Pain*, and the consequent equal number of *Pleasure*: ... When the Accounts come to be adjusted, A has no Reason to complain that his Portion of *Pleasure* was five Degrees less than that off B, for his Portion of *Pain* was five Degrees less likewise" (Franklin, 1725, in: Labaree 1959, S. 66 f).

Franklin war davon überzeugt, "daß jedes wahrgenommene Vergnügen (oder jeder Schmerz) letztendlich durch ein gleiches Maß von Schmerz (oder Vergnügen) aufgewogen wird. A habe 10 Einheiten Schmerz. Zehn Einheiten Vergnügen müssen deshalb auf sein Konto gebucht werden" (Heilbron 1983, S. XVII).

Aus der Sekundärliteratur und meinen eigenen Quellenstudien läßt sich daher verallgemeinernd feststellen, daß Franklins Interpretation von Wirklichkeit in noch so unterschiedlichen Sachgebieten durch einen buchhalterischen Denkstil prägt ist. Die Charakterisierung als homo oeconomicus ist daher vollends gerechtfertigt /2/. Auf einige Stellen in seinem umfangreichen Nachlaß, die diese Auffassung belegen, werde ich im Folgenden noch eingehen. So hielt er Entscheidungen jeglicher Art durch rationales Abwägen der Vor- und Nachteile für lösbar. Er selbst nannte dieses Verfahren "Moral and Prudential Algebra" (Franklin an Priestley, 19. Sept. 1772, in Rutt 1972, Bd.I). Dieser Geist "wirtschaftlicher und technischer Regsamkeit" (Klemm 1983, S. 133) führte ihn geradezu zwangsläufig zur Beschäftigung mit der Ökonomie. Er wünschte sich von ihr, daß sie die führende Philosophie der Menschheit werde /3/. Durch eigene Beiträge erlangte sein Name Weltruf. Die Veröffentlichung aus dem Jahre 1758, "The Way to Wealth as clearly shewn in the preface of an old Pennsylvanian Almanack, intitled Poor Richard Improved" erschien in siebzig englischen und sechsundfünfzig französischen Auflagen; sie wurde außerdem ins Russische und Chinesische übersetzt /4/.

Noch lange vor seinen elektrischen Arbeiten veröffentlichte Franklin ein für die damalige Zeit (1729) ungewöhnliches Papier: "A Modest Inquiry into the Nature and Necessity of a Paper Currency" /5/. Dieses anonym herausgegebene Plädoyer für die verstärkte Einspeisung von Papiergeld in den Geldkreislauf zeigt seine erstaunliche Fähigkeit zur Abstraktion: Diese Idee der Papiergeld-Zirkulation publizierte er bereits in einer Zeit, in der die meisten Zeitgenossen schon den normalen Geldverkehr als unverständliches Ränkespiel betrachteten. Dieses unstoffliche Kreditgeld galt daher als Teufelswerk und selbst der Philosoph David Hume wehrte sich noch 1752 strikt gegen diese neue Form des Geldwesens, die in Amerika insbesondere von den reicheren Bürgern abgelehnt wurde /6/. Für Franklin war die Zirkulation dieses 'Etwas' (Hartgeld oder Papiergeld) die Grundvoraussetzung für Wohlstand:

"Je mehr davon vorhanden ist, desto mehr erzeugt das Geld beim Umschlag, so daß der Nutzen schneller und immer schneller steigt" (Franklin, in: Weber 1920, S. 41).

Wesentliche Bedingung für eine funktionierende Wirtschaft sind nach Franklin der beständige Geldumlauf (Zirkulation), sowie das Vorhandensein von Geld in genügend großer Quantität. Die Qualität des Mediums Geld ist für ihn nicht bestimmbar und auch nicht notwendig, denn aus welchem Stoff es auch immer gemacht sei, "es ist für diese, die es besitzen (wenn sie sich irgend eine Sache wünschen), gerade die Sache, die sie sich wünschen... Es ist Tuch für jemanden, der sich Tuch wünscht und Korn für jemanden, der sich Korn wünscht" (Franklin, in: Bigelow 1887, Bd.1, S. 370, Übers. d.V.).

Die Idee der Zirkulation war ihm daher als Abstraktum ebenso vertraut wie die Fähigkeit, konkrete Dinge, ja sogar Menschen, Zeit, u.ä. als wertbringende Größen zu sehen unter Ausgrenzung jeglicher, sinnlich erfahrbarer Qualitäten. Die Anwendung ökonomischen Denkstils auf die Erfassung von Naturvorgängen war von ebenso zentraler Bedeutung für seine spätere Karriere wie sein modern anmutendes Wissenschaftsmanagement. Bereits 1728 versammelte er einen Kreis von Freunden um sich, die sich in einer Satzung gegenseitige Unterstützung und Austausch von Informationen zusicherten. Dieser Club der "Junto" entwickelte sich zur amerikanischen philosophischen Gesellschaft, deren Präsidentschaft Franklin 1769 übernahm. Bereits auf den Juntoversammlungen wies er auf die Notwendigkeit eines weltweiten wissenschaftlichen Austausches hin, und er leistete selbst praktische Hilfe, indem er in London mit dem englischen Club "Honest Whigs" Kontakt aufnahm. In diesem Club waren die berühmtesten englischen Elektrizitätsforscher, u.a. Watson, John Canton (1712 - 1772) und Joseph Priestley versammelt. Es war naheliegend, daß sich Franklin dieser Gruppe anschloß, da sie seine Propaganda für den freien Wettbewerb der wirtschaftlichen Kräfte besonders erfreut aufnahm; die Liberalisierungsversuche der Wirtschaft Englands benötigten jede Unterstützung /7/.

Seine Kontakte zu Europa lenkten Franklins Aufmerksamkeit auch auf die Ergebnisse der damaligen Elektrizitätsforschung. Ein Verbindungsmann in London, Peter Collinson, übersandte ihm sowohl eine zur Elektrizitätserzeugung notwendige Glasröhre als auch die Ausgabe des Gentleman's Magazine aus dem Jahre 1745, in der eine Zusammenfassung der wesentlichen in Deutschland durchgeführten Experimente und Interpretationen abgedruckt war (Haller 1745, S. 193 ff). Aus dem sich ab 1746 entwickelnden intensiven Briefwechsel mit Collinson wurden dann - allerdings nur stark verkürzt - Auszüge aus seinen Briefen in die Philosophical Transactions eingerückt. Collinson ließ im Jahre 1751 eine Auswahl der Briefe in Buchform unter dem Titel "Experiments and Observations on Electricity" drucken.

Die wesentlichen Prinzipien seiner Theorie zur Elektrizität hatte Franklin bereits im Winter 1745/46 formuliert /8/. Er interpretierte die elektrischen wie auch andere Naturvorgänge nach seiner buchhalterisch rechenhaften Manier /9/. Die folgende Deutung eines von ihm durchgeführten Versuches zeigt diesen charakteristischen Zug. Doch zunächst der Versuch: 1. Zwei Versuchspersonen stehen isoliert gegen den Erdboden. Die Person A reibt einen Glasstab, während die Person B durch Annäherung an den Stab beständig Funken zieht. Beide Personen erscheinen gegenüber einer dritten Person C, die auf dem Boden steht, elektrisiert. 2. Berühren sich A und B während des Reibevorgangs, so wird keiner von beiden gegen C elektrisch erscheinen. 3. Berühren sich die Personen A und B nach dem unter 1. beschriebenen Vorgang, dann ist der Funke zwischen ihnen stärker als jener zwischen A und C oder B und C /10/.

Gemäß seinem Denkstil interpretierte Franklin die Vorgänge wie folgt: "A ... zieht das elektrische Feuer aus sich heraus in den Glasstab; ... B... erhält das Feuer, welches am Glas von A gesammelt worden ist; .. Für C ... erscheinen beide elektrisiert; denn diese, eine 'middle quantity' von elektrischem Feuer besitzend, erhält einen Funken von B, welche eine 'over quantity' hat und gibt einen Funken an A, welche eine 'under quantity' besitzt. Wenn A und B einander berühren, so ist der Funke stärker, weil die Differenz zwischen ihnen größer ist. Nach einer solchen Berührung gibt es keine Funken mehr zwischen ihnen und C, da das elektrische Feuer auf das ursprüngliche Gleichgewicht reduziert worden ist. Wenn sich die Personen während des Reibens berühren, wird das Gleichgewicht niemals zerstört, das Feuer zirkuliert nur. Hieraus haben sich für uns zwei neue Begriffe ergeben: .. B ist plus elektrisiert; A minus" (Franklin an Collinson, 1747, in: Bigelow 1887, Bd. 2; S. 71, Übersetzung d.V.).

Um es mit den Worten eines Geschäftsmannes noch deutlicher zu sagen: jede Person A, B, C bringt zehn Einheiten elektrisches Fluidum von Natur aus mit in dieses Geschäft. Durch Reiben der Glasröhre stellt man eine neue Verteilung her; wenn A z.B. zwei Einheiten abgibt, dann herrscht dort ein Mangel, B hingegen besitzt einen Überschuß, d.h. B besitzt nun insgesamt 12 Einheiten. Die Differenz zwischen A und C, sowie zwischen B und C beträgt jeweils 2 Einheiten, welche die gleichen Wirkungen hervorrufen. Die Differenz zwischen A und B beträgt aber vier Einheiten, was einer Verdoppelung der Wirkung entspricht.

Mit dieser Interpretation von elektrischen Vorgängen unterstellte Franklin, daß die Natur ein konstantes Quantum eines elektrischen Fluidums besitze. Nicht das Wesen dieser Materie sei von Interesse, sondern ihre Quantitäten /11/. Da Strömungsvorgänge damals aber nur schwer quantifizierbar waren, reduzierte er gemäß seinem Erklärungsmuster den eigentlich dynamischen Vorgang auf drei statische Zustände: Entweder hatte ein Körper einen Überschuß an Elektrizität, damit war er plus-elektrisiert (+E), oder er hatte einen Mangel an elektrischem Fluidum, dann bedeutete dies minus-elektrisiert (-E). Als drittes gab es den neutralen Zustand, in dem sich nach außen keine Wirkung zeigte, jedoch ein Zirkulieren im Innern möglich war. Ebenso wie in der doppelten Buchführung Soll und Haben durch den imaginären Geldkreislauf direkt aufeinander bezogen sind, begriff Franklin die Zirkulation des elektrischen Fluidums als einen für die elektrischen Zustände (+E, -E) notwendigen Bewegungsvorgang. Damit überführte er die ihm aus der Veröffentlichung bekannte Idee der Polarität - hier als männliches und weibliches Feuer beschrieben - in die lineare Darstellung von (+/-) /12/.

Seinen Hypothesen fehlte allerdings noch eine ausreichende empirische Grundlage, und mehr als folgende Hinweise auf die Bewegung der elektrischen Materie im Körper konnte er zu Beginn seiner eigenen Forschungen nicht anführen:

"Sollte jemand zweifeln, ob die elektrische Materie durch das Innere der Körper dringe, oder nur über und längst der Oberfläche derselben fortgehe: den wird vermutlich eine Erschütterung, die er aus einem großen gläsernen Gefäße, durch seinen eigenen Leib gehen läßt, überzeugen" (Franklin 1758, S. 73, Originalpaginierung).

Eine solche Betrachtung der elektrischen Phänomene hatte weitreichende Konsequenzen: Elektrischer Strom war damit nicht mehr wie bislang ein sich in den Raum ausbreitendes Fluidum, sondern ein an/in Materie gebundener Leitungsvorgang. Wie das Wasser in einer Röhre bewegte sich das elektrische Fluidum in vom Menschen arrangierten Bahnen. Sich auf solche Analogien stützend, hielt es Franklin für notwendig, irreführende Begrifflichkeiten ein für alle Mal richtig zu stellen: Er sprach nicht mehr von Unterstützer der Elektrizität und Empfänger oder "electrics per se" (von sich aus elektrisch) und "non-electrics" (nicht-elektrisch), sondern von Nichtleitern und Leitern (Non-Conductor und Conductor). Metalle waren von nun an die besten Leiter, obwohl jahrzehntelang gerade diese Materialien den Ausströmungstheoretikern die größten Probleme bereitet hatten. Unter Nichtleiter faßte er alle die Stoffe zusammen, die zuvor als "electrics per se" eingeordnet wurden. Er ging später sogar noch einen Schritt weiter und betonte die Abhängigkeit der Leitfähigeit von der Temperatur /13/.

Franklins Analogieschlüsse erlaubten ihm, weitere Differenzierungen an seinem Modell vorzunehmen: Er behandelte das elektrische Fluidum als ein aus sehr feinen Teilchen zusammengesetztes Medium, wobei die Teilchen die Eigenschaft besitzen, sich untereinander abzustoßen:

"Die elektrische Materie ist von gemeiner Materie darin verschieden, daß die Theile der letzteren sich untereinander anziehen; die Theile der ersteren aber einander wechselweise abstoßen. Hieraus entsteht das Auseinanderfahren, welches bei den Strömen elektrischer Ausflüsse erscheint" (Franklin 1758, S. 73).

Wie hat man sich nun den von Franklin formulierten Plus-, Minus-oder Gleichgewichtszustand vorzustellen? Zur Veranschaulichung wählte er folgende Bildersprache:

"Die gemeine Materie ist also, in Absicht auf die elektrische Materie, eine Art eines Schwammes. Ein Schwamm würde gar kein Wasser einnehmen, wenn die Theile des Wassers nicht kleiner als die Zwischenräumchen des Schwammes wären; und dieses würde dennoch nur sehr langsam von statten gehen, wenn zwischen diesen Theilen, und den Theilen des Schwammes keine anziehende Kraft vorhanden wäre. Es würde dasselbe auch weit schneller einsaugen, wenn das gegenseitige Anziehen der Theile des Wassers unter sich solches nicht verhinderte, welche zu trennen eine Kraft angewandt werden muß. Am schnellsten würde diese aber von statten gehen, wenn anstatt eines Anziehens unter diesen Theilen, sich noch dazu ein inneres Abstoßen derselben fände, welches mit dem Anziehen des Schwammes gemeinschaftlich wirken könnte. Dieses ist aber der Fall zwischen der elektrischen und gemeinen Materie" (Franklin 1758, S. 73).

Pluselektrisch bedeutet danach einen Überschuß an elektrischer Materie, der sich in Form einer Atmosphäre um den Körper befindet und eine abstoßende Wirkung auf einen zweiten, positivelektrischen Körper zeigt. Der Gleichgewichtszustand entspricht der Sättigung des Schwammes bis zum Fassungsvermögen, so daß keine Kraftwirkung nach außen spürbar wird. Ein fast trockener Schwamm läßt sich mit einem minuselektrischen Zustand vergleichen, der eine anziehende Kraft zur Folge hat.

Mit diesem gedanklichen Rüstzeug und der Bereitschaft, Unvereinbarkeiten durch Postulate aufzuheben - Glas betrachtete er als undurchlässig für die elektrische Materie -, lieferte Franklin erstmals eine überzeugende Interpretation des Verstärkungsprinzips: Die Verstärkungsflasche faßte er als ein abgeschlossenes System auf, dessen zugeführte Menge an elektrischer Ladung auf der einen Seite gleich der abgeführten Menge auf der anderen Seite sei. Gemäß seinem buchhalterischen Denken, welches von einer konstanten Menge Geldes in einem zu betrachtenden System ausgeht, wies die Innenseite z.B. einen Überschuß (+E) und die Außenseite einen Mangel (-E) auf; die algebraische Summe blieb jedoch dieselbe.

Diese Interpretation stimmt exakt mit der heutigen Formulierung des Ladungserhaltungssatzes überein: "Die algebraische Summe der in einem abgeschlossenen System enthaltenen Ladungen bleibt immer dieselbe" (Orear 1973, S. 201). Die Anwendung seines Erhaltungsgedankens zur Beschreibung von Naturvorgängen ermöglichte ihm daher folgende Argumentation:

"Dieses besser zu verstehen (den Ladungsvorgang, d.V.), nehme man an: der ganze Vorrath von elektrischer Materie, der sich in jeder Fläche des Glases befindet, ehe noch das Elektrisieren den Anfang genommen hat, betrage zwanzig; bei jedem Striche mit der Elektrisierröhre aber, werde ein Theil, den man für eins annimmt, in dasselbe hineingebracht: so beträgt die Menge von elektrischer Materie im Drahte und dem oberen Theile der Flaschen, nach dem ersten Striche ein und zwanzig, im Boden hingegen neunzehn.... Nach zwanzig Strichen wird endlich die Menge der elektrischen Materie im oberen Theile gleich vierzig, dahingegen der untere gar nichts behält. Und hiemit ist die Arbeit aus; ..." (Franklin 1758, S. 3).

Seine Erklärung brach aber wieder einmal mit den derzeit akzeptierten Ansichten: Die überaus starken Wirkungen der Verstärkungsflasche führte Franklin nicht auf die Erhöhung der Menge (oder Ansammlung) des elektrischen Fluidums zurück (vgl. Winkler), sondern auf ihre Verteilung: Durch beständiges Zuführen 'elektrischer Materie' mit Hilfe der Elektrisiermaschine wurde auf Grund der abstoßenden Wirkung der elektrischen Teilchen gerade so viel elektrische Materie von der Außenseite abgeleitet, wie der Innenfläche zugeführt worden war. Das erzeugte Ungleichgewicht (40 Einheiten auf der Innenseite, 0 Einheiten auf der Außenseite) ließ sich nur über eine leitende Verbindung zwischen Flaschenaußenwand und dem Inneren der Flasche in den neutralen Zustand ins Gleichgewicht zurückführen. Nahm der Experimentator beim Elektrisieren die Flasche in die eine Hand und berührte anschließend mit der anderen die in die Flasche führende Zuleitung, so ermöglichte der menschliche Körper diesen Ladungsausgleich. Damit war für Franklin auch die Stromrichtung festgelegt: von plus nach minus. Des weiteren lieferte der bei dem Versuch zu beobachtende Entladungsfunke ein weiteres Indiz für seine Stromkreishypothese: Der Funke stellte den sichtbaren Teil des Umlaufstromes dar. Selbst der Ausdruck "Ladung" geht auf Franklins Anwendung der Begriffe "to charge" und "to discharge" zurück:

"When we use the terms of charging and discharging the phial, it is in compliance with custom, and for want of others more suitable" (Franklin an Collinson, 1748, in: Bigelow 1887, Bd. 2, S. 123).

Doch warnte er davor, daß mangels Erfindung geeigneterer Begriffe die aus Gewohnheit verwandten Termini leicht mißzuverstehen seien: "There is really no more electrical fire in the phial after what is called charging, than before, nor less after its discharging" (Franklin nach Cohen 1976, S. 131).

Mit dieser Darstellung wollte er die damals wie heute anschauliche Vorstellung eines materiellen Transports zurückweisen. Dies setzte jedoch ein für die Zeit ungewöhnliches Abstraktionsvermögen voraus, das Franklin in vieler Hinsicht bewiesen hatte. Unter völliger Ausgrenzung der möglichen Qualitäten des Untersuchungsgegenstandes betrachtete er das Experiment als ein buchhalterisches Problem, welches algebraisch zu lösen war. Daher auch die zeitgenössische Charakterisierung seiner Theorie als "elektrische Algebra" (Wilcke, in Franklin 1758, S. 6). Für Franklin galt es, die unterschiedlichen Zustände des betrachteten Systems quantitativ in Beziehung zu setzen, und deshalb scheint mir die Hypothese angebracht, daß ihm die zur Charakterisierung von Kapitalbewegungen festgelegten Bedeutungen von "to charge" und "to discharge" als "anrechnen, belasten" und "be-oder ausgleichen" bzw. "Charge" als rein quantitatives Maß vor Augen gestanden haben /14/.

Trotz seines Hinweises auf die leicht mißzuverstehenden Begriffe zeigt ihre Verwendung in den entsprechenden Theorien, daß entgegen diesem abstrakten Denken vorwiegend der vom Bedeutungsstamm her gebräuchlichere Umgang mit Stoffen gedacht wurde. Dieses Verhalten ist auf das Festhalten der Forscher am Substanzcharakter der Elektrizität zurückzuführen.

Doch hatte auch Franklin selbst große Schwierigkeiten, in allen Fragen anschauliche Modellvorstellungen, Analogien zu finden. Die These, daß Glas vollkommen undurchlässig für die elektrische Materie sei, hielt er nach wie vor für unersetzlich, doch hatte er anfangs die damit verbundenen Konsequenzen keineswegs bedacht. Mit seiner Behauptung forderte er nämlich implizit, daß das Glas das elektrische Fluidum am Durchgang hindere, während die Kraft nicht aufgehalten werden konnte. Diese Trennung von Materie und Kraftwirkung bedeutete aber den Bruch mit dem traditionellen Nahwirkungskonzept (vgl. Winkler). Dazu war Franklin aber noch nicht bereit. In einem Brief aus dem Jahre 1756 schrieb er:

"Ich stimme mit Ihnen überein, daß es absurd erscheint anzunehmen, daß ein Körper dort wirkt, wo er nicht ist. Ich habe keine Vorstellung davon, wie Körper in einem gewissen Abstand sich ohne die Unterstützung eines Mediums anziehen oder abstoßen können, obwohl ich nicht weiß, was dieses Medium ist, und wie es arbeitet" (Franklin 1774, S. 266; Übers. d.V.).

Trotz dieser Bedenken hielt er an seinem Postulat fest und provozierte damit eine Diskussion um die Fernwirkungshypothese, die in der Mechanik durch Newton bzw. dessen Interpretatoren eingeführt und in eine mathematische Form gebracht worden war. Doch auch diese Interpretation stieß bis Ende des Jahrhunderts auf Unverständnis.

Ebenso offen wie die Auseinandersetzungen um die Fern- oder Nahwirkungstheorie blieb die Diskussion über die Frage, ob es nur anziehende oder zusätzlich abstoßende Kräfte in der Natur gäbe. Daß Franklin sein auf Sparsamkeit gerichtetes Denken und Handeln auch auf das Verhalten der Natur übertrug, verwundert nicht. Seine Erfahrungen aus zahlreichen Experimenten führten ihn jedoch zu der Behauptung, daß es neben der anziehenden Kraft der gemeinen Materie noch eine zweite, die abstoßende Kraft zwischen der elektrischen Materie geben müßte. Diese mögliche Verkomplizierung der Natur beschäftigte ihn recht lange. Im Jahre 1762, sechzehn Jahre nach Beginn seiner elektrischen Forschungen, schrieb er an E. Kinnersley (1711 - 1778):

"Wenn nicht (die Anziehung die Ursache ist, d.V.), und Abstoßung in der Natur und im Magnetismus existiert, warum sollte es nicht in der Elektrizität existieren? Wir sollten in der Tat nicht die Ursachen in der Philosophie ohne Notwendigkeit vervielfachen,... Aber ich finde, oder ich denke, ich finde die zwei Ursachen bequemer als eine der beiden" (Franklin an Kinnersley, 1762, in: Bigelow 1887, Bd.3, S. 167, Übers. d.V).

Die ihn schon immer faszinierenden, von lautem Krachen begleiteten Funken bildeten dabei den Ausgangspunkt seiner Spekulationen über die dort wirkenden Kräfte. Geradezu augenscheinlich demonstrierte das schon lang bekannte Ausströmen der elektrischen Materie aus spitzen Gegenständen eine abstoßende Kraft. Die Frage, warum gerade die Spitzen im Vergleich zu stumpfen Gegenständen besonders starke

Wirkungen zeigten, konnte von Franklin folgendermaßen beantwortet werden: Auf einer positiv geladenen Kugel werden alle Teilchen der elektrischen Atmosphäre gleich stark angezogen. Betrachtet man einen Würfel, so wirkt nur an den Flächen eine gleich große Kraft. Angenommen, an den Ecken sei die Anziehung zwischen gemeiner Materie und elektrischer geringer. Je spitzer nun eine solche Ecke zuläuft, desto leichter kann die elektrische Materie wegen ihrer untereinander abstoßenden Kraft ausströmen.

"Wie nämlich eine mit dem elektrisierten Körper verbundene Spitze, die Atmosphäre dieses Körpers ausströmen, oder einem anderen Körper am weitesten mittheilen kann; so können auch die Spitzen unelektrisierter Körper, diese Atmosphäre von einem elektrisierten Körper, in eine viel größere Weite abführen, als irgend ein stumpfer Theil von eben demselben Körper zu thun vermögend ist. Wenn man daher eine Nadel bey dem Knopfe anfasset, und die Spitze gegen einen elektrisierten Körper hält; so leitet sie die Atmosphäre derselben schon in der Entfernung von einem Fuße ab" (Franklin 1758, S. 81).

Die Behauptung der Umkehrbarkeit dieses Vorgangs, d.h. die Ableitung elektrischer Materie durch eine Spitze, ließ sich allerdings logisch nicht aus dem Vorhergehenden schließen. Zwar wäre ein negativ geladener Körper mit einer aufgesetzten Spitze in der Lage, elektrische Materie aufzunehmen, doch nach Franklins Kraftkonzept wären ebene Flächen oder Kugeln dazu wesentlich besser geeignet. Vermutlich führten weitere experimentelle Variationen des Versuchs zu der auch für ihn erstaunlichen Erkenntnis, daß Spitzen die Elektrizität wesentlich besser ableiten als flache Gegenstände. Er rettete seine Theorie mit bilderreichen Vergleichen:

"Und gleichwie beym Ausreissen der Haare aus einer Pferdehaut, eine Kraft, die gar nicht hinreichend ist, eine ganze Hand voll auf einmal auszureißen, dennoch solche leichtlich Haar bey Haar ausziehen kann; ebenso kann ein stumpfer Körper nicht auf einmal eine ganze Menge dieser Theilchen rauben, da doch ein spitziger mit seiner nicht größern Kraft, dieselben leichtlich Theil für Theil wegzunehmen im Stande ist" (Franklin 1758, S. 83).

Ihm selbst war klar, daß diese Argumentation nicht stichhaltig war, doch er tröstete sich mit den Worten:

"Es ist für uns von geringerer Wichtigkeit, ob wir die Art und Weise, wie die Natur ihre Gesetze ausübet, kennen; wenn wir nur die Gesetze selber wissen" (Franklin 1758, S. 83).

Franklins Ein-Fluidum-Theorie ließ keine eindeutige Klärung des Sachverhaltes zu, dennoch beunruhigte ihn diese theoretische Unbestimmtheit nicht. Im Gegenteil, bereits die wenigen bekannten Experimente zur Spitzenwirkung bestätigten ihn in seiner Auffassung, nach der es sich hier um ein Naturgesetz handeln mußte. Was immer er sich darunter auch vorgestellt haben mag, der damit verbundene Universalitätsanspruch bedurfte weiterer Überprüfungen.

3.2.2. Der Blitzableiter - eine zeitgemäße Propaganda für eine sich neu konstituierende Disziplin

3.2.2.1. Widerstände

Trotz der unklaren physikalischen Interpretation der "Kraft der Spitzen" betonte Franklin ihre technische Nutzanwendung: Die Installation spitzer Stangen auf Häusern, Kirchen und Schiffen ist der beste Schutz vor Blitzeinschlägen (Franklin 1758, S. 87 f). Technische Innovationen sind aber nicht nur heute, sondern waren auch damals durch eine Vielzahl von Akzeptanzproblemen begleitet. Die ungewöhnlich rasche Durchsetzung des Blitzableiters innerhalb von dreißig Jahren erscheint bei den anfänglichen Widerständen völlig unverständlich. Erst die genauere Analyse der historischen Situation zeigt, daß das Zusammenspiel von militärischen, ökonomischen und kulturellen Bedingungsfaktoren den sich widersetzenden Kräften eindeutig überlegen war.

Franklins Vorschlag setzte zwei wesentliche Hypothesen als zutreffend voraus, die allerdings noch keineswegs bestätigt waren: Zum einen mußte überhaupt erst die Identität von Blitz und Elektrizität nachgewiesen werden, zum anderen war es vollkommen ungewiß, ob die Modellexperimente zur Ableitung elektrischer Materie aus dem Konduktor einer Elektrisiermaschine Aussagen über die Realität zuließen. Es gab zwar eine Reihe von Wissenschaftlern, die atmosphärische Erscheinungen wie das Wetterleuchten, den Blitz, das Nordlicht oder das Elmsfeuer als elektrische Vorgänge interpretierten, doch zeigten die Akademien in der Anerkennung solcher Deutungen eine gewisse Zurückhaltung: Als Watson am 6. Juni 1751 der Royal Society Auszüge aus Franklins Briefen zur Elektrizität vorlas, erwähnte er dessen Vorschlag nicht, die Identität des Blitzes und der Elektrizität durch ein Experiment zu überprüfen. Sollte sich in der Tat herausstellen, daß die "Blitzmaterie" (ein zeitgenössischer Ausdruck) elektrischer Natur sei, würde das ein weiteres Mal traditionellen Ansichten über Naturerscheinungen widersprechen. Erst ein Jahr später, 1752, wurde das Franklinsche Experiment in Frankreich durchgeführt.

Bis zu diesem Zeitpunkt herrschte die alte Theorie über das Gewitter vor: Noch im Jahre 1746 veröffentlichte ein Mediziner aus Potsdam eine Aufklärungsschrift über die Ursachen und Wirkungen von Blitz und Donner. In diesem Aufsatz wurde der Blitz wie das Wetterleuchten als die Entzündung aufsteigender, schwefeliger Dünste dargestellt. Gerade das vor den Gewittern auftretende schwüle Wetter interpretierte er als die in besonders starkem Maße zum Himmel aufsteigenden Dünste. Schwache Entzündungen (Wetterleuchten) sowie starke (Blitze) bildeten sich danach grundsätzlich zwischen den Wolken und der Erde. Die stark wässrigen Dünste der Wolken verhinderten eine Entzündung in der Wolkendecke. Weil nach seiner Vorstellung auch Menschen schwefelige Ausdünstungen hervorbringen, sollte man sich bei herannahendem Gewitter kalt abwaschen und ein frisches, weißes Hemd anlegen /15/. Von der damals weitverbreiteten Maßnahme des Wetterläutens durch die Glöckner der Kirchengemeinden erhoffte man sich eine Zerteilung der sich verdichtenden Luft. Wenn diese Maßnahme offensichtlich auch die Gemüter der meisten Menschen beruhigte, so hatte diese Amtshandlung für viele Glöckner den Tod zur Folge, da das nasse Glockenseil den Blitz hervorragend ableitete. Ungeachtet dessen bestand für die meisten Naturforscher kein Zweifel an dieser Gewittertheorie, und sie konnten sich nur schwer mit dem Gedanken der Identität von Blitz und Elektrizität anfreunden. Solange keine eindeutigen experimentellen Befunde auf die Existenz der elektrischen Materie in der Atmosphäre hinwiesen, gab es keine Veranlassung, mit der alten Vorstellung zu brechen.

Mit der Übersetzung der Franklinschen Briefe ins Französische (Franklin 1752) gelangte die Kenntnis von Franklins Experimenten zur atmosphärischen Elektrizität nach Frankreich. Thomas Francois Dalibard (1703-1779) und sein Kollege Delor versuchten mit Hilfe dieser Experimente die Entscheidung darüber herbeizuführen, ob die Wolken elektrisch seien oder nicht. In der Nähe von Paris, in Marly la Ville, bauten sie - gemäß den Franklinschen Beschreibungen - einen Experimentierstand auf.

Der 10. Mai 1752 sollte dann zu einem denkwürdigen Tag der Elektrizitätsforschung werden: Beim Herannahen eines Gewitters gelang es dem Assistenten Dalibards, dem Tischler Coiffier, aus dem unteren Teil der Stange einen Funken zu ziehen. Er schien mit den künstlich erzeugten identisch zu sein. Die Nachricht vom Erfolg des Versuches veranlaßte sogar den französischen König, sich dieses unglaubliche Experiment vorführen zu lassen. Da in den ersten Versuchen die Funken noch sehr klein ausgefallen waren, wurde der Versuchsaufbau derart verändert, daß man die spitze Stange mit weiteren, isoliert stehenden Metallstäben verband, um einen größeren Speicher für die elektrische Materie der Wolken zur Verfügung zu haben /16/. Mit dieser Maßnahme wurden tatsächlich die erhofften, größeren Funkenschläge erzielt. Doch die Versuchsanordnung zeigt auch die Unterschätzung der atmosphärischen Kräfte. Selbst Franklin war der Meinung, daß man die Erdableitung lediglich zur Beruhigung der Ängstlichen installieren sollte /17/.

Erst durch den tragischen Tod des Petersburger Naturforschers Georg Richmann (1711 - 1753) am 26. Juli des darauffolgenden Jahres erkannte man die Leichtsinnigkeit der bisherigen Experimente. Richmann war, während er die Stärke der atmosphärischen Elektrizität mit Hilfe eines "Gnomon Electricitatis" (elektrischer Schattenstab) zu bestimmen versuchte, von einem Blitz aus seinem Meßgerät getroffen worden. Trotz dieses tragischen Unglücks blieb der triumphale Erfolg der experimentellen Naturphilosophie wenig getrübt. Das Gentleman's Magazine fragte zwar, ob die Kühnheit des Menschen hier nicht zu weit gegangen sei und uns der Mythos des Prometheus nicht schon genügend belehrt hätte; doch wurden auch Stimmen der Bewunderung laut /18/.

Im deutschsprachigen Raum zog der Tod Richmanns weitere Stellungnahmen nach sich. Winkler hielt in Leipzig eine Gedächtnisrede, in der er ebenso wie Divisch im böhmischen Znaim auf die Notwendigkeit einer Erdung des Blitzableiters hinwies. Divisch fügte seiner Abhandlung zu diesem Vorfall eine Beschreibung seiner Wettermaschine bei /19/, die garantiert ohne Gefahr das elektrische Feuer aus den Wolken in die Erde ableitete. Auf seine Mitteilung an die Akademie in Berlin, zu Händen Herrn Eulers, erhielt er allerdings nie eine Antwort. Offensichtlich wollte man in Berlin zu diesem Zeitpunkt nichts von solchen Unternehmungen wissen. Divisch entschloß sich daher, den Beweis der Richtigkeit seiner Annahmen ohne fremde Hilfe anzutreten und stellte am 15. Juni 1754 seine Wettermaschine auf. Den gravierenden Unterschied zur Franklinschen Stange sah er darin, daß seine 325 Spitzen die Entstehung eines Blitzes verhinderten, da die elektrische Materie sich erst gar nicht zu einem Blitz verdichten könne. Franklins Stange leite lediglich den Blitz in die Erde ab, was Divisch wegen der ungeheuren Kraft für wesentlich gefährlicher hielt. Die Aufstellung seiner 'Maschinen' in geeigneten Abständen um ein Dorf sollte eine gleichsam 'gewitterfreie' Zone schaffen.

Gerade das einfache Volk, insbesondere die Bauern aber sahen in der Errichtung von Blitzableitern eine große Gefahr: Da die Versorgung mit Nahrungsmitteln im 18. Jahrhundert für viele immer noch ein Kampf um Leben und Tod bedeutete, in dem eine einzige Mißernte bereits zum Hungertod führen konnte, war das Wetter ein wesentlicher Bestimmungsfaktor ihres Lebens. Mochte der Blitz noch so verheerende Wirkungen für Haus und Hof nach sich ziehen, der durch den Blitzableiter drohende Eingriff in das Strafgericht Gottes scheint mehr Angst geschürt als Hoffnungen geweckt zu haben. Diese vorwiegend in ländlichen Gebieten verbreitete Angst der Bevölkerung erschwerte die Durchführung der Versuche von Divisch erheblich. Erstmals 1756, dann wieder 1760 rissen die Bauern seine Wettermaschine nieder. Sie machten diese für den trockenen Sommer verantwortlich. Auch wenn die Bauern von seinen wissenschaftlichen Gegnern aufgewiegelt worden waren, so spiegelt ihr Vorgehen trotzdem die Sorgen von Betroffenen. Die notwendige Unterstützung zur Durchsetzung des Blitzableiters konnte weder Divisch noch Franklin in ländlichen Gebieten erwarten /20/.

Die Propaganda für diese Erfindung lief über die kulturellen und wissenschaftlichen Zentren wie London und Paris. Doch galt es auch hier Widerstände zu überwinden. 1780 prozessierte ein Einwohner von Paris gegen seinen Nachbarn, weil dieser den Stadtmagistrat veranlaßt hatte, seinen selbst errichteten Blitzableiter binnen vierundzwanzig Stunden entfernen zu lassen. Erst nach drei Jahren kam es zur gerichtlichen Entscheidung: Der begeisterte Anhänger des freien Amerika und spätere französische Revolutionär M. Robbespierre (1758 - 1794), überzeugte als Ankläger das Gericht von der Ungefährlichkeit der Franklinschen Erfindung (Prinz 1965, S. 26). Obwohl es innerhalb der wissenschaftlichen Gemeinschaft noch immer keine eindeutige Meinung über die Sicherung von Gebäuden gab, bedeutete dieses juristische Urteil eine Vorentscheidung. Bedenken gegen die Errichtung eines Blitzableiters hielt die französische Rechtsprechung nach diesem Grundsatzurteil für wissenschaftlich unbegründet.

Den Wissenschaftlern selbst konnten solche Auseinandersetzungen nur Recht sein. Ihre noch bis weit in die siebziger Jahre gültigen Fragen sprachen im Kern das gleiche Problem an, wie denn eine solche dünne Stange die großen Mengen an elektrischer Materie aus den Wolken ableiten könne. Von ebenso großer Bedeutung war die Frage, ob denn nicht die Kraft der Spitzen den Blitz geradezu einlade? Diese von dem englischen Maler Benjamin Wilson (1721 - 1788) in London geäußerte Befürchtung veranlaßte ihn, mit Kugeln versehene Blitzableiter vorzuschlagen, die im Dachfirst von Häusern befestigt werden sollten. Falls der Blitz (ohne Einladung) trotzdem in das Dach des Hauses einschlagen sollte, dann könne er über diese Vorrichtung leicht abgeleitet werden.

Eine weitere Verunsicherung rief die Theorie von Franklin hervor. Zahlreiche Untersuchungen der Wolken mittels der Franklischen Stangen und eines Elektroskops führten zu der Erkenntnis, daß sehr viel Elektrizität "minuselektrisch" war. Danach aber mußte der Blitz nicht aus den Wolken, sondern aus der Erde fahren, denn der Ausgleich fand nach Franklin immer von Plus nach Minus statt. In diesem Falle wäre der Blitzableiter ein Erdableiter. Im Hinblick auf die zwei schweren Erdbeben in London (1750) und besonders in Lissabon (1755) hofften einige französische Wissenschaftler schon, daß solche 'Erdableiter' Erdbeben verhindern könnten.

3.2.2.2. Militärische und ökonomische Interessen

Aufgrund der sich verschärfenden politischen und militärischen Spannungen zwischen England, Frankreich und Amerika in der zweiten Hälfte des 18. Jahrhunderts (1756 Ausbruch des Siebenjährigen Krieges; 1776 Unabhängigkeitserklärung Amerikas) lag den militärischen Führungen aller beteiligten Staaten sehr am Herzen, ihre Munitionsdepots vor Explosionen zu schützen. Konnte man den Gefahren durch feindliche Übergriffe entgegenwirken, war die Bedrohung durch Blitzeinschläge nicht abwendbar. Im Jahre 1772 gründete die Royal Society auf Anfrage der englischen Artillerie eine Kommission, um gutachterlich zu einer Absicherung der Pulvermagazine durch Blitzableiter Stellung zu nehmen. Ihre Mitglieder waren Benjamin Franklin, William Watson, Henry Cavendish (1731 - 1810), J. Robertson und B. Wilson. Als das zu begutachtende Objekt wählte man das Pulvermagazin zu Purfleet. Innerhalb von drei Monaten, am 21. August 1772, lag der Royal Society ein fünfseitiger Bericht vor, den Franklin selbst verfaßt hatte. B. Wilson distanzierte sich jedoch von diesem Gutachten, da er die vorgeschlagenen spitzen Ableiter noch immer für gefährlich hielt. Wahrscheinlich wegen dieser Unstimmigkeit, die sogar zum Austritt Wilsons aus der Kommission führte, reichte Franklin am 27. August eine experimentelle Arbeit zur Absicherung seiner Spitzentheorie nach /21/. Mit der Installation von zwölf Blitzableitern wurde das Pulvermagazin gesichert. Zum Entsetzen der Franklinisten, zur Freude Wilsons beschädigte 1777 ein Blitzeinschlag das Gebäude. Obwohl eine mangelnde Erdung festgestellt worden war, ergriff Wilson die Gelegenheit, seine Bedenken gegen die Spitzen erneut vorzutragen. Mit der Unterstützung der königstreuen Tories erhielt er sogar die notwendigen finanziellen Mittel, um seine These durch ein aufwendiges Großforschungprojekt absichern zu können /22/. Mit seinem kostspieligen Experiment überzeugte er sogar den König davon, daß die langen, spitzen Stangen die elektrische Materie aus größerer Entfernung anzögen als seine Kugeln und damit Franklins Vorschlag sogar gefährlich sei. Daß dieser empirische Befund bereits bekannt war und keineswegs Franklins Spitzenvorschlag widersprach, interessierte den Geldgeber wenig. Er ließ die Spitzen der Blitzableiter entfernen und durch Kugeln ersetzen. In Anbetracht der 1776 bereits erfolgten Unabhängigkeitserklärung Amerikas interpretierten John Pringl (1707 -1782) und Edward Nairne (1726 - 1806) als Anhänger Franklins diesen Großforschungsauftrag Wilsons als politischen Versuch, Franklin wissenschaftlich abzuqualifizieren.

In Frankreich dagegen konnten solche Anfeindungen Franklins Position nur stärken: Er wurde als Volksheld gefeiert. Mit seiner Botschaftertätigkeit in Paris (von 1776 bis 1785) hatte eine neue Epoche in der Beziehung zwischen Wissenschaft und Politik begonnen. Sein Expertenwissen in Sachen Blitzableiter verband er geschickt mit seinen Interessen. Da es den amerikanischen Truppen vorrangig an Munition mangelte (Franklin an Priestley, 1777, in: Rutt 1972, S. 297), benötigte er von den Franzosen die Genehmigung zur Ausfuhr von Munition und die Rechte zum Import von Salpeter für eine neue Munitionsfabrik in Amerika. Für dieses Vorhaben war Antoine-Laurent Lavoisier (1743 - 1794) der geeignete Ansprechpartner. Er war nicht nur ein berühmter Chemiker, sondern zugleich der Entscheidungsbefugte für Explosivstoffe (Régisseur des poudres) und Mitglied der Steuerbevollmächtigtenkommission des Königs (Ferme - Générale). Im Gegenzug bot ihm Franklin die Absicherung des Pulvermagazins im Arsenal von Paris, dem zu der Zeit wohl bestausgerüsteten Laboratorium der Welt und Wohnsitz der Familie Lavoisier, durch Blitzableiter an (Lopez 1960, S. 84 f). Darüberhinaus stellte Franklin als eine Schlüsselfigur im internationalen Wissenschaftsmanagement seine vielfältigen Verbindungen zu englischen und amerikanischen Wissenschaftlern den Schülern Lavoisiers zur Verfügung (Lopez 1966, S. 207 ff). Wenn auch der erfolgreiche Geschäftsabschluß mit Lavoisier also nicht allein wegen der Installation der Blitzableiter zustande kam, so spielte besonders zu dieser Zeit der sicherungstechnische Aspekt eine bedeutende Rolle. Die leider unvollständige statistische Erhebung M. Landrianis (1751 - 1816) aus dem Jahr 1786 weist darauf hin, daß zu diesem Zeitpunkt bereits sämtliche Pulvermagazine Preußens, Österreichs und Dänemarks mit Blitzableitern abgesichert waren (Landriani 1786, S. 247 ff).

Abgesehen von den militärischen Interessen trieben auch Handelsgesellschaften, z. B. die Ostindische Kompanie in Amsterdam, die Verwendung von Blitzableitern zur Sicherung ihrer Handelschiffe voran. H. J. Cuthbertson (1743 - 1806) sah in dem 1783 beginnenden Krieg zwischen England und Holland die Ursache für das plötzliche Stagnieren seiner Aufträge für Blitzableiter. In Hamburg war bereits im Jahre 1768 der erste Blitzschutzverein gegründet worden. Dessen Wortführer, der Arzt Reimarus, warb intensiv für die Verbreitung der Blitzableiteridee. Dies geschah nicht zuletzt vor dem Hintergrund der bedauerlichen Geschichte Hamburgs als einer der am häufigsten von Stadtbränden heimgesuchten Orte. Ein Jahr nach Gründung des Vereins wurde die Michaeliskirche mit einem Blitzableiter versehen. Die Institution Kirche betrachtete die Entwicklung mit einem lachenden und einem weinenden Auge: In ihrer berechtigten Angst vor den Verlusten an unersetzbaren Wertgegenständen erschien den Kirchenvätern die Errichtung eines Blitzableiters als eine vernünftige Maßnahme /23/. Mit den

Rettungsversuchen der materiellen Werte ging aber auch ein Verlust an göttlicher und damit kirchlicher Autorität einher. Die Metapher vom Blitz als Strafgericht Gottes verlor zunehmend an Bedeutung. Dieser drohenden Gefahr begegneten einige Kirchenväter mit der Aufstellung des heiligen Donatus, dem Wehrer der Blitze, sowie mit den Hinweisen auf die teilweise neu gestalteten Deckenmalereien, die die Macht der Kirche durch das göttliche Feuer demonstrierten.

3.2.2.3. Ein Symbol

Während es Divisch von seinen Vorgesetzten schließlich verboten wurde, seine Wettermaschine erneut aufzustellen, um weiteren Ärger mit der Bevölkerung zu vermeiden, erregte der Blitzableiter in Paris großes Interesse. Diese unterschiedliche Resonanz ist sicherlich auch auf den Symbolgehalt dieses technischen Gerätes zurückzuführen. Als Franklin im Dezember 1776 französischen Boden betrat, war ihm sein Ruf als Freiheitskämpfer bereits vorausgeeilt. Vielen Gewohnheiten und Zwängen schien dieser Mann im eigenen Land zu trotzen. Allein sein äußeres Erscheinungsbild erweckte bei den Franzosen höchste Verwunderung. Sein Auftreten ließ viele Herzen höher schlagen. Friseure kreierten ihm zu Ehren die Unabhängigkeitsfrisur. Der im Milieu des aufstrebenden Bürgertums und dem sich vergnügenden Adel verankerte starke Glaube an den wissenschaftlichen Fortschritt, an den Sieg der Vernunft, führte mitunter selbst zu phantastischen Vorstellungen: Die Möglichkeit, über Wasser zu gehen, schien ebenso aus dem Reich der Utopien zu schwinden, wie die Konstruktion einer elektrischen Flugmaschine /24/. Erfindungen wie der Blitzableiter Franklins fanden daher schnell ihre Umsetzung in eine nützliche Mode zur Ableitung des Blitzes bei Regenschirmen. Eine bessere Werbekampanie für seine Ideen hätte er selbst nicht inszenieren können. Die vom italienischen Künstler Giovanni-Battista Nini 1779 hergestellte Serie von Franklinschen Gedenkmünzen stellte nicht nur den künstlerischen Werbebeitrag, sondern lieferte das bleibende Zeugnis einer Epoche, in der Wissenschaft und Politik eng miteinander verzahnt waren. "*Erupit coelo fulmen sceptorum que tirannis*", dem Himmel entriß er den Blitz und den Tyrannen das Zepter. Diese von A. Turgot (1727 - 1781) in einem Satz zusammengefaßte Leistung Franklins bildet die Inschrift der Münze.

3.2.3. Franklins Ein-Fluidum-Theorie in Europa - ein Streit zwischen Nah- und Fernwirkungstheoretikern

Trotz der erfolgreichen Durchsetzung seiner Blitzableiteridee fiel Franklins Ein-Fluidum-Theorie zunächst nicht auf fruchtbaren Boden. In England verfolgte Watson die amerikanischen Theoretisierungsversuche zunächst mit eifersüchtigen Blicken: Sie erklärten nicht nur überzeugend die Verstärkungsflasche, in ihr fand er sogar seine Idee der Zirkulation elektrischer Atmosphären in abgewandelter Form wieder. Er verglich die Elektrisiermaschine mit einer Pumpe, die als treibende Kraft der elektrischen Atmosphäre zu verstehen sei. Je nach Erdung des Konduktors einer Elektrisiermaschine oder des Reibekissens werde die elektrische Atmosphäre in die eine oder andere Richtung transportiert. Mit dieser Bindung der elektrischen Materie an vorgegebene Träger hatte auch er sich mehr und mehr von der Vorstellung eines unkontrollierbaren Ausströmens des elektrischen Fluidums in den Raum entfernt. Er hatte als Apotheker das Modell des Blutkreislaufs vor Augen, wobei er die Elektrisiermaschine als Tierherz und die Metalldrähte als Leitungsrohre auffaßte. Wenn seine skeptische Haltung auch recht bald ins Gegenteil umschlagen sollte, so führte sie zunächst zu einer zurückhaltenden Behandlung der Franklinschen Briefe in der Royal Society /25/.

In Frankreich interpretierte Nollet die "Briefe eines Amerikaners" als einen weiteren lästigen Schachzug im familiären Intrigenspiel seines Widersachers Comte de Buffon (1707 - 1788). Die Übersetzung der Franklinschen Briefe durch Dalibard geschah dann weniger aus physikalischen, als vielmehr aus privaten Gründen. Nollet zweifelte sogar an der Existenz eines Herrn Franklin (Franklin 1946, S. 17). Erst durch die erfolgreichen Blitzableiterversuche der Franklinisten sah er sich genötigt, seine eigene Position zur Elektrizität, seine Ausströmungstheorie, bis zu seinem Tode zu verteidigen. Nollets Haupteinwand richtete sich u.a. gegen das Franklinsche Postulat, Glas sei für die elektrische Materie undurchlässig. Zur Demonstration seines wohl überzeugendsten Gegenbeweises verschmolz er eine Verstärkungsflasche mit der Öffnung eines größeren, evakuierten Gefäßes. Dann lud er die innere Seite durch eine Elektrisiermaschine auf und erdete gleichzeitig die Außenseite der großen Flasche. Das aus dem Boden der inneren Flasche ausströmende elektrische Fluidum in Form eines leuchtenden Strahls lieferte seines Erachtens den Beweis: Elektrische Materie dringt durch Glas hindurch. Damit glaubte er das 'experimentum crucis' gefunden zu haben.

Öffentlich ging Franklin in keiner Weise auf die Angriffe Nollets ein; er folgte seinem Motto: "Willst du belehren und trägst deine Ansicht entschieden und absprechend vor, so weckst du nur Widerspruch" (Franklin 1946, S. 26). In einem Land, in dem das Sprichwort 'Wer sich verteidigt, klagt sich an' seinen Ursprung hat, schien Franklins Vorgehen gerade das richtige zu sein.

Unterstützung fand Franklins Theorie inzwischen allerdings in England. Die reine Wissenschaft, gemessen an den Fortschritten in der Industrie, war erfolglos geblieben. Die Vorreiter der industriellen Revolution erhofften sich nun von dem 'praktischen' Wissenschaftler Franklin tatkräftige Unterstützung. Er hatte es verstanden, Wissenschaft, Technik und Politik sinnvoll miteinander zu verbinden: Er war nicht nur ein gern gesehener Gast der Lunar Society von Birmingham, in der u.a. der Eisenfabrikant J. Wilkinson (1728 - 1808), James Watt (1736 - 1819) sowie Priesley verkehrten, sondern wurde ebenso von den Philosophen David Hume (1736 - 1819) und Adam Smith (1723 - 1790) geschätzt. Und wenn schließlich sogar Watson für die Franklinsche Theorie der Elektrizität eintrat, so geschah dies aus Sorge um die experimentelle Naturphilosophie. Schon seit längerer Zeit hatte er befürchtet, daß die noch sehr junge, aber bereits sehr erfolgreiche Elektrizitätsforschung in Mißkredit geraten könnte /26/, wenn nicht verstärkt auf Reproduzierbarkeit der Experimente geachtet würde. Besonders die sich häufenden Hinweise und Experimente zu Heilwirkungen durch Elektrizität bereiteten ihm großes Unbehagen /27/. Sein Plädoyer für die Franklinsche Theorie der Elektrizität vor der Royal Society hielt er nicht zuletzt deshalb, weil dieser Ansatz den sehr schwierigen Zusammenhang von Elektrizität und Leben völlig unberücksichtigt ließ.

Einen besonders weitreichenden Beitrag zur Verbreitung der Franklinschen Thesen leistete Priestley mit der Veröffentlichung "The History and Present State of Electricity" aus dem Jahre 1767. Mit diesem Werk wurde eine eindeutige profranklinistische Geschichte geschrieben; alle Anti-Franklinisten wurden als Ausländer bezeichnet /28/. Unabhängig von dieser Parteilichkeit erschien dieses Buch in vielen Auflagen und Übersetzungen. In Frankreich bildeten sich sehr schnell zwei wissenschaftliche Gruppierungen heraus: einerseits die Vertreter der 'alten Welt', J.A. Nollet, sein Schüler Brisson (1723 - 1806), E.F. Dutour (1711 - 1789), sowie Sigaud de la Fond (1730 - 1810) und andererseits die Vorreiter der 'Moderne' wie Buffon, Franklin, J.A. Le Roy (1720 - 1800), Dalibard, Lavoisier.

Wenn Franklins Ein-Fluidum-Theorie den Elektrizitätsforschern (vorwiegend 'alter Schule') auch äußerst unbehaglich erschien, so gewann seine Theorie dennoch eine große Publizität. Dies ist u.a. auf den Umstand zurückzuführen, daß seine verwendeten Denkfiguren und Analogien großenteils mit bekannten, teilweise unmittelbar aus der Alltagserfahrung abgeleiteten Vorstellungen und Metaphern des herrschenden Denkstils der Zeit übereinstimmten: Sein zur Veranschaulichung des Zusammenhalts von elektrischer und gemeiner Materie benutzte Schwammetapher erfreute sich daher bereits in anderen Disziplinen zur Beschreibung der Kompressibilität von Luft großer Beliebtheit /29/. Gaston Bachelard schrieb dazu: "Die Funktion des Schwammes ist von einer so klaren und deutlichen Evidenz, daß man kein Bedürfnis verspürt, es zu erklären" (Bachelard 1978, S. 127).

Die Idee der Ladungserhaltung wurde in einer Zeit ausgesprochen, in der andere europäische Wissenschaftler ebenfalls den Erhaltungsgedanken formulierten und zu beweisen suchten. Seit 1770 arbeitete A. Lavoisier mit der Vorstellung des Massenerhaltungssatzes, den er aber erst sechzehn Jahre später veröffentlichte.

"Wir mögen es als ein unbestreitbares Axiom festhalten, daß in allen Vorgängen der Kunst und Natur nichts erschaffen wird, eine gleiche Menge von Materie existiert vor und nach dem Experiment" (Lavoisier, in: Teich 1982, S. 25, Übers. d.V.).

Dies war für die meisten Chemiker des 18. Jahrhunderts eine ebenso revolutionäre Behauptung wie Franklins axiomatische Festlegung der Konstanz der elektrischen Materie, der Ladungserhaltung. Denn unter den Elektrizitätsforschern war es längst nicht eindeutig entschieden, ob bei den Reibungsversuchen Elektrizität entstehe oder - wie es Franklin buchhalterisch forderte - lediglich eine konstante Menge anders verteilt werde. Damit es jedoch als wissenschaftliche Tatsache akzeptiert werden konnte, galt es zunächst, andere Wissenschaftler von der Richtigkeit dieser Annahme zu überzeugen. Das wußte nicht nur Franklin, sondern auch Lavoisier, dessen Brief an Franklin sehr überzeugend die Bedeutung der kollektiven Absicherung neuer Theorien demonstriert:

"Französische Wissenschaftler sind zur Zeit zu trennen zwischen der alten und der neuen Doktrin. An meiner Seite habe ich die Herren de Morveau, Berthollet, de Fourcroy, de Laplace, Monge und allgemein gesprochen die Physiker der Akademie. Die Wissenschaftler in London und in England verwerfen ebenfalls langsam die Stahlsche Theorie, aber die deutschen Chemiker halten immer noch streng an ihr fest. Seitdem Sie Europa verlassen haben, ist dort eine Revolution in einem bedeutenden Wissensbereich ausgeführt worden. Wenn Sie sich unserer Seite anschließen könnten, würde ich die Revolution für weit fortgeschritten oder sogar für gänzlich vollendet halten" (Lavoisier, in: Duveen, Klickstein 1955, S. 127 f, Übersetzung d.V.).

Auch wenn Franklin aus persönlichen Gründen in diesem Punkt sich nicht öffentlich für Lavoisier ausgesprochen hat, ist es berechtigt anzunehmen, daß die erfolgreiche Verbreitung des Massenerhaltungssatzes wesentlich zur Absicherung des abstrakteren Ladungserhaltungssatzes beigetragen hat. Unbestritten ist jedoch, daß mit der Einführung des Erhaltungssatzes die entscheidende Wende zur Etablierung einer quantitativen Naturbeschreibung herbeigeführt wurde.

Daß der Erhaltungsgedanke offensichtlich als ein anschauliches Leitbild unabhängig von disziplinorientiertem Denken Verwendung fand, bestätigen die historischen Quellen ebenfalls: Die Formulierung ihrer speziellen Erhaltungssätze fällt in eine Zeit, in der die Ökonomie der Physiokraten ihren Triumphzug antritt. Ihrer ökonomischen Vorstellung liegt ebenfalls der Erhaltungsgedanke zu Grunde, der sich darin ausdrückt, daß im Waren- und Geldverkehr nichts an Werten verloren geht oder geschaffen wird: Das Surplus der Physiokraten, das "produit net", entsteht ausschließlich durch die Agrararbeit, alle Manufakturen z.B. sind "stérile", d.h. der Arbeiter verbraucht gerade soviel, wie er im Arbeitsprozeß schafft. Die Gesellschaft wurde daher von Franklin, als einem engen Freund und Bewunderer der Physiokraten, in der gleichen Weise als ein rechenhaftes System betrachtet, wie er und Lavoisier Naturvorgänge beschrieben.

Diese Übereinstimmung mag die Frage aufwerfen, ob nun das ökonomische Denken das naturwissenschaftliche beeinflußt hat oder umgekehrt. Doch mir stellt sich das Problem in einer anderen Weise: Es gibt offensichtlich anschauliche Leitbilder in der Entwicklung wissenschaftlicher Theorien, die zu bestimmten historischen Epochen in den verschiedensten Forschungsgebieten aufgegriffen und zu einer Grundidee des Theoriengebäudes entwickelt wurden. Mir geht es daher um die Einsicht, daß der Erhaltungsgedanke als eine solche Uridee, als ein Thema, im Erkenntnisprozeß zu betrachten ist und im 18. Jahrhundert in den verschiedensten Gebieten seine spezifische, zeitgemäße Ausprägung gefunden hat. Von zentraler Bedeutung ist es, daß diese speziellen Erhaltungssätze von historischen Subjekten entwickelt wurden, die im intensiven Gedankenaustausch miteinander standen, deren Denkstile vielfach übereinstimmten oder sich gegenseitig beeinflußten. Die Herausbildung quantitativer Beschreibungsformen von Elektrizität ist daher erst unter Berücksichtigung dieses geistigen Umfeldes mit seinen zeitgeschichtlichen Rahmenbedingungen vollständig beschrieben.

Franklins Idee des elektrischen Stromkreises, d.h. sein hypothetischer Leitungsstrom ("current") als das Zirkulieren der elektrischen Materie, fügte sich daher ebenfalls hervorragend in diesen sich innerhalb der Naturphilosophie etablierenden Denkstil der physiokratischen Ökonomie ein: Wie bereits erwähnt, experimentierte seit 1746 William Watson in England mit dem Bild des Harveyschen Blutkreislaufes vor Augen: Er faßte die Elektrisiermaschine als Tierherz und den metallenen Draht als "canal of communication" auf. Auch Franklin war von dieser Analogie beeindruckt und sprach von der Elektrisiermaschine als einer Pumpe, die die Elektrizität aus die Erde hole.

Die damit verbundene Idee der Zirkulation faszinierte aber nicht nur Watson und Franklin als anschauliches Leitbild. 1758 entwarf beispielsweise der Arzt Francois Quesnay sein "Tableau Économique", mit dem er in Analogie zum Harveyschen Blutkreislaufmodell ökonomische Vorgänge erfaßte /30/. Und es waren Lavoisier, Duborg und Turgot, die die Gesellschaft als ein System von Leitungen interpretierten, in denen sich Geld und Wohlstand wie Flüssigkeiten bewegten. Der Kulturkritiker Ivan Illich stellt daher fest, daß um die Mitte des 18. Jahrhunderts der Begriff "Zirkulation" in aller Munde war und die Bildersprache zirkulierender Flüssigkeiten einen gesellschaftlichen Durchbruch erlebte (Illich 1985, S. 42 ff). Mit diesen Metaphern stimmten Franklins

Hypothesen des Stromkreises und des Leitungsstroms überein, und sie dienten zur Veranschaulichung seiner abstrakten Annahmen. 1756 zog er unter Verwendung solcher Bilder einen Analogieschluß, der zur weiteren Ausdifferenzierung seiner Stromvorstellung führte.

"Wird zusätzlich Wasser am Ende einer vollen Röhre nachgepreßt, verläßt am anderen Ende die gleiche Menge, aber anderen Wassers die Röhre zur gleichen Zeit. Genauso verhält sich auch das elektrische Fluidum" (Franklin nach Teichmann 1974, S. 11).

Die oben aufgezählten, in Frankreich besonders einflußreichen Wissenschaftler werden Franklin sehr gut verstanden haben, wenn er von dem Fließen der Elektrizität sprach.

Bewiesen war damit noch gar nichts, und trotz dieser Plausibilitäten gab es innerhalb dieses Denkmodells einige gravierende Widersprüche, die es aufzuklären galt. So mußten die algebraischen Bezeichnungen plus (+E) und minus (-E), die Franklin mit seiner Theorie als neue Begriffe in die Diskussion gebracht hatte, noch zweiundzwanzig Jahre nach der ersten Veröffentlichung den Mitgliedern der französischen Akademie erklärt werden (Home 1975, S. 270). Besonders der Begriff Minus und das Symbol (-), welches zu der Zeit nur als Vorzeichen, als Abstraktum für Schulden verwandt wurde /31/, führte in diesem neuen Kontext zu erheblichen Verwirrungen, die durch den Beitrag einiger deutscher Forscher teilweise aufgelöst wurden.

Im deutschsprachigen Raum nahm man erst im Laufe des Jahres 1756 von den Arbeiten Franklins Kenntnis; in der preisgekrönten Schrift Johann Albrecht Eulers (1734 - 1800) aus dem Jahre 1756 taucht der Name Franklin noch nicht einmal auf. Zur gleichen Zeit aber begann in Berlin eine kleine Gruppe von Wissenschaftlern sich der Franklinschen Thesen anzunehmen, um sie weiterzuentwickeln. Initiator dieses Projektes war der Experimentalphysiker und Übersetzer der Franklinschen Briefe, Johann Carl Wilcke (1732 - 1796), der im Rahmen seiner Promotion (Wilcke 1757) sich intensiv mit den Arbeiten des Amerikaners beschäftigt hatte. Zusammen mit dem Theoretiker Friedrich Ulrich Theodor Aepinus (1724 - 1802) griff er grundlegende Probleme dieser Theorie auf:

Die Abstoßung zweier negativ geladener Körper ließ sich nach dem Ein-Fluidum-Modell nicht erklären. Waren zwei positiv geladene Teilchen jeweils von einer elektrischen Atmosphäre umgeben und bewirkten somit eine Abstoßung, fehlte den negativen diese Atmosphäre, da sie laut Definition zu wenig an elektrischer Materie besaßen. Dies führte zu weiteren Fragen nach der Beschaffenheit der Atmosphäre und ihrem Wirkungsmechanismus. Während Wilcke auf Grund fehlender Anschaulichkeit eine negative Atmosphäre für undenkbar hielt, betrachtete Aepinus die Sache als Mathematiker, für den Kräfte lediglich äußere Zutaten der Materie waren. Er scheute sich daher auch nicht zu behaupten, die Newtonsche Gravitationskraft gelte nur bei elektrisch neutralen Körpern, d.h. bei solchen Körpern, die im Sinne der Franklinschen Theorie "the natural quantity of electricity", also gerade so viel elektrische Materie besitzen, daß nichts aus dem 'Materieschwamm' auslaufe. Alle Materie, die minus-elektrisch ist, d.h. zu wenig an elektrischem Fluidum besitzt, zeigt nach außen eine abstoßende Kraft. Damit hatte er eine zusätzliche Kraft eingeführt und die Gravitationstheorie zum Spezialfall der Elektrizitätstheorie degradiert /32/. Doch angenommen, man akzeptierte diese neue Vorstellung, wie sollten Kräfte ohne ein Medium wirken? Für Wilcke konnte es ebensowenig wie für Franklin eine Fernwirkung geben; doch Aepinus' Ansatz ließ die elektrische Atmosphäre als materielle Hülle überflüssig erscheinen.

Während Franklin selbst geflissentlich diese Probleme überging /33/, versuchte Wilcke zunächst das Nahwirkungsmodell weiterzuführen. Influenz verstand er nach wie vor als das unmittelbare Einwirken des Fluidums in den benachbarten Körper. Ganz im Sinne der Franklinschen Theorie sagte er:

"In der Atmosphäre eines positiven Körpers werden die Theile der eingetauchten Körper negativ. In einer negativen Atmosphäre werden dieselben aber positiv. Der erstere Zustand entsteht daher, daß die positive Atmosphäre, die natürliche Quantität elektrische Materie aus diesen Theilen zurück treibt. Hiedurch werden dieselben negativ, wenn die Materie abfließen, aber nicht wieder zurückschießen kann" (Wilcke, in: Franklin 1758, S. 307 f).

Diese Beschreibung der Influenzwirkung entspricht unserer heutigen Erklärung, jedoch mit dem gravierenden Unterschied, daß wir keine materielle Atmosphäre für das Zurücktreiben verantwortlich machen, sondern auf der Grundlage eines 'Feldkonzeptes' argumentieren. Dieses theoretische Modell wurde aber erst zu Beginn des 19. Jahrhunderts entwickelt. In der zweiten Hälfte des 18. Jahrhunderts wagten nur wenige, stark mathematisch orientierte Naturforscher wie Aepinus /34/ den Schritt zur endgültigen Vernichtung der elektrischen Atmosphäre.

Sicherlich zum Entsetzen seines Kollegen Wilcke schlug Aepinus nach weiteren Experimenten vor, von dem "elektrischen Wirkungskreis" (Priestley 1772, S. 163) zu sprechen. Ganz unabhängig davon, ob ein Körper pluselektrisch oder minuselektrisch sei, der Raum um diese Körper wurde danach als frei von elektrischer Materie betrachtet; in ihm wirkten nur die Kräfte. Daß dies ein ungewöhnlicher Schritt war, zeigt folgende vorsichtige Definiton der elektrischen Atmosphäre in dem wohl bekanntesten Physikbuch der Zeit:

"Unter der elektrischen Atmosphäre eines Körpers verstehen wir bloß den Raum um ihn herum, in welchem seine Elektrizität Wirkungen zeigt; daß wirklich elektrische Materie auch um die elektrisierten Körper ausgegossen oder eine elektrische Atmosphäre im eigentlichen Verstande vorhanden sey, ist nicht sehr wahrscheinlich" (Erxleben 1787, S. 479).

In Auseinandersetzung mit den Annahmen des Aepinus ließ Wilcke sich allerdings auch von dessen Thesen beeinflussen. Neue Experimente mit der Verstärkungsflasche hatten nämlich Beweise für die Unhaltbarkeit der These von der materiellen Atmosphäre geliefert (Franklin 1758, S. 236; Priestley 1772, S. 157). Ausgehend von der Franklinschen Erkenntnis, daß die gleichen Verstärkungseffekte an einer Glasplatte mit Metallbelegungen nachweisbar seien, konstruierte er einen Luftkondensator: er nahm zwei metallene Platten und hing diese an Seidenfäden in einem Abstand von einem Zoll auf. Jede Seite wurde mit einem Konduktor verbunden. Platte A wurde positiv aufgeladen, Platte B war mit der Erde verbunden. Beim Entfernen der Ableitung nach Durchführung des Versuchs war B negativ. Wilckes Kommentar lautete: "Diese ganze Einrichtung ist nichts anderes, als ein Erschütterungsglas, die Tafeln sind die Belegung" (Wilcke, in: Franklin 1758, S. 348).

Damit war Franklins Erklärung der Verstärkungsflasche auf der Grundlage des Postulats der Undurchdringlichkeit des Glases für die elektrische Materie hinfällig. Die Verstärkung gelang auch ohne Glas. Hatte Nollets Kritik kein Gehör bei Franklin gefunden, dieser Beweis war überzeugend. Für Aepinus wies dieser Versuch ein weiteres Mal auf die Richtigkeit seiner Forderung nach der Entmaterialisierung der elektrischen Atmosphäre hin: Eine positiv geladene Platte würde sonst einen Kontakt zur gegenüberliegenden Platte herstellen und damit den Verstärkungseffekt verhindern. Würde man aber seiner These des elektrischen Wirkungskreises folgen, so befände sich das elektrische Fluidum auf oder in der Materie und nur deren Kraft wirke durch den sie umgebenden Raum. Mit diesem Plädoyer für eine Fernwirkungstheorie rettete er die Franklinsche Theorie.

Wilcke aber, der ebenso von den experimentellen Ergebnissen begeistert war, erkannte in dieser Erklärung auch sein altes Problem wieder: die Unanschaulichkeit. Angenommen, er akzeptierte diese Vorstellung der Fernwirkung, was sollte dann bei einem negativ geladenen Körper wirken? War es nicht besser, für jeden Zustand ein eigenes Fluidum anzunehmen? Das aber hieße, es gäbe zwei elektrische Fluida.

3.2.4. Robert Symmers Konzept der Harmonie von Kraft und Gegenkraft - der Beginn eines Fluidastreites

Die Frage nach dem Wesen der Elektrizität wurde im 18. Jahrhundert immer wieder gestellt, doch es zeigte sich, daß eine allgemeingültige Antwort nicht gegeben werden konnte. Ließ man den Zusammenhang Mensch - Elektrizität unberücksichtigt, so führten selbst noch die verbleibenden Unstimmigkeiten zu endlosen Streitgesprächen. Denen wollte der Schotte Robert Symmer ein Ende bereiten. Er verwies mit Nachdruck auf die Notwendigkeit, die 'first principles' einer Elektrizitätstheorie zu bestimmen und diese von den unzähligen Phänomenen abzugrenzen:

"But I fear the solution of this, and of many other difficult questions concerning electricity, will depend upon the establishment of a more perfect theory than we have yet attained to. Till we shall be so fortunate as to discover the nature and properties of the powers employed in these operations, we must be satisfied to pursue the path of experiment and observation, in quest of those, as first principles" (Symmer 1759, S. 348).

Bereits hier zeigt sich, daß Symmer jene Gruppe der experimentellen Philosophen vertrat, denen es neben dem Experimentieren ebenso sehr um eine theoretische Durchdringung der Materie ging. Symmer, um 1707 geboren, studierte in Edingburgh u.a. Naturphilosophie und wurde zu einem Anhänger der Newtonschen Naturauffassung. Seine Karriere machte er in der Finanzbürokratie und als politischer Verbindungsmann Andrew Mitchells, der während des Siebenjährigen Krieges als britischer Minister in Berlin arbeitete. Wahrscheinlich auf Grund seiner sehr guten Beziehungen zu Mitchell und John Pringle (1707 - 1782) und seiner Anhängerschaft zum Newtonianismus wurde er am 6. Dezember 1752 Mitglied der Royal Society /35/. Seine elektrischen Studien begann er 1757, nachdem seine Karriere als königlicher Finanzbuchhalter durch einen plötzlichen Machtwechsel abrupt endete und er pensioniert wurde. Das Angebot seiner Freunde, Gouverneur des Staates New Jersey zu werden, lehnte er aus Altersgründen ab. Symmer starb im Jahr 1763.

Innerhalb der damaligen Elektrizitätsforschung widmete sich Symmer einer der wohl brisantesten Fragen: dem Wesen der entgegengesetzten Elektrizitäten. Dem Problem der Angemessenheit des Fernwirkungsmechanismus entgegnete er ganz im Sinne des mechanistischen Denkstils:

"The power of mechanic motion, those I mean by which bodies act upon one another in impulse or pressure, are found to be under the direction but of three general laws; and from thence is deduced a most extensive branch of natural knowledge. The laws that regulate the powers, by which bodies act at a distance upon one another, when we come to be better acquainted with them, may be found to be not more numerous or complex. What appears wonderful to us, is, that bodies should at all be capable of acting upon one another at a distance: But are we not equally ignorant of the manner, in which the powers of motion exerted, when the bodies are in actual congress? Daily experience convinces us of the fact in this case; and in the other, repeated experiments, and frequent observations, leave us little room to doubt, that there are powers, which, when lodged in one body, are capable of being exerted upon another at a distance. The powers of electricty are found to be of this nature" (Symmer 1759, S. 388).

Hier zeigt sich bereits, daß ihm das Konzept der Fernwirkung wesentlich vertrauter war, als es den Vorgängern erschienen ist. Ihn beschäftigte vielmehr die Frage, worauf sich die elektrischen Phänomene der Anziehung und Abstoßung ursächlich zurückführen ließen. Dufay hatte bereits in der ersten Hälfte des 18. Jahrhunderts von der Glas- und Harzelektrizität gesprochen, die aber an bestimmte Materialien gekoppelt blieben. Symmer betrachtete dagegen den Antagonismus zweier widerstreitender Kräfte als das Grundprinzip aller elektrischen Erscheinungen. Hier erfährt die Idee des polaren Gegensatzes, wie es Winklers elektrische Atmosphäre und Boses männliches und weibliches Feuer darstellte, eine neue Ausprägung. Diese elektrischen Kräfte waren nicht an bestimmte Materialien gebunden, sondern diese zwei entgegengesetzt wirkenden, positiven Prinzipien wohnen jedem Köper inne. Er schrieb,

"I observed, in the papers I have already had the honour of communicating to the Society, that the different state of electricity, as distinguished into positive and negative, was a leading circumstance in all electrical appearances. ... My notion is, that the operations of electricity do not depend upon one single positive power, according to the opinion generally received; but upon two distinct, positive, and active powers, which, by contrasting, and, as it were, counteracting each other, produce the various phenomena of electricity; and that, when a body is said to be positively electrified, it is not simply that it is possessed of a larger share of electric matter than in a natural state; nor, when it is said to be negatively electrified, of a less; but that, in the former case, it is possessed of a larger portion of one of those active powers, and in the latter, of a larger portion of the other; while a body, in its natural state, remains unelectrified, from an equal balance of those two powers within it. ... I think, we may fairly conclude, that what is called negative electricity is, in reality, a positive active power; and that electricity, in general, consists not of one alone, but of two distinct, positive powers, acting in contrary directions, and toward each other" (Symmer 1759, S. 371 ff).

Ausgehend von dieser Vorstellung besitzt jeder Körper zwei aktive Kräfte (Prinzipien), wobei sie sich im neutralen Zustand, d.h. wenn keine elektrische Wirkung nach außen zu beobachten ist, in einem harmonischen Gleichgewicht befinden. Erst mechanische oder elektrische Einwirkungen erzeugen ein Ungleichgewicht zwischen diesen beiden Kräften, so daß der Körper entweder positiv oder negativ geladen ist. Seine weiteren Untersuchungen führten ihn zu der Einschätzung, daß es sich hierbei um ein Naturgesetz handeln mußte, ohne deren Berücksichtigung keine konsistente Theorie der Elektrizität aufgebaut werden konnte:

"But if two distinct and counteracting powers prevail, as appears to me to be evident from the preceeding experiments and observations, in that case, it will be impossible to give a complete and consistent theory of electricity, but upon the principle of two such powers" (Symmer 1759, S. 389).

Im Jahre 1760 schrieb er, daß dieses Grundprinzip nicht nur zu einer Revolution im System der Elektrizität führen werde, sondern als ein grundlegendes Prinzip in der gesamten Natur zu verstehen sei. Mit dieser Aussage bestätigte er genau jene naturphilosophische Position, wie sie von Reverend William Jones am University College in Oxford vertreten wurde. In seinem "Essay on the First Principles of Natural Philosophy" schrieb dieser dazu:

"In this manner they account for the continuance of that motion which is rectilinear; but then for the producing of other motion in curves and compounded directions, with which nature is observed very much to abound, they suppose an emission of immaterial virtues or forces, propagated through their *vacuum* from one parcel of matter to another far distant from it. These virtues are of two sorts: by one of them, one body is so affected by another, as to be drawn nearer to it; by the other, it is caused to recede from it: and necessity requires upon some occasions, that the same parcels of matter be allowed, and that in all its component parts, to have both these powers, though contrary to, and destructive of one another. The names by which they have been distinguished in different ages are ---- and ----, *love* and *hate*, *sympathy* and *antipathy*; and now they pass current under the fashionable terms of *attraction* and *repulsion*. But I presume if we were to call them a *pulling without any hold*, and a *pushing without touching*, we should describe all the sense they have, as well as distinguish one from the other" (Jones 1763, S. 6).

Was bestärkte nun Symmer in seinen Behauptungen, die der sich gerade in England etablierenden Franklinschen Theorie völlig widersprachen? Seine Experimente demonstrierten sehr eindrucksvoll die Existenz zweier elektrischer Fluida: Zwei übereinandergezogene Seidenstrümpfe, ein weißer und ein schwarzer, zeigten nach längerem Tragen (d.h. durch Reiben) kaum elektrische Wirkungen, wenn sie weiterhin zusammenblieben. Trennte man beide voneinander, so schwoll jeder für sich derart an, daß sie die alte Form des Fußes zeigten. Die perfekte Symmetrie der Socken sowie ihre sich bei gegenseitigem Berühren aufhebenden Kräfte sah Symmer als Beweis für zwei separat wirkende Fluida, deren jeweilige Teilchen sich untereinander abstießen, aber gegeneinander anzogen. Besonders die starke Anziehungskraft der zwei Fluida überraschte ihn, da sie in einigen Versuchen nur durch das Zwanzigfache des Eigengewichtes des Strumpfes aufgehoben werden konnte (Symmer 1759, S. 363, Priestley 1772, S. 168).

Mit seinen Veröffentlichungen aus dem Jahre 1759 führte Symmer die Franklinisten in arge Bedrängnis. Er behauptete, daß bei einer Entladung die zwei Fluida sich gegenläufig in der Materie fortbewegten. Diese These eines Doppelstromes in der Materie widersprach dem Flüssigkeitsmodell Franklins. Sollte es möglich sein, diesen Doppelfluß in irgendeiner Weise experimentell zu bestätigen, so spräche nichts mehr gegen seine Zwei-Fluida-Theorie.

Symmer erhoffte sich durch ein 'experimentum crucis' eine Antwort und schlug vor, den Entladungsfunken einer Verstärkungsflasche durch mehrlagiges Papier oder Bücher schlagen zu lassen. Die nach beiden Seiten ausgeschlagenen Papierfetzen interpretierte er als die 'Abdrükke' der zwei in entgegengesetzter Richtung verlaufenden Fluida. Für ihn schien der Fall klar zu sein, doch unter den Franklinisten löste dieses Experiment eine Flut von Folgeexperimenten aus, die nichts weiter als die Unentscheidbarkeit dieser Frage demonstrierten. Während Franklin trotz der direkten Aufforderung Symmers /36/ sich mit keinem Satz öffentlich äußerte, lieferten seine Anhänger das notwendige Beweismaterial, indem sie die Form des Entladungsweges über eine größere Entladungsstrecke - auch Entladungsbaum genannt - als Beweis für die Existenz eines einzigen Fluidums betrachteten. Wären es in der Tat zwei getrennte Fluida, die an jeder Entladung teilhaben, so dürfte der Funke nicht eine derartige Verästelung wie an einem Baum aufweisen /37/.

In England stieß Symmers Veröffentlichung aber auf großen Widerstand, und er schrieb seinem Freund Andrew Mitchell im Februar 1761, daß die entsprechende Würdigung seiner Arbeit nur über die Verbreitung im Ausland erreicht werden könnte (Symmer an Mitchell, 1761, in: Heilbron 1976, S. 16). Damit sollte er recht behalten. In Frankreich erkannte Nollet in ihm einen weiteren Bündnispartner im Kampf gegen Franklin, doch ging diese Rechnung nicht auf: In seiner vierten Veröffentlichung stellte Symmer fest, daß er das gleichzeitige Zu- und Abfließen der elektrischen Materie im Nolletschen System lediglich für eine phänomenologische Beschreibung halte, keineswegs für ein ursächliches Prinzip. Auch nahm Nollet nur eine einzige Flüssigkeit an (Symmer 1759, S. 381 f). Damit wollte Symmer nicht endgültig den Stab über Nollets Theorie brechen, doch konnte er dadurch wenigstens den Eindruck einer falsch verstandenen Übereinstimmung verhindern.

In Deutschland kümmerte sich Mitchell um die Verbreitung der Symmerschen Arbeit. Aber auch Wilcke veranlaßten die bereits erwähnten Inkonsistenzen in der Franklinschen Theorie, auf die anschaulichere Vorstellung zweier separater Fluida zurückzugreifen. Obgleich er kein Freund der Fernwirkungstheorie war, so konnte er darüber eher hinwegsehen, als keine realen Ursachen für die Wirkung eines negativ geladenen Körpers angeben zu können. Zwei aktive Kräfte waren für den Experimentalphysiker 'handfeste' Argumente. Trotzdem war es zunächst eine ebenso gewagte Hypothese wie Franklins Fluidum. Überprüfen ließen sich die Bewegungen der Fluida nur am Entladungsvorgang selbst; dieser Anspruch aber reichte weit über ihre experimentellen Möglichkeiten hinaus /38/.

In diesem beginnenden Streit um die Anzahl der Fluida konstruierte gerade der Franklinist Alessandro Volta (1745 - 1827) eine Ladungsmaschine /39/, die dem Göttinger Physiker Georg Christoph Lichtenberg (1742 - 1799) zu neuen Forschungsergebnissen verhalf. Sie lieferten allerdings weitere Argumente für eine Zwei-Fluida-Theorie. Mit diesem Gerät, das Wilcke bereits 1761 in anderer Gestalt entworfen hatte, erregte Volta großes Aufsehen: Nach dem einmaligen Aufladen einer aus Harz gefertigten Platte (dem Harzkuchen) durch Reiben schien die elektrische Kraft niemals mehr verloren zu gehen. Volta sprach deshalb auch von einem "elettroforo perpetuo", einem beständigen Elektrizitätsträger.

Wie ließ sich die Wirkung des heute als Elektrophor bezeichneten Gerätes erklären? Ein Anhänger Symmers hätte wie folgt geantwortet: 'Reibt man den Harzkuchen mit der Hand, so werden dort die zwei Elektrizitäten -E und +E voneinander getrennt, so daß das Reibezeug pluselektrisch, die Harzplattenoberfläche minuselektrisch wird. Setzt man nun den Deckel auf die Platte, so wird in ihr durch Influenz eine Trennung von +E und -E bewirkt. Die +E wird von der -E der Harzplatte angezogen; die -E im Deckel sitzt nun an der Oberfläche und kann durch die Berührung mit dem Finger dort abfließen. Daraufhin ist der Deckel pluselektrisch und kann durch Abheben einen verstärkten Funkenüberschlag gegen Erde abgeben'.

Dieser Vorgang ließ sich beliebig oft wiederholen und lieferte enorm große Funken, so daß viele Wissenschaftler wegen der Einfachheit des Gerätes und ihrer unerwartet hohen Wirkung diesen Elektrophor den teuren Elektrisiermaschinen vorzogen. Als Lichtenberg bei der Herstellung eines Voltaschen Elektrophors im Jahre 1777 sein ganzes Zimmer mit feinem Harzstaub bedeckte, der beim Glätten der Harzplatte anfiel, lieferte er einen überzeugenden Beweis für die Annahme zweier Fluida. Der durch einen Luftzug aufgewirbelte Staub legte sich auf die durch das Reiben elektrisch aufgeladene Harzplatte, doch nicht in gleichmäßiger Verteilung, sondern nach ganz bestimmten Mustern.

"Es zeigten sich bisweilen fast unzählige Sterne, Milchstraßen und Sonnen... Herrliche kleine Ästchen entstanden, denen ähnlich die der Frost an den Scheiben hervorbringt" (Lichtenberg 1778, S. 21).

Er bestrich schwarzes Papier mit einem Klebstoff und stellte damit Abzüge der sogenannten Lichtenbergschen Figuren her. Trotz der leichten Variationen in den Bildern interpretierte er die zwei Gruppen von Figuren als Hinweise auf zwei unterschiedliche Fluida und sprach die Hoffnung aus, damit den englischen Franklinisten zeigen zu können, daß ebenso gewichtige Gegenargumente existierten (Lichtenberg 1778, S. 35). Er ließ sich dabei aber nicht auf den ermüdenden Fluidastreit ein, sondern antwortete diplomatisch:

"Warum wollen wir also eine Benennung aufgeben (plus und minus, d. V.), die aus einer wohl begründeten Idee hergeleitet ist? Diese Idee benötigt keine Theorie, aber eine Theorie kann ohne sie nicht gedacht werden; sie paßt in gleicher Weise zu den Franklinschen Vorstellungen einer einzigen Materie, wie zu den Symmerschen zweier Materien. Die Naturforscher dieser oder jener Richtung können daher von ihr Gebrauch machen, ohne daß die Gefahr eines Schadens oder eines Streites entsteht... Und es scheint mir als sehr wahrscheinlich, daß die Physiker in Zukunft eine Erweiterung dieser Lehre zu erwarten haben, wenn man sich mehr an die Zeichengebung der Mathematiker ... hält" (Lichtenberg 1778, S. 34).

Solange es keine eindeutigeren Experimente als die bekannten gab, wollte er selbst weder Unitarier noch Dualist sein. Doch mit den ursprünglichen Vorstellungen zu Anziehung und Abstoßung als polarem Gegensatzpaar wollte auch er brechen. So verweist Hans Schimank auf den Tatbestand, daß Lichtenberg als Herausgeber der Erxlebenschen "Anfangsgründe der Naturlehre" sich in allen Ausgaben im Paragraph 523 von den alten Begriffen des "männlichen und weiblichen Feuers", dort "lux mas" und "lux femina", distanzierte. So schreibt dieser in einer Anmerkung,

"die hier vorgetragene Distinktion ist von ganz und gar keinem Wert und kann zu Irrtümern verleiten, wenn einem dabei cochlea mas und cochlea femina, negative und positive Elektr. (sic!) einfallen sollte" /40/.

Daß es sich bei diesem Versuch der Uminterpretation elektrischer Phänomene auch um eine Reinigung der Wissenschaftssprache von ungewollten, erotischen Assoziationen handelte, dafür spricht J.S.T. Gehlers Bemerkung in seinem Physikalischen Wörterbuch:

"Die meisten werden doch lieber die simplen Lichtenbergschen Bezeichnungen, als diese an Nebenbegriffe erinnernde Bildersprache, gebrauchen" (Gehler 1787, S. 261).

In Europa entschieden sich ab 1780 die meisten Elektrizitätsforscher für die dualistische Theorie und den damit übereinstimmenden Bezeichnungen von plus und minus. Das Wesen der Elektrizität blieb weiterhin unbestimmt. Die Existenz solcher Fluida ließ sich nicht direkt nachweisen, deshalb beschränkte man sich auf die Messung der elektrischen Kräfte. Bislang verwendete man dazu Elektrometer (auch Elektroskop genannt) und glaubte damit ebenso 'Ladungsmengen' nachweisen zu können. Dieses Vorgehen sollte sich jedoch bald als Irrtum herausstellen. Während der Überprüfung der Franklinschen Experimente bemerkte Wilcke, daß mit der Erhöhung der Anzahl in Reihe geschalteter Verstärkungsflaschen (d.h. die Innenseite der jeweils zweiten Flasche steht mit der Außenseite der ersten Flasche in Verbindung usw.) die 'Ladung' proportional abnahm. Aus den Meßergebnissen schloß er, daß ab einer bestimmten Anzahl von Flaschen keine Ladung mehr gemessen werden konnte (Franklin 1758, S. 251). Heute wissen wir, daß er Spannungen gemessen hat, diesen Irrtum aber nicht bemerken konnte. Erst durch die zunehmenden Erfahrungen im Umgang mit den Verstärkungsflaschen vermehrten sich auch die Meßprobleme, die die Interpretation der Anzeige des Elektrometers in Frage stellten. Bei gleichem Elektrometerausschlag an unterschiedlich großen Flaschen zeigten sich beispielsweise verschieden starke Funkenausschläge sowie unterschiedliche physiologische Erschütterungen. Wenn dieses Meßgerät aber keine Ladungsmengen angab, was zeigte es dann an?

Voltas Auffassung schien eine Klärung dieser Frage zu versprechen. Er wußte wie viele seiner Zeitgenossen, daß die Ladungsmenge (nach Franklin) oder die 'quantità di fuoco elettrico' (nach Volta) je nach verwendetem Konduktor variierte. Auch Wilcke wußte, daß ein einfacher Konduktor beispielsweise nach drei Umdrehungen der Elektrisiermaschine einen Elektrometerausschlag von 45 Grad zeigen konnte, derselbe - mit einer Verstärkungsflasche verbunden - aber für den gleichen Ausschlag wesentlich mehr Umdrehungen benötigte (Franklin 1758, S. 221). Die Anzahl der Umdrehungen war ein Maß für die Ladungsmenge, der Ausschlag des Elektrometers das sichtbare Zeichen für den Ladungszustand. Voltas Landsmann und Anhänger Franklins, Giambattista Beccaria (1716 - 1781) verwendete zur Beschreibung geladener Konduktoren (oder Verstärkerflaschen) den italienischen Ausdruck "Capacita" (Fassungsvermögen); doch gab er dafür keine Meßvorschrift an /41/. In Kenntnis der Proportionalität zwischen der Ladungsmenge Q und dem Fassungsvermögen C experimentierte Volta mit einem Konduktor, dessen Kapazität er unverändert ließ. Dabei setzte er die Anzahl der Umdrehungen der Elektrisiermaschine in Beziehung zu den jeweiligen Winkeln des Elektrometerausschlages. Dabei stellte er fest, daß Q proportional T sei, wobei T = "tensione" (Spannung) bedeutete und dessen Werte mit dem Winkel des Elektrometers linear verliefen. Sein Vorgehen stützte sich auf die ebenso von Beccaria vertretene Auffassung vom Elektrometer. Er verstand den Ausschlag als ein Maß für die "Energia" (Kraft) der Elektrizität, die das elektrische

Fluidum z.B. aus der Verstärkungsflasche herausdrücken will. Ohne weiter über die Ursache dieser Kraft zu spekulieren, nannte er ihre Wirkung auch 'tensione di electricita', die Spannung der Elektrizität /42/. Dabei hatte er wahrscheinlich wie viele andere die mechanische Analogie des Komprimierens von Gasen vor Augen, nach der das Volumen für die Kapazität, die Dichte für die Spannung und die Masse für die Ladungsmenge steht. Auch Wilcke und Aepinus kannten ein solches 'Herausdrängen' der Elektrizität als selbständige Entladung an rauhen Oberflächen, doch für sie war das Elektrometer nicht das Meßgerät für diese Kraft.

Anhand einiger Experimente stellte Volta endgültig fest, daß das Elektrometer nicht die Quantität, d.h. Ladungsmengen maß, sondern die Spannung. Diese neue Größe veränderte sich bei konstantem C proportional zur Anzahl der Umdrehungen der Elektrisiermaschine, d.h. zu Q. Diese Abhängigkeiten faßte er dann zu der mathematischen Beziehung $Q = C \ T$ zusammen, die er 1782 in Verbindung mit einem neuen hochempfindlichen Elektrometer der Öffentlichkeit bekanntgab /43/. Geht man nun davon aus, daß die elektrischen Teilchen ein irgendwie geartetes Vermögen besitzen, sich gegenseitig abzustoßen, dann wird es im Sinne dieser mechanischen Analogie verständlich, daß bei konstanter Ladungsmenge Q eine Verringerung des Fassungsvermögens C (Capacità) die Spannung T erhöht. Auf der Grundlage dieser gesetzmäßigen Beziehung ließ sich auch das physikalische Prinzip des Elektrophors erklären: bei einer konstanten Ladung Q und der Verringerung der Kapazität der Platten durch Anheben des Deckels erhöht sich die Spannung T; hohe Spannungen ermöglichen starke Funkenentladungen.

3.2.5. 'Theoria electricitatis more geometrico explicata'

Mit Beginn der achtziger Jahre bestimmte eine neue Generation von Wissenschaftlern in Frankreich die Forschung. René-Just Haüy (1743 - 1822), P. S. de Laplace (1749 - 1827) und Charles-Augustin Coulomb (1736 -1806) zeigten mit ihren Arbeiten, daß die Forschungsrichtung stärker durch mathematische Methoden und nicht durch philosophische Spekulationen gelenkt werden sollte. In der Elektrizitätsforschung vollzog sich daher ein Stilwandel, der mit den Arbeiten von Coulomb aus dem Jahre 1785 und der Einberufung einer Gutachterkommission am 28. März 1787 erste Gestalt annahm. In diesem Gremium berichtete Haüy über die so lange mißachtete mathematische Abhandlung T. U. D. Aepinus' zu Elektrizität und Magnetismus (Haüy 1787; Aepinus 1759). Alles deutet darauf hin, daß - zunächst v.a. in Frankreich - die zukünftige Forschung mit der alten Naturphilosophie brechen will /44/.

In diesem neuen Umfeld von Mathematikern und Ingenieuren weckte die schon seit Jahren geäußerte Vermutung, die elektrische Kraft nehme analog zur Gravitationskraft im umgekehrten Verhältnis zum Quadrat des Abstandes ab, großes Interesse /45/. Besonders Coulomb fand an der Verfolgung dieser Fragestellung weitaus mehr Gefallen als an einer Weiterführung des lästigen Fluidastreites. Auch wenn er selbst der Symmerschen Zwei-Fluida- Theorie zustimmte und sie später sogar weiterentwickelte, ging es ihm vorrangig um die rein quantitative Bestimmung des Kraftgesetzes, das zwischen elektrisch geladenen Körpern gelten sollte. Zur Klärung dieses Problems glaubte er aber keine große Hilfe von den 'Alten' erwarten zu können.

Für das bereits von Newton aufgestellte Gesetz, nach dem alle Massen aufeinander anziehende Kräfte ausüben, die im umgekehrten Verhältnis mit dem Quadrat des Abstandes abnehmen, konnte weder ein Grund angegeben werden, noch war der Wirkungsmechanismus verständlich. Trotzdem lieferte es ein erfolgversprechendes Beschreibungsmodell für die Mechanik.

Den meisten Elektrizitätsforschern des 18. Jahrhunderts schien eine Erklärung der elektrischen Kräfte auf der Grundlage eines solchen Fernwirkungsmechanismus zunächst zweifelhaft, da dieser jeglicher Anschaulichkeit entbehrte. Nur wenige Wissenschaftler sahen seit den fünfziger Jahren in formalen, mathematischen Beschreibungen Erklärungen für Naturvorgänge. Ein Blick in Zedlers Universallexikon demonstriert noch die strikte Trennung zwischen qualitativer Naturerkenntnis, der Physik und der quantitativen Naturbeschreibung, der Mathematik:

"Das Objectum der Physick, womit diesselbe umgeht, sind die Substanzen, welche sich durch die Accidentien zu erkennen geben, und hierdurch unsere Sinne rühren, so man mit einem Wort die naturam sensibilem, oder die sinnliche Natur nennen kan. ... Doch können die

Körper betrachtet werden, theils nach ihren Qualitäten, oder innerlichen Beschaffenheiten, ... theils nach ihren Quantitäten. Die erstere Betrachtung gehört in die Physick, die andere aber in die Mathematik, woraus zugleich zu erkennen, wie die Mathesis und Physick von einander unterschieden, und wie eine Sache bald mathematisch, bald physisch könne betrachtet werden" (Zedler 1732, S. 1148).

Warum sollte sich die gesamte Natur also genauso verhalten wie die mathematischen Herleitungen eines Newton es vorhersagten? Trotz dieser traditionell bedingten Skepsis hatten vor Coulomb dennoch einige Wissenschaftler versucht, Newtons Ansatz auf die Elektrizität zu übertragen. Einer der - aus heutiger Sicht -erfolgreichsten war Henry Cavendish. Dieser sehr zurückgezogen lebende Wissenschaftler veröffentlichte 1771 in den Philosophical Transactions eine ungewöhnlich lange und zudem theoretische Arbeit (Cavendish 1771, S. 584 ff). Darin schrieb er, daß die Kraft des elektrischen Fluidums umgekehrt proportional zu irgendeiner Potenz kleiner als drei des Abstandes sei, wobei zwei sehr wahrscheinlich wäre. Wie aus den oben genannten Gründen zu erwarten war, blieb diese Veröffentlichung zunächst ohne nennenswerte Resonanz. Nur in unveröffentlichten Manuskripten zeigte Cavendish, daß er seine Behauptung auch experimentell bestätigen konnte: Mit zwei in einer buchdeckelartigen Halterung befestigte Kugelschalen konnte er eine massive Metallkugel umschließen. Vor dem Aufladen der Schalen durch einen Entladungsfunken einer Verstärkungsflasche stellte er eine leitende Verbindung zur inneren Kugel her. Nach dem Aufladen entfernte er die leitende Verbindung und öffnete die Kugelschalen. Das an die innere Kugel gehaltene Elektrometer zeigte keinen Ausschlag; das elektrische Fluidum befand sich offensichtlich auf der äußeren Schale. Analog zu Newtons Mechanik ließ sich sofort mathematisch zeigen, daß hier das quadratische Abstandgesetz gelten mußte.

Erst die Schule der französischen Physiker um Coulomb wußte solche Arbeiten zu schätzen. Sie bevorzugten exakte Messungen und wiesen bereits sehr früh auf die Notwendigkeit einer Vereinheitlichung des Maßsystems hin. Aus diesem Grunde beriefen sie bereits 1798 den ersten internationalen Wissenschaftlerkongreß in Paris ein /46/.

Coulombs Interesse galt zunächst dem experimentellen Beweis eines elektrischen Kraftgesetzes. Dazu konstruierte er eine Drehwaage /47/, die er 1785 der Öffentlichkeit vorstellte. Zu Beginn der konkreten, elektrischen Messung justierte er den Waagebalken, an dem die Kugel A befestigt war. Dazu drehte er die Mikrometerschraube (pno) soweit, daß A die zweite, gleichgroße Kugel T berührte. Mit einer elektrisierten Nadel führte er nun dem Probekörper T Elektrizität zu und unterstellte dabei, daß sie sich gleichmäßig auf beide verteile. A entfernte sich durch Abstoßung von T um 36 Grad. Das konnte er an der äußeren Skaleneinteilung des Glaszylinders ablesen. Als nächstes drehte Coulomb die Mikrometerschraube in entgegengesetzter Richtung bis der Abstand zwischen A und T sich auf die Hälfte, d. h. 18 Grad reduzierte. Bei der Mikrometereinstellung von 126 Grad war dieser Zustand erreicht. Die gesamte Torsion betrug 144 Grad (126 + 18), d.h. das Vierfache des Torsionswinkels von 36 Grad. Eine weitere Halbierung erreichte er bei einer sechzehnfachen Winkelgröße. In der folgenden Tabelle sind seine wenigen Meßergebnisse zusammengefaßt:

	1. Versuch	2. Versuch	3. Versuch
Winkel α,t (Grad)	36	18	8,5
Mikrometerstellung (Grad)	0	126	567
gesamter Torsionswinkel (Grad)	36	144	575,5

Er folgerte daraus, daß man die vierfache Kraft aufwenden mußte, um den Abstand zweier, sich abstoßender elektrischer Kugeln zu halbieren. Seine drei Ergebnisse reichten ihm bereits als Beweis für die Annahme, daß die Kraft F proportional $1/r^2$ für abstoßende, elektrische Kräfte sei.

In der zweiten Abhandlung versuchte er den Beweis für die anziehende Kraft zu erbringen. Wegen der sehr schnellen Anziehung der Nadel bei kleinen Entfernungen ließ sich mit der Mikrometerschraube nicht so rasch die notwendige Gegenkraft einstellen, sodaß das System zu schwingen begann. Er konnte daher auch nicht vergleichbare Meßwerte wie in der ersten Abhandlung angeben, sondern leitete das Gesetz, welches er bereits kannte, aus dem Schwingungsverhalten der Nadel her. Diese Überlegungen, die sich auf theoretische Kenntnisse mechanischer Schwingungen stützten, versuchte er in einem zweiten Experiment /48/ zu erhärten.

"Nennt man nun φ die Kraft, T die Zeit einer bestimmten Anzahl von Schwingungen, so wird man T proportional mit $1/\sqrt{\varphi}$ haben, aber wenn d die Entfernung Gl des Mittelpunktes der Kugel vom Mittelpunkte der Scheibe ist und wenn die anziehenden Kräfte dem umgekehrten Quadrat der Entfernungen oder $1/d^2$ proportional sind, so folgt daraus, dass Td oder der Entfernung proportional sein wird; so dass, wenn wir in unseren Versuchen die Entfernung variieren lassen, die Zeit ein und derselben Anzahl von Schwingungen sich verhalten sollte, wie der Abstand des Scheibenmittelpunktes vom Kugelmittelpunkte. Vergleichen wir diese Theorie mit dem Experiment:
1. Versuch:Abstand der Mittelpunkte 9 Zoll, 15 Schwingungen in 20".
2. Versuch:..18..41".
3. Versuch: ....24..60".
Die Entfernungen verhalten sich hier wie die Zahlen.....................3, 6, 8.
Die Zeiten ein und derselben Anzahl Schwingungen................20, 41, 60.
Nach der Theorie sollten sie sein...20, 40, 54."
(Coulomb 1785, S. 18).

Diese Messungen führten ihn zu dem Ergebnis, daß sein Gesetz auch für die anziehende Kraft gilt, obwohl bereits dieses experimentelle Vorgehen die Gültigkeit des Abstandsgesetzes voraussetzt. So schreibt er zur Erklärung des Experimentaufbaus:

"Wenn alle Punkte einer Kugeloberfläche mit einer dem Quadrate der Entfernungen umgekehrt proportionalen Anziehungs- und Abstossungskraft auf einen in beliebiger Entfernung von dieser Oberfläche befindlichen Punkt wirken, so ist bekanntlich die Wirkung dieselbe, als ob die ganze Kugeloberfläche im Mittelpunkt der Kugel concentrirt wäre" (Coulomb 1785, S. 17 f).

Dies ermöglichte ihm zwar, die Abstände der Mittelpunkte als Bemessungsgrundlage zu wählen, ließ jedoch das Gesetz zum "Artefakt des Meßinstruments" werden, worauf ihn bereits ein kritischer Zeitgenosse, Jean André Deluc (1727-1817), hingewiesen hatte /49/. Außerdem verschwieg Coulomb, wie Samuel Devons nachweisen konnte, in seiner Arbeit wesentliche Experimentier- und damit Meßprobleme: So muß man die Influenzwirkung zwischen geladener Schellacknadel und der ungeladenen Kugel von dem Ergebnis der Kraftwirkung bei negativ geladener Nadel und positiv geladener Kugel abziehen, um die

Nettokraft zu berechnen. Ebensowenig verweist er auf die die Messung sehr stark verfälschende Auslenkung des Kokonfadens /50/.

Während Devons bezweifelt, daß Coulomb überhaupt annähernd glaubhafte Ergebnisse hat erbringen können, führte Coulomb selbst die Abweichungen der experimentellen Ergebnisse von den theoretischen Werten auf Ladungsverluste zurück. Diese Fehlerquelle konnte er insofern getrost angeben, da sie erstens jedem bekannt waren und er zweitens ein Berechnungsverfahren entwickelt hatte, welches ihm die Verluste angeben konnte.

Wie Gerhard Rohlfs in seiner Studie ausführte, entwickelte Coulomb analog zum mechanischen Reibungsverhalten eines Körpers auf einer Unterlage ein entsprechendes Gesetz zur Beschreibung von Elektrizitätsverlusten. "Während seiner zwölfjährigen Tätigkeit als Bauingenieur im Festungsbau hatte das Problem der Reibungskraft Coulombs Interesse geweckt. 1771 entwickelte er das nach ihm benannte Reibungsgesetz, nach dem die resultierende Kraft F, die auf einen zu bewegenden Körper wirkt, sich ergibt aus der Differenz der angreifenden Kraft K und der Reibungskraft R: F = K - R für K größer R, ansonsten ist F = 0.

Dieser theoretischen Überlegung analog formulierte Coulomb, wie dem oben angeführten Zitat zu entnehmen ist, eine Theorie zum Elektrizitätsverlust entlang eines unvollständigen Isolators. Bezeichnet man die Elektrizitätsmenge auf dem elektrisierten, am Isolator hängenden Körper mit D, die Länge des Isolators, ab der keine Elektrizität über den Isolator mehr abfließt, als Grenzlänge G und die über den Isolator abfließende Elektrizitätsmenge mit E, so läßt sich das Gesetz folgendermaßen formulieren: E = D - G, falls D größer G" (Rohlfs 1986, S. 12).

Diese Übertragung mechanischer Analogien auf die Elektrizität ist nur ein Beispiel für den Versuch der Integration der nur schwer beherrschbaren Elektrizität in den herrschenden Denkstil. Gemäß der zu beobachtenden Orientierung der französischen Forscher an der mechanistischen Gravitationstheorie Newtons finden weitere analogische Übertragungen statt: Die elektrischen Ladungen entsprachen formal den gravitierenden Massen; Coulomb verwendete deshalb auch den Begriff "elektrische Massen" (Coulomb 1785, S. 13). Wie die

Newtonianer betrachtete er die Materie als Träger einer zentral durch den leeren Raum wirkenden Kraft. Bei 'Ladung' handelte es sich um eine besondere, elektrische Materie, d.h. ein mit Fernkräften ausgestattes, elektrisches Fluidum.

Der Wunsch einer empirischen Absicherung dieses Modells erzwang die Untersuchung statischer, elektrischer Phänomene, denn nur an den ruhenden "elektrischen Massen" hatte Coulomb die Fernkräfte bestimmen können. Sein Forschungsprogramm lieferte daher die wesentliche Grundlage der uns bekannten Elektrostatik, dabei traten die charakteristischen Fließvorgänge der Elektrizität nur noch als lästige Randerscheinungen auf. Insgesamt führte diese sich fortführende, spezifische Eingrenzung der Forschung auf die Elektrostatik in Frankreich zur vorläufigen Ausgrenzung des Galvanismus /51/, in dem die dynamischen Vorgänge in den Mittelpunkt der Forschung gestellt wurden.

Für Coulomb und die sogenannte 'französische Schule' erwies sich das elektrostatische Modell aber als sehr erfolgversprechend, da sich viele bekannte Gedanken zusammenfügten: Aepinus' Idee des "elektrischen Wirkungskreises" erhielt durch die mathematische Beschreibung der in ihr wirkenden Kräfte weitere Unterstützung. Robert Symmers Hypothese der zwei in einem Körper ruhenden Fluida ließ sich ebenfalls hervorragend in das Konzept einbauen und ausdifferenzieren. Coulomb nahm an, daß sich in der Materie ein natürliches Fluidum befinde, das als eine Art Verbindung gleicher Mengen zweier elektrischer Fluida keine Wirkung nach außen zeigte. Ein geladener Körper besitzt danach einen Überschuß eines der Fluida und übt durch dieses die Kraft auf einen anderen geladenen Körper aus. Durch elektrische Kräfte wird das natürliche Fluidum in seine Bestandteile, positives und negatives Fluidum, zerlegt. In leitenden Körpern konnten sie sich bewegen und gemäß der wirkenden elektrischen Kräfte auf deren Oberfläche verteilen. So ergab sich eine Erklärung der Elektrisierung durch Influenz.

In ähnlicher Weise wendete Coulomb das Modell besonderer fernwirkender Kräfte auch auf magnetische Kräfte an: Nach älteren Vorstellungen von Wilcke befanden sich zwei magnetische Materien, nämlich ein magnetisches Nord- und Südfluidum, in den Magneten. Sie waren für die von den Polen ausgehenden Kräfte ursächlich. Zerbricht man einen Stabmagneten, erhält man zwei vollständige Magneten mit je einem Nord- und Südpol. Coulomb nahm deshalb an, daß die magnetischen Fluida in den einzelnen Molekülen gefangen sind. Sie können nicht von einem zum nächsten hinÜberwechseln. Die Kräfte der Magneten führte er deshalb auf die Trennung der zwei Fluida in jedem Molekül zurück. Die durch eine äußere magnetische Kraft bewirkte Trennung der Fluida entsprach dem Vorgang des Magnetisierens.

Diese Coulombschen Gedanken wurden nach der Jahrhundertwende (1812) von dem Pariser Physiker Siméon Denis Poisson (1781 -1840) in eine umfassende Theorie der elektrostatischen Kräfte aufgenommen. Etwa zehn Jahre später entwickelte er eine entsprechende Theorie der magnetischen Kräfte sowie der Magnetisierung. Seine Arbeiten bildeten den Höhepunkt der mathematisch orientierten 'Fluidaphysik' der 'französischen Schule'. Kennzeichnend für dieses Vorgehen war eine umfassende Mathematisierung und Mechanisierung der physikalischen Welt. Neben den magnetischen und elektrischen Fluida ließen sich noch zwei weitere besondere Materien in dieses mathematische Modell einfügen. Der Wärmestoff, das 'Caloricum', galt als Ursache der Wärme; der von den leuchtenden Körpern ausgesandte Lichtstoff als die der Lichtempfindungen. Wie bei elektrischen und magnetischen Phänomenen wurden physikalische Wirkungen auf die Anwesenheit besonderer Materien zurückgeführt. Allen Phänomenbereichen wurden in der zweiten Hälfte des 18. Jahrhunderts solche feinen, hypothetischen Stoffe zugeordnet. Sie alle wurden als gewichtslos betrachtet, d.h. ein geladener Körper wies offenbar kein größeres Gewicht als im ungeladenen Zustand auf. Diese Fluida bezeichnete man deshalb als "imponderable" Materie; sie waren der Gravitation nicht unterworfen. Trotzdem glaubten die Anhänger der 'Fluidaphysik', daß diese Materien dieselben Eigenschaften wie 'normale' Materie besaßen, so daß die bekannten Gesetzmäßigkeiten der Newtonschen Mechanik auf sie anwendbar waren. Diesen Umstand machte sich später Poisson zu Nutzen, indem er mechanische Begriffe, z.B. den des Potentials, in die Elektrostatik einführte.

Bis in das dritte Jahrzehnt des 19. Jahrhunderts hinein beherrschte die 'Fluidaphysik' das Denken der 'französischen Schule'. Die erfolgreiche mathematische Vereinheitlichung der Naturphänomene bestärkte sie in der Vorstellung eines nach mechanischen Gesetzen funktionierenden Kosmos. Prinzipiell konnte man all seine Bewegungen vorausberechnen. Notwendig war nur noch die genaue Kenntnis eines momentanen Zustandes und eine genügend große Rechenmaschine. Nach Auffassung von Laplace hätte diese Aufgabe ein 'allwirkender Geist' bewerkstelligen können; sie war ein rein technisches Problem (Williams 1966, S. 30 f).

Damit hatte die Beherrschung der Elektrizität durch ihre Geometrisierung in Frankreich ihren Höhepunkt erreicht, doch waren es nur die Anhänger dieses mechanistischen Denkstils, denen die wenigen und zweifelhaften Messungen eines Coulomb genügten, um in Analogie zum Newtonschen Kraftgesetz ein solches Grundgesetz der Elektrizität als bewiesen anzuerkennen und darauf aufzubauen.

Das Ausland hatte sich bei Bekanntwerden dieser Experimente wesentlich zurückhaltender verhalten /52/. Zwar hatte schon Christian Gottlieb Kratzenstein 1746 mit seiner "Theoria electricitatis more geometrico explicata" Kratzenstein 1746) versucht, ein 1/r Gesetz zu behaupten, doch lassen sich seit Beginn der Elektrizitätsforschung über die Zeiten Coulombs hinaus Ansichten zur Elektrizität aufzeigen, deren Vertreter mathematisch-formale Beschreibungen physikalischer Zusammenhänge nicht als allgemeingültige Erklärungen von Natur anerkannten. Denn solche Mathematisierungen vereitelten Fragen nach dem Wesen der Elektrizität /53/. Das folgende Kapitel ist daher ein Versuch, die im Schatten dieser Entwicklung aufkeimenden und untergehenden Ansichten und Umgangsweisen mit Elektrizität darzustellen.

3.3. Die Beherrschung der eigenen Natur des Menschen - der Weg zum elektrischen Strom

Die bislang rekonstruierten Ansichten der Elektrizität geben nur einen begrenzten Ausschnitt der im 18. Jahrhundert entwickelten Vorstellungen und Umgangsweisen wieder. Die Besonderheit des Untersuchungsgegenstandes, die nur sinnlich erfahrbare Naturkraft, führte nämlich nicht nur zu technischen Beherrschungsphantasien, sondern weckte zu allererst das Bedürfnis, Aufschluß über die im Menschen wirkenden Kräfte zu gewinnen. Damit wurde die eigene Natur /1/ des Menschen zum Gegenstand der Elektrizitätsforschung.

Die große Popularität der Elektrizität ist nur ein Ausdruck diesen Denkens. Neben dem Bedürfnis, diese künstlich zu erregende Kraft sinnlich erfahren zu wollen, gab es jedoch Elektrizitätsforscher, die in Anlehnung an die Traditionen der Alchemie und Magie elektrische Phänomene als Zeichen einer eigenen Produktivität der Natur begriffen, deren Beherrschung jedoch nicht durch Überlistung, sondern durch Anpassung an die Natur gelingen konnte. Diese Denktradition hatte, wie ich bereits im ersten Teil der Rekonstruktion dargestellt habe, selbst auf die Begriffsbildung innerhalb der Elektrizitätsforschung Einfluß, doch war mit der Etablierung der "Principia Electricitatis" /2/ die Unterordnung der Elektriztät unter die Mechanik erfolgt und damit dieser Bezug nicht mehr sichtbar.

Die nachfolgend dargestellten historischen Quellen zeigen, daß diese Herausbildung der physikalischen Disziplin Elektrizität gleichzeitig den Verlust historischen Naturwissens bedeutete. Diese verschütteten Ansichten der Natur darzustellen, ist daher das Ziel der nachfolgenden Kapitel. Doch wie die Überschrift schon andeutet, steht am Ende dieser rekonstruierten Entwicklungslinie eine wesentliche Stütze unseres elektrotechnischen Zeitalters: Das elektrische Strom. Ihre Erzeugung mit Hilfe des elektromotorischen Instruments ist als eine Folge der Beherrschung der eigenen Natur des Menschen und seinen ihm innewohnenden Kräften zu verstehen. Denn die Vorarbeiten zu diesem technischen Stromkonzept sind in Auseinandersetzung mit diesen Bemühungen, Aufschluß über die eigene Natur des Menschen zu gewinnen, entstanden.

Wie sich zeigen wird, konnten sich unter den historischen Bedingungen der Aufklärung Formen von Natur- und Selbsterfahrung herausbilden. Doch hat sich die physikalische Disziplin Elektrizität nur etablieren können, indem sie sich von dieser Form der Naturbeherrschung und den dementsprechenden Auseinandersetzungen mit der eigenen Natur abkehrte /3/.

3.3.1. Frühe Elektrodynamik - ein gescheiterter Versuch von Natur- und Selbsterfahrung

Im Jahre 1765 veröffentlichte Friedrich Christoph Oetinger /4/, der Begründer der theosophischen Richtung des württembergischen Pietismus einen Auszug aus einer Theorie der Elektrizität des böhmischen Jesuitenpaters Prokop Divisch mit dem Titel "Längst verlangte Theorie von der meteorologischen Electicite, welche er selbst magiam naturalem benahmet". Außer dieser Arbeit sind nur wenige Ergebnisse seiner Forschungen erhalten /5/.

Divisch selbst wurde am 1. August 1696 in Senftenberg (Böhmen) geboren. Er studierte Philosophie und Theologie. Wenige Jahre später lehrte er als Professor für Philosophie am Stift Bruck und bemühte sich um die Durchführung von Experimentalvorlesungen. Nach seiner Promotion in Theologie 1733 in Salzburg zog er sich als Priester in eine entlegene Pfarrei (Prendnitz) zurück, um dort seinen eigentlichen Forschungsinteressen nachgehen zu können: Bis zu seinem Lebensende 1765 widmete er sich der Erforschung der Elektrizität. Seine Theorie der Elektrizität unterlag zu seinen Lebzeiten der Zensur. Die Niederschrift seines Hauptwerkes gelang ihm nicht mehr.

Offizielle Gründe der Zensur in Olmütz für die Verweigerung der Veröffentlichung waren:

"1. Sein Latein sei hart und voll Solöcismen. 2. Die philosophische Behandlung widerstreite der heutigen Philosophie. 3. Werde dieselbe Materie einmal activ, ein zweitesmal passiv genannt. 4. Sei die Thesis, dass der Tod nicht in der Trennung der Seele von dem Körper bestehe, sondern derselben vorausgehe, gegen die gewöhnliche Meinung" (Divisch nach Fries 1884, S 24 f).

Aus Wien erhielt er von einem ihm bekannten Hof-Mathematiker die Auskunft, man befürchte, daß durch die Veröffentlichung der Anschein erweckt werden könnte, an den hiesigen Universitäten stände die scholastische Philosophie noch in Blüte. Erst nach seinem Tod gelingt es Oetinger, der nicht nur ein Bewunderer, sondern auch aktiver Mitstreiter für die Divische Theorie war, in Zusammenarbeit mit Johann L. Fricker /6/ 1765 Auszüge mit Kommentaren zu veröffentlichen.

Wodurch unterschied sich nun diese Arbeit von den anderen Theorien der Elektrizität? Hierzu schrieb der Herausgeber Oetinger, daß es Divisch nicht darum gegangen sei,

"die Elektricität in eine mathematische Wissenschaft zu bringen: Es ist ihm um einen höheren Zweck zu thun, die Philosophie selbst besser zu ergänzen. Hierzu ist genug, daß das electrische und in allen Dingen verborgene Feuer das allergemeinste, und gleichsam erste Phänomen der ganzen Natur ist, woraus alle ihre Bewegung, Veränderung u.d.g. entspringt" (Oetinger, in: Divisch 1768, S. 72).

Zum zweiten versuchte Divisch eine Verbindung zwischen Theologie und Physik aufrechtzuhalten, indem er in theologischen Überlieferungen Leitbilder für seine Forschung suchte.

"Der grosse Electricus D. Divisch gehet darinn ab von der Mode heutiger Gelehrten, welche die heilige Anzeigen für überflüssig halten, in den Werken Gottes etwas bisher unbekanntes zu entdecken. Es wäre aber zu wünschen, die göttliche Weisheit gäbe uns Fingerzeige, und die Forscher der Natur giengen solchen nach. Es gibt vielerlei Gestalten in der Wahrheit" (Oetinger, in: Divisch 1768, Vorrede, S. 3).

Die Intention seiner Arbeit ist es, über die theoretische und experimentelle Erschließung des elektrischen Feuers an die alte Tradition der Alchemie und Magie anzuknüpfen. Daher auch der Zusatz im Titel 'Magiam Naturalem'. Er geht daher, wie auch seine Anhänger J.L. Fricker, Theophil Friedrich Rösler /7/ und Oetinger, davon aus, daß es eine stete Selbstbewegung in der Materie gibt, die der Mensch nicht nachmachen kann, der er sich aber durch Anpassung an diese bedienen kann. So schreibt Oetinger über Divisch Auffassung von der Entstehung der Metalle:

"denn man kan die Natur wohl auf gewisse Wege nachahmen, aber man kann nicht wie sie würken. Warum? wir verstehen nicht, wie das electrische Feuer würkt, welches die Natur zur Geburt der Metalle gebraucht. Es gibt eine Selbstbewegung in der Natur, die wir nicht nachmachen können: und diese ist im electrischen und elementarischen Feuer" (Oetinger, in: Divisch 1768, S. 122).

Diese stete innere Bewegung in der Materie bezeichnete Divisch auch auch als den Balsam der Natur oder den Naturgeist.

"Diesen Naturgeist haben die alte Weltweisen schon erkannt, doch sehr dunkel, deswegen haben ihm auch andere den Namen ignis electricus, einige Archaeus, und spiritus mundi (Geist der Welt) beygelegt. Weilen sie aber weder die Nothwendigkeit der electrischen Experimenten zu gründlicher Erkenntnis dieser Sache eingesehen, noch auch die erforderliche Versuche vor sich hatten, so haben sie noch nicht gewiß bestimmen können, was eigentlich das *Phaenomenon naturae sublunaris universale* seye. Nun aber da Gott seine wunderbahre und erstaunliche Geheimnisse der Natur, vermittelt der electrischen Experimente und der Wissenschaft derselben, der Welt etwas näher geoffenbahret hat; so kan man viele Dinge in der Natur, die vorhin verborgen waren, gewissermaßen besser abmessen und deutlicher erklären" (Divisch 1768, S. 5f).

Entsprechend seinem stark theologisch ausgerichteten Denkstil erkennt er in dem elektrischen Funken die Lichtmetapher des Schöpfungsmythos:

"Was nun mich betrifft; so pflege ich das phenomenon universale, nemlich daß am ersten Tag erschaffene Licht, oder Feuer, auf zweyerley Arten zu erklären. 1) Als ein elementarisches Feuer. 2) Als ein electrisches Feuer" (Divisch 1768, S. 7).

Die wesentlichen Gedanken seiner Theorie hat Fricker im zweiten Teil der oben genannten Veröffentlichung wie folgt zusammengefaßt:

"1) Von dem Unterschied und Daseyn beederley Feuers, des electrischen und elementarischen.
2) Von den electrischen Wirkungen und Erscheinungen, als Anfängen allen natürlichen Lebens;
3) Von dem zweyfachen Leben des Menschen" (Divisch 1768, S. 77).
Seinen Ausführungen folgend, werde ich die einzelnen Punkte erläutern. Die Unterscheidung in elementarisches und electrisches Feuer stützt er auf die bereits erwähnte, experimentelle Unterscheidung der Materie in Leiter und Nichtleiter, doch er bezeichnet sie als "electrisablen" und den "electrischen" Körper.

"Nach der durchgängig bey allen Electristen einstimmigen Erfahrung gibt es zweyerley Materien und Körper in der ganzen Natur. An einigen erzeigen sich die electrischen Wirkungen, so bald sie gerieben, oder auch durch Hitze erwärmt werden, da zwar das Reiben weit kräftiger wirkt; andere sind aber durch Reiben, geschweig Erwärmen, zu gar keiner Wirkung zu bringen, hingegen erweisen sie die schnelleste und stärkeste Wirkung, wenn sie mit Cörpern erster Gattung wohl verwahrt sind, und einen solchen, der gerieben, berühren; ... Ersterer Gattung nennt man insgemein *Electrische*, anderer *electrisable Cörper*" (Divisch 1768, S. 77f).

Zur Unterscheidung der zwei Arten von Feuer führt er weiter aus: "Daß das Feuer in beederley Cörpern sowohl electrischen, als electrisablen gänzlich von einerley Art und Eigenschaft sey, und aus beederley Cörpern einerley, wiewohl dem Grad nach verschiedene Wirkungen hervorgebe, ist richtig und der Erfahrung gemäß. Aber daß die Erregung, Ursprung oder Entstehung solches Feuers so verschiedentlich ist, zeuget innerlich von einer ganz andern Natur und Beschaffenheit. Nun hat Gott im Anfang zweyerley Wesen geschaffen, so Gen. I. Himmel und Erde genennt werden: Ob nun wohl beedes im Anfang ein einiges finsteres Gemisch hatte, so war doch in solchem schon eine Anlage zu einer doppelten Art der Wesen, nemlich der obern, himmlischen, dünnern, lebhaftern, scnellern und leichtern, und hingegen der untern, irdischen, gröbern und trägern Wesen. Alles ist aus Wasser, und durch Wasser bestanden, und der Erdklump enthielt solches vermischte Wasser; das sind Wasser und Erde die untere und eigentliche Elemente der irdischen und groben; das Feuer aber, oder Licht des ersten, und die Luft des andern Tags, sind die obere Elemente der himmlischen, jene grobe belebenden Natur. Aus diesem Grund hat der Herr Autor das von den electrischen Reibungen in den elctrisablen Cörpern, durch Mittheilung, oder innere Berührung erregte Feuer ein elementarisches, so dem electrischen genau beygestellet, und gleichsam untergeordnet ist" (Divisch 1768, S. 80 f).

Damit ordnete er den Elementen Wasser und Erde, den irdischen, das "elementare Feuer" und der Luft, dem Himmlischen, das "electrische Feuer" zu. Wobei das electrische analog der Hierachie von Himmel und Erde dem elementarischen Feuer übergeordnet ist /8/. Diese Divischsche Interpretation zweier Arten von Elektrizität, von elektrischem Feuer, versuchte Fricker von der zu der Zeit beliebten Plus und

Minus-Elektrizität Benjamin Franklins abzugrenzen. So lehnt er seine ökonomischen Metaphern von Überschuß und Mangel bzw. Soll und Haben ebenso ab, wie alle anderen mechanischen Modelle. Unter Punkt zwei des zweiten Kapitel, "Von den electrischen Wirkungen und Erscheinungen, als Anfängen alles natürlichen Lebens", schreibt er dazu:

"Man nennt solches das Herumjagen, oder die Flucht des electrischen Feuers, und verhalten sich die Bewegungen des Feuers im oberen und unteren Theil (einer Elektrisiermaschine, d.V.) gegeneinander, wie etwas positives und sein negatives, wie paar Geld und Schulden, oder wie die zwey einander sich entgegen bewegende Waagschaalen, oder zwey aufeinander stoßende Kugeln. Nun möchte man vermuthen, ob nicht die Electricität der electrisablen Cörper auch etwas negatives seye, gegen dem positiven durch Reiben erregten Feuer der electrischen Cörper. ... Daraus (aus experimentellen Untersuchungen d.V.) folgt, daß das Feuer der electrischen und der electrisablen Cörper neben einander lauffe, und letzteres nicht eine Folge des ersteren sey: sondern daß sie sich unmittelbahr treffen, als etwas Wirkendes und Leidendes, als activ und passiv" (Divisch 1768, S. 82f).

Als experimentellen Beweis führt er genau jenes Kartenexperiment an, welches bereits Symmer zum Nachweis seiner Zwei Fluida-Theorie vorgeführt hatte (Divisch 1768, S. 64).

Diese Entgegensetzung von "activem" und "passivem Feuer" begreift Divisch als polares Gegensatzpaar, das weder mit dem linearisierten Plus-Minus-Konzept Franklins, noch mit anderen mechanischen Analogien zu vergleichen war. Divisch wählte zur Illustration biblische Vergleiche wie die Geschlechterpolarität von Adam und Eva und erhob diesen Gedanken des aktiven und passiven Feuers zum grundlegenden Axiom seiner Theorie. Er folgerte weiterhin:

"Daß die Electricität mit solchem doppelten in aller Natur verborgenen Feuer ein wirklich Anfang des Lebens in der Natur darstelle" (Divisch 1768, S. 83).

Nach einer längeren Ausführung über zwei zu unterscheidende Arten von elektrischen Atmosphären wird auf einen weiteren Kernpunkt der Divischen Theorie hingewiesen:

"Alle cörperliche Wesen haben gleichsam geistliche Kräften in sich, welche erregt werden können, daß sie von ihnen ausfliessen, und sich selbst untereinander, auch andern Cörpern mittheilen" (Divisch 1768, S. 85 f).

Im dritten Abschnitt erläutert er die Bedeutung dieser Aussagen für sein Verständnis vom Leben des Menschen:

"Er (Divisch, d.V.) erweiset, daß das natürliche Leben des Menschen, sowohl nach seiner empfindlichen sensitiven, als wachsthümlichen vegetativen Art blos in der Bewegung des natürlichen electrischen Feuers im Leibe bestehe, welches mit seinen ausathmenden Naturbalsam den Lebenssaft ernährt, sodaß der Mensch neben dem hohen Verstandeslicht, so sich durch Vorempfindung und richtige Vernunftsschlüsse noch zum Theil erweißt, eine psychische, irdische oder thierische Seele habe. Diese geringere Leben erhält und pflanzt sich also durch eine natürliche, ordentlich, langsam und unmerkbar fortschreitende Electrisirung immer weiter: Es findet ein gewisses subtiles Reiben in den sinnlichen Werkzeugen, vornehmlich in den Augen, ferner in der Kehle oder Sprachröhre zur Belebung des Athems und der Zungen, nach den Hör- und Sprachbildern, und endlich in den Schlagadern zur Erwärmung des Blutes statt" (Divisch 1768, S. 89 f).

Diese Überlegungen bedeuteten ein für die Zeit ungwöhnliches Menschenbild, wonach der Mensch nicht nur - wie gemeinhin angenommen - eine vernünftige (rationale) Seele besitzt, die die Gedanken ordnet und willkürliche Bewegungen dirigiert, sondern daß diese mit einer zweiten, "wachstümlichen, empfindsamen Seele" in Wechselwirkung steht, die die Wachstumsvorgänge und die Empfindungen ermöglicht. Die empfindsame Seele bezeichnete er als elektrisch und hielt diese für das gemeinsame Band, das Menschen, Tiere und Pflanzen verband.

"Herr Doctor Divisch statuirt die animalische Seele, die wir mit den Thieren gemein haben, sey eben der *ignis electricus*. Es hat einen großen Schein, doch muß es zu *organis* habituirt seyn" (Divisch 1768, S. 163).

Die "rationale Seele", so führt er an anderer Stelle aus, unterschied den Menschen vom Tier. Krankheiten beruhten auf einer Störung des beständigen Umlaufstromes, des "ignis electricus", des "Balsams der Natur", im Körper. Solch provokante Auffassungen erlagen daher nicht nur der Zensur, sondern sie erforderten es auch später noch, daß Oetinger in der von ihm herausgegebenen Ausgabe der Divischen Theorie der metereologischen Elektrizität diese Stelle kommentieren mußte:

"Es ist ein zweyfaches Leben im Menschen: das wachsthumlich empfindliche und das verständliche, jenes ist der Träger von diesem. Aber deßwegen ist noch nicht klar, daß das verständliche das wachsthumliche bilde. Das verständliche in der Seele unterscheidet den Menschen von den Thieren, und ist von oben, daß wachsthumlich empfindliche, oder das Psychicum von unten, wie bey allen Thieren. Das vegetativo-sensitivum trägt zwar das verständliche, aber das verständliche bildet deswegen nicht das wachsthumliche. Das empfindlich wachsthumliche Leben liegt in dem organismo, und in den Quellen, woraus das electrische Feuer kommt. ... Er glaubt demnach, daß verständliche habe eine ganz ander Geschäft, nemlich die Gedanken zu ordnen, die willkührliche Bewegungen zu dirigieren. Allein, meine Leser, wir kommen hier allzu tief in die Verborgenheiten der Seele. Ich meyne, weder Herr Divisch, noch irgendein Mensch könne bestimmen, wie weit das verständliche in das sinnlich wachsthumliche würke. Man müßte ganz andere Experimente aus der Seele dazu nehmen ... Es bleibt dennoch wahr, daß ein doppeltes Leben im Menschen ist, nemlich das wachsthumlich empfindliche und das verständliche; das Psychische ist electrisch, das verständliche ist über die Electricité, aber doch so damit vereinbart, daß kein Mensch die Grenzen bestimmen kann" (Divisch 1768, S. 94 f).

Hier wird bereits deutlich, daß Divisch in der Tat kein Interesse verspürte, die Elektrizität in eine mathematische Wissenschaft zu überführen, ihm ging es um den Versuch von Natur- und Selbsterfahrung. D.h. die Beherrschung der eigenen Natur, im Sinne der Entfaltung menschlicher Fähigkeiten. In diesem Sinne hat auch Oetinger die Forschungen Divisch verstanden und, wie Ernst Benz in seinem Aufsatz ausführt (Benz 1971, S. 738 - 751), den Versuch einer neuen Anthropologie gewagt.

"Noch entscheidender aber ist, daß sich bei Oetinger unter dem Einfluß der 'elektrischen Theologie' des Prokop Divisch als Folge des neuen Verständnisses von dem bereits der Materie inhärenten seelenartigen 'elektrischen Feuer' auch ein neues Verständnis des Menschen abzeichnet, das gleichfalls durch seine neue Anschauung von dem Verhältnis von Geist, Seele und Leiblichkeit geprägt ist und das dem modernen, ganzheitlichen Verständnis des Menschen den Weg bereitet. Durch Oetingers 'elektrische Theologie' wird auf dem Gebiet der Anthropologie der alte scholastische Dualismus überwunden und eine neue Position gegenüber dem zeitgenössischen Leibnizschen Idealismus einerseits und dem aufziehenden Materialismus La Mettries andererseits erreicht" (Benz 1971, S. 738). So schreibt Oetinger daher im Anhang der Divischschen Theorie der Elektrizität:

"Durch die Entdeckung der Elektricität, Irritabilität, erkennen wir einiger massen, daß der vernünftige Geist, und die electrische Seele, und der Leib sehr unterschiedene Dinge seyen, daß man sich aber von ihrer Vereinigung ganz andere Vorstellungen zu machen habe, als man sich nach heutiger Art macht. Seele, Geist und Leib sind nicht nebeneinander, wie die harmonia praestabilita angibt, sondern ineinander" (Oetinger, in: Divisch 1768, S. 166).

Welch moderne Auffassung des Zusammenhangs von Sinnlichkeit und Ratio damit verbunden war, hat Ernst Benz in seinem Artikel herausgearbeitet. Den für diesen Zusammenhang wesentlichen Aspekt möchte ich wiedergeben. Aus umfangreichen Quellenstudien kommt Benz zu dem Schluß, daß Oetinger eine Unterscheidung in "Gedanken von unten" und "Gedanken von oben" vornimmt, wobei er einmal die "aus sinnlichen Bewegungen aufsteigenden Gedanken" meint und zum anderen die "als ein Element der Scheidung von obenher aus dem göttlichen Wort in den Menschen eindringenden" (Benz 1971, S. 748).

Modern gesprochen, kann man darunter die aus der unmittelbaren Anschauung auftauchenden Bilder oder auch Symbole /9/ im Gegensatz zu den aus der Logik abgeleiteten Vorstellungen verstehen. Im Anhang zur Theorie der Elektrizität heißt es dazu:

"Denn je nachdem die Augenlust, oder Fleicheslust, oder Großthun deinen Geist einnimmt, je nachdem steigen auch Gedanken in die auf, und erfüllen deine Vorstellungskraft: hernach erregt sich die bildende und begehrende Kraft der redenden Seele, und gibt dem electrischen Feuer einen Zunder, entweder in einer schmeichelhaften Annehmlichkeit, oder in einer erregten bitteren Heftigkeit. Wie aber in dem electrischen Feuer die Elemente, welche etwas bitteres, scharfes, feindseeliges in sich haben, durch die redende Gedanken herausgesondert, und ins Geblüt vertheilt werden, ist uns derzeit unmöglich zu klären. Genug, wider du dich erhebst, dessen Qualität machst du in dir rege, da gibt es eine Entzündung des Naturrades, welches nach dem unsichtbaren Feuer in beständigem Umlauf ist, und dies erweckt einen fulminatorischen, elctrischen Stoß, der aber, wie er im Cörper sehr sensibel ist, desto unmerkbarer in der Seele ist, doch aber in allen Musceln und Membranis seine Figur ausdruckt. Wenn du nun das Bild, welches in das Feuer agirt, nicht zerbrichst, so mußt du *necessitate Physica* thun, wohin dich das electrische Feuer hinreißt. Du kanst aber das Bild zerbrechen durch *Meditation* der Folgen, oder durch sonst eine höhere Betrachtung" (Oetinger, in: Divisch 1768, S. 164 f).

So wie für die elektrischen Theologen das elektrische Feuer einerseits das subtilste Principium im Mikrokosmos Mensch und daher der Lebensquell war, war es andererseits ebenso im Makrokosmos für das Toben der Elemente verantwortlich. In diesen Worten spiegelt sich jene Paracelsische Gedankenwelt wider, wie dieser sie mit den Begriffen "Archeus" und "Vulcanus" umrissen und wie Ernst Bloch sie interpretiert hat. Inwieweit diese Theorie der Elektrizität jene Form historischen Naturwissens darstellt, das Bloch als Allianzverhältnis mit der Natur bezeichnet hat, diese Frage kann in dieser Arbeit nicht mehr befriedigend beantwortet werden, doch scheint eine solche Überprüfung lohnenswert:

"Sollte Archeus die individualisierte Naturkraft sein, so Vulcanus die 'virtus der Elemente' als welche im Kosmos kreist, brennt, regnet, blitzt, auch das eine millionenköpfige Naturwesen bezeichnen, wodurch der Zusammenhang des Ganzen begründet ist. Das sind gewiß ebenfalls bloß Worte und Namen, mythologische dazu, doch sie verdecken kein Unwissen, sondern umkreisen die Gegend des objektiv möglichen Anschlusses oder Weltbegriffs für den subjektiven Energiefaktor der Imagination. Archeus und Vulcanus oder was seitdem in einer dynamisch-qualitativen Naturphilosophie als die 'Produktivität' der Natur mit Namen bezeichnet ist: alle diese wie immer noch mythischen Isis- oder Pan-Derivate stehen in dem, was sie nicht-mythisch bezeichnen, dem Konkretum Naturerfahrung und der Zuordnung zu ihrem Produktivfaktor näher als die Abstrakt- oder Partialwahrheiten des Mechanismus. Das Paracelsische stehet für diese andere Naturseite nur als Zeichen, doch als mahnendes und mechanistisch unverdrängbares ... Gibt es einen Herd des Produzierens in der Natur, so ist die Struktur dieses Ursprungs mit subatomaren Modellen oder auch mit einem universellen Feldgesetz nicht erschöpfbar. ... Mitproduktivität der Natur ist vorausgesetzt, jene, die eben Paracelsus im Sinn hatte, wenn ihm seine Natur bereits wie eine befreundete oder utopisch befreundbare erschien, 'inwendig voll Heilmittel, voller Rezepte und eine einzige Apotheke', ein Kosmos, in dem sich der Mensch aufschließt, so wie der Mikrokosmos Mensch die Welt zu sich kommen läßt." (Bloch 1973, Bd.2, S. 804 f).

Das sich in dieser Gruppe der "elektrischen Theologen" andeutende Program der Natur- und Selbsterfahrung konnte sich in der Hochzeit der Aufklärung nicht gleichberechtigt mit den anderen Theorien der Elektrizität ausbilden. Die zu Beginn erwähnten Restriktionen, denen Divisch unterlag, bestätigen, daß diese Vorstellungen nicht dem herrschenden Denkstil entsprachen. Berücksichtigt man neuere, zivilisationskritische Untersuchungen zu dieser Zeit, steht der Untergang dieser Ideen aber auch beispielhaft für die Folgen des die Aufklärung charakterisierenden Prozesses der Disziplinierung der Leidenschaften. So charakterisieren die Gebrüder Böhme diese Phase der Naturbeherrschung als einen Prozeß der Distanzierung vom eigenen Körper und der Vertierung der Leiblichkeit /10/. Die mit der Elektrizitätsforschung insgesamt geweckte Hoffnung der Aufklärung der eigenen Natur des Menschen, fiel dem gesellschaftlichen Prozeß der Verdrängung der 'inneren Natur', der Sinnlichkeit, zum Opfer. Die Chance der Entfaltung der eigenen Natur des Menschen im Sinne der Divischen Elektrodynamik /11/ verkehrte sich daher in eine Abkehr von der eigenen Natur, was auch das Schicksal der Anhänger des "thierischen Magnetismus" im folgenden Kapitel beweist. Die vorsichtige Annäherung der experimentellen Philosophen an die "thierische Elektrizität" muß ebenfalls unter diesem Aspekt gesehen werden. In beiden Fällen schienen die aufgeklärten Forscher Gefahr zu laufen, einem Rückfall in den Irrationalismus zu erliegen.

Dennoch blieben die mit der Elektrizität verbundenen magischen Vorstellungen einer Universalkraft erhalten. Dies zeigte sich insbesondere in der medizinischen Anwendung der Elektrizität. Selbst die Mediziner an den wissenschaftlichen Akademien in Frankreich, England und Deutschland glaubten mit Hilfe der elektrischen Kraft die Zirkulation der imaginären Fluida im Körper eines Patienten beeinflussen zu können. Wie Heilbron ausführte, konzentrierte sich der Großteil der Forschung in der zweiten Hälfte des 18. Jahrhunderts auf medizinische Fragestellungen. Doch setzten diese Forscher, wie ich noch zeigen werde, das Töten von Leben zur Aufklärung der Lebensvorgänge voraus.

Unabhängig von diesen Forschungen wurden drei elektrische Behandlungspraktiken mit Elektrizität durchgeführt: Die Durchführung des 'elektrischen Bades' beruhte auf der Vorstellung, daß eine positive, elektrische Atmosphäre die Entwicklung des organischen Körpers befördere. Besonders bei Frauen, die z.B. Unfruchtbarkeit befürchteten, wurde diese Methode angewandt. Zur Durchführung der zweiten Behandlungsart setzte sich die Person auf einen isoliert stehenden Behandlungsstuhl, der durch eine Kette mit einer Elektrisiermaschine verbunden war. Eine an einem Stativ befestigte, geerdete Metallstange berührte den erkrankten Körperbereich. Damit war der 'Stromkreis' (Elektrisiermaschine -Mensch - Erdboden) geschlossen und das elektrische Fluidum konnte beliebige Körperstellen durchströmen. Auf diese Weise versuchte man vorwiegend Nervenkrankheiten wie Epilepsie aber auch Menstruationsbeschwerden zu kurieren. Die für die Patienten wohl schmerzhafteste Methode bestand in der Anwendung der Verstärkungsflasche. Ohne genau zu wissen, welche Kraft eigentlich verstärkt wurde, versuchte man mit Hilfe dieser künstlich erzeugten Erschütterungen im Körper der Patienten eine Vielzahl von Krankheiten zu heilen: Bei Paralytikern glaubte man die schweren Blockierungen im Nervensystem durch solche heftigen Schläge aufbrechen zu können (Sutton 1981, S. 384 ff). Die Anwendung der Elektrizität erschien als ein Allheilmittel für viele Krankheiten und wurde zu einem Hoffnungsträger für viele Patienten.

Dies war aber keineswegs die intendierte Weiterentwicklung des Forschungsprogramms der elektrischen Theologen. Das von ihm zur medizinischen Behandlung aufgestellte Gebot, die "Anpassung der Electrisation an die Natur", bedeutete, das im kranken Körper geschwächte Fließen des "elementarischen Feuers" zu unterstützen, doch daran hielten sich die Elektrisierer nicht.

Desweiteren erkannten seine Zeitgenossen nicht den von Divisch entwickelten, grundlegenden naturphilosophischen Gedanken der Polarität, im Gegenteil: Dieser diente den Zensoren, gemäß des damaligen Denkstils, als ein Hauptargument gegen die Veröffentlichung: "(Es) werde dieselbe Materie einmal activ, ein zweitesmal passiv genannt". Erst zu Beginn des 19. Jahrhunderts sollte dieser Gedanke durch die romantische Naturphilosophie erneut aufgegriffen werden.

Aus der hier thematisierten Sicht bildete diese Theorie einen, wenn auch nur geringfügig beachteten, Gegenpol zur sich etablierenden Elektrostatik der französischen Schule. Die folgenden Kapitel zeigen, welcher Maßnahmen und Umstände es bedurfte, die mit der Elektrizität verbundenen Vorstellungen von Lebendigkeit in ein naturwissenschaftliches Konzept einer fließenden Elektrizität zu transformieren.

3.3.2. Ätherspekulationen im Schatten des mechanistischen Weltbildes

Die Einführung von subtilen Flüssigkeiten als wirkende Ursache für Wärme, Licht, Magnetismus und Elektrizität war für die zweite Hälfte des 18. Jahrhunderts geradezu typisch. Den jeweiligen Phänomenbereichen wurden imponderable Fluida zugeordnet, deren Wirkungen in die Ferne dem gleichen Gesetz folgten wie Newtons Gravitation /12/. Im Schatten dieser sich allmählich etablierenden mechanistischen Natur- und Weltaufassung standen zahlreiche Versuche der Vereinheitlichung der Naturphänomene, das Zurückführen der äußeren Erscheinungen in der Natur auf eine gemeinsame Ursache. Spekulationen über die Existenz eines universellen Äthers gerieten aber mit Beginn der vierziger Jahre zunehmend in Verruf: Der bereits erwähnte Albrecht von Haller schrieb in einer zusammenfassenden Darstellung des Standes der Elektrizitätsforschung in Deutschland:

"Er (Chr. Aug. Hausen, d.V.) endete seine Theorie (der Elektrizität, d.V.) mit der kühnen Vermutung, welche viele nicht erlauben werden: er behauptet, daß es die gleiche Materie ist, die Elastizität, Licht, Klang, Wärme, Elektrizität und Magnetismus produziert und er sehr stark geneigt ist anzunehmen, daß es dieselbe Materie ist, die wir spiritus animalis (Sinnen-, Lebensgeister, Nervenfluidum, zeitgenössische Übers.) nennen..." (Haller 1745, S. 195, Übers. d.V.).

Auch Franklin schrieb noch 1752 in einem Brief an seinen Freund Cadwallader Colden (1688 - 1776), daß er den universellen Äther als überzeugende Erklärungsmöglichkeit ansah, obwohl er die zunehmende allgemeine Unbeliebtheit der Hypothese kannte. Eine eindeutige Position findet sich schließlich in der 'Encyclopaedia Britannica' aus dem Jahre 1797:

"Aether, being no object of our sense, but the mere work of imagination, brought only on the stage for the sake of hypothesis, or to solve some phenomenon, real or imagery; authors take the liberty to modify it as they please" (Encyclopaedia Britanica 1797, nach Heilbron 1981, S. 187).

Diese durchaus für Europa verallgemeinerbare Einstellung gegenüber dem Äther erschwerte bzw. verhinderte eine angemessene Diskussion über die frühen Arbeiten Newtons (1670) zu einem 'dynamistischen' Naturkonzept. Gerade aber die Erforschung der Elektrizität ermutigte nicht nur einige Naturphilosophen in Deutschland, sondern auch in England, alternative Naturkonzepte zu erarbeiten. Diese waren von dem Gedanken getragen, daß die belebte Natur nicht unter die bekannten newtonschen, mechanischen Gesetze zu fassen war /13/. Und der Naturphilosoph James Hutton (1726 - 1797) griff auch wieder auf die lange Zeit unbeachtet gebliebenen Schriften Newtons zurück, in denen er einen Äther als wirkende Quelle für das Werden in der Natur angeführt hatte. Dieser Äther arbeitete nach Newton in einem beständigen Kreislauf, so daß die Gesamtaktivität im Kosmos erhalten blieb. Alle Gegenstände in der Natur entstanden aus dem ständigen Umwandlungsprozeß des "Aetheral Spirit" /14/. Die Vorstellung vom Äther unterlag bei Newton einem ständigen Wandel: Die Formulierung "electric spirit" aus dem Jahre 1713 war geprägt von den ersten Erfahrungen in der Royal Society mit der neuen elektrischen Kraft. Newton verstand darunter ein Medium, das aus extrem kleinen Partikeln bestand, die sich untereinander abstießen, wobei die Kräfte im Verhältnis zur Größe der Partikel übermäßig groß waren. Damit wollte er das 1717 wieder als "Aether" bezeichnete Medium als dynamistisches Konzept verstanden wissen, das mit mechanischen Vorstellungen nicht vereinbar war, d.h. sein Kraftgesetz ließ sich auf diese Massen nicht anwenden. Das zweite wesentliche Merkmal seines Äthers bestand in der vermittelnden Wirkung zwischen Geist und Materie. Damit aber ließ sich die Trennung von materiell und immateriell nicht mehr aufrechterhalten. Interpretierten die meisten britischen Wissenschaftler Newtons Äther als die externe, geistige Kontrolle der toten Materie, so begriff Hutton die Natur als ein sich selbst regulierendes System, in dem der

Äther als aktives Prinzip immanent wirke. Nicht Gott griff als äußere Ursache in das Geschehen ein, "Nature is a perpetual Worker" (Hutton nach Heimann 1973, S. 22). Die natürliche Hierachie, in der der Geist die Materie kontrollierte, war damit aufgebrochen. Wie Steven Shapin ausführt, bedeutete die Aufhebung dieser Materie- Geist- Dichotomie ein in Fragestellen der gesellschaftlichen Ordnung, da die naturwissenschaftlichen Leitbilder starke soziale Funktion ausübten (Shapin 1980, S. 376 ff).

Bereits in den siebziger Jahren äußerte Joseph Priestley ähnliche, revolutionäre Gedanken, die an einer Trennung von Geist und Materie nicht mehr festhielten. Mit seinen von der allgemeinen Lehrmeinung abweichenden Gedanken hatte er Kritik an dem bestehenden Natur- und Gesellschaftskonzept geübt. Er hegte große Antipathien gegen den Gebrauch der 'natürlichen' Hierachie als Gesellschaftsmodell, in dem geistige Eliten (Geist) den Großteil der Gesellschaft (Materie) kontrollierten. Mit der Erforschung der Elektrizität glaubte er genügend Beweise für die Existenz der aktiven Kräfte in der Materie finden zu können. Da er jede Form von intellektueller, politischer wie religiöser Autorität ablehnte und auf die individuellen Fähigkeiten des einzelnen insistierte, führte er die Diskussionen um seine veränderte Materievorstellung sicherlich auch, um damit seine sozialen Vorstellungen zu verbreiten.

Welche weitreichenden Konsequenzen mit der Annahme eines allesdurchdringenden Äthers im vorrevolutionären Frankreich verbunden waren, demonstriert beispielhaft der Streit der Mediziner und Naturphilosphen um die Angemessenheit von elektrischer und magnetischer Therapie. 1776 bestimmte die königliche Akademie der Medizin einen Forschungsbeauftragten für Elektrotherapie, J. C. P. Mauduyt, der mit größter Sorgfalt Korrelationen zwischen meteorologischen Daten und speziellen Krankheiten herzustellen versuchte. Diese typische naturgeschichtliche Vorgehensweise (sammeln, beobachten, messen, vergleichen, klassifizieren) befriedigte aber die Mediziner nicht, da eine wissenschaftliche Erfassung der Elektrotherapiepraxis Aussagen über Vorgänge im Innern des Körpers erforderte. Mit der notwendigen Suche nach verborgenen Ursachen - ein für die Zeit charakteristisches naturphilosophisches Bestreben - geriet Mauduyt mehr und mehr in die Gefahr, ungesicherte Hypothesen aufzustellen. Obwohl ebensowenig in den naturphilosophischen Untersuchungen zur Elektrizität die Existenz eines oder eventuell zweier Fluida experimentell gesichert, geschweige denn deren Zirkulation bewiesen war, stützte Mauduyt sich auf Franklin als Autorität und übernahm dessen Terminologie:

"Es ist wahrscheinlich, daß die Ursache, die zur Stärke und Schwäche von Mensch und Tier beiträgt, in der größeren oder geringeren Quantität des elektrischen Fluidums zu suchen ist, welches um die Organe zirkuliert und diese je nach dem Zustand der Atmosphäre stimuliert" (Mauduyt, in: Sutton 1981, S. 380).

Die Verwendung Franklinscher Termini zur Interpretation therapeutischer Erfahrung verhalf sowohl der Elektrotherapie als auch der Franklinschen Theorie zu besserem Ansehen: Franklins Theorie gewann weitere, einflußreiche Fürsprecher unter den Medizinern und die Elektrotherapie durch Franklins Autorität und Einfluß an Wissenschaftlichkeit im Sinne der experimentellen Philosophie.

Auf die mit gleichem Erfolg praktizierten magnetischen Kuren des seit 1778 in Paris lebenden deutschen Arztes Franz Anton Mesmer (1734 - 1815) reagierten die Akademien in völlig anderer Weise. Sein "System der Wechselwirkungen" setzte ebenso wie Divisch Theorie der Elektrizität eine universelle Urkraft, ein selbstbewegendes Prinzip in der Natur voraus. Auch wenn Mesmer von dem "thierischen Magnetismus" und Divisch von dem "ignis electricus" sprachen, repräsentierten beide Denkrichtungen ein Bemühen, den ersten Beweger in der Natur zu finden, und beide stießen dabei auf die Erkenntnis, psychische Phänomene systematisch berücksichtigen zu müssen. Zu der Zeit stießen solche Behauptungen bei den maßgeblichen Naturforschern und Ärzten auf großes Unverständnis. Die Existenz jenes elektrischen Fluidums, welches künstlich erzeugt werden konnte, galt als erwiesen, doch die Existenz eines natürlichen, magnetischen "Flutstoffs", der psychische Wirkungen zeige, wurde ebenso in Frage gestellt wie Divisch Lebensprinzip des "activen und passiven Feuers". Ein dieses Geschehen zum Teil erklärender Grund ist darin zu sehen, daß mit der Behauptung der Existenz eines "thierischen Magnetismus" alte Strommetaphern wachgerufen wurden, die im Zuge der Aufklärung als längst überholt galten. So stellt Jean Starobinsky fest, daß die Theorie des "thierischen Magnetismus" an auf Paracelsus zurückgehende Vorstellungen anknüpfte, nach der die Menschen dem Einfluß eines kosmischen Stromes unterstellt waren /15/. Diese Möglichkeit der Abhängigkeit menschlichen Denken und Handelns von einem Universalagens gewann durch diese Forschungen neue Bedeutung. Sie war aber im höchsten Maße bedrohlich, da sie die Willensfreiheit des Menschen in Frage zu stellen schien. Außerdem, so weiß Starobinsky zu berichten, riefen solche Ströme sexuelle Phantasien wach.

Obwohl nun das Zirkulieren eines elektrischen Fluidums zu dieser Zeit ebenso hypothetisch war wie Mesmers These eines den Kosmos wie den Menschen durchdringenden Äthers, sah sich Wissenschaft und Staat genötigt, durch eigens einberufene Kommissionen dieses Mesmersche Fluidum offiziell für nicht existent zu erklären. Führende Persönlichkeiten wie Franklin und Lavoisier verfaßten als Kommissionsmitglieder mehrere Gutachten: In der offiziellen Version (Rapport 1784) versuchte man die Öffentlichkeit mit Hilfe von 20000 Kopien davon zu überzeugen, daß es sich bei dem "thierischen Magnetismus" um reine Einbildung handele. In einem Geheimbericht an den König äußerten sich die Mitglieder der Kommission noch deutlicher: Dieses Medium treibe bevorzugt Frauen zur Willenlosigkeit und bedrohe daher die moralische Ordnung. Ihre weniger stabilen Nerven seien für die Empfänglichkeit verantwortlich zu machen (Rapport secret, in: Duveen, Klickstein 1955, Teil III, S. 42 ff; dieselben 1955, Teil II, S. 286 ff).

Da nun Mesmers magnetische Kuren, im Gegensatz zur Elektrotherapie, durch keine wissenschaftlich akzeptierte Theorie gestützt werden konnte, glaubten die aufgeklärten Philosophen mit ihrer öffentlichen Verurteilung des Magnetismus einen weiteren Sieg über den Irrationalismus errungen zu haben. Tatsächlich wurde das Urteil über einen Forschungsgegenstand gefällt, der damals empirisch ebenso abgesichert war wie die Elektrotherapie. Die ausschlaggebende Entscheidung gegen den Mesmerismus leitete sich aus den Wertvorstellungen der wissenschaftlichen Gemeinschaft ab.

Auch wenn damit eine sachliche Auseinandersetzung vereitelt wurde, gelang es dem Staat und den Akademien nicht zu verhindern, daß das Ätherkonzept und die damit verbundene Aufhebung der Trennung von Materie und Geist zur politischen Metapher im Kampf gegen den Absolutismus avancierte: "Mesmer's system relied upon an all-pervading, superfine aether which diffused across the boundary between 'le Monde morale' and 'le Monde physique'. This aether - in the

Mesmerists' acount, more matter than spirit - provided the basis for a medical system and a popular piece of therapeutic theatre, but it also underpinned a general cosmological orientation. There was to be no rigid distinction between brute matter and animating spirit; a materialist acount of mental phenomena was provided, and psychic healing was mediated by great vats of concentrated aether. The aether united all men in harmonious brotherhood; it flowed across all boundaries. Individual ill-health, as well as social malaise, was put down to blockages in the free flow of this superfine substance. A convulsive crisis was necessary - in the individual and in the state - in order to purge the blockage. Harmony could only exist when arbitrary obstacles to mobility were removed; harmony was natural" /16/.

Auch wenn, mit Darnton gesprochen, hier die ursprünglichen Ideen Mesmers außer Kontrolle geraten waren, zeigen die Beispiele dieses Kapitels, daß die zu der Zeit mit den Ätherkonzepten verbundene Vorstellung einer Auflösung der Materie-Geist-Dichotomie das mechanistische Weltbild bedrohte. Die Einführung spezieller, mit fernwirkenden Zentralkräften ausgestatteter Fluida - auch als Phase der Imponderabilien bekannt - konnte den mechanistischen Denkstil retten. Dennoch sollte auch die weitere Erforschung der Elektrizität zur Bewährungsprobe dieses mechanistischen Naturbildes werden.

3.3.3. Die Natur des Lebendigen - ein Streitobjekt zwischen Physiologen und Elektrizitätsforschern

Im Zusammenhang mit dem Streit um das fünfte Element, den einige "Äther", andere "electric spirit" oder auch "spiritus animalis" nannten, entstand eine Diskussion um die Natur des Lebendigen. Auf der Grundlage der mechanistischen Philosophie versuchte der Begründer der Experimental-Physiologie, Albrecht von Haller, eine spezielle "thierische Mechanik" aufzustellen, wonach die lebendige Natur sich ebenso zu verhalten habe wie die unbelebte Natur (Toellner 1967, S. 141). In seinem Werk "Elementa Physiologiae" (1762) postulierte er ein dem lebenden Organismus eigenes Fluidum, dessen Kraftwirkung er die "vis insita" oder "Irritabilität" nannte. Mit dieser Erfindung wandte er sich strikt gegen die beliebte Vorstellung, daß der Äther die Verbindung zu den Nerven des menschlichen Körpers herstellte. Er bestritt damit die Annahme, daß bestimmte Vibrationen eines sich im Kosmos befindlichen "aetheral spirit" Muskelkontraktionen hervorrufen könnten (Home 1970, S. 230 f). Während bereits Christian August Hausen die Identität von elektrischer Kraft und dem "spiritus animalis" für denkbar hielt und damit, ebenso wie Divisch, die unmittelbare Verbindung zwischen Mensch und Kosmos über ein solches Medium zuließ, mußten die in der Überzahl vertretenen Anhänger der Hallerschen Physiologie dies ablehnen. Die im Menschen mit Hilfe der Verstärkungsflasche erzeugten Erschütterungen interpretierten sie als Folge der Erregung des Nervenfluidums durch Elektrizität.

Welches ursächliche Prinzip aber sollte für die Bewegung der Muskeln verantworlich sein? Haller betrachtete den Menschen -wie die meisten Zeitgenossen - als ein kompliziertes Uhrwerk /17/ mit selbstgespannten Federn, wobei die dazu notwendige Haupttriebkraft dieser Maschine die Seele bildete. Das Gegenmodell, welches den Äther gewissermaßen als 'Weltseele' begriff, formulierte der Rechtsphilosoph und Mesmerist Antoine Servan:

"Denn was sind wir schließlich, mein Herr, in unseren zartesten Gefühlen wie unseren umfassendsten Gedanken; was sind wir, wenn nicht eine mehr oder weniger bewundernswerte Orgel, die aus mehr oder weniger Registern zusammengesetzt ist, deren Blasebalg sich aber niemals in Descartes' Zwirbeldrüse befand noch jemals befinden wird, auch nicht in der markigen Substanz (Name unleserlich, d. V.), noch im Zwerchfell, wo gewisse Träumer ihn lokalisiert haben, sondern in jenem Prinzip, welches das ganze Universum bewegt? Der Mensch in seiner Freiheit bewegt sich nur nach dem Takt der Natur, und die ganze Natur bewegt sich nur nach demjenigen einer einzigen Ursache, und was ist jener Grund, wenn nicht ein wahrhaft universelles Fluidum, welches die gesamte Natur durchdringt?" (Servan an M.A. Julien, 1781, in: Darnton 1973, S. 61).

Auch wenn Servan durch die elektrischen Experimente von der Existenz dieser Universalkraft überzeugt war, konnte niemand eindeutig die Identität mit der künstlich erzeugten Elektrizität nachweisen. Trotz dieser erkenntnistheoretischen Herausforderung war die Suche nach einer subtilen, die Welt beherrschenden Kraft die insgeheime Forschungsmotivation vieler Naturphilosophen /18/. Um nicht dem Vorwurf der metaphysischen Spekulation ausgesetzt zu sein, bedurfte es zur weiteren Klärung eines geeigneten Untersuchungsgegenstandes. Sie wandten sich der Untersuchung von Zitteraalen und den bereits bei Kircher erwähnten Torpedofischen zu, weil deren natürliche, vom Tier erzeugten Erschütterungen in ihren physiologischen Auswirkungen denen der Verstärkungsflasche glichen. Schon in den sechziger Jahren hatte man Versuche unternommen, den Entladestrom eines Zitteraals durch einen Kreis von Personen zu leiten. Aus den 1773/74 durchgeführten anatomischen Studien John Hunters (1728 - 1793) war bekannt, daß der zur Familie der Rochen gehörige Fisch zwei Organe besaß, von denen die Kraft ausging. Dieses muskelähnliche Gewebe setzte sich aus mehreren parallel angeordneten Platten zusammen, die durch eine Flüssigkeit voneinander getrennt waren. In der Folgezeit gelang es einigen englischen Forschern, künstliche elektrische Fische zu konstruieren, um systematischere Untersuchungen vornehmen zu können. Sie legten nicht nur die Identität dieser organischen Kraft mit der künstlichen Elektrizität nahe, sondern in der wohl ausführlichsten und klarsten Arbeit von Henry Cavendish aus dem Jahre 1776 werden darüberhinaus erste elektrodynamische Kenntnisse vermittelt /19/. An dem von ihm konstruierten Torpedofisch /20/ wollte er diejenigen Parameter bestimmen, die die Erschütterungen beim Anfassen oder Annähern des Fisches ermöglichten und beeinflußten. Dazu unterschied er hauptsächlich die Vorgänge im Fisch, im Wasser und im eigenen Körper. Als direkte 'Meßgröße' betrachtete er die physischen Erschütterungen, von denen er sich indirekten Aufschluß über die Stärke der Vorgänge im Fisch und im Wasser erhoffte. Die Stärke physiologischer Empfindungen seines Körpers führte er auf die jeweilige Menge des elektrischen Fluidums zurück und nicht auf die Kraft, mit der die Elektrizität 'angetrieben' wurde (Cavendish, in: Teichmann 1974, S. 31). In dem elektrischen Funken sah er das Maß für die Kraft, die er proportional zur Länge desselben annahm. Unter Berücksichtigung dieser Annahmen versuchte er quantitative Abschätzungen von Widerstandsverhältnissen und Stromverzweigungen aufzustellen: Waren B, T und W die Mengen an elektrischer Flüssigkeit, welche durch den Körper des Experimentators (B), den Torpedofisch (T) und das Wasser (W), in welchem der künstliche Fisch lag, gingen, dann berechnete sich der Bruchteil X der Gesamtentladung, der durch den menschlichen Körper ging, als: $X_1 = B / (B + T + W)$; in Luft als $X_2 = B / (B + T)$, wobei die physiologische Erschütterung im zweiten Fall größer war. Veränderte er in einem zweiten Versuchsdurchgang die Leitfähigkeit des künstlichen Fisches um das N-fache, indem er an Stelle von Holz Leder verwendete, so galt für Salzwasser $Y_1 = B / (B + N * T + W)$ und für Luft $Y_2 = B / (B +$

N * T). In diesem Fall war die Differenz zwischen Y_1 und Y_2 geringer als zwischen X_1 und X_2, denn die Erhöhung der Leitfähigkeit zwischen den Zinkplatten im Fall II bedeutete eine Verringerung des Widerstandes, so daß bei der Entladung weniger elektrisches Fluidum durch seinen Körper floß /21/. Im Rahmen dieser Untersuchungen stellte er ebenfalls fest, daß die Leitfähigkeit von Wasser mit der Erhöhung der Salzkonzentration anstieg.

Mit diesen Untersuchungen war aber nicht die vermutete elektrische Natur der Kraft des lebendigen Fisches erwiesen. Im Jahre 1777 glaubte man den erhofften Erfolg verzeichnen zu können, als es gelang, mit einem kurzen Entladungskreis aus einem Zitteraal und einer präparierten Zinnfolie einen elektrischen Funken zu erzeugen, den man als Funkenüberschlag an dem in der Folie befindlichen Spalt beobachtete. Was vormals als Ausdruck der Lebenskraft gedeutet wurde, schien nun doch elektrisch zu sein.

Diese Untersuchungen führten zu neuen Spekulationen über die Ursache der Muskelbewegungen: Eine sehr gewagte, da nicht überprüfbare These hatte Joseph Priestley bereits 1774 aufgestellt. Seiner Meinung nach besaßen Tiere die Fähigkeit, die durch die Nahrung aufgenommene Wärme, damals Wärmestoff oder Phlogiston genannt, im Gehirn in elektrisches Fluidum umzuwandeln, welches wiederum über die Nerven die Muskel bewegte. Solche Hypothesen aber erweckten bei der Mehrzahl der Physiologen eher Abneigung als Verständnis, denn sie verstießen gegen das bei ihnen allgemein anerkannte Hallersche Paradigma der "vis insita", die sich keinesfalls umwandeln ließ. Trotzdem gewann in den achtziger Jahren die Idee einer 'thierischen Elektrizität' zunehmende Attraktivität.

Dies war ebenfalls die Zeit, in der in Italien der Anatom Luigi Galvani (1737 - 1798) verstärkt seine elektrophysiologischen Studien betrieb. Mit seinen Ergebnissen verbindet man eine neue Disziplin in der Geschichte der Naturwissenschaften, die heute unter dem Namen Galvanismus bekannt ist und von der Johann Wolfgang Goethe (1749 - 1832) sagte:

"Galvanismus wird entdeckt. Vorteil, nicht vom Metier zu sein. Man hat nichts Altes festzuhalten, das Neue nicht abzulehnen, noch zu beneiden" (Goethe 1977, Bd. 16, S. 905).

Galvani kam am 9. September 1737 in Bologna (Italien) zur Welt. Als Sohn einer alteingesessenen Patrizierfamilie, in der vorwiegend Juristen und Theologen verkehrten, begann er ebenfalls eine typische Akademikerkarriere. Mehr auf Drängen der Familie als aus Neigung entschied er sich für ein Medizinstudium. Im Anschluß (ab 1759) arbeitete er als praktischer Arzt, betrieb nebenher anatomische Studien und lehrte außerdem in der medizinischen Fakultät, an der er selbst ausgebildet worden war. 1775 wurde er Mitarbeiter am Institut für Anatomie in Bologna und 1782 Professor für Geburtshilfe. Seine wissenschaftlichen Arbeiten endeten abrupt im Jahre 1797. Man erteilte ihm Berufsverbot bei Aberkennung sämtlicher Würden, weil er dem Eroberer Norditaliens, Napoléon Bonaparte (1769 - 1821), den Treueeid verweigerte. Finanziell ruiniert, vor allem aber psychisch schwer getroffen, starb er am 4. Dezember 1798 /22/.

In den siebziger Jahren hatte Galvani seine Gedanken zur Hallerschen Theorie der Muskelbewegungen im Institut zu Bologna vorgetragen. Sein weiteres Forschungsinteresse ergab sich auf Grund der unklaren wissenschaftlichen Beurteilung der Muskelbewegungen. Zu Beginn der achtziger Jahre befaßte er sich experimentell mit der Reizung der Muskeln durch künstliche Elektrizität, indem er zunächst die Wirkungen der durch eine Elektrisiermaschine erzeugten Elektrizität auf präparierte Froschschenkel untersuchte. Dabei erstaunte ihn die Beobachtung, daß durch Berührung des in den Muskel führenden Nervs mit einem Skalpell bei gleichzeitiger Funkenentladung der entfernt stehenden Elektrisiermaschine der Muskel heftig zuckte. Dies geschah wiederum nur, wenn das Skalpellmesser eine leitende Verbindung über den Experimentator zur Erde aufwies. Diese Erfahrung regte ihn an, die Froschschenkel auch zum Nachweis der atmosphärischen Elektrizität zu verwenden. Er erwartete, wie sich zeigen sollte zu Recht, die gleichen Kontraktionen des Muskels bei Aufziehen eines Gewitters und bei Blitzentladungen. In der Hoffnung, auch bei schönem Wetter eine geringe atmosphärische Elektrizität nachweisen zu können, hing er einige mit Kupferhaken durchbohrte Frösche an den eisernen Gartenzaun. Da sich lange Zeit keine Regungen zeigten, legte er einen Frosch waagerecht auf das Geländer und drückte mit dem Finger gegen den Haken. Sobald zwischen dem Gartenzaun und dem Kupferhaken sowie dem Muskel und dem Zaun eine Verbindung hergestellt war, beobachtete er Kontraktionen. Anfangs glaubte er, daß dieser Effekt dem Einfluß der atmosphärischen Elektrizität zuzuschreiben sei. Seine Laboruntersuchungen lieferten ihm den Beweis für die Existenz der "thierischen Elektrizität": Die metallene Sezierplatte bildete mit dem im Rükkenmark befestigten Kupferhaken eine leitende Verbindung, und die Außenseite des Froschschenkels hatte wiederum Kontakt zur Sezierplatte. Diese Anordnung ermöglichte Muskelkontraktionen, sooft er wollte. Mit dieser 1786 gemachten Entdeckung glaubte er sämtliche Versuche zur Reizung der Muskeln durch künstliche Elektrizität übertreffen zu können. Sollte es in der Tat möglich sein, dem Organismus so etwas wie eine "thierische Elektrizität" zu entlocken? Muskelbewegungen ursächlich auf das Fließen einer natürlichen Elektrizität zurückzuführen, ließ erneut die Befürchtung aufkommen, die Elektrizität mit dem Lebensprinzip zu identifizieren.

Bis 1791 schwieg Galvani; erst dann veröffentlichte er seinen Aufsatz "De viribus electricitatis in motu musculari Commentarius" (Erörterungen über die Kräfte der Elektrizität bei der Muskelbewegung. 1791). Darin betonte er ausdrücklich, daß es sich in diesen Versuchen um den Nachweis einer "thierischen Elektrizität" handelte. Er betrachtete den Muskel selbst als den Sitz dieser Kraft. Seine weiteren Interpretationen glichen der Argumentation Joseph Priestleys (siehe oben). Auch Galvani glaubte, daß im Gehirn das elektrische Fluidum produziert und den Muskeln über die Nerven zugeführt werde. Die Muskeln betrachtete er als organische Verstärkungsflaschen, die sich durch den Willen des Tieres aufladen ließen. In der Beurteilung seiner Experimente war er so sehr von der Möglichkeit des Nachweises einer Lebenskraft geleitet, daß er die Möglichkeit einer äußeren elektrischen Reizung ausschloß /23/.

Im ersten Jahr nach seiner Veröffentlichung erhielt Galvani keine Rückmeldung. Für die zwei Disziplinen Physiologie und Physik war zunächst einmal Vorsicht geboten; die in der Hallerschen Tradition stehenden Physiologen konnten keine Elektrophysiologie akzeptieren, und die sich bereits etablierte Elektrophysik (vgl. Coulomb) fühlte sich für diesen Phänomenbereich zu dem Zeitpunkt nicht zuständig.

3.3.4. Das "elektromotorische Instrument" - Alessandro Voltas Beitrag zur Widerlegung der "thierischen Elektrizität"

Im Laufe der neunziger Jahre wurden Galvanis Arbeiten zum Gegenstand der öffentlichen Auseinandersetzung zwischen der sich etablierenden Physik und der Physiologie. Die erste Rückmeldung erhielt Galvani am 3.4.1792. Der Medizinprofessor Don Bassano Carminati (Daten unbekannt) aus Pavia teilte ihm mit, daß seine Arbeit auf Interesse gestoßen wäre, sein Kollege A. Volta aber bereits abweichende Vorstellungen über die Muskelbewegungen entwickelt hätte. Am 5. Mai desselben Jahres stellte dieser Physikprofessor mit langjähriger Erfahrung auf dem Gebiet der Elektrizität eine Arbeit vor, in der er zwar Galvanis experimentelle Verdienste außerordentlich hervorhob, seine Interpretationen aber anzweifelte (Volta 1792, in: Ostwald's Klasssiker Nr. 114, im folgenden kurz Klassiker 114, S. 8 ff).

Volta versuchte im Laufe seiner weiteren Arbeiten zur Elektrizität eine reine Metallkontakttheorie aufzustellen; d.h. die von Galvani beobachtete elektrische Kraft sei nicht tierischen Ursprungs, sondern er wollte sie ursächlich auf die Kombination zweier Metalle zurückführen. Auch Galvani hatte bereits eindeutig festgestellt, daß zwei verschiedene Metalle als Verbindungsstück zwischen Nerv und Außenseite des Muskels stärkere Kontraktionen ermöglichten. Seine Versuchsprotokolle vom 20. September bis 20. Oktober 1786 trugen sogar die Überschrift "Esperimenti circa l'elettricita de' metalli" /24/. Letztendlich betrachtete Galvani als Mediziner die Kombination der Metalle als Randerscheinung für das Zucken der Froschschenkel. Für den Physiker Volta standen sie im Mittelpunkt.

Metalle waren in der Elektrizitätsforschung des 18. Jahrhunderts immer schon interessant, aber auch problematisch gewesen. Betrachtete Gray sie noch als Empfänger der Elektrizität, Dufay als nichtelektrische Körper, lieferte Franklins Leitungsstromhypothese den Grund zur Annahme, daß es sich bei ihnen um Leiter des elektrischen Fluidums handele. Divisch betrachtete sie als Sitz des elementarischen Feuers. Volta fragte sich nun zu Recht, warum es unterschiedliche Muskelkontraktionen gibt, je nachdem ob man eine Zink-Messing oder eine Zink-Silber-Kombination verwendet. Versuche mit den verschiedenen Metallkombinationen führten ihn schließlich zu dem Ergebnis, daß der ganze Effekt lediglich auf eine geschickte Anordnung der verschiedenen beteiligten Leiter zurückzuführen sei und man den Froschschenkel als ein "lebendiges Elektroskopium" zu betrachten habe (Klassiker 114, S. 130).

Dieser Behauptung waren jedoch eine Reihe von Vorarbeiten vorausgegangen: Die Überprüfung der Metalle führte er nicht, wie zu erwarten wäre, an einem Frosch durch, sondern an der eigenen Zunge. Er berührte mit je einem Ende der zwei verschiedenen Metalle die Ober- und Unterseite der Zungenspitze, so daß die Berührung der zwei anderen Enden einen Stromkreis bildeten und die Geschmacksnerven stimuliert wurden. Er empfand einen "lebhaft sauren Geschmack", und es stand für ihn außer Zweifel, daß diese Empfindung von dem Strom einer elektrischen Flüssigkeit herrührte. Er stellte daher fest:

"Die Zunge ist also bloß *leidend*, und die Metalle sind dagegen *thätig*; diese sind in den erwähnten Versuchen die wahren *Erreger* (motori), die Incitatoren des electrischen Stromes. Das, was ich vom Silber und Zink behaupte, gilt von zwey anderen Metallen, die verschieden sind, es sey der Art und dem Wesen nach, oder in Ansehung der einen oder anderen zufälligen Modificationen: es ist bloß der Umstand in Betracht zu ziehen, der zu meinem Zwecke viel beyträgt, daß die Wirkungen von desto geringerer Energie sind, je weniger die zum Versuche angewandten Metalle in ihrer Fähigkeit, das electrische Fluidum zu erregen, in dem Vermögen, bey der Berührung feuchter Körper dasselbe abzustoßen oder anzuziehen, voneinander verschieden sind" (Klassiker 114, S. 115).

Die ursprünglichen Leiter der Elektrizität, die Metalle, waren von nun an Erreger oder Motori des elektrischen Fluidums, da sie eine besondere Kraft besaßen, die elektrische Flüssigkeit zu reizen und vorwärtszutreiben. Volta nannte die Metalle daher "Leiter erster Klasse" (Klassiker 114, S. 133). Er ordnete sie nach dem Grad ihrer Wirkungen, d.h. nach der Stärke ihrer "elektromotorischen Kraft". Heute würde man von einer Spannungsreihe sprechen, die damals für Volta folgendermaßen aussah: Zink - Zinn - Blei.. - Eisen - Messing - Kupfer.. - Platin - .. Quecksilber - .. Gold - Silber - .. Holzkohle. Je weiter zwei Elemente in der Reihe voneinander entfernt waren, um so stärker zeigte sich die Wirkung der elektromotorischen Kraft. Die Richtung der Kraft und damit der Stromfluß ließ sich ebenfalls aus dieser Reihe ablesen: Das jeweils links stehende Metall wirkt auf das rechts stehende (Klassiker

114, S. 133 ff; vgl. Fraunberger 1985, S. 240). Die Zunge diente bei diesen Versuchen als das empfindlichste 'Spannungsmeßgerät', war aber gleichzeitig wesentliche Voraussetzung für das Fließen eines konstanten Stromes. Volta klassifizierte daher nasse Stoffe als "Leiter zweiter Klasse", da sie

"entweder selbst flüssig sind, oder eine Flüssigkeit in sich enthalten, worunter alle thierischen Körper und alle ihre frischen und saftigen Theile gehören" (Klassiker 114, S. 131).

Diese Klassifizierung der Bestandteile des galvanischen Experiments und weitere unzählige Versuchsdurchläufe mit veränderten Parametern führten ihn schließlich zu der Behauptung:

"Kömmt nun ein Leiter dieser zweiten Klasse zwischen zwey der ersten, zwischen zwey verschiedene Metalle, und wird von ihnen berühret, so entsteht ein immerwährender Lauf, je nachdem die Wirkung, Kraft der Berührung auf der einen oder der anderen Seite das Übergewicht hat.*)*) Dieses zeiget hinlänglich an, wie verschieden meine behauptete Elektrizität von der vorgeblich thierischen des Galvani und seiner Anhänger sey. Meine setzt keine Ladung, kein Uibergewicht, folglich auch keine Entladung in den thierischen Organen, eben so wenig eine eigentliche Ladung oder Entladung der Leiter, wohl aber einen Kreislauf, ein immerwährendes Vorwärts gehen der elektrischen Flüssigkeit voraus, welches durch eine geheime, aus der Berührung ungleichartiger Leiter entspringende Kraft, erreget und im Gange erhalten wird. Sie sind also bei so bewandten Umständen mehr als einfach Leiter, denn sie reizen zugleich wahrhaft und bewegen" (Klassiker 114, S. 132). Daß dieses beständige Fließen in dem sogenannten Voltaschen Element (Metall A - Metall B - Flüssigkeit) nur auf der Wirkung der postulierten "elektromotrischen Kraft" (kurz: EMK) beruhte, mußte damals mindestens so unwahrscheinlich erscheinen wie Galvanis geheimnisvolle Kraft, die "thierische Elektriztät", oder Divischs Selbstbewegung in der Materie. Während Volta die EMK präziser zu bestimmen versuchte, indem er mit Hilfe seines Kondensatorelektroskops die durch bloßen Kontakt zweier Metalle erzeugte Ladungstrennung maß /25/, versuchten die Anhänger Galvanis, insbesondere sein Neffe, der Physikprofessor Giovanni Aldini (1762 - 1834), die Metallkontakttheorie zu widerlegen. Sie erzeugten Muskelkontraktionen ohne die Verwendung von Metallen (Anonym 1794).

Dieser wissenschaftliche Streit erfuhr in den letzten fünf Jahren des 18. Jahrhunderts eine eindeutige Wende zu Gunsten A. Voltas, die keineswegs auf wissenschaftsinterne Faktoren zurückzuführen war. Galvani selbst war durch den Tod seiner Frau (1790) sehr in seiner Forschungsarbeit gehindert, sodaß er nur eine (wahrscheinlich zwei) weitere Arbeiten zur Stützung seiner Theorie anfertigte. Mit der Besetzung Norditaliens durch Napoléon Bonaparte ab 1796 und der Gründung der Cisalpinischen Republik 1797 erhielt Galvani Berufsverbot und starb ein Jahr darauf. Volta dagegen wendete Napoleons Einmarsch zu seinem Vorteil und benutzte den Eindringling für seinen Einstieg in die Politik. Zunächst wurde er von der Stadt Como im Mai 1796 zum Mitglied der Ehrendelegation zu Napoleons Sieg über die Österreicher benannt. Kurze Zeit darauf übernahm er das Amt eines Regierungsbeamten in der neuen Republik. Diese für Galvani unvorstellbare Haltung Voltas gegenüber den Invasoren sicherte letzterem aber den Erhalt seines Laboratoriums. Dort konnte er ungestört von den Kriegswirren bis zum erneuten Einfall der Österreicher 1799 den experimentellen Beweis für die "elektromotorische Kraft" der Metalle vorbereiten (Volta 1796 - 1800, in: Ostwald's Klassiker Nr. 118, im folgenden kurz Klassiker 118, S. 1 ff). In dieser Zeit hatte er beständig versucht, die Wirkungen dieses 'elektromotorischen Bausteins' (zwei Metalle, eine Flüssigkeit) zu erhöhen. 1799 hatte er Erfolg: Durch Hintereinanderschalten einzelner Bausteine konstruierte er eine sogenannte galvanische Kette, und er bemerkte dabei, daß die "Energia" proportional zur Erhöhung der Elemente anstieg. Ebenso verstärkten sich die physiologischen Wirkungen.

Doch welcher Art die durch den Kontakt zweier verschiedener Metalle hervorgerufene Antriebskraft war, darüber schwieg Volta. Stattdessen umschrieb er zukünftig den Vorgang in einem Grundelement (Kupfer-Zink-Flüssigkeit) seiner Batterie mit einer Vielzahl von Ausdrücken: "Force motrice de l'électricité" (die Antriebskraft der Elektrizität), "Puissance" (Macht, Wirksamkeit, Stärke, Potenz), "vertu" (Kraft), "pouvoir" (Vermögen), "energia" (Tatkraft), "elektromotorische Kraft" /26/. Die mit diesen Begriffen verbundenen Bedeutungen verweisen erneut auf den erwähnten Sinnzusammenhang von Elektrizität und Lebendigkeit, den er mit seiner Erfindung überwunden zu haben glaubte. Unabhängig von dieser begrifflichen Unschärfe hatte er dennoch sein Ziel erreicht; das "elektromotorische Instrument" /27/ war der handgreifliche Beweis für seine Metallkontakthypothese. Er betrachtete mit dieser

Erfindung Galvanis Idee der "thierischen Elektrizität" als endgültig widerlegt.

"Diesen Apparat, der, wie ich zeigen werde, sowohl seinem Wesen nach als auch sogar, wie ich ihn construirt habe, in der Gestalt dem natürlichen elektrischen Organ des Zitterrochens, des Zitteraals u.s.w. viel ähnlicher ist, als der Leidener Flasche und den bekannten elektrischen Batterien, möchte ich ein künstliches elektrisches Organ nennen" (Klassiker 118, S. 77; Volta 1800, S. 405, Übers. d.V.).

Am 20. März 1800 schickte er dem Präsidenten der Royal Society in London einen Brief, in dem er seinen neuen Apparat vorstellte. Voltas guter Ruf im Ausland verschaffte ihm sofort Gehör für seine Arbeit. Diese Kontakte waren im Streit um die "thierische Elektrizität" notwendig: Die englischen Physiker hatten der polemischen Kontroverse zweier Italiener zunächst keine Bedeutung beigemessen; die Franzosen hielten sich ebenfalls sehr zurück, da ihnen offensichtlich der Streit über den "thierischen Magnetismus" noch zu gut in Erinnerung war, um sich jetzt auf einen weiteren über die "thierische Elektrizität" einzulassen. In Deutschland dagegen interessierte man sich sehr früh für den Galvanismus.

Mit der Veröffentlichung seines Briefes in den Philosophical Transactions (1800) stellte Volta der Fachwelt ein Gerät vor, an dem die bisher unglaublich erscheinenden Spekulationen experimentell überprüft werden konnten:

"Welchen augenscheinlicheren Beweis für die Fortdauer des elektrischen Stromes während der ganzen Zeit, daß die Verbindungen zwischen den Körpern, die den Kreis bilden, bestehen bleiben, kann es geben? und daß erst beim Unterbrechen desselben eine solcher Strom aufgehoben wird? Dieses endlose Kreisen der elektrischen Flüssigkeit (diesem perpetuum mobile) kann paradox, ja unerklärlich erscheinen, es ist aber nichtsdestoweniger wahr und wirklich, man faßt es sozusagen mit der Hand" (Klassiker 118, S. 91; Volta 1800, S. 421).

Trotz einer Übereinkunft der französischen Akademie, keine perpetua mobilia mehr anzunehmen, wurde bei diesem Gerät eine Ausnahme gemacht /28/. Offensichtlich ließ die Faszination für diese geräuschlose, aber dennoch greifbare und unerschöpfliche Energiequelle sämtliche alten Vorsätze vergessen. Dabei war sie gar nicht so unerschöpflich, wie Volta es angedeutet hatte; nach recht kurzer Betriebszeit oxydierten die einzelnen Metallplatten so stark, daß der "Perpetuo Giro" (der beständige Kreislauf) schnell versiegte. Auf diesen chemischen Effekt ging Volta selbst mit keinem Wort ein. Er versteifte sich vollends auf seine Metallkontakthypothese, die sich auch in der Konstruktion der Volta-Säule materialisierte: Das obere und das untere Ende der Säule bestand jeweils aus einem Plattenpaar aus Zink und Silber, was für das Funktionieren der Säule unerheblich ist, aber seiner Vorstellung eines Elementes Zink-Silber-Flüssigkeit entsprach.

Mit seinem Instrument lieferte Volta eine zweite wesentliche Stütze der physikalischen Disziplin Elektrodynamik und der Elektrotechnik. Die Attraktivität des Gerätes lag in der Möglichkeit des kontrollierten Umgangs mit einem kontinuierlich fließenden Strom. Diese neue Elektrizität weckte ebenfalls das Interesse der französischen Elektrostatiker, die mit großem Erfolg die Gesetze der "ruhenden Elektrizität oder des elektrischen Gleichgewichts" erarbeitet hatten (Arago 1854, Bd.2, S. 513). Voltas eher zurückhaltende Einstellung seit Bekanntwerden der Galvanischen Versuche in Paris um 1796 wurde durch das überaus große Interesse Napoleons an Volta und seinem Gerät in den Hintergrund gedrängt. Bereits im September 1801 wurde er eingeladen, im 'Institut', der Nachfolgeeinrichtung der vorrevolutionären Académie Royale des Sciences, seine Experimente vorzuführen. Die eigens dazu einberufene galvanische Kommission, aus zwölf Mitgliedern bestehend, war kaum erfreut über das Eindringen Voltas in ein Forschungsgebiet, das bei ihnen noch in den Kinderschuhen steckte /29/. Dabei hatte sich ihr starres Festhalten an die Elektrostatik als hinderlich für eine Erforschung der 'fließenden' Elektrizität erwiesen: Der Phänomenbereich und selbst das Meßverfahren waren damit festgelegt. Die Coulombwaage ermöglichte z.B. nur Spannungsmessungen am offenen Stromkreis, d.h. das Fließen eines elektrischen Stromes ließ sich damit ebensowenig messen wie dessen spezifische Wirkungen. Im Fall der Überprüfung der Volta-Säule kam ihnen diese Einschränkung sehr gelegen, denn ihr Verweis auf das allein zu akzeptierende Meßgerät ermöglichte es ihnen, ihrer Abwehrhaltung gegen die Neuheit aus Italien auf wissenschaftlicher Ebene Ausdruck zu verleihen. Die Beurteilung der Säule reduzierte sich damit fast ausschließlich auf ihre elektrostatischen Wirkungen. Das Ergebnis mehrerer Sitzungen lautete zusammengefaßt: Die Spannung zwischen zwei Metallplatten ist ein ganzes Vielfaches einer Konstanten, wobei die Gesamtspannung der Säule von der Anzahl der Elemente abhänge. Immerhin war dennoch die Identität der Metallelektrizität mit der bekannten Elektrizität auch für die Franzosen erwiesen.

Die versteckte Abwehrhaltung der wissenschaftlichen Gemeinschaft stand im Widerspruch zur Reaktion des einflußreichsten Kommissionsmitglieds, Napoleon. Schon zu Beginn der Vorführungen von physiologischen Erschütterungen beim Berühren der zwei Enden der Säule einerseits sowie der Stimulierung der Geschmacksnerven andererseits schlug dieser vor, Volta die Goldmedallie für seine Leistungen zu verleihen. Diese völlig unübliche Reaktion mochte ein weiterer Grund für die skeptische Haltung der übrigen Wissenschaftler gewesen sein. Dabei wußte Napoleon sehr genau, worauf er hinauswollte. Im Rahmen seines Programms der Umstrukturierung der Wissenschaft verwandelte er nicht nur die École Polytechnique in eine Militärakademie, sondern strebte darüberhinaus eine enge Bindung der Wissenschaft an die politischen Interessen an. Alessandro Volta, so glaubte er, füge sich geradezu genial in diesen Plan ein. Er erwies Volta und seiner wissenschaftlichen Leistung die höchsten akademischen Ehren, indem er ihn - neben der Verleihung der Goldmedaille - gegen den Willen anderer Wissenschaftler zum Mitglied des französischen Instituts ernennen ließ. Gleichzeitig erhob er ihn in den Adelsstand und setzte ihn als Senator von Italien ein. Damit glaubte er die nationale Zwietracht zwischen den Republiken 'aufgetaut' zu haben (Heilbron 1976, S. 79 f; Sutton 1981, S. 329 ff).

Mit der Ausschreibung eines Preises von 60000 Francs für vergleichbare Arbeiten betrieb Napoleon weiterhin eine gezielte Forschungslenkung, die die Anwendungsmöglichkeiten der Säule zu Tage fördern sollte. Zu einem Streitpunkt entwickelten sich die Spekulationen über die Ursache der Elektrizitätserregung in der Säule. Er führte im ersten Viertel des 19. Jahrhunderts zu einer Spaltung der Forscher in Kontakttheoretiker und Anhänger chemischer Hypothesen. M. van Marum, T. W. Fechner und G. S. Ohm vertraten den gleichen Standpunkt, den Volta vertreten hatte: Die elektromotorische Kraft (EMK) sei ein nicht weiter zu erklärender Grundbegriff der Elektrizitätslehre und die Kontaktstelle zweier Metalle bilde die zentrale Stelle im Voltaschen Element. Die Vertreter der chemischen Theorie (u.a. J. W. Ritter und W. Wollaston) hielten die Übergänge vom feuchten Leiter zu den Metallen für die Quelle der Elektrizitätserregung, d.h. die Reihenfolge Silber - feuchter Leiter - Zink bildete das Voltasche Element, wobei die chemische Wirkung der Flüssigkeit auf die Metalle entscheidend war (Heidelberger 1979, S. 44 ff). Auch kam es zu einer erneuten Diskussion über die Anzahl der elektrischen Fluida. Sie fiel zunächst zu Gunsten der Dualisten aus; in der Folgezeit aber wurde die verworfene Hypothese von der Existenz eines Äthers favorisiert (Heilbron 1981, S. 196 ff). Mit den durch den fließenden Strom der Säule erzeugten Licht-und Wärmewirkungen beim Zerschmelzen von Leitungsdrähten stellte sich dann erneut die Frage nach der Angemessenheit der Fluidakonzepte, die erst durch die romantische Naturphilosophie eine befriedigende Antwort erhielt.

Volta selbst beteiligte sich nicht an diesen Auseinandersetzungen. Er widmete sich - finanziell abgesichert durch das monatliche Senatorengehalt von 24000 Lire - bis zu seinem Tode im Jahre 1827 dem 'Kampf' gegen die thierische Elektrizität. Denn trotz dieser Integration der fließenden Elektrizität haftete dem Galvanismus jene ursprüngliche Faszination der Lebendigkeit, der Urkraft an. Daran konnte auch Voltas erste technische Stromquelle nichts ändern, im Gegenteil, das große Interesse galt wiederum der medizinischen Verwendbarkeit. Doch über diese Anwendungsmöglichkeit hinaus hatte sich die Aufmerksamkeit der Galvanisten auf Phänomenbereiche gerichtet, von denen Alexander von Humboldt sagte:

"Manipulation, Thouvenels Erz- und Wassersucher, das Drehen vom entblößten Degen auf zwei Fingerspitzen, das Kreisen eines an einem hanfenen Faden aufgehangenen Schwefelkieses über metallene Platten waren nie so ernsthafte Gegenstände des Nachdenkens, als seitdem die galvanischen Versuche von Italien her zu uns kamen. Was man vormals Ruthengehen nannte, belegt man jetzt mit dem feineren und empfehlenderen Namen unterirdische Elektrometrie" (Humboldt 1797, Bd.1, S. 467).

Volta aber lehnte ebenso wie heutige Physiker diese Methoden entschieden ab. Erst mit dem Aufkommen der romantischen Naturphilosophie änderte sich diese Einstellung. Doch sollte das Wesen des Wünschelrutengehens bis heute der Physik verschlossen bleiben. Den Grund dafür sah der deutsche Romantiker und Naturphilosoph Johann Wilhelm Ritter (1776-1810) in jenem Physikertypus, dessen

"Genie mehr der Cultur der Maschinen als derjenigen der Gesetze der Elektrizität und ihren Wirkungen zuneigte, übrigens auch hier nur durch Sturm zu siegen vermeinte, während doch auch in der Physik der Sieg nur dann ein wahrer, vollendeter ist, wenn man seinen Gegenstand nicht tödtet, sondern sich mit ihm versteht" (Ritter 1811, S. 321).

Zusammenfassend läßt sich festhalten, daß durch Voltas Arbeiten die fließende Elektrizität als Tat-Sache akzeptiert wurde und der damit verbundene Strombegriff damit seine empirische Rechtfertigung in der physikalischen Theorie erhielt. Dies gelang jedoch nur um den Preis der Abkehr von der eigenen Natur, indem sich der Mensch diese Naturkraft durch technische Beherrschung vom Leibe hielt. Diese völlige Abtrennung des Menschen vom Phänomenbereich Elektrizität stellt einerseits eine Sternstunde der Physik und die Geburtsstunde unseres elektrotechnischen Zeitalters dar, andererseits markiert sie das Ende der Suche nach dem Wesen dieser Naturkraft. Dies belegt auch die Einführung abstrakter Begriffe wie der der elektromotorischen Kraft. Dieser gibt nur scheinbar eine Antwort auf die Frage, was denn den Strom in Bewegung setzt, ebenso wie plus und minus keine Antwort auf das Wesen von Anziehung und Abstoßung gegeben haben.

4. Schlußbetrachtung

Wie die Analyse der Hochschulausbildung und ihre kritische Reflexion gezeigt hat, ist die allgemein übliche Darbietung der Fachsystematik mehr als die Bereitstellung von Sachwissen. Sie vermittelt implizit Wissen und Einstellungen "über Physik", welches zu Erkenntnishaltungen bei den Lernenden führt, die entscheidend die Beurteilung der eigenen Disziplin und deren zukünftige Handlungen bestimmen. Doch sind diese Haltungen nur selten das Ergebnis einer umfassenden Auseinandersetzung mit Physik, sondern überwiegend Folge eines unthematisierten Einübungsprozesses in den physikalischen Denkstil. Hier entsteht gewissermaßen unter der Hand ein Bild von Wissenschaft, das unzutreffende Vorstellungen von physikalischer Forschungspraxis vermittelt.

Die Intention dieser Arbeit ist es nun, diesen unthematisierten Formierungsprozeß mit zum Gegenstand der Auseinandersetzung werden zu lassen, um das Entstehen solcher verzerrter Bilder von Physik zu verhindern. Dies kann unter anderem gelingen, indem diesem impliziten Wissen "über Physik" eine Darstellung jener Forschungspraxis entgegensetzt wird, aus dem das gegenwärtige fachsystematische Wissen hervorgegangen ist. Damit gerät der historische Entwicklungsprozeß in den Mittelpunkt der Betrachtung, dessen Kenntnis es ermöglicht, die dem jeweiligen Fachwissen zugrunde liegenden Ziele, Ideen, Methoden und Folgen zu erkennen.

Die historische Rekonstruktion der vor-wissenschaftlichen Erfahrungen mit Elektrizität schafft die Voraussetzungen, die abstrakt gewordenen Grundlagen der Elektrodynamik aus ihrer Entstehungsgeschichte begreifen zu können:

- Die Rekonstruktion der Ursprünge und der Genese physikalischer Begriffe zeigt, aus welchen Kontexten die originären Bedeutungsgehalte entstanden sind und welchen Bedeutungswandel sie im Laufe dieser Entwicklung genommen haben. Damit werden der Verlauf und die Veränderungen des Bruchs zwischen physikalischem Wissen und Alltagswissen erkennbar. Die Rekonstruktion der Elektrizitätsforschung im 18. Jahrhundert zeigt die Herausbildung einer physikalischen Fachsprache, die allerdings nur schwer mit den diesen Begriffen anhaftenden animistischen Vorstellungen brechen konnte. Am Endpunkt dieses Zeitraums stehen die grundlegenden physikalischen Begriffe wie

Strom, positive, negative Elektrizität, Ladung, Ladungserhaltung, Spannung, Kapazität, sowie die Vorläufer unseres Begriffs der elektromotorischen Kraft und des Feldbegriffs: der elektrische Wirkungskreis.

- An den Fallstudien werden die Ziele und die Methoden physikalischer Forschungspraxis deutlich. Die Entwicklung der experimentellen Methoden und Techniken innerhalb dieses Zeitraumes zeigt, daß die experimentelle Beherrschung der Naturkraft Elektrizität angestrebt wurde; sinnliche Erfahrungen wurden systematisch ausgegrenzt, obwohl sie in dieser Zeit die wesentlichen menschlichen Erfahrungen mit Elektrizität bildeten und die Quelle entscheidender Phänomene waren. Die gezielte Herstellung von Instrumenten zur Messung und Erzeugung elektrischer Phänomene lenkte die Forschung daher in eine Richtung, die die weitere Entfaltung sinnlicher Fähigkeiten behinderte und zur Abwertung solcher Erfahrungen beitrug. Die Fallstudien belegen weiterhin, daß der quantitative Erkenntnisfortschritt in der Theorieentwicklung des 18. Jahrhundert nur möglich war, indem grundlegende Fragen über den Forschungsgegenstand - die Anzahl elektrischer Fluida, Nah- oder Fernwirkungskonzept - unbeantwortet blieben und durch die Zugehörigkeit zu einer wissenschaftlichen Schule entschieden wurden. Die historische Rekonstruktion solcher unterschiedlicher Theoriekonzepte zeigt nun, daß die Differenzen in den Auffassungen dieser Schulen zur Elektrizität gerade jene Schlüsselfragen darstellen, die bis heute die Diskussion innerhalb der Physik bestimmen: Die Frage nach dem Wechselwirkungskonzept und nach der Ursache von Anziehung und Abstoßung.

- Diese Frühgeschichte konfrontiert uns aber auch mit der Frage nach den Möglichkeiten und Grenzen physikalischer Forschungspraxis. So gilt es festzustellen, daß die physikalische Beherrschung der Naturkraft Elektrizität vor allem deshalb gelang, weil sich der Mensch von den ursprünglichen Motiven der Auseinandersetzung mit der eigenen Natur abkehrte und sich auf die quantitativ-technische Beherrschung dieser sinnlich erfahrenen Naturkraft beschränkte. Die im Rücken dieser Disziplingeschichte aufgefundenen Ansichten zur Elektrizität - die Geschichte der 'Irrtümer' - belegen nun, daß es sich bei der Herausbildung der physikalischen Disziplin Elektrizitätslehre im 18. Jahrhundert um eine nur historisch zu begründende Durchsetzung kollektiven Naturwissens gehandelt hat, die zugleich den Verlust von Naturwissen bedeutete. Die Theorien der 'Verlierer' zeigen exemplarisch, daß es sich bei diesen zwar ebenfalls um in sich geschlossene Aussagesysteme handelt, die aber nicht dem Denkstil der Zeit entsprachen. Die Rekonstruktion der 'frühen Elektrodynamik' verweist auf historisches Naturwissen, das Anknüpfungspunkt für die Suche nach anderen Umgangsformen mit Natur sein kann. Insgesamt belegt die Darstellung, daß die Verwendung physikalischer Denk- und Arbeitsmethoden im Forschungsprozeß nicht folgenlos ist, sondern in entscheidender Weise die Resultate präformiert.

Mit dieser systematischen Form des Rückbezugs gegenwärtigen physikalischen Denkens auf seine Entstehungsgeschichte sind Voraussetzungen geschaffen, Grundlagen der Elektrodynamik aus der historisch-kritischen Auseinandersetzung mit der Entwicklung dieser Disziplin zu begreifen, d.h. Physik aus ihrer Geschichte zu verstehen. Das Material der Rekonstruktion ermöglicht daher eine Einführung in die Grundlagen einer physikalischen Disziplin, die die individuellen und gesellschaftlichen Auswirkungen dieser anzueignenden Form der Naturbeherrschung mit zum Gegenstand der Ausbildung werden läßt.

Eine erfolgreiche hochschuldidaktische Umsetzung dieser Ergebnisse stößt jedoch auf Probleme, die zum einen den Bildungsanspruch der Hochschule und zum anderen das Selbstverständnis der Naturwissenschaften betreffen. Das historisch-genetische Lernkonzept erfordert eine Reduzierung des üblichen Lehrstoffs. Die zu beobachtende Entwicklung der Studienzeitverkürzung an den Hochschulen läuft dieser Forderung aber gerade entgegen. Außerdem wird folgerichtig die Verpflichtung, gute Physiker ausbilden zu müssen, als das Einhalten von Ausbildungsstandards interpretiert, die über den Konkurrenzdruck der Universitäten untereinander sowie die Anforderungen des Arbeitsmarktes definiert werden. Veränderungen in der Hochschulausbildung hängen jedoch auch stark vom Selbstverständnis der einzelnen Disziplinen ab. Die kritische Auseinandersetzung mit der eigenen Disziplin, d.h. mit ihrer Geschichte sowie ihren philosophischen, erkenntnis- und wissenschaftstheoretischen Implikationen findet derzeit im Forschungsalltag und damit auch im Denken der Betroffenen kaum die ihr gemäße Wertschätzung, es gilt als Luxuswissen. Für die Zukunft ist zu hoffen, daß auch in diesem Punkt die angelsächsischen Hochschulen, an denen Inhalte wie 'philosophy of science', 'history of science' und 'science, technology and society' zum Standard-Ausbildungsprogramm gehören, als Vorbilder anerkannt werden.

5. Anmerkungen

5.1 Physikausbildung zwischen Anspruch und Wirklichkeit

/1/ Den Begriff Einwurzelung verwendete Wagenschein in Anlehnung an Simone Weils Arbeit, Die Einwurzelung, München 1956. Für ihn schien dieser Begriff gewissermaßen eine konkrete Utopie des Physikunterrichts zu sein.

/2/ McCloskey zeigte in seiner Untersuchung an Physikstudenten, daß sie trotz physikalischer Ausbildung an ihren intuitiven Vorstellungen festhalten, die zudem mit der aristotelischen Physik übereinstimmen. McCloskey 1983.

/3/ In diesem Zusammenhang möchte ich auf mehrere Publikationen hinweisen, die aus dieser Intention entstanden sind: Rieß 1977; Pukies 1979; Ewers 1978, 1979; Bulthaupt 1973; Daxner, Bloch, Schmidt 1981.

/4/ Diese Kritik versteht sich als Abgrenzung zur orthodox-marxistischen Position, nach der die Veränderung der Produktionsverhältnisse ausreicht, um den Mißbrauch physikalischen Wissens zu verhindern. Siehe dazu auch Otto Ullrichs Arbeit "Technik und Herrschaft", in der er ebenfalls die These vertritt, daß unter den je spezifischen Gesellschaftsverhältnissen dementsprechende Natur-Bilder bzw. Theorien entstehen. Ullrich 1979.

/5/ Weiterführende Literatur zum historisch-genetischen Ansatz gibt die Arbeitsgruppe des Oberstufenkollegs Bielefeld fortlaufend in der Reihe AMBOS heraus: Siehe z.B. Wenzel, AMBOS 8, 1978; Die Formulierung historisch-genetisches Lernen hat unter Naturwissenschaftsdidaktikern die verschiedensten Ausprägungen und Interpretationen erfahren. Zur Übersicht über diese Ansätze empfehle ich zwei grundlegende Aufsätze von Jung 1988 und Brush 1987, sowie Bevilacqua, Kennedy 1983.

/6/ Siehe hierzu Kapitel 2.1.1.

/7/ Die historischen Fallstudien wurden zum Teil aus dem historisch orientierten (Harvard) Physics Project (HPP) Rutherford, Holton, Watson 1970 entnommen. Im Zusammenhang mit wissenschaftstheoretischen Aufsätzen wurde für die Studenten ein Reader zusammengestellt: Jaeckel, Radek 1987.

/8/ Über den Standpunkt W. Jungs zur Bedeutung von Geschichte für das Verstehen der Physik siehe Jung 1985, 1978, 1983.

/9/ Diese Interpretation des historisch-genetischen Lernens repräsentiert den Diskussionsstand 1989 der Arbeitsgruppe "Hochschuldidaktik und Wissenschaftsgeschichte" im Fachbereich Physik. D.h. die Erweiterung um den experimentellen Anteil ist nicht von Beginn an intendiert gewesen, sondern hat sich erst aus der langjährigen Erfahrung als sinnvoll erwiesen. Siehe hierzu Haubold 1988, Parker 1989, S. 28 f, Mehrle et al. 1987. Wenn im folgenden von der zehnjährigen Erfahrung mit dem Ansatz gesprochen wird, ist damit vorrangig die Zeit ab 1974 gemeint, d.h. die Erfahrung mit dem Proseminar gemeint. Bezüglich der heutigen Konsequenzen aus den Erfahrungen zeigt sich an diesem Punkt die unterschiedliche Einschätzung und Interessenslage der Bielefelder und Oldenburger Gruppe: Das Oberstufenkolleg versucht sich derzeit von der Fachausbildung zu entfernen, um an ihrer Stelle einen Ökologiestudiengang aufzubauen. Wir halten es hingegen für notwendig, mehr Aufklärung durch eine hermeneutische Kritik innerhalb der Physik zu betreiben. Zu den Schwierigkeiten siehe auch Jaeckel 1988.

/10/ In der wissenschafts- und erkenntnistheoretischen Literatur sind für diesen, einem Initiationsritus gleichkommenden Prozeß die unterschiedlichsten Beschreibungen gefunden worden. Siehe dazu z.B. Th. S. Kuhns Kapitel "Paradigmata als Konstellationen von Gruppenpositionen", in dem er u.a. explizit solche Formeln wie I = U/R als symbolische Verallgemeinerungen definiert, die problemlos von allen Gruppenmitgliedern gebraucht werden. Kuhn 1979, S. 193 ff. Polany spricht in diesem Zusammenhang von "tacit knowledge" und Ludwik Fleck von der sanften Einführung in den physikalischen Denkstil. "Jede didaktische Einführung in ein Gebiet enthält eine Zeit, wo rein dogmatisches Lehren vorherrscht. Man präpariert ein Intellekt für ein Gebiet, man nimmt es in eine in sich geschlossene Welt auf, man erteilt ihm eine Art Einführungsweihe. Ist die Weihe seit Generationen so verbreitet wie z.B. die Einführung in die Grundideen der Physik, so wird sie so selbstverständlich, daß man vollständig vergißt, sie einst erhalten zu haben, da man keine Uneingeweihten sieht" (Fleck 1980, S. 73).

/11/ Auch die jüngst erschienenen Neuauflagen der Feynman Lectures weisen keine diesbezügliche Veränderung auf. Feyman 1987

/12/ Seine Interpretationsweise der Maxwellschen Gleichungen hat Jörg Meya in seiner Dissertation ausführlich dargestellt und bewertet. Meya 1989.

/13/ Auch die Erfahrungen in den Tutorien bestätigen, daß es große Verständnisschwierigkeiten gibt. Eine detailliertere Darstellung der Auswirkungen siehe Kapitel 1.3.4.

/14/ Auch die Theorie der Quantenelektrodynamik gibt keine weitergehenden Auskünfte, wenn sie die elektrische Ladung als Wahrscheinlichkeitsamplitude emittierender oder absorbierender Photonen beschreibt. Feynman 1985. S. 91.

/15/ Vergleiche hierzu ausführlich den Abschnitt "Wechselwirkungsmodelle" in diesem Kapitel.

/16/ Siehe hierzu ausführlich den Absatz 1.3.4.1. "Das Ringen um Anschaulichkeit", dort S. 48, "Kollektive Gedankenbilder".

/17/ Zur Definition von Naturbeherrschung siehe Kapitel 2.1.1.

/18/ Welche Bedeutung anschaulichen Vorstellungen in der Naturwissenschaft zugemessen werden müssen, dazu siehe Kapitel 2.2.2.2.

/19/ Hier handelt es sich um die Aufstellung der im Fachbereich Physik der Universität Oldenburg durchgeführten Experimentalversuche, anonym (mehrere Autoren) 1985 ff.

/20/ Die Untersuchung bezieht sich vorwiegend auf die zu Beginn dieses Kapitels genannten Hochschullehrbücher. Mögliche Ergänzungen werden kenntlich gemacht.

/21/ Siehe hierzu ausführlich Kapitel 3.2.5., in der die historische Entwicklung dargestellt ist. Siehe außerdem Kapitel 2.2.2.1., in dem erkenntnistheoretisch der "Tatsachen"-begriff am Beispiel des Coulombgesetzes erörtert wird.

/22/ Siehe zu dieser Auffassung von Objektivität Kapitel 2.1.4.

/23/ Eine sehr ausführliche Detailstudie zu dem Problem des Experimentum Crucis bei Millikan hat Gerald Holton veröffentlicht. Siehe dazu Holton 1981, S. 255 ff.

/24/ Zum Streit um die Ein- bzw. Zwei-Fluida-Theorien siehe Kapitel 3.2.4.

/25/ In den Fortgeschrittenen-Praktika, aber letztendlich erst bei der Anfertigung einer Diplomarbeit erfährt dieses Bild eine notwendige Relativierung. Für die Lehramtskandidaten tritt diese Erfahrung häufig nicht ein.

/26/ Nur zeigt sich unter diesen eine ebenso unüberwindbare Kluft zwischen denen, die ein Ausmerzen der "misconceptions" oder auch sanfter "Praekonzepte" betreiben und denjenigen, die der Logik des Alltagsverständnisses auf der Spur sind.

/27/ Sommerfeld 1977, S. 6; in dieser Arbeit zitiert im Kapitel 1.3.2., dort unter "Ladung, Ladungserhaltung".

/28/ Siehe ausführlich zu dieser erkenntnistheoretischen Kritik das Kapitel 2.2.1.

5.2 *Historische Rekonstruktion in didaktischer Absicht*

/1/ Eine ausführliche Kritik dazu siehe Grmek 1977, S. 17 ff.

/2/ Ausführlich zu dieser neuen Sicht siehe Kapitel 2.2.

/3/ Die weitgehendste Kritik an den Naturwissenschaften entstand einerseits aus der feministischen Wissenschaftskritik; dazu möchte ich auf einen zusammenfassenden Vortrag von Maria Osietzki an der Universität Oldenburg (16.1.89) hinweisen; zum anderen aus der kritischen Theorie. Siehe dazu Böhme, Schramm 1985; Breger 1985, S. 75 - 94, oder ausführlich Breger 1982.

/4/ Das Thema seiner Dissertation lautet: Der Naturwissenschaftler und sein Körper. Zur Funktion und Bedeutung des Körpers in der experimentellen Naturwissenschaft der frühen Neuzeit. Kutschmann 1985.

/5/ Der Begriff der Verwissenschaftlichung der Erfahrung geht auf eine Arbeit von Gernot Böhme zurück: Die Verwissenschaftlichung der Erfahrung. Wissenschaftsdidaktische Konsequenzen. Böhme 1979, S. 114 ff.

/6/ Ausführlich siehe Bachelard 1984, insbesondere S. 292 ff: Dort verweist dieser u.a. auf einen Versuch zur Überprüfung der Frage, ob der elektrische Schlag durch Eunuchen weitergeleitetet werden könne. Dieselben Versuche wurden mit Mönchen angestellt.

/7/ Der Begriff "bürgerlich-technische Naturfremdheit" geht auf Ernst Bloch zurück und beschreibt eine Form der Naturbeherrschung, die die Natur mit allen Mitteln der List einem Zweck unterwirft, der ihr nicht eigen ist. In Gegenüberstellung dazu ist ein zweiter Begriff, der der "Naturallianz", zu erwähnen. Mit diesem hat Bloch jene vermittelnde Form der Naturbeherrschung gemeint, die sich mit dem Bild des Klavierspielens veranschaulichen läßt: "Naturbeherrschung erlangt andere Qualität, wenn ihr das Merkmal des Könnens zukommt - im Sinne des Klavierspiels. Indem der Pianist das Instrument beherrscht, bringt er das Werk, das Klavier und auch sich zur Entfaltung: die Beherrschung wird Vorbedingung zur Identität" (J. Bloch, Schmidt, in: Daxner et al. 1981, S. 14). Charakterisiert der erste Begriff unser technisches Verhältnis zur Natur, so soll die Klavierspielmetapher auf eine zukünftig mögliche "Allianztechnik" hinweisen. Siehe außerdem Bloch 1973, S. 783 f).

/8/ Ausführlich zu diesem Begriff und seiner Problematik siehe Feyerabend 1984; dort z.B. S. 89: "Dieser quantitative oder additive Fortschrittsbegriff liegt immer dann vor, wenn man eine Kunst oder eine Wissenschaft wegen ihrer 'Erfindungen' oder 'Entdeckungen' oder 'Durchbrüche' lobt, denn Erfindungen, Entdeckungen, Durchbrüche stellt man sich als wohldefinierte Einzeldinge vor, deren Anhäufung unsere Kenntnisse erweitert. Die quantitative Idee des Fortschritts ist heute sehr populär, unter den Wissenschaftlern wie auch unter Laien".

/9/ Einen der ersten Aufsätze zu dieser Thematik schrieb Kurt Hübner: Was zeigt Keplers 'Astronomia nova' der modernen Wissenschaftstheorie? Hübner 1969, S. 257 - 278.

/10/ Die Diskussion um den Externalismus/Internalismusstreit möchte ich hier nicht aufgreifen. Zu welchen möglichen Interpretationen diese Beschreibungsform von Wissenschaftsentwicklung führen kann, dazu siehe Schäfer 1985, S. 182 ff. Das nachfolgende Kapitel 2.2. zeigt, daß es auf der Grundlage einer vergleichenden Erkenntnistheorie nicht notwendig ist, eine solche Unterscheidung vorzunehmen.

/11/ Zu der 'New Philosophy of Science' zählen jene neueren wissenschaftstheoretischen Positionen, die sich eine Revision des kritischen Rationalismus zum Ziel gesetzt haben: Kuhn 1979, Feyerabend 1979, Lakatos 1974, siehe auch Weingart 1972.

/12/ Siehe Anmerkung 2 des Kapitels 1. Wenn ich daher hier Alltagswissen und aristotelische Physik gleichsetze, so meine ich dies in Bezug auf die in beiden Wissensformen zu beobachtende Anbindung ihrer Erklärungsmuster an die je unmittelbar sinnlich gegebene Erfahrungswelt. McCloskey 1983, S. 114 - 122.

/13/ Darauf verweist Wolf Lepenies in seiner Einleitung zur deutschen Ausgabe des Bachelardschen Werks: "Die Bilder beispielsweise, deren sich die Alltagserfahrung bedient, um ihren vor-wissenschaftlichen Einsichten Ausdruck zu verleihen, sind ebenso ein Hindernis auf dem Weg des wissenschaftlichen Fortschritts wie ein unverzichtbarer Bestandteil all jener Mythen und Vorstellungen, aus denen sich die Dichtung speist" (S. 21). Ebenso macht er auf Georges Devereux aufmerksam, der die Verwissenschaftlichung der Erfahrung "eher als Verfalls- denn als Erfolgsgeschichte beschrieben hat" (S. 32 f). Lepenies, W.; Vergangenheit und Zukunft der Wissenschaftsgeschichte -Das Werk Gaston Bachelards. In: Bachelard 1984.

/14/ Zum Begriff der symbolischen Verallgemeinerungen siehe Kuhn 1979, S. 194: "Einen wichtigen Bestandteil (des Paradigmas, d.V.) nenne ich 'symbolische Verallgemeinerungen' und meine damit die Formeln, die problemlos von allen Gruppenmitgliedern gebraucht werden". Für die Elektrodynamik gelten beispielsweise gesetzmäßige Zusammenhänge wie $Q=C*U$ oder $F=Q_1*Q_2/r^2$ als solche.

/15/ Siehe dazu die Entwicklung der quantitativen Elektrizitätsforschung im Sinne der "experimentellen Philosophie" in Meya, Sibum 1987, S. 73 -116. Ebenso Kapitel 3.2. in dieser Arbeit.

/16/ Eine umfassendere Darstellung dieser ausgegrenzten Erfahrungen mit Elektrizität findet sich in Kapitel 3.3. dieser Arbeit.

/17/ Die grundlegenden Aufsätze von Fleck finden sich in: Fleck 1983, 1980. In der aktuellen Literatur zur Wissenschafts-und Erkenntnistheorie und der Wissenssoziologie finden sich überschneidende Ansichten. An dieser Stelle wären ohne Anspruch auf Vollständigkeit zu erwähnen: Stephen Toulmins Programm der Kritik der kollektiven Vernunft, Gerald Holtons thematische Analyse der Wissenschaft, Paul Feyerabends anarchistische Erkenntnistheorie, Th.S. Kuhns Paradigmen-Theorie, sowie in neuerer Zeit die Arbeiten der Social Constructivists of Science. In Kapitel 2.2.2. werde ich dies am Beispiel der Begriffe "Uridee" (Fleck), "Themata" (Holton), "Ideale der Naturordnung" (Toulmin), "metaphysische Teile von Paradigmata" (Kuhn) darstellen. Meine Interpretation der Fleckschen Gedanken geschieht auf dem Hintergrund dieser neueren Theoretisierungsversuche. Aufschlußreiche Hinweise zu der Bedeutung Flecks in der Wissenssoziologie finden sich in: Cohen, Schnelle 1985; Harwood 1986, S.173-187. Im Zusammenhang mit der Diskussion um die "Social Constructivists of Science" siehe den grundlegenden Artikel von Pinch, Bijker 1984, S. 399-441. Konsequenzen für die historische Rekonstruktion diskutiert Steven Shapin in einem Grundlagenartikel: History of Science and its Sociological Reconstructions. 1982, S. 157-211. Zu den genannten Autoren siehe Toulmin 1978, Holton 1981, Feyerabend 1979.

/18/ Der Begriff "Uridee" verweist wie die Holtonschen "Themata" und die Toulminschen "Ideale der Naturordnung", auf logisch nicht begründbare, sondern nur historisch zu rekonstruierende Entscheidungsmuster im Entstehungsprozeß neuen Wissens über Natur.

/19/ Der Mesmerismus bezeichnet eine geistige Strömung mit Beginn im 18. Jahrhundert durch Franz Anton Mesmer. Als Arzt behauptete er die Existenz eines "thierischen Magnetismus", die Wirkung einer universellen Naturkraft, mit dessen Hilfe er Menschen heilte. Über den aktuellen Stand der Diskussion der Einordnung Mesmers in die Wissenschaftsgeschichte siehe Schott 1985.

/20/ In den heutigen wissenschafts- und erkenntnistheoretischen Studien verweisen die Autoren in der Analyse des Erkenntnisprozesses ebenfalls auf das Gestaltsehen. So spricht beispielsweise Th.S. Kuhn davon, daß die Wahrnehmung einer Leidener Flasche (eine mit Wasser gefüllte Glasflasche, welche durch einen hineinführenden Metalldraht elektrisch aufgeladen werden kann) sich mit der Durchsetzung des Franklinschen Paradigmas grundlegend veränderte: "Aus dem Gerät war ein Kondensator geworden, für den weder die Flaschenform, noch das Glas erforderlich war. Vielmehr traten jetzt die beiden leitfähigen Schichten - von denen eine bei dem ursprünglichen Gerät nicht vorhanden war - in den Vordergrund" (Kuhn 1979, S. 130). Diese Verschiebungen in der Wahrnehmung ein und desselben Objekts bezeichnet er als "gestalt switch". Wir kennen diese Art des Wahrnehmungswandels in den Vexierbildern. Sehr ausführlich geht N.R. Hanson auf diese ein, um ebenfalls den Erkenntnisprozeß als abhängig von dem je spezifischen, sozial und historisch geprägten Kontext darstellen zu können. Stellen wir uns vor, in der Dunkelheit sehen wir zwei Scheinwerferlichter auf uns zukommen. Ohne große Überlegung identifizieren wir diese als ein herannahendes Auto. Diese Sicherheit gibt uns unser Erfahrungskontext, in den unser Sehen unauflöslich eingebunden ist. Fleck sieht nun in dem Denkstil jenen Kontext, der die Wahrnehmung prägt; Kuhn wählte für denselben Zusammenhang den Begriff des Paradigmas, welches sich aus sozialen und historischen Motiven zusammensetzt. Zur weiteren Lektüre siehe: Hanson 1965; Arnheim 1969; zu einer gelungenen Anwendung der Gestaltpsychologie in der Wissenschaftsgeschichte siehe: Miller 1987.

/21/ Paul Feyerabends Erkenntnistheorie geht daher insofern über Flecks Analyse hinaus, da er aus denselben Ergebnissen politische Konsequenzen zieht. So hält er es für notwendig, den Laien das Recht auf Einflußnahme auf Wissenschafts- und Technikentwicklung einzuräumen. Ebenso muß es Subkulturen möglich sein, sich zu gleichberechtigten Diskussionspartnern zu etablieren. Siehe hierzu Feyerabend 1979, 1980.

/22/ Siehe hierzu die Arbeit zu den Alltagsvorstellungen bei Physikern von McCloskey 1983, sowie den Hinweis von Gernot Böhme und anderen, daß selbst gestandene Physiker an anschaulichen und damit vielfach animistischen Vorstellungen festhalten. Böhme, in: Böhme, von Engelhardt 1979, S. 132.

/23/ Die nachfolgenden Beispiele sind ausführlicher Bestandteil des historischen Teils dieser Arbeit, Kapitel 3.

/24/ Diese Gegenüberstellung von inaktiver, träger Masse und Vitalität und Spontanität des Geistes geht auf Max Jammer zurück, der in seiner Geschichte des Massenbegriffs diese Unterscheidung vorgenommen hat. Jammer 1974, S. 5.

/25/ Inwieweit solche menschheitsgeschichtlich verankerten Erfahrungen das Denken heutiger Physiker prägen, kann hier nicht überprüft werden. Doch geben die populärwissenschaftlichen Veröffentlichungen des französischen Physikers J. Charon (1979) Hinweise auf einen solchen Zusammenhang: Er spricht beispielsweise über das Elektron, als wenn es eben dieses geistige Prinzip sei, welches nicht nur Gedächtnis habe, sondern Urquell unseres Seins sei.

/26/ Rudolf Carnap entwarf 1926 eine Theorie der physikalischen Begriffsentwicklung, die von einem Modell ausgeht, in dem die Begriffsentwicklung von der qualitativen über die quantitative zur abstrakten Stufe erfolgt. Eine solche Kategorisierung genügt nicht dem Anspruch der hier angestrebten Art der Rekonstruktion. Siehe ausführlich zu meinem Verständnis von Begriffsgeschichte Kapitel 2.2.2.1. und Kapitel 2.3.

/27/ Siehe hierzu das Wagenscheinzitat in Kapitel 1.1.

/28/ Eine genaue Beschreibung der Verbesserung des Experiments in diesem Jahrhundert gibt Jackson 1981, S. 7 ff.

/29/ Die folgenden Ergebnisse stützen sich auf mündliche Mitteilungen des Direktors des "Barnard-Columbia History of Physics Laboratory", Samuel Devons, an der Columbia University, New York. Er hat sowohl die Coulombschen Experimente als auch die Entstehungsgeschichte der elektrischen Theorien rekonstruiert. Einige wenige schriftliche Hinweise finden sich in: Devons 1987, S. 319 f.

/30/ Zum Experimentum Crucis siehe Holton 1981, S. 255 ff.

/31/ Nehmen wir beispielsweise an, ein Physiker kennt den Zusammenhang von Elektrizität und Magnetismus nicht (wie es im 18. Jahrhundert der Fall war), so würde er das Ausschlagen einer Magnetnadel keinesfalls als das Fließen eines elektrischen Stromes interpretieren. D.h. die Entwicklung einer Fachsprache zur Beschreibung von Tat-Sachen setzt das Vorhandensein einer physikalischen Theorie voraus, nach der der Zusammenhang von Elektrizität und Magnetismus bekannt ist. Erst in Kenntnis dieser Theorie ergeben Tat-Sachen beschreibende Sätze, wie z.B. "ein Strom fließt", einen Sinn. Zu Zeiten A. Voltas galt entsprechend der herrschenden Theorie der Elektrostatik die Coulombwaage als Nachweisexperiment für die elektrische Kraft. Zur Prüfung der Tat-Sache des Fließen eines elektrischen Stromes, wie es A. Volta mit seinem "Elektromotorisches Instrument" gelungen ist, hätte es aus diesen theoretischen Überlegungen nicht herangezogen werden können. Denn die diesem Instrument zugrundeliegende Theorie kennt keine dynamischen Tat-Sachen, allenfalls als Isolationsverluste. Wie die Rekonstruktion zeigt, ist es dennoch geschehen und zwar mit der Intention, Voltas Hypothesen zu widerlegen. Siehe hierzu auch Duhem 1978, S. 192 ff, sowie Kapitel 3.3.4.

/32/ Der Begriff "Erklärungsideale" stammt von Stephen Toulmin, der in seiner Theorie menschlichen Erkennens darauf hinweist, daß der Mensch bestimmte Vorlieben in der Erklärung von Natur verfolgt. Diese naturwissenschaftlichen Erklärungideale nennt er auch "Ideale der Naturordnung". Toulmin 1981, S. 119 f.

/33/ Die Vertreter der New Philosophy of Science verweisen mit den unterschiedlichsten Begriffen auf diesen Aspekt menschlichen Erkennens hin: G. Holton spricht von "Themata", St. Toulmin von "Ideale der Naturordnung", Th.S. Kuhn von "Paradigmata", N. R. Hanson von "Patterns of Discovery". Auf das ihnen Gemeinsame werde ich im Folgenden noch genauer eingehen.

/34/ Eines der bekanntesten Beispiele für die Unterschiedlichkeit von Deutungsmustern für dieselben Phänomene ist das Konzept der Bewegung bei Newton und bei Aristoteles. Nimmt Newton beispielsweise als Ideal die widerstandsfreie Bewegung an, so baute Aristoteles auf das aus der Alltagserfahrung abgeleitete zur-Ruhe-Kommen eines Körpers, d.h. die gleichförmige Bewegung gegen einen Widerstand. Siehe hierzu Pukies 1979, S.19 ff; Toulmin 1981, S. 56 ff.

/35/ "Immer wenn es eine Vertrauenskrise in irgendeiner Wissenschaft gibt, geraten einige ihrer Adepten in die Versuchung, die Fühler einzuziehen, ihre Ansprüche zu mäßigen und der Kritik mit einer bescheidenen Bemerkung vorzubeugen, zum Beipiel: 'Schließlich behaupten wir gar nichts über die Wirklichkeit - wir versuchen nur, mathematische Beziehungen zwischen Beobachtungsgegebenheiten zu finden'." Toulmin 1981, S. 48.

/36/ Die folgenden Beispiele geben verkürzt Ausschnitte aus den - im zweiten Teil dieser Arbeit rekonstruierten - historischen Fallstudien wieder. Die nachfolgenden Behauptungen lassen sich daher im zweiten Teil dieser Arbeit ausführlich anhand des verwendeten historischen Materials sowie der angegebenen Sekundärliteratur überprüfen.

/37/ Max Jammer belegt diese Dominanz der Mechanik in der Geschichte der Physik, verweist aber auch auf das historische Bemühen, die Dimension der Masse aus der Elektrodynamik herleiten zu wollen. Siehe dazu Jammer 1974, S. 146 ff, dort das Kapitel, 'Der elektromagnetische Begriff der Masse'.

/38/ Siehe ausführlich hierzu Kapitel 3.3.2.

/39/ Shapin 1980, S. 121 ff, aber auch Kapitel 3.3.2.

/40/ Eine Einführung in den Konzeptbegriff gibt Holton 1955; siehe außerdem Sprekkelsen, in: Frey, Häußler 1973, S. 87 ff.

/41/ Diese Auffassung stützt sich auf zahlreiche Untersuchungen, wovon ich hier stellvertretend Rudolf Arnheim nennen möchte. Seine Forschungen führten ihn zu dem Ergebnis, daß letztendlich jegliches Denken ein Denken in Bildern ist. In dem Buch "Visual Thinking" zeigt er anhand umfangreichen Materials aus der Psychologie, der Philosophie, der Physik, wie diese Art des Denkens den Erkenntnisprozeß prägt. Arnheim 1969.

/42/ Dazu ausführlich Arnheim 1969, S. 283ff, insbesondere S. 286.

/43/ Toulmin zeigt am Beispiel I. Kants, welche Hilfsvorstellungen dieser sich machte, um den behaupteten Zusammenhang der reziprok quadratischen Abnahme der Gravitationskraft denken zu können. Toulmin 1981, S. 100 ff.

/44/ Diese Paradoxie veranlaßte den Physiker Wolfgang Pauli dazu, auf die parallele Entwicklung der Idee des physikalischen Kraftfeldes und der Idee des Unbewußten hinzuweisen. Pauli 1984, S. 113 ff.

/45/ Zu einem Versuch, eine Einführung in die Grundgedanken der Quantenelektrodynamik zu geben, in der die elektrische Abstoßung als Folge des Austausches virtueller Photonen gedacht wird, siehe Feynman 1985, S. 77 - 123; siehe außerdem dieses Kapitel weiter unten.

/46/ Diese Begriffe umschreiben im Kern genau den Aspekt des Erkenntnisprozesses, den ich anschauliche Leitbilder genannt habe. Da im Folgenden eine genauere Bestimmung vorgenommen wird, werde ich hier auf eine weiterführende Literatur zur Bedeutung von Metaphern in der Wissenschaft hinweisen: Cameron 1983, S. 251 - 292.

/47/ Siehe hierzu auch die Dissertation von Jörg Meya zur Theorieentwicklung der Elektrodynamik im 19. Jahrhundert. Es wird nachgewiesen, daß sich zwei konkurrierende Theorien, die Maxwellsche und die Webersche Elektrodynamik, während eines gewissen Zeitraumes gleichberechtigt gegenüberstanden und sie sich in genau diesem Themata, dieser Uridee der Nah- bzw. Fernwirkung, unterschieden. Meya 1989.

/48/ Informationen zu dieser Person sind dem zweiten Teil der Arbeit, der historischen Rekonstruktion, zu entnehmen. Dies gilt ebenso für die noch folgend genannten historischen Personen.

/49/ Der erste von Kepler geäußerte Satz lautet übersetzt: "Mathematische Punkte sind nicht irgendwie zur Erregung der Anziehungskraft nütze". Und William Gilbert äußerte sich in seinem "De Magnete": "Die bewegende Kraft ruht in den Körpern selbst und nicht im Raum oder dem Zwischenraum". Übersetzung zitiert nach Jammer 1957, S. 85 f.

/50/ Diese anschaulichen Metaphern sind entnommen aus: Jammer 1974, S. 2 und March 1960, S. 61.

/51/ Dieser archeus ist bei Paracelsus als von magnetischer Natur gedacht. Anziehende und abstoßende Kräfte bilden diese den Körper des Menschen einhüllenden Emanationen. Diese Vorstellung stimmt exakt mit den frühen elektrischen Theorien zur Elektrizität überein.

/52/ Siehe Kapitel 3.3.1.

/53/ Den Ursprung dieser Bezeichnung sieht J. Heilbron bei G.M. Bose. Heilbron 1979, S. 328. Hans Schimank hingegen kann die Quelle bei Bose nicht finden. Unabhängig von dieser Schwierigkeit weist gerade die häufige Bezugnahme damaliger Elektrizitätsforscher auf diese Begrifflichkeit darauf hin, daß diese Assoziation dennoch als Widerspiegelung einer zeitgenössischen Denkweise über Elektrizität gelten kann.

/54/ Auf zwei Studien möchte ich hier hinweisen: Theweleit 1980; Böhme, Böhme 1985.

/55/ Hierbei handelt es sich um eine isoliert stehende, elektrisch aufgeladene Frau, die jedem männlichen Verehrer einen schmerzhaften Kuß erteilt. Zur Ausgrenzung solcher erotischen Ansichten zur Elektrizität siehe Lichtenberg in Kapitel 3.2.4. und Mesmer in Kapitel 3.3.2..

/56/ "Es ist aber ein schlechter Charakter von einem Philosophen, nicht durch die Erkenntnis der Wahrheit selbst, sondern durch das Spielwerk, bey dessen Gelegenheit man die Wahrheit erkennet, gerührt zu werden. Und wer so gesinnet ist, steht in Gefahr, seine Zeit mit Spielwerken zuzubringen, da ein Geist anderer Art neue Wahrheiten entdeckt hätte" (Mylius 1747, S. 8); oder das Plädoyer für die Experimentalphysik, siehe Priestley 1772, S. XVI.

/57/ Siehe dazu Anmerkung /7/. Ansonsten ausführlich die Publikation Daxner et al. 1981, in der der 'Arbeitskreis Naturqualität' aus verschiedenen Perspektiven die Begriffe "Naturallianz", "Naturqualität" thematisiert.

5.3. *Das fünfte Element - eine historische Fallstudie ...*

5.3.1. Die "vis electrica", das Anathema der mechanischen Philosophie

/1/ Bei der folgenden Darstellung handelt es sich um eine Überarbeitung der von mir verfaßten Kapitel 1 bis 5 aus der gleichnamigen Veröffentlichung: Meya, Sibum 1987, S. 27 - 141; zum Beleg der Urheberschaft der einzelnen Kapitel in der genannten Publikation siehe dort unter "Autoren". Die Kapitel 1 - 3 sind in dieser Arbeit zu Kapitel 3.1. zusammengefaßt, entsprechend sind Kapitel 4 und 5 in 3.2. und 3.3. umbenannt. Bei der Überarbeitung der Kapitel sind umfangreiche Originalzitate sowie ergänzende Interpretationen eingefügt worden. Das Kapitel 3.3.1. ist zum größten Teil neu hinzugefügt.

/2/ Eine ausführliche Darstellung und Interpretation der Kircherschen Vorstellungen gibt Benz 1971, S. 692 - 698. Michael Heidelberger schreibt in seiner Arbeit "Natur und Erfahrung" zu der Herkunft dieser Vorstellung: "Für den Aristotelismus war die Seele ein Formprinzip der Materie. Der Neuplatonismus hingegen sah in der Seele im Stofflichen eingeschlossenen Geist. ... Zusammen mit der Idee der Emanation, die durch das Strömen der Welt aus Gott eine Art von Gegenwärtigkeit Gottes in allen Dingen notwendig machte, war es nur noch ein kleiner Schritt zur Vorstellung, daß die Welt selbst eine Seele habe bzw. daß alle Dinge der Welt beseelt sind, eigene Seelen besitzen. Diese Seelen bestehen nun nicht isoliert nebeneinander, denn sie sind ja mit der Weltseele und Gott selbst verbunden. Die ganze Welt ist vielmehr durchwoben und durchzogen von Kräften, von Sympathien und Antipathien, die aufeinander wirken" (S. 98). Er zeigt weiterhin, wie aus dieser Idee des Weltalls als göttlicher Organismus die Vorstellung der Welt als mechanisches Uhrwerk wird (S.66f), und wie der Begriff "anima" in Keplers Werk durch den der "vis" (Kraft) ersetzt wird. Damit wurde allmählich die Idee der Beseeltheit der Welt aufgegeben und vom Kraftbegriff abgelöst. Dennoch sollte es noch lange daueren, bis dieser in der Physik akzeptiert wurde. Die Erforschung der vis electrica im 17. und 18. Jahrhundert führt daher erneut zu Kontroversen um die damals als überwunden geltende Vorstellung von der Beseeltheit der Welt; Heidelberger, in Heidelberger, Thiessen 1981.

/3/ In der dritten Auflage seines Buches "Magnes sive de arte magnetica opus tripartitium" (Magnetismus oder ein Werk über die magnetische Kunst in drei Teilen, Rom 1654) befindet sich auf dem Titelblatt ein elektrisierter Adler, angedeutet durch die ihn umgebenden Sterne. Die von seinen Füßen herabhängende Kette symbolisiert das innere Band der Einheit aller in unserem Universum vorfindbaren Dinge. Diese elementare Kraft, die sowohl auf physikalische wie seelische und spirituelle Phänomene Einfluß hat, interpretiert er als magnetische. Die Verwendung des elektrisierten Adlers zeigt, daß ihm nicht an einer exakten Trennung dieser Kräfte gelegen war, sondern er sprach ebenso von der "elektro-magnetischen Kraft".

/4/ Das "Sonnenhoroskop" (Sonnen-Stundenzeiger) von Athanasius Kircher (1643), ein mit einer Sonnenblume bepflanzter Topf, schwimmt in der Mitte eines Brunnens. In der Blüte steckt ein Pfeil, der auf einen die Blüte umgebenden Metallkranz weist. Auf diesem ist eine Stundenskala angebracht. Während der Blütezeit richtet sich die Blume nach dem Sonnenstand aus. In der Abbildung steht auf dem Schriftband am Blütenstiel geschrieben: "Die Vereinigung von Kunst und Natur". Die Beschriftung des Beckenrandes lautet: "Die Sonne zeigt in ihrem Lauf Zeiten und Jahre, und all dies macht die Uhr als Nachahmerin der Sonne" (Übers. d.V.). Damit lieferte Kircher den Beweis der Wirksamkeit des Elektromagnetismus in der Pflanzenwelt. Ein Reprint der originalen Abbildung findet sich in Meya, Sibum 1987, S. 30.

/5/ Originale Darstellungen des von Descartes vorgeschlagenen Wirkungsmechanismus des Magneten finden sich als Reprint in Heidelberger, Thiessen 1981, S. 173f. Eine ausführliche Erläuterung zum Wirkungsmechanismus und der Bedeutung dieser Korpuskularphilosophie gibt Easlea 1980, S. 117 f.

/6/ "Moderne Wissenschaft wird im Zuge ihrer Institutionalisierung im 17. Jahrhundert als wertneutral, objektiv, 'positiv' definiert. Die normativen, politischen, sozialen, religiösen Elemente, die von den vorangegangenen wissenschaftlichen Bewegungen mit der neuen Wissenschaft verbunden wurden, sind damit aus dem Begriff der Naturerkenntnis ausgeschieden" (Böhme, v. d. Daele 1977, S. 185).

/7/ Otto von Guerickes Demonstration der Weltkräfte (1672) zeigt im rechten Bildteil eine aus Holz gefertigte Halterung für eine Schwefelkugel. Diese Kugel als Modell der Erde ist mit einer eisernen Achse starr verbunden und läßt sich in Drehung versetzen. Nach dem Reiben mit der Handfläche zieht die Kugel leichte Papier- oder Metallstücke an (Nachweis der Anziehungskraft der Erde). Im linken Teil des Bildes wird die abstoßende Kraft demonstriert. Die von der geriebenen Schwefelkugel abgestoßene Flaumfeder läßt sich mit viel Geschick umhertragen. Reprint der Originalabbildung in Meya, Sibum 1987, S. 31. Ein Nachbau dieses Experiments befindet sich im Fachbereich Physik der Universität Oldenburg.

/8/ Darauf verweist unter anderen Berman 1983, S. 109.

/9/ Berman schreibt dazu: "Der zentrale Punkt des Newtonschen Systems, die Erdanziehungskraft, war genau genommen das hermetische Prinzip der sympathischen Kräfte, die für Newton ein schöpferisches Prinzip, eine Quelle göttlicher Energie im

Universum bedeuteten. Obwohl er diese Vorstellung in Begriffe aus der mechanistischen Philosophie verpackt der Öffentlichkeit darlegte, enthüllen seine unveröffentlichten Schriften sein Bekenntnis zu der Grundlage aller okkulten Systeme: daß Materie von Geist durchdrungen ist und von diesem gelenkt werden kann (ursprüngliche Partizipation)" (Berman 1983 S. 108). Newtons Akzeptanz einer Fernwirkung darf aber nicht falsch verstanden werden. Er hielt eine solche Wirkung ebenfalls für unvorstellbar, sodaß er als Träger einen "electric spirit" für denkbar hielt, Ihn jedoch nicht postulieren wollte. Stephen Brush stellt dazu fest: "But, as Newton himself admitted, this idea of "action at a distance" across empty space is really unbelievable. Newton speculated about an ether or spirit that might propagate gravitational force through space from one body to another. But he was never satisfied that he had established a valid scientific explanation for the cause of gravity, and it was in this connection that he made his famous statement, hypotheses non fingo" (Brush 1969, S. 4). Folgen wir Stephen Toulmins Darstellung, so hatte Newtons Aether dieselbe Funktion wie das Pneuma der Stoiker: "to carry the forces of cohesion and repulsion by which matter was maintained in ordered systems" (S. 196). Toulmin verweist daher ebenfalls auf ideengeschichtliche Ursprünge, wie sie Berman darstellte, doch umschreibt er sie als einen der zahlreichen historischen Versuche, ein die Welt verbindendes Kontinuum zu postulieren: "If we can speak in any sense of the world being held together, there must be something in our theories which is continuous - pneuma, aether, attractive power, field of force: call it what you will" (S.197). Damit verweist er auf das Wirken einer Uridee oder eines Themas. Die mechanischen Philosphen hatten nun äußert große Schwierigkeiten, dieses Wirken einer anziehenden Kraft hinzunehmen, während Newtons Interesse an Alchemie und Magie, d.h. die alten Vorstellungen von Sympathien und Antipathien, einem Pneuma, den geistigen Hintergrund für sein Kraftkonzept bildete. Ausführlicher siehe hierzu Kapitel 3.3.; außerdem Toulmin, Goodfield 1962.

/10/ In einem Gemälde von William Blake (1757 - 1827) aus dem Jahre 1795 stellt dieser Newton auf dem Meeresgrund von Zeit und Raum sitzend dar. Er zerlegt die Welt mit Hilfe eines Zirkels. Blake will auf die von Newton in den "Principia" demonstrierte einseitige Haltung gegenüber der Natur aufmerksam machen. Der links im Bild dargestellte Polyp symbolisiert die Krebsgeschwulst von Machtpolitik und Staatsreligion. Zu den Aktivitäten seiner Schüler, Newtons alchemistische Tradition zu vertuschen, siehe Berman 1983, S. 108 ff.

/11/ Es scheint, als wenn dies aus Vorsicht geschah, um nicht zu der Zeit als reaktionär verschrien zu werden; denn die Wiederbelebung verborgener Kräfte, okkulter Qualitäten, bedeutete den Rückfall in ein Denken, was mit der neuen experimentellen Philosophie als überwunden gegolten hat. Wie Toulmin ausführt, wußte dies Newton nur zu gut (1962, S. 194), und es erklärt vielleicht, weshalb er selbst nur nebensächlich den Effekt der elektrischen Anziehung erwähnt.

/12/ Francis Hauksbees Versuchsaufbau zum Nachweis, daß geriebener Bernstein im Vakuum Licht erzeugt (1705/06), besteht aus einer kunstvoll gedrechselten Luftpumpe zum Evakuieren des Glasaufsatzes. Der Bernstein ist auf einer Achse drehbar in den Glasaufsatz eingelassen und kann an verschiedenen Materialien gerieben werden.

/13/ So schreibt der Wissenschaftshistoriker Heimann: "The term 'spirit' is ambiguous, but Newton's use of the term has relation to Henry More's use of the term 'spirit'. Accepting a hierachy between material and spiritual entities, More and Cudworth stressed the role of intermediaries in nature; and, though Newton distinguished his own ideas from their use of intermediaries as causative agents, he did not accept a strict dualism between the material and the immaterial. The electric spirit was a substance intermediate between passive matter and the higher spiritual entities. Through Hauksbee's experiments, Newton came to regard this electric spirit as a physical entity, a medium with properties perhaps closer to the material than to the higher immaterial entities" (Heimann 1973, S. 7); Newton 1730.

/14/ Ein Abdruck und eine Interpretation dieses unveröffentlichten Briefes findet sich in Chipman 1954, S. 33 - 40.

/15/ Dufay lehnte sich wahrscheinlich an das Äthermodell des René Descartes an. Siehe dazu Kapitel 3.1.

/16/ Wohlhabendere Forscher wie Dufay verwendeten anstelle der Holundermarkkugeln Goldblättchen. Zur Geschichte der Meßinstrumente siehe u.a. Sydenham 1979.

/17/ Damit lassen sich die Wurzeln unseres Influenzbegriffs bis auf diese Emanationstheorien zurückführen. Auch wenn er in den von mir untersuchten Quellen nicht explizit genannt wird, zeigen jene Beschreibungen eine anschauliche Denkfigur dafür, wie man sich das Einwirken der elektrischen Kraft auf einen zweiten Körper vorzustellen habe.

/18/ Die Idee der zwei Elektrizitätsarten wird in der zweiten Hälfte des 18. Jahrhunderts wieder von Robert Symmer aufgegriffen und als Zwei-Fluida-Theorie veröffentlicht; siehe dazu den Abschnitt über Symmer in Kapitel 3.2.4.

/19/ Zu dieser Interpretation siehe ausführlich Fierz 1951, S. 5 ff.

/20/ Vergleiche hierzu das Kapitel 2.2.2.2. zur Funktion anschaulicher Leitbilder in der Forschung. In welcher Form diese Uridee die Diskussion um die elektrischen Kräfte im 18. Jahrhundert prägt, sei an dieser Stelle durch ein Zitat aus dem Jahre 1763 von William Jones illustriert: "These virtues are of two sorts: ... The names by which they have been distinguished in different ages are -----and ----, love and hatred, sympathy and antipathy; and now they pass current under the fashionable terms of attraction and repulsion" (Jones 1763, S. 6).

/21/ Diese Beschreibung folgt der Interpretation Heilbrons. Vergleiche derselbe 1979, S. 260.

/22/ Damit war zu der Zeit der Äther gemeint. Doch gab es nicht nur mechanische Ätherkonzepte, wie es das Descartsche verkörpert, sondern ebenso dynamische. St. Toulmin verweist darauf, daß Newtons "electric spirit" ein solches Konzept darstellte, er jedoch in der langjährigen Auseinandersetzung mit Leibniz Friedensangebote machte und die Möglichkeit der Korpuskularität dieses Äthers zugestand. Doch weiß man nicht, ob Newton wirklich davon überzeugt gewesen ist. Toulmin, Goodfield, 1962, S. 196 f. Zur weiteren Entwicklung eines dynamistischen Ätherkonzeptes siehe Kapitel 3.3.2.

/23/ Eine ausführliche Darstellung dieser Interpretation der Wolffschen Philosophie findet sich bei Ostertag 1910, S. 5.

/24/ Ausführlich siehe dazu Park 1898, S. 454 ff.

/25/ Den Prototyp einer Elektrisiermaschine bildete bis dahin Hauksbees Gerät zur Lichterzeugung. Eine Abbildung dieser Apparatur findet sich im Anhang dieser Arbeit. Eine ausführliche Darstellung der Entwicklung der Elektrisiermaschinen gibt Hackmann 1978.

/26/ Wissenschaftshistoriker sind sich über den Ursprung dieser Begrifflichkeiten nicht einig. J.L. Heilbron bestätigt die Urheberschaft Boses und bezieht sich dabei auf einen Bericht von Albrecht von Haller: "He reports Bose's division of sparks into the male fire, which is attended with crackling, and has a considerable force, and the female fire, which is a luminous emanation, without violence and percussion" (Heilbron a.a.O., S. 326). Im Original heißt es: "Moreover he distinguished the electrical fire, ranging it under three species, which M. Bose, with more reason, reduced to two, the male fire, which is attended with crackling, and has a considerable force, and the female fire, which is a luminous emanation, without violence and percussion. Mr Hausen assures us, that he has seen the male fire produced from the whole surface of the body of an electrised child when its hair, which happen'd to be very long, emitted only a gentle flame like that described by Vergil on the hair of young Iulus. The male fire is produc'd from all metals, and all electrised animals; the female appears on a globe in turning when the hand approaches it, and in the greatest part of terrestrial bodies" (Haller 1745, S. 195). Hans Schimank weist in einem Aufsatz darauf hin, daß er die Quelle bei Bose nicht finden kann, doch zeigen seine Recherchen, daß diese Begrifflichkeit bis weit in die zweite Hälfte des 18. Jahrhunderts diskutiert wurden. Siehe hierzu auch Kapitel 3.2.4., Lichtenbergs Stellungnahme. Unabhängig von der Urheberschaft bestätigt dieser Tatbestand, daß die Geschlechtermetapher eine einleuchtende Erklärung der Anziehungs- und Abstoßungsphänomene gewesen sein muß. Schimank 1973, S. 242.

/27/ Zur Biograhie Winklers siehe Meusel 1816, S. 157ff; Zedler 1732 - 1754, S. 557 ff.

/28/ Weitere Beschreibungen solch typischer Karrieremuster finden sich in Rudolf Stichweh 1984, S. 320 ff.

/29/ Siehe dazu Knobloch 1982, S. 115 ff.

/30/ Zur Bedeutung des elektrischen Feuers siehe meine Ausführungen zur Analogie von Feuer und Leben in Kapitel 2.2.2., aber auch die ergänzenden Hinweise in Kapitel 3.1.3.1.. In der zeitgenössischen Literatur wurde dieses Experiment in der verschiedensten Weise dargestellt. Siehe z.B. Basedow 1774, Tafel 38, Abb. 2.

/31/ Die im folgenden beschriebenen Elektrisiermaschinen sind im Anhang dieser Arbeit abgebildet.

/32/ Siehe dazu derselbe 1750, S. 16, aber insbesondere auch seine in diesem Kapitel vorgestellte Theorie der Elektrizität.

/33/ Winkler 1750, S. 4. Die in Klammern angegebenen Hinweise E. § 5, sowie E. § 19, 20 verweisen auf Winklers Erstveröffentlichungen dieser Definitionen in Winkler 1744.

/34/ In der Arbeit J. A. Nollets aus dem Jahre 1746 findet sich eine Abbildung der "divergenten Linien" J. H. Winklers. Nollet 1746, Taf. 3, Fig. 11.

/35/ Siehe hierzu die Definition des Begriffs "elektrische Atmosphäre" in Erxleben 1787, S. 479. In dieser Arbeit Kapitel 3.2.3.

/36/ In dem entsprechenden Kapitel überprüft er einzeln, inwieweit die Elektrizität von den vier Elementen verschieden ist. Der lateinische Ausdruck für 5. Element ist "Quinta essentia" und bedeutet so viel wie "das fünfte Seiende". Damit ist neben den Elementen Feuer, Wasser, Luft und Erde der Äther gemeint. Von dem Ausdruck "Quinta essentia" ist auch unser Begriff "Quintessenz" abgeleitet.

/37/ In der Materietheorie des Aristoteles, so wie sie Toulmin und Goodfield dargestellt haben, bedeutet das Pneuma: "However, there must be some material mechanism underlying heredity, and this presumably involves a higher-grade material - the pneuma - to 'carry' the psyche from one generation to the next. This material is closely associated, but not identical, with the natural warmth of all higher animals" (Toulmin, Goodfield 1962, S. 90).

/38/ Die Autoren unterscheiden hier in "cohesive pneuma", "vital pneuma", "rational pneuma", "etheral pneuma". Siehe hierzu Toulmin, Goodfield 1962, S. 96, sowie das Kapitel "The Breath of Life" S. 92 ff.

/39/ Toulmin und Goodfield verweisen darauf, daß schon in der alten Pneuma-Theorie der Stoiker - also in der Zeit ab 300 v. Chr. - dieses Bild des Spannungszustandes gewählt wurde, um das Wirkungsprinzip dieses Konzeptes zu beschreiben. Die lateinische Übersetzung des Wortes "Pneuma" ist "spiritus", daher die synonyme Verwendung von Pneumavorstellung und Lebensgeist. In der Elektrizitätsforschung des 18. Jahrhunderts wird dann von "electric spirit" (Newton), "spiritus animalis" (Hausen siehe beide u.a. Kapitel 3.3.2.) gesprochen.

/40/ Daß Anschaulichkeit in Deutschland zu der Zeit durch mechanische Modelle erreicht wurde, darauf verweist Miller 1987, S. 127.

/41/ Siehe dazu Kapitel 3.3.1.

/42/ In diesem Punkt sind sich die Historiker uneinig: Heilbron spricht von der Neutralität der Elektrizitätsforschung bezüglich theologischer und kosmologischer Fragen, doch weist Simon Schaffer das Gegenteil nach, und auch die Arbeit von Ernst Benz zur Theologie der Elektrizität steht einer solchen Annahme entgegen. Meine Untersuchungen bestätigen ebenfalls die starke Abhängigkeit der Forschung von theologischen und kosmologischen Vorstellungen der Zeit. Heilbron 1979; Schaffer 1983; Benz 1971.

/43/ "Natural Philosophy, developed in public lectures and experiments by Hales, Whiston, Gray, Desaguliers, Hauksbee and others, extended itself through a whole cosmos of active powers in which the role of the natural philosopher was central: the task to exploit control over these powers to draw out and make manifest the theological and moral implications to the audience" (Schaffer 1983, S. 5).

/44/ "Finally, the modell of 'authority' which Newton developed was perfectly suited to affirm this practice of rational experience of active powers in a public place. This model, the 'devine sensorium', spoke of God's rule as equivalent to mental control over the body. ... Desagulier, the leading public lecturer and demonstrator at the Royal Society in the 1720s and 1730s, wrote of the Newtonian system of the world as 'the Best Model of Government' (1728), arguing that the restrained liberty and the rule through intellectual control ought to be the basis of authorithy. In the same year, Voltaire altered the text of his epic Henriade to make this point by connecting wise administration with 'the Aetheral Orbs' and 'the wond'ring Universe'. The emergent system of social control which persistently infested the crisis of eighteenth century society was based on these claims" (Schaffer 1983, S. 5); siehe auch Shapin 1980, S. 96 ff.

/45/ siehe Kapitel 3.3.2.

/46/ Schaffer 1983, S. 5. Steven Shapin führt aus, daß Robert Boyle's und Newtons Kosmologie auf der Ansicht aufbauten, die Materie (matter) sei von dem Geist (spirit) zu trennen, und der "spirit" verkörpere das göttliche Wirken in der Natur. Shapin 1980, S. 134 ff. Siehe hierzu auch Kapitel 3.3.2.

/47/ In England wurde metaphorisch die Berührung von Mann und Frau als "electric touch" bezeichnet. Ebenso wurde Michelangelo's Erschaffung des Adam mit dem Funkenziehen in Verbindung gebracht. Siehe dazu auch "Vitality - Social and Scientific Origins of an Idea", in: Sibum 1989.

/48/ "In diesem Zusammenhang liefert die Wissenschaft von der Elektrizität des 18. Jahrhundert eine unerschöpfliche Quelle psychologischer Beobachtungen. Vielleicht mehr noch als das gewöhnliche, in die Reihe der Alltagsphänomene abgesunkene und psychoanalytisch überstrapazierte Feuer ist das elektrische Feuer ein sexualisiertes Feuer" (Bachelard 1985, S. 36); siehe auch Bachelard 1984.

/49/ Diesen mit dem Begriff Elektrizität vebundenen sexuellen Konnotationen gehe ich in dieser Arbeit nicht weiter nach. Dies bedürfte einer eigenen Studie. Doch werde ich zeigen, wie mit der Herausbildung der physikalischen Fachsprache in der Elektrizitätsforschung die Analogie zwischen Elektrizität und Lebendigkeit und damit auch die erwähnten sexuellen Bedeutungsgehalte ausgegrenzt wurden. Einige nützliche kulturgeschichtliche Arbeiten sind Böhme, Böhme 1985, Theweleit 1980.

/50/ So berichtet Bohnenberger, daß in der zweiten Hälfte des 18. Jahrhunderts in jeder Dorfschänke ein Elektrisierer die medizinische Versorgung jener Menschen betrieb, die sich keine ärztliche Betreuung leisten konnten. Bohnenberger, 1793-95.

/51/ Für Serge Moscovici gilt Joseph Priestley als ein Musterbeispiel für diese neue Bewegung. Moscovici 1982, S. 360 ff. Siehe in diesem Kapitel 3.1.3.3.

/52/ Ausführlich dazu Feldhaus 1903, S.12 ff.

/53/ Eine ausführliche Darstellung zur Bedeutung der Arbeiten Boses zur Entwicklung des Verstärkungsprinzips siehe Heilbron 1966, S. 264 ff.

/54/ Auf die noch weiterzuverfolgende Idee eines ideengeschichtlichen Zusammenhangs dieser Versuche und der sich entwickelnden Form der gesellschaftlichen Arbeitsteilung verwies mich Rudolf zur Lippe, der in seiner Arbeit zur "Geometrisierung des Menschen" den kulturgeschichtlichen Prozeß der Naturbeherrschung ausführlich dokumentiert hat. In seiner Ausstellung zeigt er unter anderem am Beispiel der Nadelproduktion, des Exerzierens und der Naturgestaltung, wie die Idee der Zerlegung von Abläufen in der Produktion, im Naturgeschehen und ihre Zusammensetzung auf übergeordneter Ebene zum Herrschaftsinstrument wird. Dieses elektrische Experiment könnte somit den Höhepunkt der Geometrisierung des Menschen bedeutet haben. Der Nachweis kann in dieser Arbeit jedoch nicht erbracht werden. Zur weiteren Information über sein Konzept der Geometrisierung des Menschen siehe Lippe 1982.

5.3.2. Die quantitativ-technische Beherrschung der Natur - der Weg zur Elektrostatik

/1/ Zu Franklins Lebensgeschichte siehe Doren 1938; Lopez 1975.

/2/ Ich möchte an dieser Stelle auf einige Sekundärliteratur zu diesem Thema hinweisen: Kubo 1957, S. 1-12, Weber 1984. Beide Autoren kommen zu dem Schluß, daß Franklins Denkstil vom Geist des Kapitalismus getragen ist. Als aufschlußreiche Originalliteratur gilt Franklin 1970.

/3/ Welche zentrale Bedeutung er der Ökonomie beimißt, dazu siehe Franklin an Dupont de Nemours, 27. Juli 1768, in Bigelow 1887, Band 4.

/4/ Ausführlich dazu siehe Clark 1983, S. 138.

/5/ Franklin, in: Bigelow 1887 , Band 1, S. 359-383. Eine Interpretation der Bedeutung dieser Arbeit in seiner Zeit und ihr Stellenwert in der historischen Entwicklung geben Mott, Jorgenson 1936. Sie verweisen darauf, daß es in Amerika zu der Zeit keine einzigartige Leistung Franklins war, die Papiergeldzirkulation vorzuschlagen, sondern in der Zeit von 1714-1721 sollen ungefähr 30 solcher Veröffentlichungen geschrieben worden sein. Dennoch zeigt die anonyme Veröffentlichung, daß es zumindest ein gewagtes und ungewöhnliches Unternehmen gewesen sein muß, solche Thesen zu vertreten, was auch die Untersuchungen R.W. Clarks bestätigen; siehe dazu auch Anmerkung /6/.

/6/ Diese Interpretation geht auf den französischen Historiker Fernand Braudel zurück. Seine diesbezügliche Darstellung bezieht sich auf England und Frankreich. Braudel 1985, S. 514. Das amerikanische Verhalten beschreibt Clark 1983, S. 36.

/7/ Siehe dazu ausführlich Klemm 1983, S. 132 ff; Doren 1938, S. 263.

/8/ Die erste, auf dem Kontinent bekannte Veröffentlichung wurde von Collinson in London 1751 herausgegeben: Franklin 1751. Siehe dazu auch ausführlich Heilbron 1979, S. 324 ff.

/9/ Siehe dazu auch Heilbron, in: Weart, Phillips 1985, S. 12 -17; ebenso Sibum 1988, S. 85 - 102.

/10/ Im Original siehe Franklin an Collinson, 1747, in: Bigelow 1887, Band 2, S. 70.

/11/ Wie ich noch an der Erklärung der Verstärkungsflasche zeigen werde, bildet dieses buchhalterische Denkmuster einen Grundpfeiler seiner Naturbetrachtungen. Ebenso spricht er über das Element Feuer "Thus, if fire be an original element, or kind of matter, its quantity is fixed and permanent in the world. We cannot destroy any part of it, or make addition to it." Franklin an David Rittenhouse, in: Bigelow 1887, Bd. 8, S. 506.

/12/ Untersuchungen des Historikers Heilbron zu folge ist es berechtigt anzunehmen, "daß die Philadelphier bald dem Hinweis Hallers von dem weiblichen und dem männlichen Feuer gefolgt sind" (Heilbron 1979, S. 328). In gewisser Weise schlugen sie sich auch in ihren begrifflichen Umschreibungen elektrischer Phänomene wie "throwing off" (männliches Feuer), "drawing off" (weibliches Feuer) nieder, doch - so vermute ich - ließ es Franklins presbyterianische Erziehung nicht zu, solche Formulierungen in die wissenschaftliche Sprache aufzunehmen. Da erschienen die Bezeichnungen von "plus" und "minus" doch unverfänglicher. Diese Interpretation bedarf jedoch weiterer Überprüfung am historischen Material.

/13/ Im Original siehe dazu Franklin an Colden, 23. April 1752, gelesen in der Royal Society 11. November 1756, in: Bigelow 1887, Band 2, S. 251 ff.

/14/ Diese Hypothese ist bislang nur durch indirekte Schlüsse von mir nachgewiesen worden. Doch habe ich bei meinen weiteren Recherchen sowohl über Sekundärliteratur als auch über Quellen Indizien gefunden, die meine Aussage erhärten: Aus Analysen des Franklinschen Vokabulars weiß man, daß sein Umgang mit der Sprache durch eine auffällig konsequente Anwendung einmal zu eigen gemachter Bedeutungsgehalte geprägt ist. Lois Margaret MacLaurin schreibt deshalb: "A collection of words used by him in his writings between 1722 and 1751, including the Electrical Experiments of 1753, shows how astonishingly seldom he departed from the standard he had set himself" (MacLaurin 1928, S. 38). Seine gebräuchliche Verwendung der Begriffe "charge" und "discharge" verweisen in seinen Schriften auf die ökonomischen Bedeutungen von "anrechnen" und "entlasten". Ihre Anwendung auf dem Gebiet der Elektrizität entschuldigt er damit, daß ihm nichts besseres eingefallen sei und daher die ihm geläufige Bedeutung sinnstiftend ist. Für die damaligen Leser - und das wußte Franklin ebenfalls sehr genau - bedeutet "to charge" und "to discharge" jedoch "beladen" und "entladen", denn die abstrakte monetäre Bedeutung konnte zu der Zeit sowohl in Europa als auch in Amerika nur von wenigen gedacht werden, was die Diskussion um die Papiergeldzirkulation gezeigt hat.

/15/ Eine historische Quelle, in der diese Theorie des Gewitters sowie des Blitzes und Donners nachzulesen ist: Supprian 1746, insbesondere S. 47 ff.

/16/ Eine detailierte Darstellung findet sich bei Priestley 1772, S. 206 ff.

/17/ Siehe hierzu Hujer 1952, S. 352; Franklin 1758, S. 89.

/18/ Dieses Verhalten mag heute unverständlich erscheinen, doch spiegelt es jene Bewunderung der Elektrizität als die Lebenskraft wieder. Durch das göttliche Feuer den Tod erlitten zu haben, hielt G.M. Bose für die größte Ehre eines Elektrizitätsforschers. Siehe dazu ausführlich Bachelard 1985, sowie Schaffer 1983, S.9

/19/ Eine Abbildung dieser Einrichtung findet sich in Meya, Sibum 1987, S. 87.

/20/ Welchen Verfolgungen Divisch ausgesetzt war, ist nachzulesen bei Pelzel 1777, S. 181; Fries 1884, S. 15 ff.

/21/ Die entsprechenden Originalarbeiten Franklin's finden sich in Bigelow 1887, Band 4., S. 485 ff.

/22/ Im Jahre 1777 wurde in London von B. Wilson zur Klärung eines wissenschaftlichen und politischen Streites - ob die Blitzableiter mit Kugelenden sicherer seien als die mit Spitzen - ein Großexperiment durchgeführt. Mit einer Länge von 47 m und 40,6 cm Durchmesser waren diese Konduktoren die größten ihrer Zeit. Auf einer Schiebevorrichtung, quer zu den Konduktoren, stand das Modell eines Pulvermagazins, dessen mögliche Bewegungen das Vorbeiziehen der Wolken simulierten.

/23/ Anschauliche Darstellungen finden sich in Rieth 1953, S. 43; Effenberger 1914, S. 657.

/24/ In dem bereits angesprochenen Roman von La Follie ist auf dem Titelblatt eine Maschine dargestellt, bei der durch Betätigung eines Handrades - ähnlich einer Elektrisiermaschine - zwei große Glaskugeln am oberen Ende der Maschine in Bewegung gesetzt werden. Das durch Reibung austretende elektrische Fluidum sollte die Luft oberhalb des Gerätes verdünnen, so daß die Maschine durch den Auftrieb aufwärts steigen konnte. Diese Utopie eines elektrischen Fluggerätes ist ein weiteres Beispiel für die mit der Elektrizität verbundenen Hoffnungen.

/25/ Ausführliche Darstellungen zu der anfänglichen Zurückhaltung bei der Adaption der Franklinschen Theorie siehe Finn 1969, S. 362 ff; Hackmann 1978, S. 176; Heilbron 1977.

/26/ Daß die Entwicklung der Elektrizitätsforschung sich zwischen Triumph und Bedrohung bewegte, darauf habe ich in Kapitel 3.1.3. hingewiesen. Über den Aspekt der Folgen der engen Verzahnung dieser Forschung mit der Öffentlichkeit siehe Schaffer 1983.

/27/ Ein Beispiel für schwer zu reproduzierende medizinische Experimente, wie das durch "Electrisation" beabsichtigte Übertragen von Arzneiflüssigkeiten in den menschlichen Körper, findet sich in Winkler 1748, S. 262; zur Diskussion zu dem Vorschlag und der Schwierigkeit der Reproduktion siehe Watson 1751, S. 231 ff. Ebenfalls gab es häufige Diskussionen um die klimatischen Bedingungen, welche offensichtlich im feuchten England Experimente vereitelten, die auf dem Festland möglich waren. Daß die Reproduktion der Phänomene in der Tat das größte Problem darstellte, zeigt auch das Kapitel 3.3.1.

/28/ Siehe dazu ausführlich Heilbron 1977, S. 545; Cohen 1955, S. 268 ff.

/29/ Reaumur, Marat nach Bachelard 1978, S. 127 ff.

/30/ Siehe zu Quesnay z.B: Scherf 1983, Band III, S. 55-100; siehe ebenfalls Turgot 1766, S. 575; zum Verhältnis Franklins zu den Physiokraten und ihren Ideen siehe Mott, Jorgenson 1936, Einleitung.

/31/ Ausführliche Informationen zur Bedeutung von "minus" bzw. dem Symbol (-) siehe zur Geschichte der negativen Zahlen: Malle, in: Steiner/Winter 1985.

/32/ Siehe ausführlich dazu Heilbron 1983, S. XXXIV.

/33/ "III. Bodies electrified negatively, or deprived of their natural quantity of electricity, repel each other (or at least appear to do so by mutual receding), as well as those electrified positively, or which have electrical atmospheres" (Franklin, 1755, in: Bigelow, Bd. 2, S. 390).

/34/ Der wohl entschiedenste Verfechter eines mathematischen Konzeptes, in dem der Kraftbegriff die zentrale Stellung inne hat, war zu der Zeit Roger Boscovich. Er hatte Kontakte zu Priestley u.a. und gilt heute als Vorreiter einer "dynamistischen" Theorie. Sein Beitrag zur Theorieentwicklung der Elektrizität ist hier nicht mehr berücksichtigt worden. Boscovich 1763.

/35/ Heilbron sieht letzteres darin begründet, daß die Unterzeichner der Mitgliedsurkunde, Abraham de Moivre, George Louis Scott und John Gray, entschiedenene Anhänger Newtons waren. Siehe dazu Heilbron 1976, S. 8 ff, insbesondere S. 12.

/36/ Symmer berichtet, daß Franklin ihm seine Unterstützung in der Klärung dieser Frage zugesagt hat, doch blieben sie in diesem Punkt Kontrahenten. Symmer 1759, S. 374 f.

/37/ Der Franklinist Martinus van Marum ermöglichte 1785 mit der Teylerschen Elektrisiermaschine derartige Funkenentladungen, die die Gestalt eines stark verästelten Zweiges aufwiesen. Die sich in eine Richtung ausbreitende Verästelung deutete er als Entladung eines Fluidums.

/38/ Selbst im 19. Jahrhundert finden sich weitere Diskussionen um die Anzahl der Fluida. Siehe hierzu z.B. Marum 1820.

/39/ Eine Abbildung mit Erklärung findet sich im Anhang.

/40/ Lichtenberg nach Schimank 1973, Anmerkung 25, S. 242. Die Assoziation mit "cochlea mas" (dtsch. Schraube) und "cochlea femina" (dtsch. Mutter) entspricht zunächst einer mechanischen Analogie, mit deren Hilfe die Unterscheidung der zwei Elektrizitätsarten veranschaulicht werden sollte. Doch stehen Schrauben und Mutter heute metaphorisch für männlich und weiblich. Aus dieser Perspektive verwundert es nicht, daß im amerikanischen Sprachgebrauch Stecker und Buchse kurz "male" und "female" genannt werden.

/41/ "Aus mechanischen Analogien wird auch der Kapazitätsbegriff geboren. Beccaria verwendet den Begriff 'Zisternen' (serbatio) für die Elektrizität und spricht von ihrem 'Fassungsvermögen' (capacita). Auch in späteren Arbeiten bleibt er bei dieser Benennung" (Teichmann 1974, S. 21).

/42/ Die von Volta verwendete Begrifflichkeit "tensione di ellectricità" bezeichnet wie bei Beccaria die mechanische Wirkung der "drückenden Elektrizität", die sich im Elektrometerausschlag zeigen. Wie Teichmann ausführt, stehen im Gegensatz dazu die Wirkungen der 'lebendigen Elektrizität' (elletricità viva) wie der elektrische Funke. Siehe hierzu ebenso Teichmann 1974, S. 40 f; Heilbron 1979, S. 455; Volta 1918, Band 3, S. 212 ff.

/43/ Eine Abbildung mit Erläuterungen findet sich im Anhang.

/44/ Siehe ausführlich dazu Gillmor 1971, S. 175 ff.

/45/ Erste Versuche der Bestimmung eines Abstandsgesetzes finden sich in Kratzensteins "Theoria electricitatis more geometrico explicata". 1746 hatte er versucht, ein 1/r-Gesetz experimentell nachzuweisen. Auf ihn geht auch die Überschrift dieses Kapitels zurück, welche den von ihm angestrebten und von Coulomb eingeleiteten Höhepunkt der Geometrisierung der Elektrizität im 18. Jahrhundert umschreiben soll. Siehe außerdem Cavendish (1771) zu seinen Bestimmungsversuchen eines Abstandsgesetzes. Eine wissenschaftstheoretische Diskussion zur Funktion des Messens in der Physik am Beispiel der Coulombschen Experimente siehe Kuhn 1977, S. 198 ff.

/46/ Ausführlich zu diesem Kongreß Crosland 1969, S. 226 ff.

/47/ Siehe Abbildung im Anhang; Coulomb 1785.

/48/ Siehe Abbildung im Anhang.

/49/ So schreibt Heilbron: "The cosmopolitan Deluc, who, from his room in Windsor, issued bulletins on all aspects of metereology and electricity, rejected the law of squares as an artifact of the torsion balance" (Heilbron 1979, S. 475).

/50 Siehe hierzu die Einwände gegen Coulombs experimentelles Vorgehen in Kapitel 1.2.3. und 2.2.2.1.

/51/ Die Folgen dieser Ausgrenzung dynamischer Phänomene werden im Kapitel 3.3. dargestellt.

/52/ So schreibt Heilbron: "Outside France applause came slower. Neither Cavallo, in the fourth edition of his text (1795), nor the Encyclopedia Britannica, in the lengthy article on electricity in its third edition (1797), mentions Coulomb's work. Similar silence reigned in Germany" (Heilbron 1979, S. 475).

/53/ Eine ausführliche Kritik an dieser Form der Naturbeherrschung übten u.a. die Romantiker. Welchen Einfluß diese auf die Erforschung der Elektrizität hatten, dazu siehe Meya, Sibum a.a.O., S. 142-189. Das Kapitel 3.3. in dieser Arbeit stellt Vertreter solcher qualitativer Naturbetrachtungen zur Zeit des 18. Jahrhunderts dar. Sie bilden gewissermaßen das gedankliche Verbindungsglied zwischen alchemistischer und romantischer Naturauffassung.

5.3.3. Die Beherrschung der eigenen Natur des Menschen -der Weg zum elektrischen Strom

/1/ Der Ausdruck 'eigene Natur des Menschen' bedeutet, daß der Mensch selber Natur ist. Und diese Natur ist "der Gegenstand aller unserer leiblich-sinnlich sich realisierenden Bedürfnisse und Vermögen" (Lippe 1974, S. 23). Diese vielfach auch als 'innere Natur' (im dialektischen Bezug zur 'äußeren Natur') bezeichnete menschliche Verfaßtheit des erkennenden Subjekts - das leibliche Apriori - findet weder in den Naturwissenschaften, noch in der Wissenschaftstheorie entsprechende Berücksichtigung. W. Kutschmann hat daher mit seiner Dissertation diese "verschwiegene Dialektik von innerer und äußerer Natur, von wissenschaftskonstitutiver menschlicher Natur und wissenschaftskonstituierter Objekt-Natur zum Thema einer Reflexion der Wissenschaft auf sich selbst" gemacht (Kutschmann 1985, S. 96). Seine historische Rekonstruktion der frühneuzeitlichen Naturwissenschaft aus der Perspektive des Körpers führte ihn zu der Behauptung, daß die moderne Naturwissenschaft nicht möglich gewesen wäre "ohne diese Prämisse der Verleugnung der inneren Natur" (Kutschmann 1986, S. 385).

/2/ Diese Charakterisierung der Unterordnung der Elektrizität unter die Mechanik geht auf John L. Heilbron zurück. Derselbe 1979, S. 477 ff.

/3/ Die ursprüngliche Fassung dieses Kapitels habe ich damals "Die Mechanisierung der Lebensvorgänge" genannt; Meya, Sibum 1987, S. 117-141. Die weiteren Studien zum historischen Naturwissen über Elektrizität haben mich dazu veranlaßt, von der "Beherrschung der eigenen Natur" des Menschen zu sprechen. Der hier rekonstruierte Entwicklungsgang belegt, daß die Herausbildung der physikalischen Disziplin gleichzeitig die Abkehr von dieser dem Menschen unmittelbaren eigenen Natur oder auch inneren Natur (siehe Anm. 1) zur Voraussetzung hatte. Damit verweist diese Arbeit auf den Tatbestand, daß zwischen der aktuellen Problematik in den Naturwissenschaften, die W. Kutschmann als "die Verleugnung der inneren Natur" beschrieben hat, ein systematischer Beziehungszusammenhang besteht. Die Herausbildung der physikalischen Disziplin Elektrizitätslehre gelang nur, indem sich der Mensch diese Kraft vom Leibe hielt.

/4/ Ernst Benz schreibt über diesen Theologen: "In der Wissenschaftsgeschichte und Theologiegeschichte des 18. Jahrhunderts nimmt er eine bedeutsame Stellung ein, da er in einer für seine Zeit völlig einzigartigen Weise eine universale theologische Bildung mit einer erstaunlich vielseitigen Kenntnis der wichtigsten Gebiete der naturwissenschaftlichen Forschung seiner Zeit verband" (Benz 1971, S. 711). Friedrich Christoph Oetinger wurde 1702 geboren und starb 1782.

/5/ Divisch, Prokop: 1768; J. Fries gibt in seinem Aufsatz "Prokop Divisch, ein Beitrag zur Geschichte der Physik" folgenden Hinweis: "Aber seine Experimente, seine Maschine, seine Theorie über die Elektrizität sind so gut wie verschollen". Wie er dort ausführt, befinden sich in der Studienbibliothek zu Olmütz unter der Signatur Ms. II. I. 5 zwölf nachgelassene Schriften unterschiedlichen Umfanges. Fries 1884, S. 326. Eine weitere sehr ausführliche bibliographische Zusammenstellung der Arbeiten über und von Divisch gibt Haubelt 1982.

/6/ Johann Ludwig Fricker wurde 1729 als Sohn eines Wundarztes aus Stuttgart geboren und studierte in Tübingen Naturwissenschaften und Theologie. Er nahm Unterricht bei Oetinger. Weitere Informationen siehe Benz 1971, S. 712 ff.

/7/ Theophil Friedrich Rösler (auch Roesler) wurde 1740 in Stuttgart als Sohn eines Gymnasialprofessors und späteren Konsistorialrates und Abtes von Alpirsbach geboren. Er studierte Theologie, wurde jedoch 1769 wegen seiner wissenschaftlichen Verdienste Professor der Mathematik und Physik am Obergymnasium in Stuttgart. Rösler arbeitete an der deutschen Übersetzung der Arbeit von Divisch mit. Er starb 1790. Weitere Informationen siehe ebenfalls Benz 1971, S. 725 ff.

/8/ Divisch möchte dieses "electrische Feuer" auch nicht mit dem "Aether" verwechselt wissen, wie ihn derzeit z.B. Euler als Träger des Lichts verstand. Er hielt es für noch subtiler.

/9/ Zu dem hier gemeinten Verständnis von Symbol bzw. Symbolbildung siehe Minssen 1983; derselbe 1986, S. 112 - 152.

/10/ Böhme; Böhme 1985, S. 54 ff.

/11/ Mit Elektrodynamik ist hier nicht die heutige physikalische Bedeutung gemeint, sondern eine qualitativ-dynamische Naturphilosophie der Elektrizität. Andererseits soll es wegen der Divischschen Gleichsetzung von psychisch und elektrisch an Psychodynamik erinnern und damit auf den -der Physik unbekannten - Ursprung ihrer Disziplin Elektrodynamik hinweisen.

/12/ Vergleiche Coulomb in Kapitel 3.2.5.

/13/ Eine ausführliche Studie dazu siehe Heimann 1973, S. 2.

/14/ Divischs beständiger Umlaufstrom, die Selbstbewegung in der Natur, und Newtons beständiger Kreislauf des "aetheral spirit" haben offensichtlich den gleichen ideengeschichtlichen Ursprung, nämlich Jacob Böhme: Oetinger verweist auf die Anlehnung Divischs an das "Rad der Natur" bei Böhme, und Newton hat über Henry More die Böhmeschen Ideen vermittelt bekommen. Siehe zum "aetheral spirit" bei Newton auch Heimann 1973, S. 8 f.

/15/ Die englische Übersetzung des Originalmanuskript eines Schülers von Mesmer, Nicolas Bergasse, zur Theorie des Magnetismus findet sich in: Bergasse 1784. Zur historischen Bedeutung siehe Darnton 1983; Starobinski 1973, insbesondere "Über die Geschichte der imaginären Ströme (Von den Lebensgeistern zur Libido)" S. 24-42.

/16/ Shapin 1980, S. 122 f; siehe dazu auch Robert Darntons Kapitel "Der Mesmerismus als radikale politische Theorie", in: Darnton 1973, S. 95 -110.

/17/ Daß der Mensch eine komplizierte Maschine sei, diese Auffassung sollte zu der Zeit unter anderem mit den zahlreichen mechanischen Puppen bewiesen werden. Daß dies auch zu der Zeit nicht einhellige Meinung war, dafür können viele Zeitzeugen genannt werden. Siehe z.B. J.G. Sulzers "Vergleichung der Natur und Kunst", in der er sich von der Vaucansonschen mechanischen Ente distanziert. Sulzer 1774, S. 39 - 41; siehe ebenso Cohen 1967.

/18/ So schreibt Simon Schaffer: "The problem in theoretical accounts was clear: natural philosophy depended for its appeal on the direct experience of active powers, and this was not available in the general experience of the living world. Those cases when it was available - most obviousley electric eels, torpedo fish, or indeed Trembley's polyp -were seized upon. The monsters of classical natural history played part of the active powers in 'mechanics and chemistry' " (Schaffer 1983, S. 22; Kipnis 1987, S. 107 -142).

/19/ Hier sind nun elektrodynamische Kentnisse im heute üblichen, physikalischen Sinn gemeint.

/20/ Eine Abbildung und die Erläuterung zu diesem Modell finden sich im Anhang. Originalquellen zur elektrischen Untersuchung am Torpedofisch siehe: Cavendish 1776, S. 196 -225; Hunter 1773, S. 481 - 487; Walsh 1773, S. 461 - 477.

/21/ Diese Ergebnisse sind im wesentlichen entnommen aus Walker 1937, S. 90 ff.

/22/ Eine ausführliche Studie zu Galvani siehe z.B. Cohen 1954, zu seinen Schriften siehe Fulton, Cushing 1936, S. 239 -268.

/23/ Siehe dazu ausführlich Cohen, in: Galvani 1954, S. 25; Fulton, Cushing a.a.O., S. 241; Brown 1972, S. 267 ff

/24/ Dazu ausführlich Rothschuh 1960, S. 34.

/25/ Eine Überprüfung der Voltaschen Experimente, sowie die Beschreibung eines Nachbaus des Meßgerätes: Devons 1976.

/26/ Wie Jürgen Teichmann ausführt, übersetzte Ostwald die Ausdrücke "vertu", "force", "puissance" alle mit dem Begriff "Kraft", und sie werden auch nicht von "pouvoir" und "Strom" unterschieden. Teichmann 1974, S. 75.

/27/ Eine Abbildung mit Erklärung befindet sich im Anhang.

/28/ Inwieweit Volta nun von der Vorstellung eines "Perpetuum Mobile" geleitete war, darüber sind sich die Wissenschaftshistoriker nicht einig. Teichmann dazu: "Das ständige, unaufhörliche Strömen im Leiterkreis, wie es Volta häufig betont, ist deshalb im Gegensatz zu der kurzen Kondensatorentladung zu verstehen und weniger als Vorstellung eines Perpetuum Mobile. Die Frage, welche Art Kräfte es gibt, ist nur für die Mechanik geklärt. Natürlich liegen auch der Zeit energetische Überlegungen fern" (Teichmann 1974, S. 64 f): Dagegen wäre der amerikanische Physikhistoriker Samuel Devons zu nennen. Er schreibt: "His old dream - the 'perpetuum mobile' of electricity is realized. What does it matter if he cannot explain *how* his new electricity works, the pile speaks for itself - it works" (Devons 1976, S. 33). Es wäre zukünftig sicherlich sinnvoll nachzuprüfen, inwieweit die beschriebene magische Faszination der Elektrizität als Urkraft, als Lebensprinzip, trotz Ablehnung - gewissermaßen als Wunschtraum eines perpetuum mobile - bei Volta und anderen gewirkt hat.

/29/ Siehe zum Verhalten der Kommission ausführlich Sutton 1981, S. 355. Der Bericht der mathematisch-naturwissenschaftlichen Klasse des "L'Institut National" über die angestellten Versuche ist als deutsche Übersetzung erschienen in: Volta 1803.

6. Literaturverzeichnis

6.1. Quellen

Aepinus, Franz Ulrich Theodor: Tentamen the+riae electricitatis et magnetismi. St. Petersburg 1759

Anonym: Dell' uso e dell' attività dell' arco conduttore nelle contrazioni dei muscoli. Bologna 1794

Anonym: Schreiben an die königliche Akademie der Wissenschaften zu Berlin, Die Untersuchung von der Electricität und den von ihr bestimmten Preis betreffend. In: Waitz, J.S. et. al., Abhandlungen von der Electricität und deren Ursachen. Berlin 1745

Bacon, Francis: Novum Organum. London 1520. Deutsche Übersetzung von J.H.V. Kirchmann. Berlin 1870

Basedow, J.B.: Elementarwerk. Dessau, Leipzig 1774

Beckmann, Johann: Beyträge zur Geschichte der Erfindungen. Leipzig 1795

Bergasse, Nicolas: Theory of the World and of Organised Beings according to the principles of Mesmer. Handschriftliches Manuskript (98 Seiten), Paris 1784: Manuskript Sammlung der Bakken Library of Electricity in Life, Minneapolis U.S.A., Minnesota

Bigelow, John (Hrsg.): The Complete Works of Benjamin Franklin. 10 Bände, New York / London 1887 - 1889

Bohnenberger, Gottlob Chr,: Beyträge zur theoretischen und praktischen Elektrizitätslehre. 5 Teile, Stuttgart 1793-95

Boscovich, Roger J.: A Theory of Natural Philosophy (1763). Übersetzung J. M. Child, Cambridge (Mass.) 1961

Bose, Georg M.: Die Elektricität nach ihrer Entdeckung und Fortgang mit poetischer Feder entworfen. Wittenberg 1744

Cabeo, Nicolo: Philosophia magnetica. Köln 1629

Cardano, Girolamo: De Subtilitate. Nürnberg 1550

Cavendish, Henry: An Account of Some Attempts to Imitate the Effects of the Torpedo by Electricity. In: Philosophical Transactions, Band 66 (1776), S. 196 - 225

Cavendish, Henry: An Attempt to Explain Some of the Principial Phaenomena of Electricity, by Means of an Elastic Fluid. Philosophical Transactions, Band 61 (1771) S. 584 - 677

Chipman, R.A.: An Unpublished Letter of Stephen Gray on Electrical Experiments, 1707-1708. In: ISIS, Band 45 (1954) S. 33 - 40

Coulomb, Charles-Augustin de: Vier Abhandlungen über die Elektricität und den Magnetismus 1785 - 1786. Ostwald's Klassiker der exakten Wissenschaften, Nr. 13, Leipzig 1921

Descartes, René: Principia Philosophiae. Amsterdam 1644, frz. 1647. Deutsche Übersetzung von A. Buchenau: Die Prinzipien der Philosophie. Hamburg 1955

Divisch, Prokop: Scritum contra Petropolitanum. Electricum de Theoria perperam adplicata. unveröffentlichtes Manuskript nach F.M. Pelzel. Prag 1777

Divisch, Prokop: Längst verlangte Theorie von der meteorologischen Electricite, welche er selbst Magiam naturalem benahmet. Samt einem Anhang zum Gebrauch der elctrischen Gründe zur Chemie. Heraugegeben von F.C. Oetinger. Frankfurt 1768

Doppelmayr, Johann Gabriel: Neu-entdeckte Phenomena von Bewundernswürdigen Würckungen der Natur. Nuremburg 1774

Dufay, Charles Francois: A Letter from Mons. Dufay... concerning Electricity. In: Philosophical Transactions, Band 38, London 1733/34

Dufay, Charles Francois: Versuche und Abhandlungen von der Electricität. Übersetzung aus dem Französischen mit Kommentierung durch J.F. Webern. Erfurt 1745

Encyclopédie ou Dictionnaire Raisonné des Sciences, des Arts et des Métiers. Herausgegeben von Denis Diderot und Jean le Rond d'Alembert. Paris ab 1751

Erxleben, Johann Christian Polykarp: Anfangsgründe der Naturlehre. Göttingen 1787

Franklin, Benjamin: A Dissertation on Liberty and Necessity, Pleasure and Pain. London 1725. Abgedruckt in Labaree 1959, S. 55 ff (siehe unter Labaree)

Franklin, Benjamin: A Modest Inquiry into the Nature and Necessity of a Paper Currency. Abgedruckt in Bigelow 1887, S. 359 - 383

Franklin, Benjamin: Experiments and Observations on Electricity, Made at Philadelphia in America. London: Cave 1751

Franklin, Benjamin: Briefe von der Elektricität aus dem Engländischen übersetzt, nebst Anmerkungen von J. C. Wilcke Leipzig 1758; Reprint Braunschweig 1983

Franklin, Benjamin: Experiments and Observations on Electricity Made at Philadelphia in America, to which are added letters and papers on philosophical subjects. The whole corrected. London: Newbery 1774

Franklin, Benjamin: Sein Leben von ihm selbst erzählt. Berlin 1946

Franklin, Benjamin: The Complete Poor Richard Almanacks. Facsimile Druck mit einer Einleitung von Whitfield J. Bell, Jun., 2 Bde, Barre (Mass.) 1970

Galvani, Luigi: De viribus electricitatis in motu musculari commentarius. Pars prima. In: De Bononiensi Scientarum et Artium Instituto atque Academia, Bologna 1791, Band 7, S. 363 - 418

Galvani, Luigi: Abhandlungen über die Kräfte der Electricität bei der Muskelbewegung. Ostwald's Klassiker der exakten Wissenschaften Nr. 52. Herausgegeben von A.J. von Oettingen, Leipzig 1894. Erste deutsche Übersetzung herausgegeben von D. Johann Mayer: Aloysi Galvani, Abhandlung über die Kräfte der thierischen Electricität auf die Bewegung der Muskeln nebst einigen Schriften der H. H. Valli, Carminati und Volta über eben diesen Gegenstand. Prag 1793

Gehler, Johann Samuel Traugott: Physikalisches Wörterbuch oder Versuch einer Erklärung der vornehmsten Begriffe und Kunstwörter der Naturlehre. Leipzig 1787 - 1791

Gilbert, William: De Magnete, Magnetisque Corporibus, et de magno magnete tellure physiologia nova. London 1600

Goethe, Johann Wolfgang von: Sämtliche Werke. Beutler, Ernst (Hrsg.) 18 Bände, Zürich, München 1977

Gralath, Daniel: Geschichte der Electricität. Naturforschende Gesellschaft Danzig, Versuche und Abhandlungen, 2. Abschnitt 1754

Guericke, Otto von: Experimenta nova Magdeburgica de vacuo spatio. Amsterdam 1672. Deutsche Übersetzung von Hans Schimank: Neue (sogenannte) Magdeburger Versuche über den luftleeren Raum. Düsseldorf 1968

Haller, Albrecht von: Albrecht Hallers Tagebücher seiner Reisen nach Deutschland, Holland und England 1723 - 1727. Mit Anmerkungen herausgegeben von L. Hirzel. Leipzig 1883

Haller, Albrecht von: An Historical Account of the Wonderful Discoveries, made in Germany, concerning Electricity. In: The Gentleman's Magazine, Band 15, London 1745, S. 193 - 197

Haller, Albrecht von: Elementa physiologiae corporibus humani. 8 Bände, Lausanne 1757 - 1766; hier Band 4 (1762)

Haüy, René-Juste: Exposition raisonnée de la théorie de l'électricité et du magnetisme d'apres les principes de M. Aepinus. Paris 1787

Hauksbee, Francis: Physico-mechanical Experiments on Various Subjects Containing an Account of Several Surprizing Phaenomena Touching Light and Electricity, Producible on the Attrition of Bodies. London 1709

Hausen, Christian August: Novi Profectus in Historia Electricitatis. Leipzig 1743. Angebunden an: Doppelmayr, Johann Gabriel: Neu-entdeckte Phaenomena von bewundernswürdigen Würkungen der Natur. Nuremburg 1774

Humboldt, Friedrich Alexander: Versuche über die gereizte Muskel- und Nervenfaser. Band 2, Posen, Berlin 1797

Hunter, John: Anatomical Observations on the Torpedo. In: Philosophical Transactions, Band 63 (1773), S. 481-487 Jones, William: An Essay on the First Principles of Natural Philosophy: Wherein the Use of Natural Means, or Second Causes, in the Oeconomy of the Material World is Demonstrated from Reason, Experiments of Various Kinds, and the Testimony of Antiquity. Oxford 1763

Kircher, Athanasius: Magnes sive de arte magnetica opus tripartitium. 1. Auflage, Rom 1641; 2. Auflage, Köln 1643; 3. Auflage, Rom 1653

Kratzenstein, Christian Gottlieb: Theoria electricitatis more geometrico explicata. Halle 1746

La Follie, Louis Guillaume de: Der Philosoph ohne Anspruch oder der seltene Mann ein Physicalisches, Chymisches, Politisches und Moralisches Werk. Aus dem Französischen übersetzt. Frankfurt am Main in der Andrischen Buchhandlung 1781

Labaree, Leonard W. (Editor): The Papers of Benjamin Franklin. New Haven: Yale University Press 1959 passim

Landriani, Massilio: Abhandlung vom Nutzen der Blitzableiter. Deutsche Übersetzung von Gottfried Müller. Wien 1786

Leibniz, Gottfried Wilhelm: Die Philosophischen Schriften. Herausgegeben von C.D. Gerhardt, 7 Bde, Hildesheim 1961

Lichtenberg, Georg Christoph: De nova methodo naturam ac motum fluidi electrici investigandi. Akademie der Wissenschaften, Göttingen 1778. Übersetzt und herausgegeben von Herbert Pupke ('Über eine neue Methode, die Natur und die

Bewegung der elektrischen Materie zu erforschen.'), Ostwald's Klassiker der exakten Wissenschaften Nr. 246, Leipzig 1956

L'Institut Nationale: Rapport fait à la Classe des Sciences Mathématiques et Physiques de l'Institut National sur les Expériences du Citoyen Volta. Paris Lu le 11 frimaire an 10: Deutsche Übersetzung abgedruckt in Volta 1803, S. 31 - 50 (siehe dort)

Marum, Martinus van: Beschryving eener ongemeen groote electrizeer-machine, geplaatst in Teyler's museum te Haarlem, en van de proefneemingen met dezelve in't werk gesteld. Haarlem 1785

Marum, Martinus van: Über die Theorie der electrischen Erscheinungen In: Journal für Physik und Chemie. Herausgegeben von Johann Salomo Christoph Schweigger. Nürnberg 1820

Mesmer, Franz Anton: Abhandlung über die Entdeckung des thierischen Magnetismus. Karlsruhe 1781. Reprint: Tübingen 1985

Mylius, Christlob: Hamburgisches Magazin oder gesammelte Schriften zum Unterricht und Vergnügen von J.C. Grund ausgewählt. Band 1, 1747,

Newton, Isaac: Philosophiae Naturalis Principia Mathematica. London 1687

Newton, Isaac: Opticks: or a Treatise of the Reflections, Refractions, Inflections and Colours of Light. 4. Auflage, London 1730, Reprint 1952

Nollet, Jean Antoine: Essai sur l'électricité des corps. Paris 1746

Nollet, Jean Antoine: Lettres sur l'électricité. Abhandlung I: Paris 1753; Abhandlung II: Paris 1760; Abhandlung III: Paris 1767

Priestley, Joseph: Experiments and Observations on Different Kinds of Air. London 1774

Priestley, Joseph: Geschichte und gegenwärtiger Zustand der Elektrizität nebst eigenthümlichen Versuchen. Berlin und Stralsund 1772, übersetzt von J. Krünitz

Priestley, Joseph: The History and Present State of Electricity with Original Experiments, London 1767, 1. Auflage; London 1769, 2. Auflage; London 1775, 3. Auflage, Reprint New York 1966

Rapport des Commissaires Chargés par Le Roi. De L'examen du magnetisme animal. Imprime par ordre du Roi. Paris 1784

Ritter, Johann Wilhelm: Elektrische Versuche an der Mimosa Pudica L. in parallele mit gleichen Versuchen an Fröschen. In: Denkschriften der Königlichen Akademie der Wissenschaften zu München für die Jahre 1809 -1810. München 1811

Rutt, J. Towill: The Theological and Miscellaneous Works of Joseph Priestley. Memoirs and Correspondence. Band 1, 1733 - 1787, New York 1972

Sommerfeld, Arnold: Über die Anschaulichkeit in der modernen Physik. Vortragsmanuskript (undatiert) aus dem Sommerfeldnachlaß des Deutschen Museum, Signatur: DM A: 9,4

Sommerfeld, Arnold: Wege zur physikalischen Erkenntnis. Vortragsmanuskript für James Scott Lecture. Gehalten in der Royal Society of Edingburgh am 1.5. 1933. Manuskriptsammlung des Deutschen Museums München: Sommerfeld DMA: 9,9 1933

Sulzer, Johann Georg: Unterredungen über die Schönheit der Natur nebst desselben moralischen Betrachtungen über besondere Gegenstände der Naturlehre. Berlin 1774

Supprian, Friedrich: Vernünftige Gedanken von den Ursachen und Wirkungen des Blitzes. Potsdam 1746

Symmer, Robert: New Experiments and Observations Concerning Electricity. Paper I (1. 2. 1759), S. 340 - 347; Paper II (17. 5. 1759), S. 348 - 358; Paper III (21. 6. 1759), S. 359 - 370; Paper IV (20. 12. 1759), S. 371 -389. In: Philosophical Transactions, Band 51, London 1759

Turgot, Anne Robert Jacques: Réflexion sur la formation et la distribution des richesses (Novembre 1766). In: Schelle, Gustav; Oeuvres de Turgot et documents le concernant, Band II, Glashütten 1972

Volta, Alessandro: Briefe über die thierische Elektrizität (1792). Ostwald's Klassiker der exakten Wissenschaften Nr. 114. Herausgegeben von A. J. von Oettingen. Leipzig 1900

Volta, Alessandro: Epistolario di Alessandro Volta. Edizione Nazionale, 5 Bände u. 1 Zusatzband. Bologna 1949 -1966

Volta, Alessandro: Le Opere di Alessandro Volta. 7 Bände, Mailand 1918 - 1929

Volta, Alessandro: On the Electricity Excited by the Mere Contact of Conducting Substances of Different Kinds. In: Philosophical Transactions, Band 90 (1800) S. 403 - 431

Volta, Alessandro: Untersuchungen über den Galvanismus 1796 bis 1800. Ostwald's Klassiker der exakten Wissenschaften Nr. 118. Herausgegeben von A. J. von Oettingen. Leipzig 1900

Volta, Alessandro: Volta's neueste Versuche über Galvanismus. Beschreibung eines neuen Galvanometers und andere kleine Abhandlungen über diesen Gegenstand. Wien in der Camesinaischen Buchhandlung 1803

Walsh, John: Of the Electric Property of the Torpedo. In: Philosophical Transactions, Band 63 (1773) S. 461 -477

Watson, William: An Account of Professor Winkler's Experiments Relating to Odours Passing through Electrized Globes and Tubes. In: Philosophical Transactions, No. 47, London 1751, S. 231 - 241

Watson, William: Herrn William Watsons Brief an die königliche Gesellschaft. Übersetzung aus den Philosophical Transactions, Num. 494, XV von J. E. Zieher. In: Hamburgisches Magazin, Band 9, 4. Stück, 1752

Wilcke, Johan Carl: Disputatio physica experimentalis de electricitatibus contrariis. Dissertation, Rostock 1757

Winkler, Johann Heinrich: Die Eigenschaften der electrischen Materie und des electrischen Feuers, aus verschiedenen neuen Versuchen erkläret, und nebst etlichen neuen Maschinen zum Electrisiren beschrieben. Leipzig 1745

Winkler, Johann Heinrich: Die Stärke der electrischen Kraft des Wassers in gläsernen Gefäßen, welche durch den Muschenbroekischen Versuch bekannt geworden. Leipzig 1746

Winkler, Johann Heinrich: Gedanken von den Eigenschaften, Wirkungen und Ursachen der Electricität, nebst einer Beschreibung zwo neuer elektrischen Maschinen. Leipzig 1744
Winkler, Johann Heinrich: Grundriß zu einer ausführlichen Abhandlung von der Electricität. Leipzig 1750
Winkler, Johann Heinrich: "Novum reique medicae utile Electricitatis inventum exponit Joannes Henricus Winkler, Professor Lipsensis, et Societatis Regalis Londinensis Sodalis". In: Philosophical Transactions, No.486, XVII, S.262, London 1748
Zedler, Johann Heinrich: Großes vollständiges Universal-Lexikon aller Wissenschaften und Künste. Halle/Leipzig 1732 -1754

6.2. *Sekundärliteratur*

Alonso, M; Finn, E.J.: Fundamental University Physics. Volume II, Fields and Waves. Reading (Mass.): Addison-Wesley 1974 (6. Auflage), 1. Auflage 1967
anonym (K. Jaeckel und P. Röben): Evaluationsauswertung, o.O. (Fachbereich Physik, Universität Oldenburg), o.J. (ca. 1985/86)
anonym (mehrere Autoren): Studienmaterial zum Praktikum Grundkurs I, Fachbereich Physik, Universität Oldenburg 1985 ff (Polykopien)
Arago, F.: Poisson. Biographie, im Auszuge gelesen in der öffentlichen Sitzung der Akademie der Wissenschaften am 16.12.1850. In: Hankel, W.G. (Hrsg.): Franz Aragos sämmtliche Werke, Band II, S. 485, Leipzig 1854
Arnheim, R.: Visual Thinking. Berkeley, Los Angeles, London 1969 Bachelard, G.: Die Bildung des wissenschaftlichen Geistes. Frankfurt/M 1984
Bachelard, G.: Psychoanalyse des Feuers. München, Wien 1985
Benz, E.: Theologie der Elektrizität. Zur Begegnung und Auseinandersetzung von Theologie und Naturwissenschaft im 17. und 18. Jahrhundert. In: Abhandlungen der Geistes-und Sozialwissenschaftlichen Klasse Mainz, Nr.12, (1970) Wiesbaden 1971, S.689 - 782
Berman, M.: Die Wiederverzauberung der Welt - am Ende des Newtonschen Zeitalters. München 1983
Bernal, J.D.: Sozialgeschichte der Wissenschaften. 4 Bände, Hamburg 1970
Bevilacqua, F.; Kennedy, P.J. (Hrsg.): Proceedings of the International Conference on Using History of Physics in Innovatory Physics Education. Pavia 1983
Bevilacqua, F.: Das Subjekt in Physik und Physikunterricht: Wider die Entzauberung der Physik. In: Physica didactica, Heft 3/4, 1988, S. 60 - 69
Bloch, E.: Das Prinzip Hoffnung. 3 Bde, Frankfurt/M 1973
Bloch, J.R.; Schmidt, B.: Naturallianz: Zur Entwicklung einer Leitidee. In: Daxner, M.; Bloch, J.; Schmidt, B (Hrsg.) Andere Ansichten der Natur, Münster 1981, S. 1-33
Böhme, G.; van den Daele, W.; Krohn, W.: Experimentelle Philosophie, Ursprünge autonomer Wissenschaftsentwicklung. Frankfurt/M 1977
Böhme, G.; Böhme, H.: Das Andere der Vernunft. Zur Entwicklung von Rationalitätsstrukturen am Beispiel Kants. Frankfurt/M 1985

Böhme, G., van den Daele, W.: Erfahrung als Programm - Über Strukturen vorparadigmatischer Wissenschaft. In: G. Böhme et al., Experimentelle Philosophie. Ursprünge autonomer Wissenschaftsentwicklung. Frankfurt/M 1977

Böhme, G.; v. Engelhard, M. (Hrsg.): Entfremdete Wissenschaft. Frankfurt/M 1979

Böhme, G; Schramm, E.: Soziale Naturwissenschaft. Wege zu einer Erweiterung der Ökologie. Frankfurt/M 1985

Braudel, F.: Der Alltag. Sozialgeschichte des 15. - 18. Jahrhunderts. München 1985

Breger, H. Naturwissenschaftlicher Energiebegriff und historische Kritik. In: Natur und Wissenschaft, Konkursbuch Nr. 14, Zeitschrift für Vernunftskritik, 1985, S. 75 - 94

Breger,H.: Die Natur als arbeitende Maschine. Zur Entstehung des Energiebegriffs in der Physik. Frankfurt/M 1982

Brown, T. M.: Luigi Galvani. Dictionary of Scientific Biography (DSB), Band 7, New York 1972, S. 267 - 269

Brush, St. G.: Disappearing Boundaries. University of Maryland 1969, S. 1 -11

Brush, St. G.: History of Science and Science Education. In: Scientific Literacy Papers: A Journal of Research in Science, Education and the Public, Oxford 1987, S. 75 - 85

Bulthaupt, P.: Zur gesellschaftlichen Funktion der Naturwissenschaften. Frankfurt/M 1973

Cameron, I.: Metaphor in Science and Society. In: Bull. Sci. Tech. Soc., Band 3 (1983), S. 251 - 292

Cantor G. N.; Hodge, M. J. S. (Hrsg.): Conceptions of Ether. Studies in the History of Ether Theories 1740 - 1900. Cambridge 1981

Charon, J. E.: Der Geist in der Materie. Wien, Hamburg 1979

Clark, R. W. Benjamin Franklin. New York 1983

Cohen, I. B.: Critical Introduction. In: Galvani, L.: Commentary on the Effects of Electricity on Muscular Motion. Translated by Margaret Glover Foley. Norwalk 1954

Cohen, I. B.: A Note Concerning Diderot and Franklin. In: ISIS, Band 46 (1955), S. 268 - 272

Cohen, I. B.: Benjamin Franklin. In: Dictionary of Scientific Biography, Band 5, New York 1976, S. 129 - 139

Cohen, I. B:: Franklin and Newton: An Inquiry into Speculative Newtonian Experimental Science and Franklin's Work as an Example Thereof. Philadelphia 1956

Cohen, J.: Human Robots in Myth and Science. Cranbury, New Jersey 1967

Cohen, R. S.; Schnelle, T.: Cognition and Fact: Materials on Ludwik Fleck. Boston Studies in the Philosophy of Science, Band 87. Dordrecht, Lancaster, Boston (Mass.) 1985

Crosland, M.: The Congress of Definitive Metric Standards, 1798 - 1799; The First International Scientific Congress? In: ISIS, Band 60 (1969), S. 226 - 231

Darnton, R.: Der Mesmerismus und das Ende der Aufklärung in Frankreich. München, Wien 1983

Daxner, M.; Bloch, J.R.; Schmidt, B. (Hrsg.): Andere Ansichten der Natur. Münster 1981

Devons, S.: The Art of Experiment: Teaching Science Teachers. In: Hyperfine Interactions, Band 33 (1987) S. 315-326
Devons, S.: Volta and Galvani: New Electricity from Old. Manuskript des 'Barnard Columbia History of Physics Laboratory', New York, Januar 1976
Dibner, B.: Galvani - Volta. A Controversy that led to the Discovery of Youthful Electricity. Norwalk 1952
Doren, C. v.: Benjamin Franklin. New York 1938
Dorn,F.; Bader, F.: Physik in einem Band. Hannover 1976
Dransfeld, K.; Kienle, P.: Physik II. Elektrodynamik. Einführungskurs für Studierende der Naturwissenschaften und Elektrotechnik. München, Wien 1975
Duhem, P.: Ziel und Struktur der physikalischen Theorien. Hamburg 1978. Nachdruck der 1. Auflage Leipzig 1908. Duveen, D. I.; Klickstein, H. S.: Benjamin Franklin (1706 -1790) and Antoine Lavoisier (1743 - 1794). Part I : Franklin and the New Chemistry. Part II : Joint Investigation. Part III: Documentation. In: Annals of Science I: Band 11 (1955) Nr. 2, S. 103 - 128. II: Band 11 (1955) Nr. 4, S. 271 - 308. III: Band 13 (1955) Nr. 1, S. 30 - 46
Easlea, B.: Witch Hunting, Magic and the New Philosophy: An Introduction to Debates of the Scientific Revolution 1450-1750. Sussex 1980
Effenberger, G.: Die Welt in Flammen. Hannover 1914
Ewers, M. (Hrsg.): Wissenschaftsgeschichte und naturwissenschaftlicher Unterricht = Texte zur mathematischnaturwissenschaftlich-technischen Bildung und Lehre. Band 3, Bad Salzdetfurth 1978
Ewers, M. (Hrsg.): Wissenschaftstheorie und Naturwissenschaftsdidaktik. Bad Salzdetfurth 1979
Feldhaus, F. M.: Die Erfindung der elektrischen Verstärkerflasche durch E.J. Kleist. Heidelberg 1903
Feyerabend, P.: Wider den Methodenzwang. Frankfurt/M 1979
Feyerabend, P.: Wissenschaft als Kunst. Frankfurt/M 1984
Feynman, R.; Leighton, R.; Sands, M. (Hrsg.): The Feynman Lectures on Physics. Volume II, Mainly Electromagnetism and Matter. Deutsch/engliche BILINGUA-Ausgabe. München 1973 (Part 1), 1974 (Part 2); überarbeitete deutsche Ausgabe 1987
Feynman, R. P.: QED. The Strange Theory of Light and Matter. Princeton, New Jersey 1985
Fierz, M.: Die Entwicklung der Elektrizitätslehre als Beispiel der physikalischen Theorienbildung. Basel 1951
Fierz, M.: Girolamo Cardano (1501 - 1576). Basel 1977
Finn, B. S.: An Appraisal of the Origins of Franklin's Theory. In: ISIS, Band 60 (1969), S. 362 - 369
Fleck, L.: Entstehung und Entwicklung einer wissenschaftlichen Tatsache. Frankfurt/M 1980
Fleck, L.: Erfahrung und Tatsache. Frankfurt/M 1983
Fraunberger, F.: Illustrierte Geschichte der Elektrizität. Köln 1985
Freudenthal, G.: Die elektrische Anziehung im 17. Jahrhundert zwischen korpuskularer und alchemischer Deutung. In: Meinel, Christoph (Hrsg.); Die Alchemie in der

europäischen Kultur- und Wissenschaftsgeschichte. Wolfenbütteler Forschungen, Band 32, Wiesbaden 1986, S. 315 - 326

Frey, K.; Häußler, P. (Hrsg.): Integriertes Curriculum Naturwissenschaft: Theoretische Grundlagen und Ansätze. Bericht über das 4. IPN-Symposium. Weinheim und Basel 1973

Fries, J.: Prokop Divisch, ein Beitrag zur Geschichte der Physik. Olmütz 1884

Fulton, J. F.; Cushing, H.: A Bibliographical Study of the Galvani and the Aldini Writings on Animal Electricity. In: Annals of Science, Band 1 (1936), Nr. 3, S. 239 - 268

Gadamer, H.-G.: Naturwissenschaft und Hermeneutik. Die hermeneutische Dimension in Naturerkenntnis und Naturwissenschaft. Sonderdruck aus der Buchreihe "Philosophie und Kultur", Band 3, Philosophiezierkel Arno Werner, Lund (Schweden) 1986, S. 39 - 70

Gartrell, Ellen G.: Electricity, Magnetism and Animal Electricity. A Checklist of Printed Sources, 1600-1850. Wilmington, Del. 1975

Gillmor, C. St.: Coulomb and the Evolution of Physics and Engineering in Eighteenth-Century France. Princeton 1971

Grmek, M. D.: A Plea for Freeing the History of Scientific Discoveries from Myth. In: Grmek, M.D.; Cohen, R.S.; Cimino. G. (Eds.): On Scientific Discovery. The Erice Lectures Boston Studies in the Philosophy of Science. Band 34, Dordrecht, Boston, London 1977, S. 9 - 41

Hackmann, W.D.: Electricity from Glass. Alphen 1979

Hanson, N. R.: Patterns of Discovery. An Inquiry into the Conceptual Foundations of Science. Cambridge 1965

Harwood, J.: Ludwik Fleck and the Sociology of Science. In: Social Studies of Science Vol. 16 (1986) S. 173 - 187

Haubelt, J.: Zivot a dilo vaclava Prokopa Divise. Okresni Muzeum ve Vysokem Myte 1982

Haubold, K. et al.: Research Group on Higher Education and History of Science (information sheet), Oldenburg 1988 Heidelberger, M.; Thiessen, S.: Natur und Erfahrung. Von der mittelalterlichen zur neuzeitlichen Naturwissenschaft. Buchreihe "Kulturgeschichte der Naturwissenschaften un der Technik". Reinbek bei Hamburg 1981

Heidelberger, M.: Der Wandel der Elektrizitätslehre zu Ohms Zeit. Eine methodengeschichtliche Untersuchung und logische Rekonstruktion. Dissertation, München 1979

Heilbron, J. L.: Alessandro Volta. In: Dictionary of Scientific Biography (DSB). Band 14, New York 1976, S. 69 - 82

Heilbron, J. L.: Electricity in the 17th and 18th Century. Berkeley 1979

Heilbron, J. L.: G. M. Bose: The Prime Mover in the Invention of the Leyden Jar? In: ISIS, Band 57 (1966), S. 264 - 267 Heilbron, J.: Einleitung von John Heilbron. 1. Elektrizität anno 1750. 2. Elektrizität in Berlin. 3. Franklins Briefe. In: Franklin, Benjamin, Briefe von der Elektrizität. Aus dem Englischen übersetzt, nebst Anmerkungen von J.C. Wilcke. Leipzig 1758, Reprint Vieweg 1983

Heilbron, J. L.: Franklin's Physics. In: Spencer Weart; Melba Phillips (eds.): History of Physics. Readings from Physics Today. New York 1985, S. 12 - 17

Heilbron, J. L.: Franklin, Haller, Franklinist History. In: ISIS, Band 68 (1977), S. 539 - 549

Heilbron, J. L.: Robert Symmer and the Two Electricities. In: ISIS, Band 67 (1976), S. 7 - 19

Heilbron, J. L.: The Electrical Field before Faraday. In: Cantor, G.N.; Hodge, M.J.S.; Conceptions of ether. Cambridge 1981

Heimann, P. M.: 'Nature is a Perpetual Worker'. Newtons Aether and Eighteenth Century Natural Philosophy. In: AMBIX, Band 20 (1973), S. 1 - 25

Hoff, H. E.: Galvani and the Pre-Galvanian Electrophysiologists. In: Annals of Science, Band 1 (1936), Nr. 2, S. 157 -172

Holton, G.: Introduction to Concepts and Theories in Physical Science. Cambridge (Mass.) 1955

Holton, G.: Themata. Zur Ideengeschichte der Physik. Braunschweig/Wiesbaden 1984

Holton, G.: Thematische Analyse der Wissenschaft. Die Physik Einsteins und seiner Zeit. Frankfurt/M 1981

Home, R. W.: Electricity and Nervous Fluid. In: Journal of the History of Biology, Band 3 (1970), S. 235 - 251

Home, R. W.: Electricity in France in the Post-Franklin Era. In: Actes du Congrès International d' Histoire des Sciences, Band 14, Heft 2 (1975), S. 269 - 272

Hübner, K.: Was zeigt Keplers 'Astronomia nova' der modernen Wissenschaftstheorie? Philosophia naturalis 11 (1969), S. 257 - 278

Hujer, K.: Father Procopius Divis. The European Franklin. In: ISIS, Band 43 (1952), S. 351 - 357

Illich, I.: H_2O and the Waters of Forgetfulness. Reflections on the Historicity of "Stuff". Dallas 1985

Jackson, J. D.: Klassische Elektrodynamik. Berlin, New York 1981

Jaeckel, K.; Radek, U. (Hrsg.): Materialien zur Anfängerausbildung für die Studiengänge im Bereich Physik. Proseminarreader (2. Semester), Oldenburg: Eigendruck 1987

Jaeckel, K.: Rekonstruktion physikalischen Wissens im Hochschulbereich: historische und systematische Gesichtspunkte. In: physica didactica, Heft 3/4 (1988), S. 20 - 31

Jammer, M.: Concepts of Force. A Study in the Foundations of Dynamics. Cambridge 1957

Jammer, M.: Der Begriff der Masse in der Physik. Darmstadt 1974

Jung, W.: Anstösse: ein Essay über die Didaktik der Physik und ihre Probleme. Frankfurt/M, Berlin, München 1983

Jung, W.: Das historisch-genetische Prinzip im Physik- und Chemie-Unterricht. In: Wiebel (Hrsg.),: Zur Didaktik der Physik und Chemie, Alsbach 1988, S. 24 - 56

Jung, W.: Geschichte der Naturwissenschaften im naturwissenschaftlichen Unterricht - Pro und Contra. Versuch einer fadidaktischen Summe. In: Ewers, Michael (Hrsg.): Wissenschaftsgeschichte und naturwissenschaftlicher Unterricht, Bad Salzdetfurth 1978, S. 29 - 54

Jung, W.: New History and Sociology of Science (NHS) und die Ziele des Physikunterrichts. In: Physik und Didaktik, Heft 4 (1985), S. 257 - 262

Jungk, R.: Fünf Thesen zum Wandel der Wissenschaften. In: Oberlechner, P.; Karas, O. (Hrsg.): Wissenschaft und Sinnlichkeit. Wien, Köln, Graz, Böhlau 1986

Kipnis, N.: Luigi Galvani and the Debate on Animal Electricity, 1791 - 1800. In: Annals of Science, Band 44 (1987), S. 107 - 142

Klemm, F.: Geschichte der Technik. Buchreihe "Kulturgeschichte der Naturwissenschaften und der Technik". Reinbek bei Hamburg 1983

Knobloch, E.: Die Akademie der Wissenschaften zu Berlin. In: Rapp, F./Schütt,H.- W.: Philosophie und Wissenschaft in Preußen. Berlin 1982, S. 115 - 143

Kubo, Y.: Benjamin Franklin and homo economicus. Nishinomiya 1957. Reprint von Kwansei Gakuin Universität. Jährliche Studien, Band 5,

Kuhn, T. S.: Die Struktur wissenschaftlicher Revolutionen. Frankfurt/M 1979

Kuhn, T.S.: The Essential Tension. Selected Studies in Scientific Tradition and Change. Chicago 1977

Kutschmann, W.: Das Mal der eigenen Natur. Zur Rolle des Körpers in der methodischen Praxis der neuzeitlichen Naturwissenschaften. In: Zeitschrift für philosophische Forschung. Band 40, Heft 3 (1986) S. 375 - 387

Kutschmann, W.: Der Wissenschaftler und sein Körper. Zur Funktion und Bedeutung des Körpers in der experimentellen Naturwissenschaft der frühen Neuzeit. Darmstadt: Dissertation 1985

Lakatos, I.; Musgrave, A. (Hrsg.): Kritik und Erkenntnisfortschritt. Braunschweig 1974

Lippe, R. z.: Naturbeherrschung am Menschen. 2 Bde, Frankfurt/M 1974

Lippe, R. z.: Die Geometrisierung des Menschen in der europäischen Neuzeit. Oldenburg 1982

Lopez, C. A.: Salpetre, Tin and Gunpowder: Addenda to the Correspondence of Lavoisier and Franklin. In: Annals of Science. Band 16 (1960), Nr. 2, S. 83 - 94

Lopez, C. A.: Mon Cher Papa. Franklin and the Ladies of Paris. New Haven, London 1966

Lopez, C. A.; Herbert, E. W.: The Private Franklin. The Man and his Family. New York 1975

Ludwig, G.: Deutung des Begriffs "physikalische Theorie" und axiomatische Grundlegung der Hilbertraumstruktur der Quantenmechanik durch Hauptsätze des Messens. Berlin, Heidelberg/New York: Springer, 1970

MacLaurin, L. M.: Franklin's Vocabulary. New York 1928

March, A.: Die physikalische Erkenntnis und ihre Grenzen. Band 108 der Reihe: Die Wissenschaft, herausgegeben von Wilhelm Westphal. Braunschweig 1960

McCloskey, M.: Intuitive Physics. In: Scientific American. April 1983, S. 114 - 122

McMullin, E.: Newton on Matter and Activity. Notre Dame, London 1978

Mehrle, U.; Meya, J.; Rieß, F.; Rohlfs, G.; Sibum, H.O.: From the Electrical Maschine to the Theory of Ether. Apparatus and Models in History of Electricity During the 18th and 19th Century. University of Oldenburg, June 1987

Meinel, Chr. (Hrsg.): Die Alchemie in der europäischen Kultur-und Wissenschaftsgeschichte. Wolfenbütteler Forschungen. Band 32, Wiesbaden 1986

Meusel, J.G.: Lexikon der verstorbenen deutschen Schriftsteller. Band 15, Leipzig 1816

Meya, J.: Elektrodynamik im 19. Jahrhundert: Rekonstruktion ihrer Entwicklung als Konzept einer redlichen Vermittlung. Oldenburg, Dissertation, 1989
Meya, J., Sibum, H. O.: Das fünfte Element. Wirkungen und Deutungen der Elektrizität. Buchreihe "Kulturgeschichte der Naturwissenschaften und Technik". Reinbek bei Hamburg 1987
Miller, A. I.: Imagery in Scientific Thought. Creating 20th-Century Physics. Cambridge (Mass.) 1987
Minssen, M.: Der sinnliche Stoff. Vom Umgang mit Materie. Stuttgart 1986
Minssen, M.: Begreifen zwischen Schlafen und Wachen - Silberers Versuche zur Symbolbildung. Neue Sammlung 1983, Bd. 23, S. 499 - 512
Moscovici, S.: Versuch über die menschliche Geschichte der Natur Frankfurt/M 1982
Mott, L.; Jorgenson, Ch. E.: Benjamin Franklin. Representative Selections, with Introduction, Bibliography, and Notes. New York 1936
Mottelay, Paul Fleury.: Bibliographical History of Electricity and Magnetism Chronologically Arranged. London 1922
Orear, J.: Grundlagen der modernen Physik. München 1973, 2. Auflage 1985
Osietzki, M.: Der Stand der historischen Frauenforschung zu Geschlecht und Reproduktion in den Naturwissenschaften. Oldenburg: Vortragsmanuskript 16.01. 1989, 15 S.
Ostertag, H.: Naturphilosophisches aus Wolffs Briefwechsel mit Manteuffel. Dissertation, Leipzig 1910
Park, B.: A History of Electricity. The Intellectuel Rise in Electricity. New York 1898
Parker, B.: 'Hands on' History of Physics. Physics World, Bd.2 (1989), S. 28 - 29
Pauli, W.: Naturwissenschaftliche und erkenntnistheoretische Aspekte der Ideen vom Unbewußten. In: Pauli, Wolfgang: Physik und Erkenntnistheorie, Braunschweig 1984, S. 113 - 128
Pelzel, F. M.: Abbildungen böhmischer und mährischer Gelehrter. Theil III; Prag 1777
Pinch, T. J.; Bijker, W. E.: The Social Construction of Facts and Artefacts: or How the Sociology of Science and the Sociology of Technology might Benefit Each Other. In: Social Studies of Science, Vol 14 (1984) S. 399 - 441
Prinz, H.: Gewitterblitze in Mythologie und Wissenschaft. In ders.: Feuerblitz und Funke. München 1965
Pukies, J.: Das Verstehen der Naturwissenschaften. Braunschweig 1979
Pukies, J.: Ist das Reich der Vorstellung revolutionär, so hält die Wirklichkeit nicht aus (Hegel)... In: Ewers, Michael: Wissenschaftstheorie und Naturwissenschaftsdidaktik. Bad Salzdetfurth 1979, S. 129-146
Purcell, E. M.: Electricity and Magnetism. Berkeley Physics Course Vol. 2. New York 1965. Deutsche Übersetzung: Purcell, E. M.: Elektrizität und Magnetismus. Berkeley Physik Kurs 2. 2., überarbeitete Auflage Braunschweig 1979
Redeker, B.: Untersuchungen zur Begriffsbildung im naturwissenschaftlichen Unterricht. Bielefeld: Dissertation 1979
Rieß, F.: Experimentieren im Unterricht - eine verpaßte Chance? In: Mikelskis (Hrsg.): Zur Didaktik der Physik und Chemie. Alsbach 1985, S. 170 - 172
Rieß, F.: Lehrerausbildung. In: Wechselwirkung Nr.5, Mai 1980

Rieß, F.: Unterricht im Interesse der Lernenden. Beiträge zur politischen Kritik und Veränderung des naturwissenschaftlichen Unterrichts und seiner Didaktik. Oldenburg: Dissertation, 1977

Rieß, F.; Schulz, R.: Zur Rechtfertigung des historisch-genetischen Ansatzes im naturwissenschaftlichen Unterricht. In: physica didactica, Heft 3/4 (1988), S. 32 - 59

Rieth, A.: Der Blitz in der bildenden Kunst. München 1953

Rohlfs, G.: Ohms Wege zum Widerstand. Zur Genese des Ohmschen Gesetzes. Unveröffentlichtes Manuskript, 24 Seiten, Oldenburg März 1986

Roller, D.; Roller, D. H. D.: The Developement of the Concept of Electric Charge. In: Conant, J. B., Harvard Case Histories in Experimental Science. Band 2, Cambridge (Mass.) 1957, S. 543 - 639

Rollnik, H.: Teilchenphysik I. Grundlegende Eigenschaften der Teilchen. Mannheim, Wien, Zürich 1971

Rothschuh, K. E.: Von der Idee bis zum Nachweis der thierischen Elektrizität. In: Sudhoffs Archiv. Band 44 (1960) S. 25 - 44

Rousseau, G. S.; Porter, R. (Hrsg.): The Ferment of Knowledge. Studies in the Historiography of Eighteenth-Century Science. Cambridge 1980

Rutherford, E.: The Modern Theories of Electricity and their Relation to the Franklian Theory. Reprinted from the record of the two hundredth anniversary of the birth of Benjamin Franklin, under the auspieces of the American Philosophical Society held at Philadelphia, April 17 to 20, 1906

Rutherford, F.J.; Holton, G.; Watson, F.G.: (Harvard) Project Physics Text. (HPP) New York 1970

Sarton, G.: The Discovery of the Electric Cell (1800). In: ISIS, Band 15 (1931), S. 124 - 157

Schaefer, W.: Die unvertraute Moderne. Historische Umrisse einer anderen Natur- und Sozialgeschichte. Frankfurt/M 1985

Schaffer, S.: Natural Philosophy. In: Rousseau, Porter 1980, S. 55 - 91

Schaffer, S.: Natural Philosophy and Public Spectacle in the Eighteenth Century. In: History of Science, Band 21 (1983) S. 1 - 43

Scherf, H. (Hrsg.): Studien zur Entwicklung der ökonomischen Theorie. Band III, Berlin 1983

Schimank, H.: Zur Geschichte der Physik an der Universität Göttingen vor Wilhelm Weber (1734 -1830). In: RETE Strukturgeschichte der Naturwissenschaften. Band 2 (1973), Heft 1, S. 207 - 252

Schofield, R. E.: Electrical Researches of Joseph Priestley. In: Archive internationales d'Histoire des Sciences. Band 16 (1963), S. 277 - 286

Schofield, R. E.: The Scientific Background of Joseph Priestley. In: Annals of Science. Band 13 (1957), No. 3, S. 148 -163

Schott, H. (Hrsg.): Franz Anton Mesmer und die Geschichte des Mesmerismus. Stuttgart 1985

Schrödinger, E.: Are there Quantum Jumps. Part I. In: The British Journal for the Philosophy of Science. Band 3 (1952) Nr. 10, S.

Shapin, St.: History of Science and its Sociological Reconstructions. In: History of Science, Vol. 20 (1982), S. 157 - 211

Shapin, St.: Social Uses of Science. In: Rousseau, Porter 1980, S. 93 - 139

Sibum, H. O.: Fachdidaktische Legitimationsstereotypen des Experimentierens im naturwissenschaftlichen Unterricht. In: Mikelskis (Hrsg.): Zur Didaktik der Physik und Chemie, Alsbach 1985, S. 173- 175

Sibum, H. O.: Ladung, Ladungserhaltung, Stromkreis, Leitungsstrom - Benjamin Franklins ökonomische Theorie der Elektrizität. In: Physica didactica, Heft 3/4 (1988), S. 85 - 102

Sibum, H. O.: The Beginning of Electricity. Social and Scientific Origins and Experimental Setups. In: Chr. Blondel; Paul Brouzeng (Eds): Science Education and the History of Physics. Proceedings of the Europhysics Study Conference on Science Education and History of Physics. Paris 1989, S. 139-146

Sibum, H. O.; Meya, J.: Ansätze zur historischen Rekonstruktion der Elektrizitätslehre. In: Mikelskis (Hrsg.): Zur Didaktik der Physik und Chemie, Alsbach 1985, S. 176 ff

Sommerfeld, A.: Vorlesungen über theoretische Physik. Band III, Elektrodynamik. Nachdruck der 4., durchgesehenen Auflage. Frankfurt/M 1977

Starobinsky, J.: Psychoanalyse und Literatur. Literatur der Psychoanalyse. Frankfurt/M 1973

Steiner, H.-G.; Winter H. (Hrsg.): Mathematikdidaktik, Bildungsgeschichte, Wissenschaftsgeschichte. Köln 1985

Stichweh, R.: Zur Entwicklung des modernen Systems wissenschaftlicher Disziplinen. Physik in Deutschland 1740 - 1890. Frankfurt/M 1984

Sutton, G.: Electric Medicine and Mesmerism. In: ISIS, Band 72 (1981), S. 375 - 392

Sutton, G.: The Politics of Science in Early Napoleonic France: The Case of the Voltaic Pile. In: Hist. Stud. Phys. Sci., Band 11 (1981), S. 329 - 366

Sydenham, P. H.: Measuring Instruments: Tools of Knowledge and Control. London 1979

Teich, M.: Circulation, Transformation, Conservation of Matter and the Balancing of the Biological World in the Eighteenth Century. In: AMBIX, Band 29.1 (1982) S. 17-28

Teichmann, J.: Das historische Experiment im Physikunterricht. Wissenschaftstheoretische Betrachtungen und praktische Beispiele. In: Ewers, M. (Hrsg.): Wissenschaftsgeschichte und naturwissenschaftlicher Unterricht. Bad Salzdetfurth 1978

Teichmann, J.: Zur Entwicklung von Grundbegriffen der Elektrizitätslehre, insbesondere des elektrischen Stromes bis 1820. Hildesheim 1974

Theweleit, K.: Männerphantasien 1. Frauen, Fluten, Körper, Geschichte. Reinbek bei Hamburg 1980

Toellner, R.: Anima et Irritabilitas. Hallers Abwehr von Animismus und Materialismus. In: Sudhoffs Archiv. Band 51 (1967), Heft 2, S. 130 - 144

Toulmin, St.: Menschliches Erkennen Band 1. Kritik der kollektiven Vernunft. Frankfurt/M 1978

Toulmin, St.: Voraussicht und Verstehen. Frankfurt/M 1981

Toulmin, St.; Goodfield, J.: The Architecture of Matter. New York 1962

Ullrich, O.: Technik und Herrschaft. Frankfurt/M 1979

Urbanitzky, A. V.: Blitz und Blitzschutzvorrichtungen. Leipzig 1886

Vovelle, M.: Die französische Revolution. Soziale Bewegung und Umbruch der Mentalitäten. Frankfurt 1985

Wagenschein, M.: Der Aufbau des Bildes der Natur. In: Hessische Beiträge zur Schulreform, II. Jahrgang, 1950, Heft 1, S. 3 - 31

Wagenschein, M.: Natur physikalisch gesehen. Braunschweig 1975

Wagenschein, M.: Naturphänomene sehen und verstehen. Genetische Lehrgänge. Stuttgart 1980

Walker, W. C.: Animal Electricity before Galvani. In: Annals of Science. Band 2 (1937), Nr. 1, S. 84 - 113

Weber, M.: Die protestantische Ethik I. (Hrsg. von Joh. Winckelmann). Gütersloh 1984

Weingart, P. (Hrsg.): Wissenschaftssoziologie 1. Wissenschaftliche Entwicklung als sozialer Prozeß. Frankfurt/M 1972

Weizsäcker, C. F. v.: Die Einheit der Natur. Studien. München 1986 (5. Auflage)

Wenzel, A. (Hrsg.): Naturwissenschaften alternativ, Erfahrungen mit historisch-genetischen Unterrichtskonzepten I. Arbeitsmaterialien aus dem Bielefelder Oberstufen-Kolleg, AMBOS 8, Bielefeld 1978

Weil, S.: Die Einwurzelung. München 1956

Williams, L. P.: The Origins of Field Theory. New York 1966

7. Anhang

Die folgenden Abbildungen geben exemplarisch wesentliche Instrumente und Experimentalaufbauten der Elektrizitätsforschung des 18. Jahrhunderts wieder. Sie sind von Mitarbeitern der Arbeitsgruppe Hochschuldidaktik und Wissenschaftsgeschichte im Fachbereich Physik der Universität Oldenburg rekonstruiert worden, um in der Lehre eingesetzt zu werden (siehe dazu Mehrle et al. 1987). Weitere - die Theorie und Praxis der Elektrizitätsforschung erläuternde - Originalabbildungen finden sich in Meya/Sibum 1987.

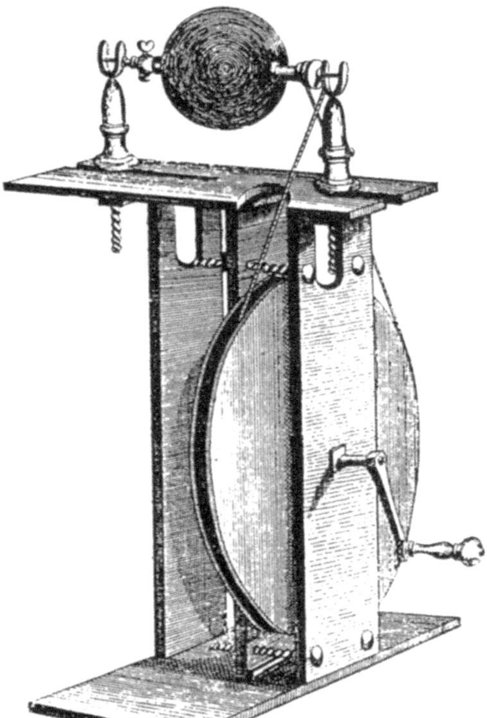

Hauksbees Prototyp einer Elektrisiermaschine zur Lichterzeugung (1705/06). Die auf einer Spindel befestigte Glaskugel kann evakuiert werden. Mit dem Schwungrad läßt sich die Kugel über den Antriebsriemen in Rotation versetzen. Berührt man währenddessen mit der Handfläche die Glaskuppel, so beobachtet man ein inwändiges, bläuliches Leuchten. Quelle: F. Hauksbee, Physico-mechanical experiments on various subjects. London 1709, hier 1719 Tafel 7.

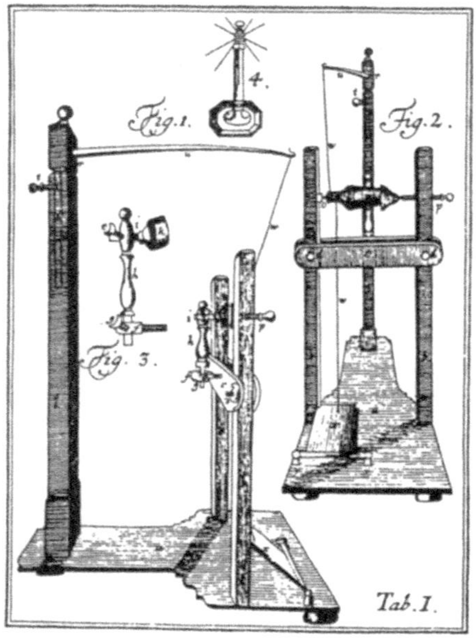

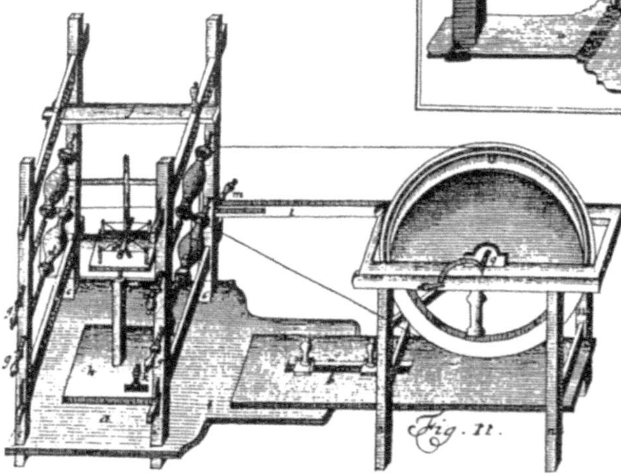

Elektrisiermaschinen von J. H. Winkler (1744). Als Antriebssystem dient eine starke Feder (u), die durch ein Band (u') mit dem Tretbrett (x) verbunden ist. Durch die Tretbewegung wird die Glasspindel (n), die von dem Band (u') einmal umschlungen ist, in Rotation versetzt. Durch die Auf- und Abbewegung des Tretbrettes wechselt die Drehrichtung periodisch. Die nötige Reibefläche ist in dem Gestänge (h) befestigt. Am oberen Ende wird das Lederkissen (k) in (i) fest verankert und gegen die Glasspindel gedrückt. In der unten abgebildeten Vorrichtung lassen sich vier Glasröhren gleichzeitig drehen. Als Antrieb dient ein Schwungrad, das die notwendige Kraft zur Drehung mehrerer Spindeln erzeugt. Quelle: (Abb. oben) J.H. Winkler 1744, Tafel 1; (Abb. unten) derselbe 1745, Tafel 6, Fig. 11.

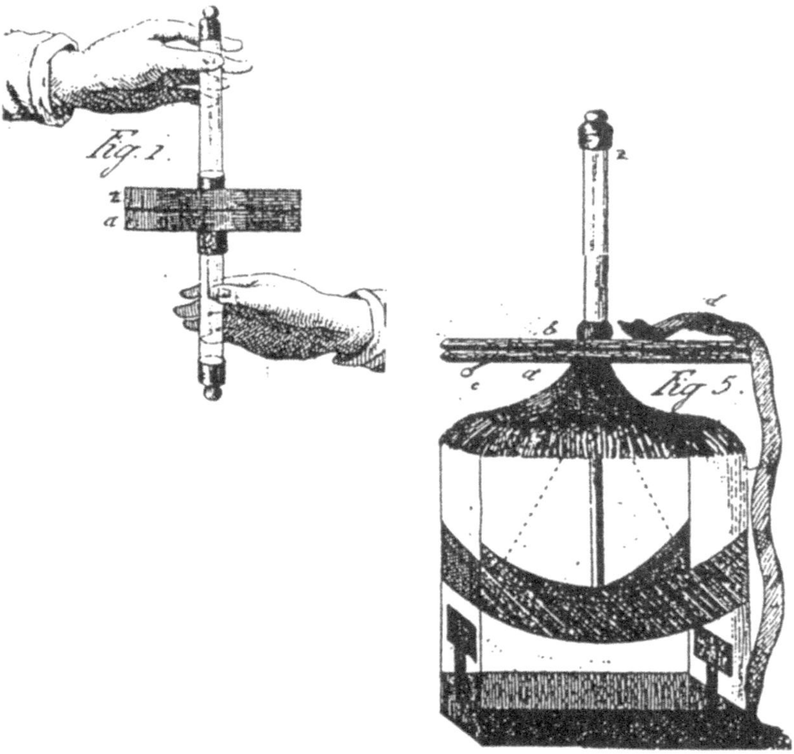

Alessandro Voltas "Elettrometro Condensatore" (Kodensatorelektrometer oder -elektroskop, 1782, Fig. 5) zur Messung sehr geringer Spannungen. Der an einem Elektroskop angebrachte elektrophorähnliche Aufsatz besteht aus zwei mit Lack überzogenen Metallplatten (a,b). Die obere läßt sich über den Glasgriff (z) abnehmen. Nach seiner Theorie wird durch die Berührung zweier unterschiedlicher Metalle (z,a) in Fig. 1 eine erregende Kraft erzeugt, die eine Verschiebung des elektrischen Fluidums in den Metallen zur Folge hat. Im Prinzip - so folgerte Volta weiter - müßte diese geringe Elektrizitätsmenge Q nachweisbar sein, aber ein normales Elektroskop zeigte keinen Ausschlag. Hebt man bei diesem Gerät jedoch die Metallplatte (b) an, sodaß sich die Kapazität C veringert, schlägt der Zeiger aus. Aus der von Volta aufgestellten Beziehung Q = C * T läßt sich das Verhalten leicht erklären: eine Veringerung der Kapazität bei konstantem Q verursacht eine Erhöhung der Spannung T. (d) dient als Erdung der Platte (b). Zur Erläuterung der Voltasäule siehe nachfolgende Abbildungen. Quelle: A. Volta, Volta's neueste Versuche über den Galvanismus. Beschreibung eines neuen Galvanometers und andere kleine Abhandlungen über diesen Gegenstand. Wien 1803, S. 131.

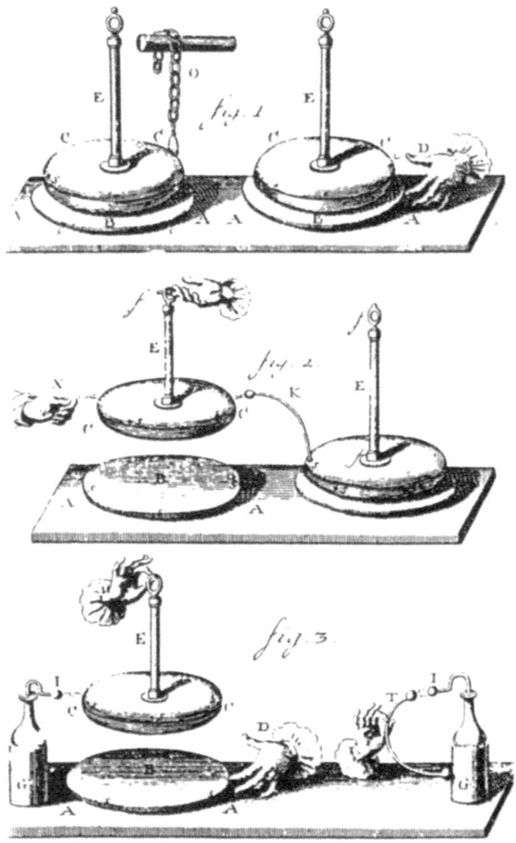

Versuche mit dem "elettroforo perpetuo" (beständiger Elektrizitätsträger, 1775) des Alessandro Voltas. In einen Zinnteller von ein Fuß Durchmesser goß er eine erhitzte Mischung aus Harz, Terpentin, Kolophonium und Wachs und ließ dieses erkalten. Den oberen Teil C stellte er sich aus einer Holzscheibe her, die er vergoldete und in deren Mitte er einen Stiel aus Glas oder Siegellack befestigte. Das Ganze stellte er auf die Holzplatte A. Fig. 1 zeigt das Aufladen des Gerätes sowie den Ladungsausgleich durch Zeigefinger und Daumen. In Fig. 2 wird ein zweiter Elektrophor mit dem ersten nach Abheben des Deckels durch Funkenüberschlag aufgeladen. Fig. 3. zeigt die Möglichkeit des Auf- bzw. Entladens einer Verstärkungsflasche mit diesem Gerät. Quelle: A. Volta, Beschreibung einer neuen elektrischen Gerätschaft: Elektrophor genannt. Prag 1777, S. 42; Bildstelle des Deutschen Museums, München Nr. 37875

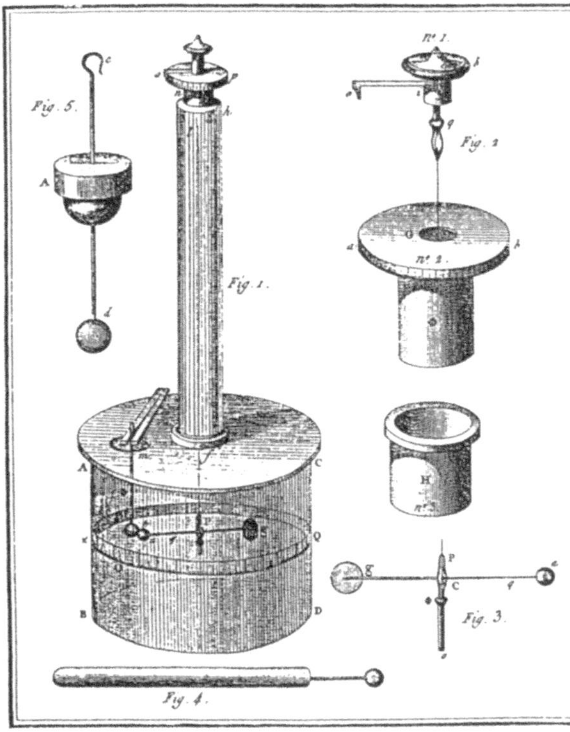

Die Coulombwaage (1785): der Glaszylinder A B C D von 32,5 cm Durchmesser und gleicher Höhe wird von einer Glasscheibe bedeckt. In dem mittleren Loch (f) ist eine Glasröhre von 65 cm aufgesetzt, die oben mit einer Torisionsmikrometerschraube (pno) versehen ist, deren Einzelteile in der Sprengzeichnung rechts Fig. 2 zu sehen sind. Inwendig führt ein Silberdraht zum Zylinder (Po) (Fig. 3) aus Kupfer oder Eisen, der ungefähr auf halber Höhe des Glasgefäßes hängt und am oberen Ende von einem mit Siegellack überzogenen Seidenfaden (q) horizontal durchbohrt ist. An dessen Enden befindet sich eine Holundermarkkugel (a) und, dieser gegenüber, eine in Terpentin getränkte Papierscheibe, um Schwingungen auszugleichen. In das zweite Loch der Glasscheibe läßt sich ein weitere Kugel (t) einführen. Um das Gefäß herum ist eine Gradeinteilung angebracht. Die Probeladung wird mit Hilfe eines Stabes (Fig. 4) der Holundermarkkugel (a) zugeführt. Wegen der Berührung von (a) und (t) verteilt sich die Ladung auf beide Kugeln und führt zu einer Abstoßung . Quelle: Ch. A. Coulomb, Sur l'électricite et le magnétisme, premier mémoire, construction et usage d'une balance électrique, fondée sur la propriéte qu'ont les fils de métal, d'avoir une force de réaction de torsion proportionelle à l'angle de torsion. In: Histoire de l'Académie Royal des sciences année 1785. Avec les Mémoires de mathematique & de physique, pour la meme année. Amsterdam 1788, Taf. 13, S. 576.

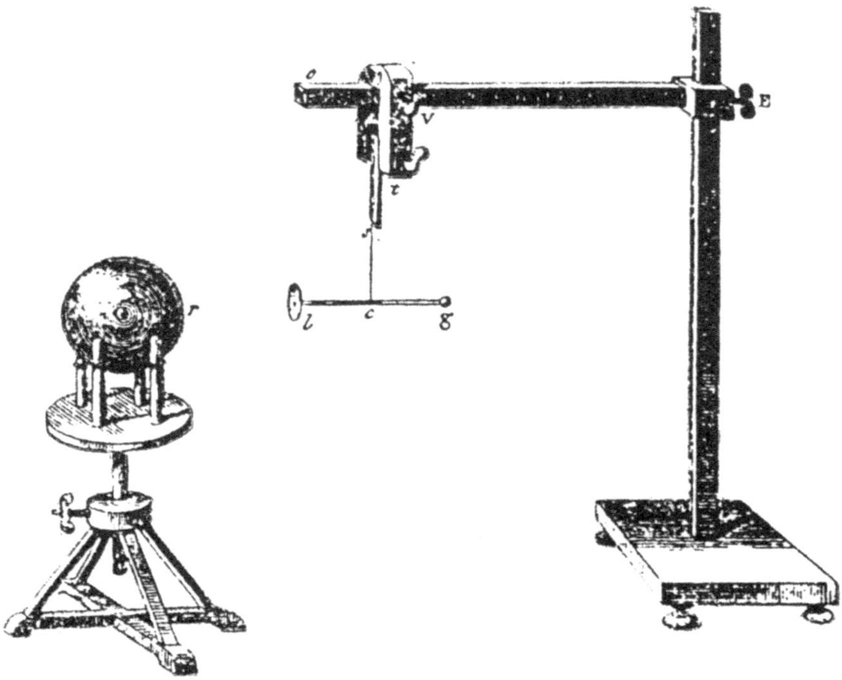

Versuchsaufbau Coulombs zur Bestimmung des Kraftgesetzes für die elektrische Anziehung (1785). Fig. 2: Am Stativ ist eine Schellacknadel (lg) am Seidenfaden (sc) - 19-21,6 cm - aufgehängt. Am Ende (l) befindet sich eine aus Goldpapier geschnittene Scheibe von ungefähr 2 cm Durchmesser. Das obere Ende des Seidenfadens ist an einem mit Siegellack überzogenen Holzstab befestigt. (G) ist eine Kupferkugel, die auf vier Glaspfeilern steht. Zur Versuchsdurchführung wird die Nadel (lg) in gleicher Höhe wie der Kugeldurchmesser (Gr) justiert. Dann wird mit der Verstärkerflasche ein elektrischer Funke auf die Kugel (G) geleitet. Man berührt die Scheibe (l) mit einem leitenden spitzen Gegenstand, so daß sie durch Influenz entgegengesetzt geladen ist und nach Entfernung des leitenden Gegenstandes durch (G) angezogen wird. Aus dem Schwingungsverhalten der Nadel um ihre Aufhängungsachse ermittelte Coulomb die Größe der Kraft. Quelle: Ch. A. Coulomb, Sur l'électricite et le magnétisme, premier mémoire, construction et usage d'une balance électrique, fondée sur la propriéte qu'ont les fils de métal, d'avoir une force de réaction de torsion proportionelle à l'angle de torsion. In: Histoire de l'Académie Royal des sciences année 1785. Avec les Mémoires de mathematique & de physique, pour la meme année. Amsterdam 1788, Taf. 14, S. 610.

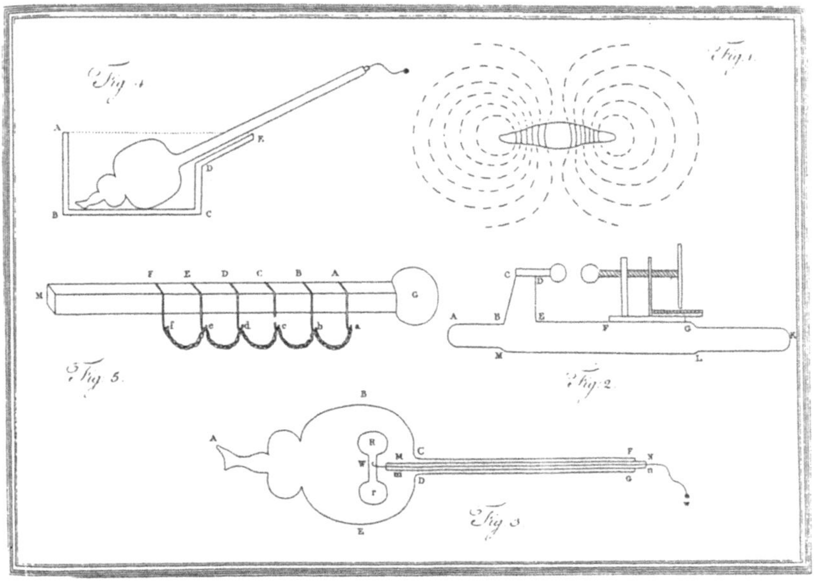

Abbildungen aus Henry Cavendish's Veröffentlichung "An Account of some Attempts to imitate the Effects of the Torpedo by Electricity" (1776). Fig. 1: schematische Darstellung der Ausbreitungslinien des elektrischen Fluidums und deren Quellen. Fig. 2: Meßinstrument zur Bestimmung des Funkenüberschlags. Fig. 3: Skizze des Modellfisches. Die dem Aussehen des Fisches nachgebildetet Holzplatte (ABCDE) ist 42,5 cm lang, 27, 3 cm breit und mit einem vorstehenden Haltegriff (CF) versehen. Auf jeder Seite der Platte sind Zinnstücke (Rr) befestigt, die wiederum mit Drähten einerseits zur Innenbelegung, andererseits zur Außenbelegung der Verstärkungsflaschen die leitende Verbindung herstellen. Die Glasröhren (MN) auf jeder Seite des Haltegriffs dienen zur Isolierung der zwei Drähte. Die Aufladung geschieht nicht durch eine Verstärkungsflasche, sondern durch eine Batterie von 49 Flaschen. Das beschriebene Gerät wurde mit Schafsleder überzogen und in ein Salzwasserbecken gelegt (Fig. 4). Nach dem Laden der Flaschen wurde zwischen der unteren Zinkbelegung (Rr) und der Außenseite der Flaschen eine leitende Verbindung hergestellt. Berührte nun die zweite Leitung die obere Zinkbelegung, dann ging der Entladestrom sowohl durch das Holz selbst, als auch über die nasse Lederhaut. Anstelle der Holzplatte verwendete er außerdem dickes Leder, um die Leitfähigkeit zwischen den Zinnstücken (Rr,Rr) zu erhöhen. Damit konnte er den Stromfluß durch den Fisch variieren. Fig. 5 zeigt ein weiteres Meßinstrument zur Bestimmung der Stärke der Entladungen. Quelle: Henry Cavendish, An Account of some Attempts to imitate the Effects of the Torpedo by Electricity. In: Philosophical Transaction, Royal Society of London, 1776, Band 66, Tafel III, S. 222.

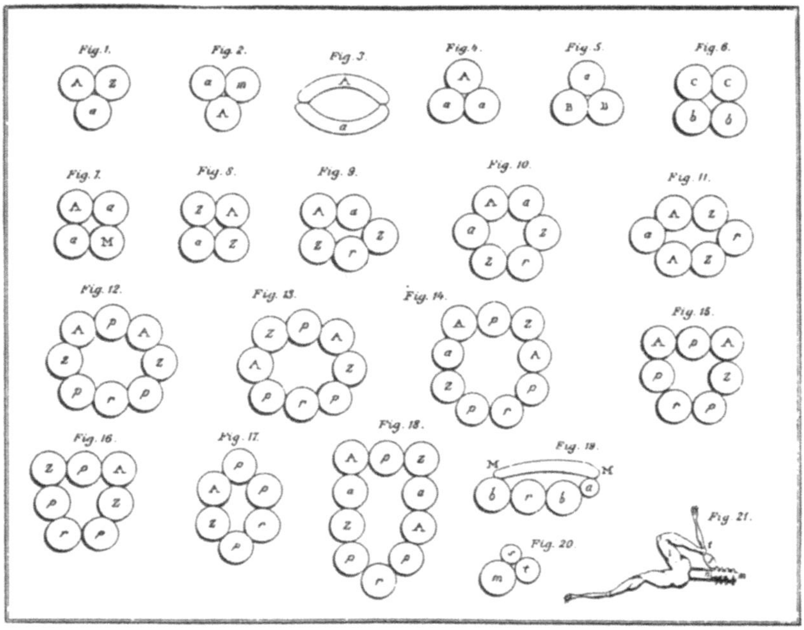

Voltas Experimente mit verschiedenen Leiterkombinationen (1796). Die Großbuchstaben bezeichnen die verschiedenen Leiter erster Klasse, d.h. Erreger ("motori") der Elektrizität und die kleineren Buchstaben verschiedenen Leiter zweiter Klasse. Volta untersuchte eine Vielzahl von Kombinationen, um die Bedingungen für das Fließen eines "elektrischen Stromes", eine "Circulation" studieren zu können. Dazu gilt es, diejenigen Zusammensetzungen eines Leiterkreises zu vermeiden, deren Summe der elektromotorischen Kräfte Null ergibt. In Fig. 6 wirkt zwischen C und C keine Kraft, da es sich um gleiche Metalle handelt. Zwischen den Übergängen (C,b) wirken entgegengesetzte, aber gleich große Kräfte, zwischen b und b wirken keine. Die Summe aller auftretenden Kräfte ist aber Null; es fließt daher kein Strom. In Fig. 8 befinden sich zwei verschiedene Metalle im Leiterkreis, doch herrscht auch hier ein Kräftegleichgewicht. Fig. 1 erfüllt z.B. die Bedingungen für das Fließen eines elektrischen Stromes. Quelle: A. Volta Untersuchungen über den Galvanismus (1796- bis 1800) - Galvanismus und Entdeckung des Säulenapparates. In: Ostwald's Klassiker der exakten Wissenschaften, Nr. 118. Leipzig 1900. Tafel 1

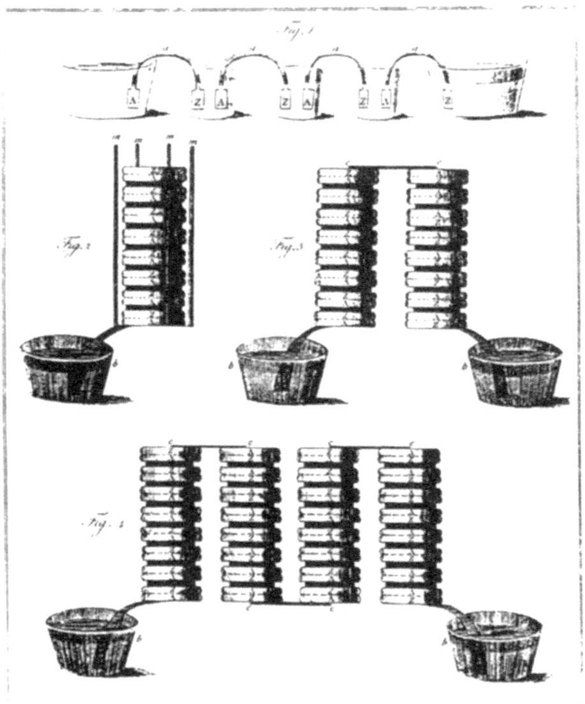

Das "elektromotorische Instrument" von A. Volta (Voltasäule). Er bezeichnete es auch als das "künstliche elektrische Organ" in Abgrenzung zur "thierischen Elektrizität" Galvanis. In der Tat gleicht der Aufbau der Säule der Struktur des elektrischen Organs des Torpedofisches. A und Z bezeichnen die Siber- und Zinkplatten, die zu Paaren angeordnet und mit feuchten Papp- oder Lederscheiben voneinander getrennt sind. Die gestrichelte Linie markiert die Berührungsfläche der Metalle. Die Metallplatten (cc) verbinden die Säulenteile miteinander. Da höhere Spannungen eine größere Anzahl von Plattenpaaren erfordern, bietet sich die Anordnung mehrerer Teilsäulen an. Die zwei Wasserbehälter ermöglichen einen besseren Kontakt zur Versuchsperson, an der Volta die Reizung der menschlichen Sinne demonstrierte. Allein diese Körperwahrnehmungen lieferten ihm den Beweis für das Fließen einer Kraft, die er "Elektrizität" nannte. Obige Abbildung zeigt eine alternativen Versuchsaufbau: Mit Wasser oder Lauge gefüllte Glastassen sind in einer Reihe angeordnet (Tassenkrone). Die Metallbögen (a) bestehen entweder zur Hälfte oder lediglich deren Enden aus Zink und Silber. Quelle: A. Volta, On the Electricity Excited by the Mere Contact of Conducting Substances of Different Kinds. In: Philosophical Transactions of the Royal Society of London. Band 90, London 1800, Tafel 17, S. 430. Bildstelle Deutsches Museum Nr. 14640.

DeutscherUniversitätsVerlag
GABLER·VIEWEG·WESTDEUTSCHER VERLAG

Jörg Meya

Elektrodynamik im 19. Jahrhundert
Rekonstruktion ihrer Entwicklung als Konzept einer redlichen Vermittlung

1990. IX, 266 Seiten, 30 Abb., Broschur DM 52,-
Reihe "Wissenschafts- und Technikgeschichte"
ISBN 3-8244-2011-2

"Hätte er etwas ganz anderes gelehrt, hätte ich es ebensogut glauben müssen!" Nicht selten bei der Arbeit mit üblichen, deduktiv argumentierenden Lehrbuchtexten zur Elektrodynamik entsteht das Gefühl, keine tiefere Einsicht in die Notwendigkeit der Theoriekonstruktionen, wie den in ihnen verborgenen Sinn zu gewinnen. Schon deshalb will das Buch einen anderen, einen genetischen Zugang zur klassischen Elektrodynamik vermitteln, indem es die historischen Entwicklungen schildert, durch die diese Theorie entstand. Dazu geht es in jeder historischen Episode um die Fragen, wie jeweils Elektrizität vorgestellt, "gesehen" wurde, zu welchen formalen und experimentellen Ergebnissen dies führte und warum sie dann Anerkennung fanden oder in Vergessenheit gerieten. Thema ist das Entstehen und Wachsen von Theorien, das durch menschliche Tätigkeit in je spezifischen sozial- und kulturgeschichtlichen Kontexten vonstatten geht. So erscheint die klassische Theorie zuallererst als nur vorläufiger Endpunkt einer auch durch gesellschaftliche Umstände gefärbten, nicht selten konfliktträchtigen und vor allem keineswegs linearen Entwicklung. Ihre spezifische Ausformung, wie ihre vertrackte Struktur, der Dualismus von Feld- und Teilchenstandpunkt, werden als Ergebnisse eben dieser Entwicklung aufgeschlüsselt und transparent. Die historische Aufarbeitung ist freilich selbst nicht voraussetzungslos. Ihr liegt der Theoriebegriff einer dynamischen Struktur aus Formalismen, Modellen, methodischen Normen und physikalischen Weltbildern zugrunde. Dieser wissenschaftstheoretische Standpunkt und seine didaktische Eignung werden ausführlich dargelegt und begründet.

DUV DeutscherUniversitätsVerlag
GABLER · VIEWEG · WESTDEUTSCHER VERLAG

Wilhelm Wolze

Zur Entwicklung naturwissenschaftlicher Erkenntnissysteme im Lernprozeß

1989. 320 Seiten, Broschur DM 59,-
ISBN 3-8244-2002-3

Ergebnisse zu einer didaktischen Theorie des Lernens werden hier dargestellt als Konkretisierungen des Entwurfs einer Systemtheorie der Erkenntnis. Für Lernen/Erkenntnis gilt allgemein: Tätigkeit ist Koevolution von Wissen und Realität. Lerntätigkeit und wissenschaftliche Tätigkeit unterliegen derselben 'allgemeinen Entwicklungslogik'.

Dieser Systemzusammenhang wird psychologisch, erkenntnis- und wissenschaftstheoretisch entfaltet und dann formal-allgemein auf die Ebene gesellschaftlicher Praxis erweitert. Die Psychologie ergänzt die Erkenntnisse um die Dimension der Emotionen, Bedürfnisse und Motive.

Theoretisches Instrumentarium sind die Theorie autopoietischer und funktioneller Systeme sowie die Begriffe der komplementären Beziehung und der pragmatischen Information. Die formulierten Axiome verstehen sich als Ansätze zu einer inhaltlichen Systemtheorie. Diese Theorie versucht, insbesondere dem Entwicklungsprozeß Rechnung zu tragen.

Konkretisierungen liefern Besonderheiten von Lerntätigkeit und wissenschaftlicher Tätigkeit. Die Bearbeitung didaktischer Probleme, wie die Explikation von Lehr-Lern-Methoden oder die Rekonstruktion und Auswahl des anzueignenden Wissens, bezieht diese Besonderheiten wesentlich ein, ist aber auf die 'allgemeine Entwicklungslogik', auf das Gemeinsame der Tätigkeiten, ausgerichtet. Die Analyse wissenschaftstheoretischer Positionen liefert hierfür Orientierungen.